普通高等学校“十四五”规划土木工程专业精品教材

土木工程测量

Civil Engineering Survey

（第四版）

丛书审定委员会

王思敬　彭少民　石永久　白国良

李　杰　姜忻良　吴瑞麟　张智慧

本书主审　赵德深

本书主编　白会人

本书副主编

雷　莉　黄旭东　李　莉　潘卫国　白丰瑞

本书编写委员会

白会人　王　波　隋惠权　巩晓东

杨　慧　李　莉　黄旭东　雷　莉

潘卫国　王旭华　白丰瑞

华中科技大学出版社

中国·武汉

图书在版编目(CIP)数据

土木工程测量/白会人主编.—4版.—武汉:华中科技大学出版社,2022.1(2024.8重印)
ISBN 978-7-5680-7844-3

Ⅰ.①土… Ⅱ.①白… Ⅲ.①土木工程-工程测量 Ⅳ.①TU198

中国版本图书馆CIP数据核字(2021)第267655号

土木工程测量(第四版)
Tumu Gongcheng Celiang(Di-si Ban)

白会人 主编

策划编辑:周永华
责任编辑:梁 任
装帧设计:原色设计
责任监印:朱 玢
出版发行:华中科技大学出版社(中国·武汉) 电话:(027)81321913
武汉市东湖新技术开发区华工科技园 邮编:430223
录 排:华中科技大学惠友文印中心
印 刷:武汉开心印印刷有限公司
开 本:850mm×1065mm 1/16
印 张:18
字 数:404千字
版 次:2024年8月第4版第2次印刷
定 价:58.00元

内 容 提 要

本书是普通高等学校土木工程专业系列教材之一。全书分13章，主要内容包括测量基本工作、地形测量和施工测量。其中：第0～4章介绍了土木工程测量的基本工作，主要内容有水准、角度和距离测量的原理、方法，测量仪器的构造、使用和检校方法，以及测量误差基本知识；第5章介绍了小地区控制测量的分类与施测方法；第6～8章介绍了地形图的基本知识、大比例尺地形图测绘，以及地形图的应用；第9～11章介绍了施工测量，主要内容有施工测量的基本工作、工业与民用建筑施工测量、线路测量、桥梁和隧道施工测量及建筑物变形观测；第12章介绍了测绘新技术全球卫星定位系统的原理及施测。

本书可作为普通高等学校土木工程类专业教材，也可作为与上述专业有关的函授大学、职业大学、网络教育及自学者的教材，还可作为有关技术人员的参考书。

本书配套电子资源获取方式

华中科技大学出版社官网→资源中心→建筑分社（搜索书名，在内容简介中按照提示下载本书配套电子资源）。

总　序

教育可理解为教书与育人。所谓教书，不外乎教给学生科学知识、技术方法和运作技能等，教学生以安身之本。所谓育人，则要教给学生做人道理，提升学生的人文素质和科学精神，教学生以立命之本。我们教育工作者应该从中华民族振兴的历史使命出发，来从事教书与育人工作。作为教育本源之一的教材，必然要承载教书和育人的双重责任，体现两者的高度结合。

中国经济建设高速持续发展，国家对各类建筑人才需求日增，对高校土建类高素质人才培养提出了新的要求，从而对土建类教材建设也提出了新的要求。这套教材正是为了适应当今时代对高层次建设人才培养的需求而编写的。

一部好的教材应该把人文素质和科学精神的培养放在重要位置。教材不仅要从内容上体现人文素质教育和科学精神教育，而且还要从科学严谨性、法规权威性、工程技术创新性来启发和促进学生科学世界观的形成。简而言之，这套教材有以下几个特点：

一方面，从指导思想来讲，这套教材注意到"六个面向"，即面向社会需求、面向建筑实践、面向人才市场、面向教学改革、面向学生现状、面向新兴技术。

二方面，教材编写体系有所创新。结合具有土建类学科特色的教学理论、教学方法和教学模式，这套教材进行了许多新的教学方式的探索，如引入案例式教学、研讨式教学等。

三方面，这套教材适应现在教学改革发展的要求，即适应"宽口径、少学时"的人才培养模式。在教学体系、教材内容和学时数量等方面也做了相应考虑，而且教学起点也可随着学生水平做相应调整。同时，在这套教材编写时，特别重视人才的能力培养和基本技能培养，注意适应土建专业特别强调实践性的要求。

我们希望这套教材能有助于培养适应社会发展需要的、素质全面的新型工程建设人才。我们也相信这套教材能达到这个目标，从形式到内容都成为精品，为教师和学生，以及专业人士所喜爱。

中国工程院院士　王思敬

第四版前言

本书以土木专业指导委员会颁发的专业培养目标为依据进行编写，具有土建类学科特色，涵盖土木工程测量的相关内容，范围较广。本书可作为土木工程、水利工程、环境工程、建筑学、城市规划、道路与桥梁、农业与林业、电力等有关专业教学用书，也可作为其他相关专业教学用书及相关工程技术人员参考用书。

本书的编写采用综合逻辑体系，注重教材的科学性、实用性、普适性，尽量满足普通院校同类专业的需求，探索应用更多的教学方法。本书注重理论教学与实践教学的搭配比例，传统内容与现代内容的关系，尽量补充新知识、新技能、新成果，努力与国际上同类教材接轨。

本书第一、二版获辽宁省普通高等学校省级精品教材。

本书编写具体分工如下：白会人编写第 0 章；王波编写第 1 章；隋惠权编写第 2 章；巩晓东编写第 3 章；杨慧编写第 4 章；李莉编写第 5 章；黄旭东编写第 6、11 章；雷莉编写第 7 章；潘卫国编写第 8～10 章；王旭华编写第 12 章；大连东软信息学院白丰瑞编写中英文词汇对照及教材课件。全书由大连大学白会人教授统稿并担任主编，赵德深教授担任主审。

由于目前土木工程测量技术发展迅速，且受编者经验所限，书中难免有疏漏或未尽之处，敬请读者批评指正。

编　者

2021 年 12 月

目　　录

0 绪　论

0.1 土木工程测量的任务

0.1.1 测量学的概念

测量学早期是指研究地球的形状和大小以及确定地面（包括空中、地表、地下和海洋）点位的科学。近年来，随着社会的发展及科学技术的不断进步，人们又赋予了测量学新的内涵，它是研究三维空间中各种物体的形状、大小、位置、方向、分布并对这些空间位置信息进行处理、存储、管理的学科。测量学的内容包括测定和测设两个部分。测定是指测量专业技术人员使用测量仪器和工具，通过最有效的测量方法得到一系列测量数据，并对此进行分析处理来获得各种测量问题的最优结果，或者把地球表面的地形缩绘成地形图，供经济建设、规划设计、科学研究和国防建设使用的技术。测设是指把图纸上规划设计的建筑物、构筑物的位置在地面上标定出来，作为施工依据的技术。

0.1.2 测量学科的组成

根据研究对象和范围的不同，测量学科主要包括以下几个分支。

① 大地测量学。它是研究地球形状、大小，解决大范围控制测量和地球重力场问题的学科。近年来，随着空间技术的发展，大地测量学又分为常规大地测量学和卫星大地测量学两类。

② 普通测量学。它是研究地球表面较小区域内测绘工作的基本理论、技术、方法和应用的学科，是测量学的基础。主要研究内容有图根控制网的建立、地形图的测绘及一般工程的施工测量。具体工作内容有距离测量、角度测量、定向测量、高程测量、观测数据的处理和绘图等。

③ 摄影测量学。它是研究利用摄影或遥感技术收集地理数据，并进行分析处理，以绘制地形图或获得数字化信息的理论和方法的学科。由于获得相片的方法不同，摄影测量学又可分为地面摄影测量学、水下摄影测量学、航空摄影测量学和航天遥感摄影测量学等。

④ 海洋测量学。它是以海洋和陆地水域为研究对象进行测量和海图编制工作的学科。海洋测量学主要研究港口、航道、江河、湖泊、海洋及水下范围内的控制测量、地形测量、水深测量等各种测量工作的理论、技术和方法。

⑤ 工程测量学。它是研究各种工程建设从勘测、规划、设计、施工到竣工及运行

阶段所进行的一系列测量工作的学科。主要内容有工程控制网建立、地形测绘、施工放样、设备安装测量、竣工测量、变形观测和维修养护测量等。

⑥ 地图制图学。它是利用测量所得的成果资料,研究如何投影编绘和印制各种地图的一门学科。主要内容包括地图编制、地图投影、地图整饰、印刷等。现代地图制图学正在向着制图自动化、电子地图制作及地理信息系统方向发展。

0.1.3 土木工程测量的任务

土木工程测量属于工程测量学范畴,其主要是为工程建设服务,因而同土木工程建设的进程密切相关。土木工程建设大体上可分为三个阶段:勘测设计阶段、施工阶段和运营管理阶段。因此,土木工程测量的主要任务是研究各项工程建设在以上三个阶段所进行的各种测量工作的理论、技术和方法。现具体分述如下。

① 在勘测设计阶段,测绘各种大比例尺地形图,供规划设计使用。

由于在这一阶段,设计人员需要各种比例尺的地形图,以便在图上确定建筑物的位置,并进行量算,求得设计所需要的各项数据。因此,在勘测设计阶段,土木工程测量的任务主要是建立具有适当规模和足够精度的工程测量控制网,以满足工程建设及地形图测绘的需要。在此基础上,把工程建设区域内各种地表自然或人造物体的位置和形状以及地面起伏的状态,用各种图例符号按比例尺绘制成地形图,或用数字表示出来,为土木工程规划、设计提供必要的图纸和资料。

② 在施工阶段,将图纸上规划设计的建(构)筑物在现场标定出来,作为施工的依据。

在这一阶段,需要将图纸上已规划设计好的建(构)筑物准确地放样到实地上,以便指导施工的进行。因此,在施工阶段,土木工程测量的任务主要是建立具有合适精度的施工控制网,以满足施工放样的需要。在此基础上,施工测量的具体任务因不同工程的需要而异。例如,隧道施工测量的主要任务是保证对向开挖的隧道能够按照规定的精度正确贯通,并使各项建筑物按照设计的位置修建。

③ 在运营管理阶段,对建筑物进行变形观测,确保工程安全。

因为工程施工阶段地面原有状态被改变,建筑物本身的重量也对地基施加了一定的作用力,所以地基及其周围地层会发生变形。此外,建筑物本身及其基础,也会因地基的变形及外部荷载与内部应力的共同作用产生变形。这种变形如果超过了一定限度,就会影响建筑物的正常使用,严重的还会危及建筑物的安全。因此,对于一些大型的、重要的建筑物,在施工过程或竣工后的运营管理阶段,还应定期对其进行稳定性监测。在该阶段,土木工程测量的任务主要是布设专用的变形观测控制网,以满足变形观测的需要。在此基础上,还需在建筑物本身或其周围适当的地点,埋设一些测量标志,进行动态监测,以确保工程安全,同时也为改进设计、施工提供重要的科学依据。

此外,还要对工程进行检查、验收,工程结束后还要编绘竣工图,作为运营、管理、维修和扩建的依据。

综上所述，土木工程建设的各个阶段都离不开测量工作，从事土木工程专业相关工作的技术人员必须掌握土木工程测量的基本知识和技能。土木工程专业的学生则要通过学习本课程掌握土木工程测量的基本概念、基本理论、基本计算、基本技能，正确使用常用的测量仪器，了解地形图的成图原理和方法，具有正确使用地形图和有关测量资料的能力，并能够胜任一般工程施工放样的工作。

0.2 测量工作的基准面

0.2.1 大地水准面

测量工作的基准面与地球的形状和大小密切相关，这是因为测量工作是在地球表面进行的，而地球自然表面是极不规则的曲面，有山地、高原、盆地、丘陵、平原和海洋。其中最高的珠穆朗玛峰高出海平面达 8848.86 m，最低的马里亚纳海沟低于海平面达 11034 m。这样的高低差距与地球平均半径 6371 km 相比还是很小的。再从海洋和陆地所占据的面积来看，海洋约占地球表面的 71%，陆地约占 29%。因此，如果将地球看成被海洋包围的球体，就可从总体上反映出地球的自然形状和大小。

由于地球的自转运动，地球上任一点都同时受到两个力的作用，即离心力和地球引力，它们的合力即为重力（见图 0-1）。地面上物体悬挂的垂球，其静止时所指的方向就是重力方向，重力的作用线称为铅垂线。铅垂线是测量工作的基准线。处于静止状态的水面称为水准面，例如，平静的湖泊中的水面就是一个水准面。水准面处处与重力方向（即铅垂线）垂直，在地球表面上重力作用的范围内，任何高度的点上都有一个水准面，因此，水准面有无数个。与水准面相切的平面称为水平面。观测水平角时，置平经纬仪后，仪器的纵轴位于铅垂线方向，水平度盘所在的平面就是水准面上的切平面，所测的水平角实际上就是观测方向线与其在水准面上投影线之间的夹角。此外，用水准测量方法所观测到的两点间的高差，就是两点水平面间的垂直距离，因此，铅垂线和水准面是测量外业所依据的基准线和基准面。

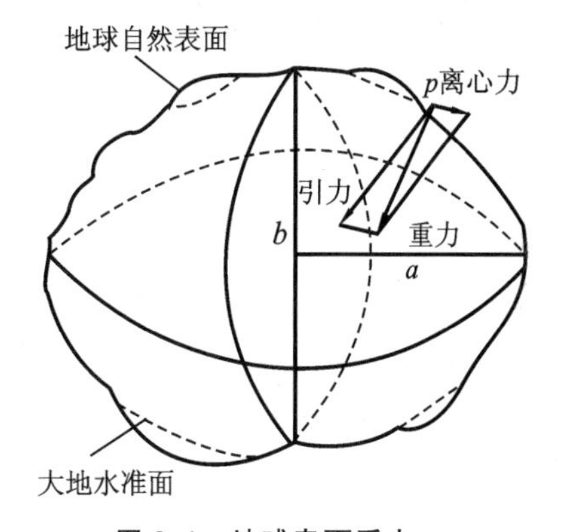

图 0-1 地球表面受力

由于水准面有无数个，而野外测量工作将在不同的水准面上进行，因此，产生了对于同一个观测对象（角度、距离或点的高程），如果选用不同的水准面作为测量工作基准面，所得出的观测结果是否相同的问题。研究表明，对于两个方向之间的夹角，在不同高度的水准面上，其大小可以认为是不变的，但对于长距离和点的高程而言，其结果将随着所选取的基准面的不同而发生变化。因此，为了使不同测量部门所得出的外业成果能互相比较、互相统一、互相利用，有必要选择一个最有代表性的水准面作为外业作业的共同基准面。这个基准面是如何确定的呢？由于海洋面积约占地球总面积的71%，所以静止的海水面是地球上最大的天然水准面。这个静止的平均海平面不断延伸，穿过大陆和岛屿所形成的闭合曲面就称为大地水准面。由于大地水准面的形状和大地体的大小均接近地球的自然表面的形状和大小，因此，可选取大地水准面作为测量工作的基准面，如图0-2(a)所示。

0.2.2 参考椭球面

虽然将大地水准面作为测量工作的基准面使观测结果有了共同的标准，但是测量的最终目的是精确测定地球表面的位置，而想要计算点的位置就必须知道所依据的基准面的形状是否能用数学模型准确表达出来。因为地球内部物质构造分布不均匀，地球表面起伏不平，所以大地水准面是一个略有起伏的不规则的物理表面，无法用数学公式精确表达出来，因而也就无法进行测量数据的处理。为了便于正确地计算测量成果，准确表示地面点的位置，测量上选用一个大小和形状都非常接近大地体的旋转椭球体作为地球的参考形状和大小，这个旋转椭球体称为参考椭球体，又称地球椭球。它是一个规则的曲面体，可以用较简单的数学式子准确地表达出来。它的大小和形状可以用长半径 a(或短半径 b)和扁率 α 来表示，如图0-2(b)所示。其中扁率 α 的计算式为

$$\alpha=\frac{a-b}{a} \tag{0-1}$$

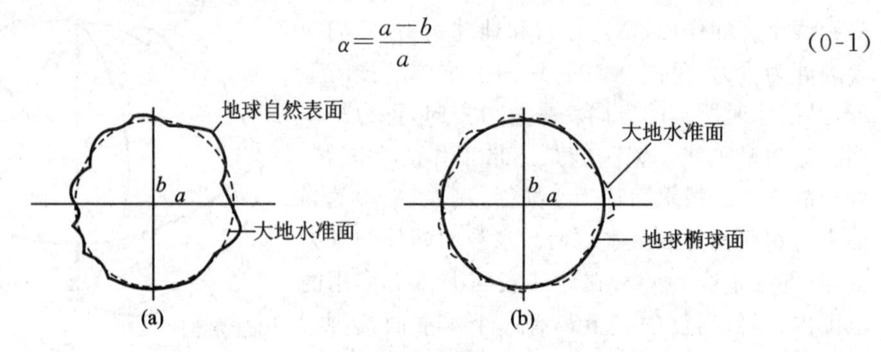

图0-2 大地水准面的确定

我国2008年以后，国家大地坐标系采用原点位于地球质量中心的坐标系统。其参数为

$$a=6378137\ \text{m},\quad \alpha=1/298.257222101$$

因为旋转椭球体的扁率较小，所以在测量精度要求不高的情况下，可以把地球近似地当作圆球，其半径 R 采用地球半径的平均值6371 km。

按严格要求，在地球表面进行测量工作时应选取参考椭球面作为基准面，但实际上大多采用与重力方向垂直的大地水准面作为基准面，因为重力方向用简单的方法即可得到。用细线挂一垂球，当垂球静止时，垂球线方向就是该点的重力方向。所以，以大地水准面和铅垂线作为测量工作的基准面和基准线，可以大大简化操作和计算。但大范围、高精度的测量工作，仍应以参考椭球面作为测量计算的基准。

0.3 确定地面点位的方法

测量工作的基本任务是确定地面点的位置,为此测量上要采用投影的方法加以处理,即一点在空间的位置需要三个量来确定,这三个量通常采用该点在基准面上的投影位置和该点沿投影方向到基准面(一般是大地水准面)的距离来表示(见图 0-3)。这种确定地面点位的方法又与一定的坐标系统相对应。

0.3.1 大地坐标系

大地坐标系以参考椭球面为基准面。地面点在参考椭球面上的投影位置用经度 L、纬度 B 和大地高 H 表示。如图 0-4 所示,NS 为椭球的旋转轴,N 表示北极,S 表示南极。通过椭球旋转轴的平面称为子午面,其中通过格林尼治天文台的子午面称为本初子午面。子午面与椭球面的交线称为子午线。某点的大地经度就是通过该点的子午面与起始子午面的夹角。通过椭球中心且与椭球旋转轴正交的平面称为赤道面,它与椭球面相截所得的曲线称为赤道。其他平面与椭球旋转轴正交,但不通过球心,这些平面与椭球面相截所得的曲线称为纬线。国际规定,通过格林尼治天文台的子午面为零子午面,向东经度为正,向西为负,其域值为 0°～180°。大地纬度就是在椭球面上的 P 点作一与椭球体相切的平面,然后过 P 点作一垂直于此平面的直线,这条直线称为 P 点的法线,它与赤道的交角就是 P 点的大地纬度。向北,称为北纬,向南,称为南纬,其域值为 0°～90°。椭球体的大地高为零。沿法线在椭球体面外为正,在椭球体内为负。

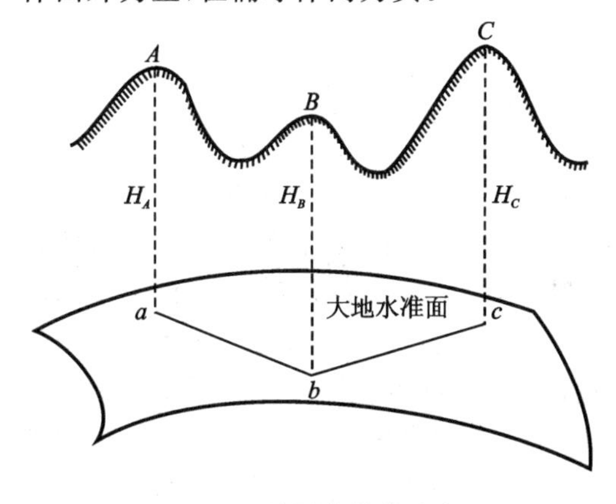

图 0-3　地面点位的确定

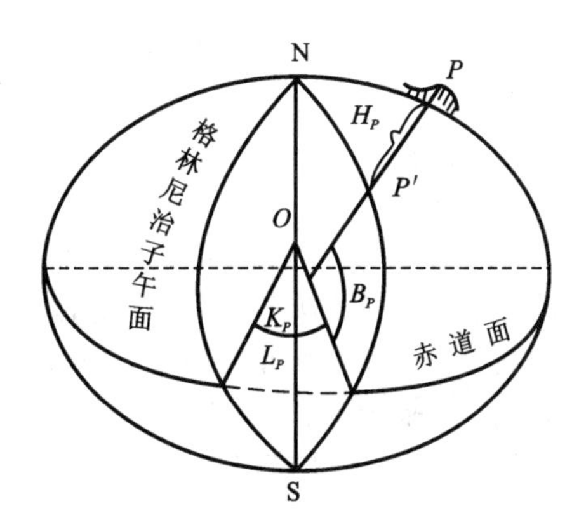

图 0-4　大地坐标系

0.3.2 高斯平面直角坐标

以上介绍的是大地坐标系。它是以椭球面和法线为基准,将地面观测元素归算至椭球面进行计算的。在实际进行测量时,量距、测角或测高程都是在水准面上以铅垂线为准,因此所测得的数据若以大地坐标表示,必须进行精确的换算。实践证明,在大地坐标系上面进行计算是相当复杂和烦琐的,若将其直接用于工程建设规划、设计、施工等,也很不方便。为了便于测量计算和生产实践,要将椭球面上大地坐标按一定数学法则归算到平面上,并在平面直角坐标系中采用人们熟知的简单计算公式计算平面坐标。我国采用的由椭球面上的大地坐标向平面直角坐标转化的地图投影理论为高斯-克吕格投影,简称高斯投影。

高斯投影是设想一个横椭圆柱套在参考椭球的外面,如图 0-5(a)所示,横椭圆柱的轴线通过椭球心 O,并与地轴 NS 垂直,这时椭球面上某一子午线正好与横椭圆柱面相切,这条子午线称为中央子午线。然后在椭球面上的图形与椭圆柱面上的图形保持等角的条件下,沿椭球柱的 N、S 点母线将椭球切开,并展成平面,即为高斯投影平面。至此便完成了椭球面向平面的转换工作。在此高斯投影平面上,中央子午线经投影面展开成一条直线,以此直线作为纵轴,即 x 轴;赤道是一条与中央子午线相垂直的直线,将它作为横轴,即 y 轴;两直线的交点作为原点,就组成了高斯平面直角坐标系统,如图 0-5(b)所示。

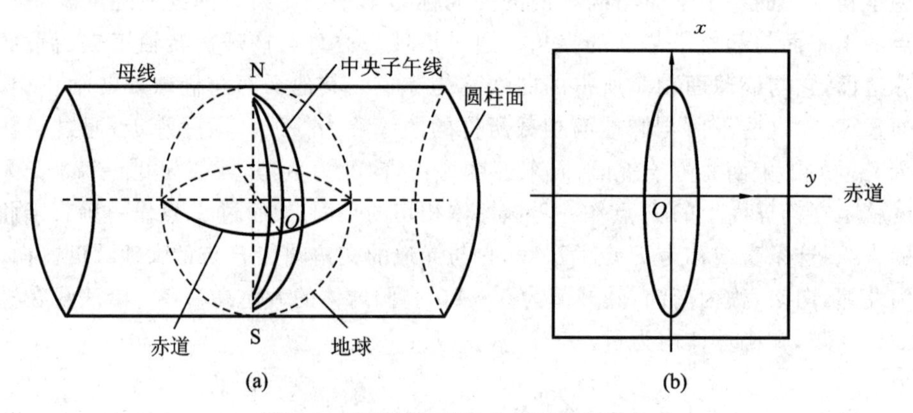

图 0-5 高斯平面直角坐标系统的转换

高斯投影虽然不存在角度变形,但存在长度变形,除中央子午线外都要发生变形。离中央子午线愈远,投影后变形愈大,这种变形将会影响测图和施工精度。为了把投影后长度变形控制在允许的范围内,测量时要采用分带投影的办法来解决这一问题。这种方法是将地球划分成若干投影带,如图 0-6(a)所示,即把投影区域限制在中央子午线两旁的狭窄区域内,这个区域的范围常选用 6°或 3°。如果测区边缘超过这个范围,就换一条中央子午线,也就换了一个新的坐标系。这样就能把长度变形限制在一定的范围内。国际上统一把椭球体分成许多 6°或 3°带形,并且依次编号,6°带投影从英国格林尼治子午线起算,自西向东,每隔经差 6°投影一次,将地球划分成经差相等的 60 个带,并从西向东进行编号,带号用阿拉伯数字 1,2,3,…,60 表示。位于各带中央的子午线,称为该带的中央子午线。第一个 6°带的中央子午线的经度为 3°,任意带的中央子午线经度为

$$L_0^6=6N-3 \tag{0-2}$$

式中 N——6°带的带号;

L_0^6——6°带中央子午线经度。

当要求变形更小时，还可以按经差3°或1.5°划分投影带。3°带是在6°带的基础上划分的，其中央子午线在奇数带时与6°带中央子午线重合，每隔3°为一带，共120带，各带中央子午线经度为

$$L_0^3 = 3n \tag{0-3}$$

式中　n——3°带的带号；

L_0^3——3°带中央子午线经度。

将投影后具有高斯平面直角坐标系的6°带一个个拼接起来，便得到如图0-6(b)所示的图形。我国幅员辽阔，含有11个6°带，即在13～23带范围；21个3°带，即在25～45带范围。北京位于6°带的第20带，中央子午线经度为117°。

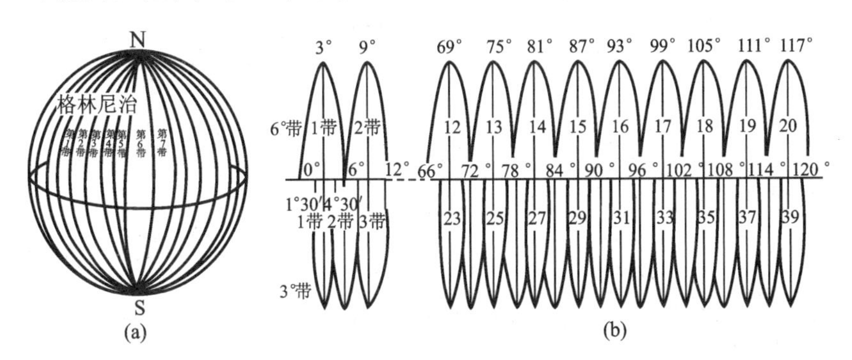

图0-6　投影带的划分

在高斯平面直角坐标系中，纵坐标的正负方向以赤道为界，向北为正，向南为负；横坐标以中央子午线为界，向东为正，向西为负。由于我国位于北半球，所有纵坐标x均为正，而各带的横坐标y有正有负。为了使用方便，使纵坐标y不出现负值，规定将纵坐标轴向西平移500 km，作为使用坐标，即相当于在实际纵坐标y值上加500 km(见图0-7)。例如，$y_A=123210$ m，$y_B=-103524$ m，各加500 km后，分别成为$y_A=623210$ m，$y_B=396476$ m。

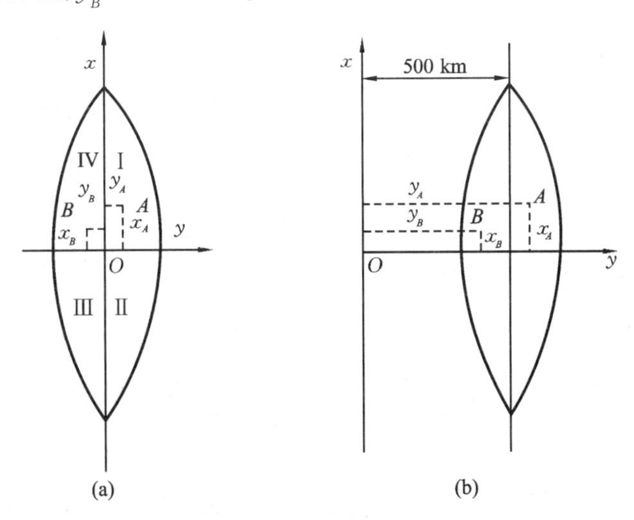

图0-7　高斯平面直角坐标系

每一个 6°带都有其相应的平面直角坐标系。为了表明某点位于哪一个 6°带，规定在横坐标 y 值前面加上带号，如 A 点在 20 带时应表示为 $y_A=20623210$ m。

高斯直角坐标系中规定的 x、y 轴与数学中定义的笛卡儿坐标系的坐标轴不同(见图 0-8)。高斯直角坐标系纵轴为 x 轴，横轴为 y 轴。坐标象限沿顺时针方向划分为四个象限，角度起算是从纵轴的北方向开始的，顺时针旋转，形成与起始轴的夹角，这也与数学坐标系的转角相反，这样做是为了将数学上的三角和解析几何公式直接用到测量的计算上。

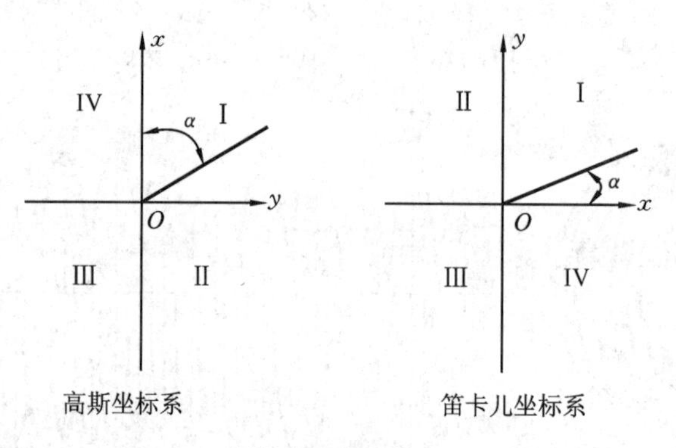

图 0-8 高斯坐标系和笛卡儿坐标系

0.3.3 假定平面直角坐标系

在小范围内进行测量工作(测区半径小于 10 km)时，可以将大地水准面当作水平面看待，即可直接在大地水准面上建立平面直角坐标系和沿铅垂线投影地面点位。为使坐标系内的点位坐标不出现负值，可在测区的西南角以外选定坐标原点。过原点的子午线即为 x 轴，通过原点并与子午线相垂直的直线即为 y 轴，如图 0-9 所示。建立坐标系后，可假定测区西南角 A 点的坐标值，例如，$x_A=1000$ m，$y_A=2000$ m。这样，整个测区的假定坐标均为正值，以便于使用。

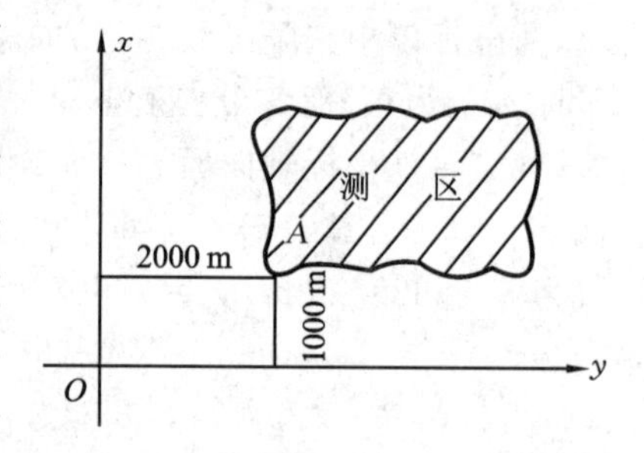

图 0-9 假定平面直角坐标系

0.3.4 地面点的高程

为了确定地面点位，除了要知道它的平面位置，还要确定它的高程。地面点的高程是指地面点至某一高程基准面的垂直距离。高程基准面选择不同，会有不同的高程系统。测量上常用的高程基准面有参考椭球面和大地水准面两种。其相应的高程为大地高和绝对高程或海拔高。

大地高是地面点沿法线到参考椭球面的距离；绝对高程或海拔高是地面点沿铅

垂线到大地水准面的距离。由于重力方向可用简单的方法得到，实际上常采用与重力方向垂直的大地水准面，因此，一般高程均以大地水准面作为基准面，以铅垂线为基准线。如图 0-10 所示，A、B 为地面上的两个点，H_A、H_B 为 A、B 至大地水准面的铅垂距离，即为 A 点和 B 点的绝对高程或海拔高。我国的绝对高程以青岛验潮站历年记录的黄海平均海水面为基准面，其高度作为高程零点，并在青岛观象山建立水准原点。目前我国采用“1985 年高程基准”，青岛水准原点的高程为 72.260 m，全国各地高程均以它为基准进行测算。但 1987 年以前使用的是“1956 年高程基准”，其高程为 72.289 m，因此利用旧的高程测量成果时，要注意高程基准的统一和换算。

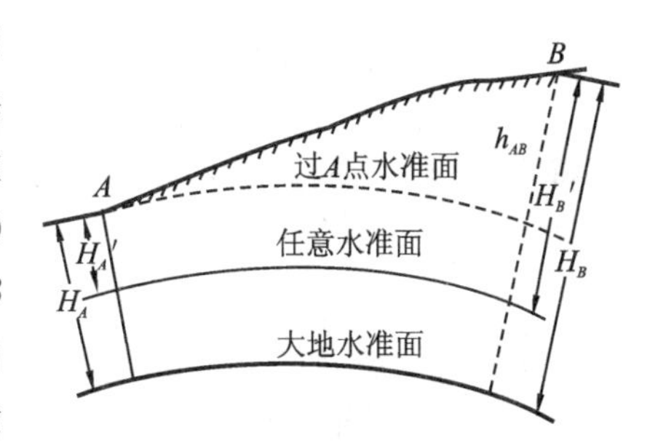

图 0-10 不同水准面的高程

当测区附近没有从基准面起算的水准点时，可采用假定高程系统，以任意假定水准面为起算高程的基准面。如图 0-10 所示，地面点 A、B 到任意水准面的铅垂距离称为假定高程或相对高程。在图 0-10 中，H_A'、H_B' 为相对高程。两个地面点之间的高程差称为高差，用 h 表示，h_{AB} 为地面点 A 与 B 之间的高差，其计算公式为

$$h_{AB}=H_B-H_A=H_B'-H_A' \tag{0-4}$$

由式(0-4)可知，不同的高程基准面所得的高差相等。这种假定高程，在需要用国家高程基准表示时，只要与国家高程控制点联测，再经换算即可得到绝对高程。

0.4 用水平面代替水准面的限度

前面提到，在测区范围较小时，可以将大地水准面当作水平面看待，直接将地面点沿铅垂线投影到平面上，进行几何计算或绘图，这样既简化了测量的计算工作，又不致因曲面和平面的差异过大而产生较大测量误差。问题是在多大范围内可将曲面作为平面，使得所产生的误差不超过工程地形图和施工放样的容许误差。下面仅就地球曲率对距离和高程的影响进行分析，据以限制其使用范围。为简便起见，将地球作为圆球看待，取其平均半径为 6371 km。

0.4.1 对距离的影响

如图 0-11 所示，设地面两点 A、B 在水平面上的投影分别为 a、b'，其长度为 l'；在大地水准面上的投影分别为 a、b，其弧长为 l，l 所对圆心角为 θ，地球半径为 R。l' 与 l 之差为 Δl，则

$$\Delta l=l'-l=R\tan\theta-R\theta=R(\tan\theta-\theta) \tag{0-5}$$

已知 $\tan\theta=\theta+\frac{1}{3}\theta^3+\frac{5}{12}\theta^5+\cdots$，因 θ 角很小，只取其前两项代入式(0-5)，得

$$\Delta l=R\left(\theta+\frac{1}{3}\theta^3-\theta\right)=\frac{R\theta^3}{3} \tag{0-6}$$

再将 $\theta=\frac{l}{R}$ 代入上式,得

$$\Delta l=\frac{l^3}{3R^2} \quad 或 \quad \frac{\Delta l}{l}=\frac{l^2}{3R^2} \tag{0-7}$$

将地球半径 $R=6371$ km 和不同的 l 值代入式(0-7),计算结果如表 0-1 所示。从表中所列数值可看出,随着距离的增加,曲面上的弧长与水平面上的长度之差增大,在弧长为 10 km 时所产生的长度之差为其长度的 1/1200000。而目前测量工作中最精密的距离测量的容许误差为其长度的 1/1000000,由此可得出结论:在半径为 10 km 的测区内进行测量工作时,可以把大地水准面当作水平面看待。

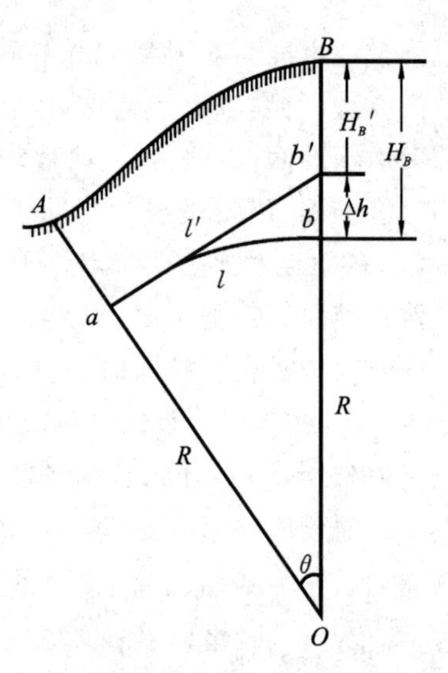

图 0-11 地球曲率对距离或高程的影响

表 0-1 地球曲率对距离的影响

l/km	Δl/cm	$\Delta l/l$
10	0.8	1/1200000
20	6.6	1/300000
50	102.7	1/49000
100	821.2	1/12000

0.4.2 对高程的影响

如图 0-11 所示,地面点 B 的高程从大地水准面起算时为 H_B,从水平面起算时为 H'_B。由于起算面不同,产生高程误差 Δh。而 Δh 的大小是与弧长 l 的平方成正比的,受弧长的影响很大,现推证如下。

$$(R+\Delta h)^2=R^2+l'^2$$

$$2R\Delta h+\Delta h^2=l'^2$$

$$\Delta h=\frac{l'^2}{2R+\Delta h}$$

由于 l' 与 l 相差甚小,可用 l 代替 l',同时 Δh 与 R 相比也可略去 Δh。故上式可写为

$$\Delta h=\frac{l^2}{2R} \tag{0-8}$$

现将 $R=6371$ km 和不同的弧长 l 代入式(0-8),计算结果如表 0-2 所示。

表 0-2 不同弧长对高程的影响

l/km	0.10	0.20	0.30	0.40	0.50	1	2
Δh/cm	0.08	0.31	0.71	1.3	2	8	31

从表 0-2 可看出,用水平面代替大地水准面,对高程有较大的影响。距离为 200 m 时就有 0.31 cm 的高程误差,已超过误差允许范围。因此,就高程测量而言,即使距离较短,也应考虑地球曲率对高程的影响。

0.5 测量工作的组织原则与程序

虽然要测绘的地球表面的形态以及要测设的建筑物复杂多样,但可将其分为地物和地貌两大类。

地物:地面上的固定性物体,如河流、湖泊、道路和房屋等。

地貌:地面上高低起伏的形态,如山岭、谷地和陡崖等。

地物、地貌的形状和大小均可看作是由一些特征点的位置所决定的,这类特征点又称为碎部点。地形测量及建筑物测设实际上是在地物和地貌上选择一些有代表性的碎部点进行测量,并确定它们的平面位置和高程,然后用点、折线、曲线连接起来表示地物和地貌的工作。

测定碎部点的平面位置和高程一般分两步进行。第一步进行控制测量,如图 0-12所示,先在测区内选择若干具有控制作用的点(1,2,3,…),并精确测出这些点的平面位置和高程。控制点不仅要求测量精度高,而且要经过统一严密的数据处理,在测量中起着控制误差累积的作用。有了控制点,可以将大范围的测区工作进行分幅、分组测量。第二步进行碎部测量,根据控制点的坐标,在控制点上安置仪器,测定周围碎部点的平面位置和高程。例如,在控制点 1 上测出房屋的角点 L、M、N 等的数据,然后根据所测的这些碎部点的平面位置和高程,按一定比例及相应符号描绘到图上,即得到所测地区的地形图。这种"从整体到局部""先控制后碎部"的方法是组织测量工作应遵循的基本原则,它可以减少误差的累积,保证测图的精度,

图 0-12 测量工作的程序

而且可以分幅测绘,加快测图进度。另外,测量中应严格进行检核工作,做到“前一步测量工作未作检核,下一步测量工作不能进行”,这是组织测量工作应遵循的又一个原则,它可以防止错漏发生,保证测量成果的正确性。

上述测量工作的组织原则,也适用于建筑物的测设工作。如图 0-12 所示,欲将图上设计好的建筑物 P、Q、R 在实地标定出来作为施工的依据,也应先进行控制测量,然后将仪器安置在控制点 1 和 6 上,根据测设数据,进行建筑物的测设。

综上所述,无论是控制测量和碎部测量,还是施工测设,其实质都是确定地面点的位置,而地面点间的相互位置关系,是以水平角(方向)、距离和高程来确定的。因此,水平角测量、距离测量和高程测量是测量学的基本内容,测角、量距和测高程是测量的基本工作,观测、计算和绘图是测量工作的基本技能。随着科学技术的发展,在现代测量中已有了许多新技术,如城市 1∶1000 以上的地形图已采用航空摄影测量代替常规野外测图,控制测量已采用全球导航定位系统代替常规控制测量。但在施工测量和局部小范围的大比例尺地形图和施工放样中,仍采用常规几何测量方法。

【本章要点】

本章主要介绍土木工程测量学研究的主要内容和任务,概述测量工作的基准面及常用坐标系统,介绍地面点位的确定方法及测量原理,分析土木工程测量中用水平面代替水准面的限度及测量工作的组织原则与程序。

【思考和练习】

0.1 测量学研究的对象是什么?

0.2 测定与测设有何区别?

0.3 土木工程测量的主要任务是什么?

0.4 何谓大地水准面?它们在测量中有何作用?

0.5 什么是测量工作的基准面和基准线?

0.6 测量上常用的坐标系统有几种?各有什么特点?

0.7 某点的经度为 118°50′,试计算它所在 6°带和 3°带的带号,以及相应 6°带和 3°带的中央子午线的经度。

0.8 测量上的平面直角坐标系与数学中的平面直角坐标系有何区别?

0.9 何谓绝对高程和相对高程?两点之间的绝对高程之差与相对高程之差是否相等?

0.10 用水平面代替水准面,对距离、水平角和高程有何影响?

0.11 测量工作的两个基本原则是什么?

0.12 确定地面点位的三项基本测量工作是什么?

1 水 准 测 量

测量地面上各点高程的工作，称为高程测量。高程测量的方法有很多种，通常有以下几种方法：水准测量、三角高程测量、气压高程测量和卫星定位测量(GPS)。其中以水准测量应用最为广泛，尤其在土木工程测量中被经常采用。

本章将着重介绍水准测量原理，微倾式水准仪的构造和使用，水准测量的施测方法及成果检核和计算等内容。三角高程测量将在第5章讲述。

1.1 水准测量原理

水准测量是利用一条水平视线，并借助水准尺，来测定地面两点间的高差，然后由其中一个已知点的高程计算出未知点的高程的方法。

设地面上有 A、B 两点，如图1-1所示。欲测定 A、B 两点之间的高差 h_{AB}，可在 A、B 两点上分别竖立有刻度的尺子——水准尺，并在 A、B 两点之间安置一台能提供水平视线的仪器——水准仪。根据仪器的水平视线，在 A 点水准尺上读数，设为 a，在 B 点水准尺上读数，设为 b，则 A、B 两点间的高差为

$$h_{AB}=a-b \tag{1-1}$$

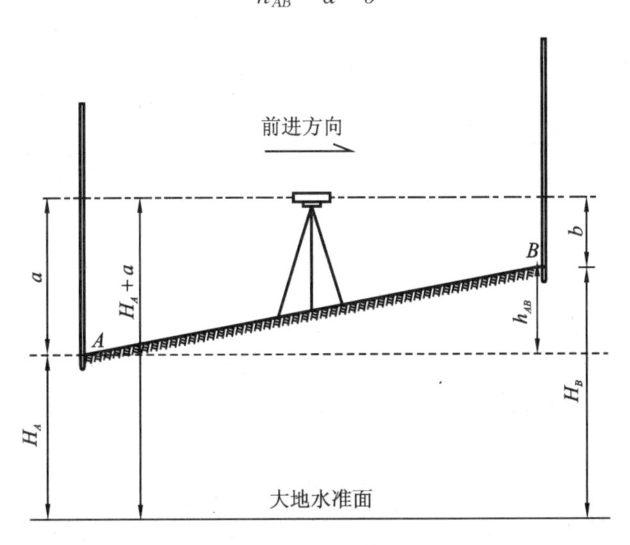

图1-1 水准测量原理

如果水准测量是由点 A 到点 B 进行的，如图1-1中的箭头所示，点 A 为已知高程点，则点 A 水准尺上的读数称为后视读数；点 B 为欲求高程的点，点 B 水准尺上的读数为前视读数。高差等于后视读数减去前视读数，如果 $a>b$，则高差为正，反之，则高差为负。

若已知点 A 的高程为 H_A，则点 B 的高程为

$$H_B = H_A + h_{AB} = H_A + (a-b) \tag{1-2}$$

式(1-2)是直接利用高差 h_{AB} 计算点 B 高程的公式，其方法称为高差法。利用仪器视线高程计算多点高程的方法称为视线高法。

令

$$H_i = H_A + a$$

则

$$H_B = H_i - b \tag{1-3}$$

当需要观测多个前视读数时，采用视线高法更方便。

1.2 水准仪和水准尺

我国的水准仪按其精度等级可分为 DS05、DS1、DS3 和 DS10 四个型号。其中 D、S 分别为“大地测量”和“水准仪”汉语拼音的第一个字母，后接数字表示精度等级。建筑工程测量广泛使用的是 DS3 水准仪，因此本节着重介绍这类仪器。

1.2.1 DS3 水准仪的构造

根据水准测量的原理，水准仪的主要作用是提供水平视线，并能够在水准尺上读数。水准仪主要由望远镜、水准器和基座三部分组成，如图 1-2 所示。

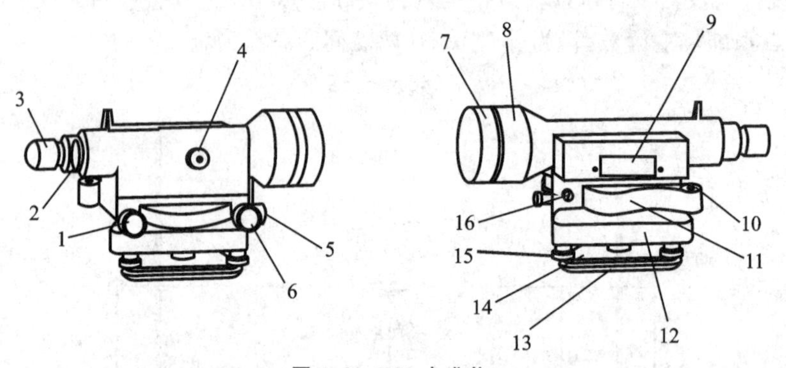

图 1-2 DS3 水准仪

1—微倾螺旋；2—分划板护罩；3—目镜；4—物镜对光螺旋；5—制动螺旋；6—微动螺旋；7—物镜；8—望远镜；9—管水准器；10—圆水准器；11—支座；12—轴座；13—底板；14—三角形压板；15—脚螺旋；16—弹簧帽

1. 望远镜

如图 1-3 所示为 DS3 水准仪望远镜构造图，它主要由物镜、目镜、调焦镜和十字丝分划板四部分所组成。物镜和目镜多采用复合透镜组，作用是照准和放大目标。调焦镜的作用是改变等效焦距，看清远近不同的目标。十字丝分划板上刻有互相垂直的细长线，如图 1-3 中 8 所示。竖直的一条称为竖丝，横的一条称为中丝，用作瞄准目标和读取读数。在中丝的上下还对称地刻有两条与中丝平行的横短线，称为视距丝，用于测量距离。十字丝分划板固定在望远镜的镜筒上，位于目镜和调焦镜之

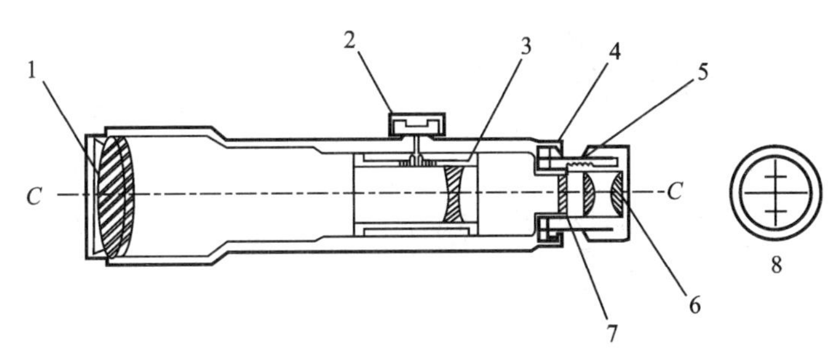

图 1-3　DS3 水准仪望远镜构造图

1—物镜；2—物镜对光螺旋；3—对光透镜；4—分划板固定螺丝；
5—目镜对光螺旋；6—目镜；7—十字丝分划板；8—十字丝分划板影像

间，可以通过校正螺丝来进行调节。

十字丝交点与物镜光心的连线称为望远镜视准轴（CC），是望远镜的照准线。

如图 1-4 所示为望远镜成像原理图。远处目标 AB 反射的光线经过物镜后，形成倒立而缩小的实像 ab，移动调焦透镜可使不同距离的目标成像在十字丝分划板平面上。再通过目镜，可同时看清放大了的十字丝和目标影像。目镜所看到的影像有正像和倒像，目前所生产的水准仪的影像大多为正像。

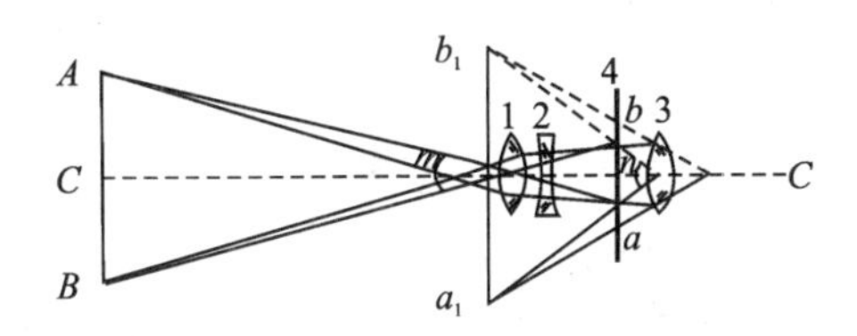

图 1-4　望远镜成像原理

1—物镜；2—调焦透镜；3—目镜；4—十字丝分划板

望远镜内观察目标物体的视角（α）与肉眼直接观察目标物体的视角（β）之比，称为望远镜的放大率，用 V 表示，$V=\alpha/\beta$。DS3 水准仪望远镜一般可放大 28～32 倍。

2. 水准器

水准器是用来指示水准仪的视准轴是否水平或仪器的竖轴是否垂直的装置，有管水准器和圆水准器两种。管水准器用来指示视准轴是否水平，圆水准器用来指示竖轴是否垂直。

（1）管水准器

管水准器又称水准管，沿玻璃管内壁纵向磨成圆弧形，内装酒精和乙醚的混合液，加热融封，冷却后形成一个气泡（见图 1-5）。因为气泡较轻，所以总是处于管内最高点位置。

通过水准管零点 O 作圆弧切线 LL，称为水准管轴。当气泡中心与水准管零点重合时，水准气泡居中，这时水准管轴 LL 水平。间隔 2 mm 的分划线间的弧长所对应的圆心角称为水准管的分划值，用 τ 表示。它表示气泡移动一格时，水准管倾斜的

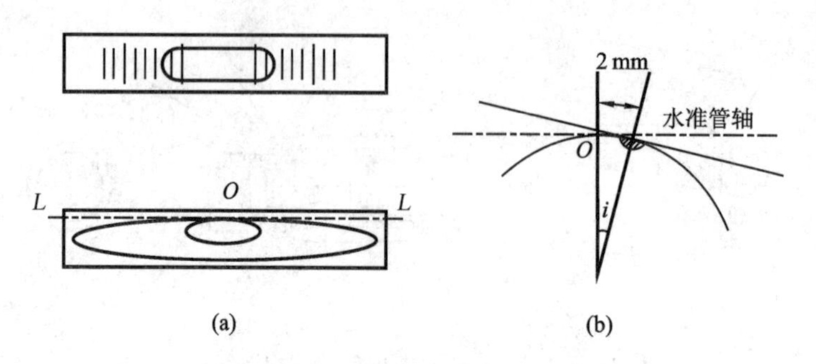

图 1-5 管水准器的构造与分划值

角度值。

$$\tau = 2\rho''/R \tag{1-4}$$

式中 ρ''——常数,其值为 206265″,1 弧度对应的角度以秒表示;

R——水准管圆弧半径,单位为 mm。

式(1-4)说明圆弧的半径 R 越大,角度值 τ 越小,水准管的灵敏度越高。DS3 水准仪的水准管分划值一般为 20″/2 mm。

微倾式水准仪在水准管的上方安装了一组复合棱镜,如图 1-6 (a)所示。复合棱镜的反射作用,使气泡两端的影像反映在望远镜旁的符合气泡观察窗中。若气泡的半像错开,则表示气泡不居中,如图 1-6(b)所示。这时,应转动微倾螺旋,使气泡的半像吻合,同时表示气泡居中,如图 1-6 (c)所示。

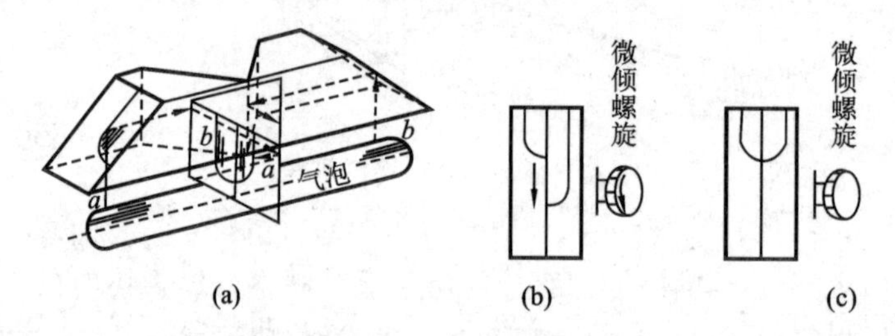

图 1-6 符合水准器棱镜系统

目前国内生产的水准仪大多为自动安平水准仪,为无管水准器。

(2) 圆水准器

如图 1-7 所示,圆水准器顶面的内壁是球面,中间有圆分划圈,圆圈的中心为水准器的零点,通过零点的球面法线为圆水准器轴线。当圆水准器气泡居中时,该轴线处于垂直位置。当气泡不居中,气泡中心偏移零点 2 mm 时,轴线所倾斜的角度值,称为圆水准器的分划值,一般为 8′～10′。由于它的精度较低,故只用于仪器的粗略整平,也就是只能使仪器的竖轴大致垂直。

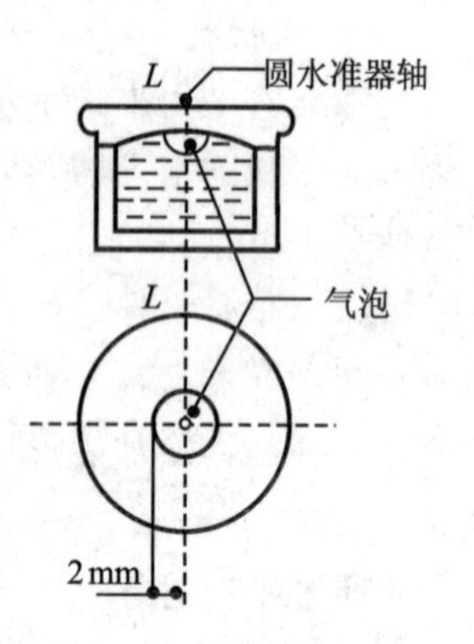

图 1-7 圆水准器构造

3. 基座

基座的作用是支承仪器的上部并与三脚架连接，它主要由轴座、脚螺旋、底板和三角压板构成。

1.2.2 水准尺和尺垫

水准测量时使用的标尺称为水准尺，其质量直接影响水准测量的精度。因此，水准尺需用不易变形的玻璃钢、铝合金或优质木材制成，要求尺长稳定，分划准确。常用的水准尺有塔尺、折尺和直尺等多种。

塔尺和折尺（见图 1-8）多用于等外水准测量和地形测量，其长度有 2 m、4 m 和 5 m三种，有两节、三节和五节之分。尺的底部为零点，尺上黑白格相间，最小格宽度为1 cm，有的为 0.5 cm，每 1 m 和 1 dm 处均有标记。

直尺多为双面水准尺（见图 1-8），用于三、四等水准测量。其长度有 2 m 和 3 m 两种，且两根尺为一对。尺的两面均有刻度，一面为黑白相间，称黑面尺（也称主尺）；一面为红白相间，称红面尺（也称辅尺）。两面的最小刻度均为 1 cm，并在 dm 处注记。两根尺的黑面均由零开始，而红面，一根尺由 4.687 m 开始，另一根由 4.787 m 开始，这个差值通常称为基辅差。

尺垫是在转点处放置水准尺用的，它用生铁铸成，一般为三角形，中央有一凸起的半球体，下方有三个支脚，如图 1-9 所示。用时将支脚牢固地插入土中，以防下沉，上方凸起的半球形顶点作为立水准尺和转点标志之用。

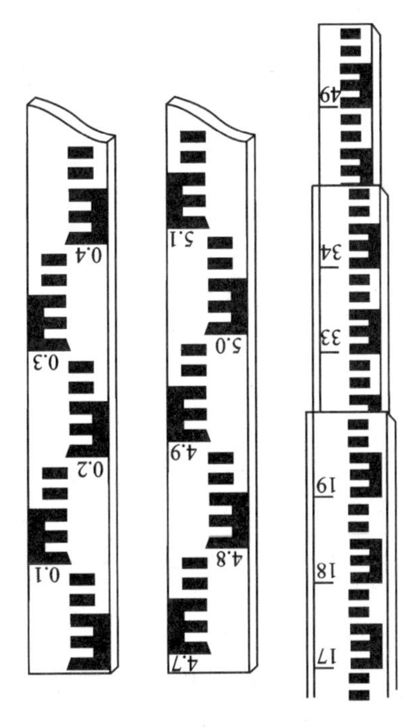

图 1-8 常用水准尺

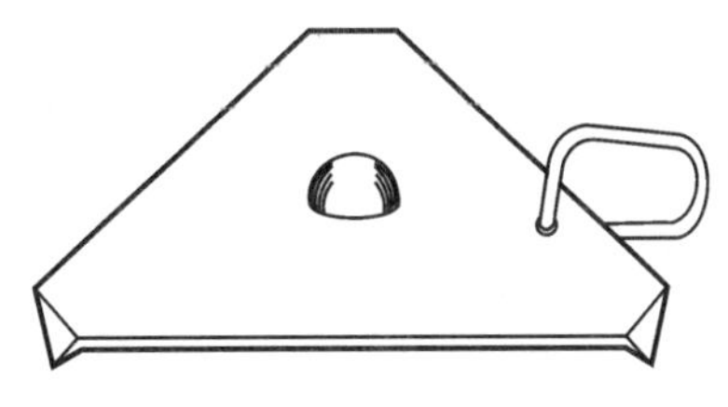

图 1-9 尺垫

1.3 水准仪的技术操作

水准仪的技术操作包括安置仪器、粗略整平、瞄准水准尺、精确整平、读数和扶尺等步骤。

1.3.1 安置水准仪

该项操作的目的是将仪器的脚架安置牢固。

打开三脚架并使高度适中,目测使架头大致水平。接着检查架腿是否安置稳固,三脚架伸缩螺旋是否拧紧。然后打开仪器箱取出水准仪,置于三脚架头上,用连接螺钉将仪器连接固定。

【注意】 仪器高度要根据使用者身高确定;在泥土地安置仪器时应将脚架尖端插入泥土中;架头大致水平以保证能用脚螺旋整平仪器;拧紧脚架伸缩螺旋时不可用力过大。

1.3.2 粗略整平

该项操作的目的是使仪器竖轴大致垂直,使视准轴粗略水平。

整平圆水准器使气泡居中,如图 1-10(a)所示,气泡未居中而位于 a 处时,先按图上箭头所指的方向用两手相对转动脚螺旋①和②,使气泡移到 b 的位置[见图 1-10(b)],再左手转动脚螺旋③,使气泡居中。在整平的过程中,气泡的移动方向与左手大拇指运动的方向一致。

【注意】 气泡的位置为高点,旋转脚螺旋时应随时观察其高低变化,以免越调越偏。

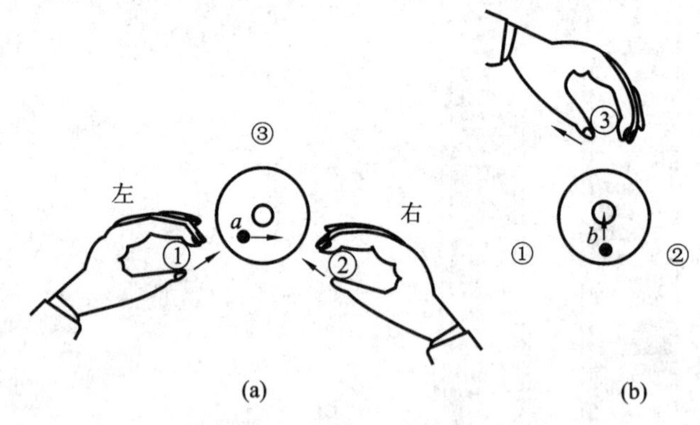

图 1-10 圆水准器气泡整平

1.3.3 瞄准水准尺

该项操作的目的是瞄准前后尺方向,为精平和读数创造条件。

瞄准水准尺前,先进行目镜对光,即把望远镜对准明亮的背景,转动目镜对光螺旋,使十字丝成像清晰。再用望远镜筒上的照门和准星瞄准水准尺,拧紧制动螺旋。然后从望远镜中观察,转动物镜对光螺旋进行对光,使目标清晰,再转动微动螺旋,使竖丝对准水准尺。

当眼睛在目镜端上下微微移动时，十字丝与目标影像可能会有相对运动，这种现象称为视差。产生视差的原因是目标成像的平面和十字丝平面不重合[见图 1-11(a)、(b)]。视差的存在会影响到读数的准确性，必须加以消除。消除视差的方法是重新仔细地进行对光，直到从目镜端见到十字丝与目标的像无相对移动为止[见图 1-11(c)]。

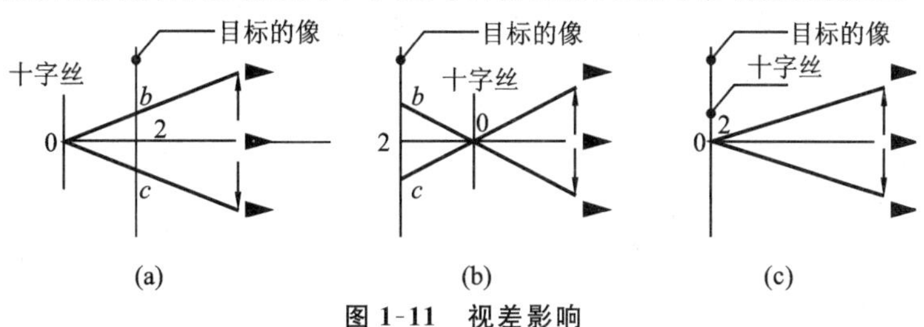

图 1-11 视差影响

【注意】 要防止因十字丝倾斜给水准测量带来误差，最好用十字丝中间瞄准水准尺。

1.3.4 精确整平

该项操作的目的是使仪器的水准轴和视准轴水平。

眼睛通过位于望远镜左方的符合气泡观察窗看水准管气泡，右手转动微倾螺旋，使气泡两端的像吻合，即表示水准仪的视准轴已精确水平。

【注意】 因为水准管十分灵敏，精平后仍可能移动，所以应在精平后马上读数。

1.3.5 读数

该项操作的目的是在标尺竖直、视准轴水平的情况下，读取尺面读数，为水准测量提供数据。

用十字丝的中丝在尺上读数。无论水准仪采用的是倒像还是正像望远镜，读数时应从小数往大数读，先估读毫米数，再读米数、分米数、厘米数。如图 1-12 所示为水准仪目标影像放大图。

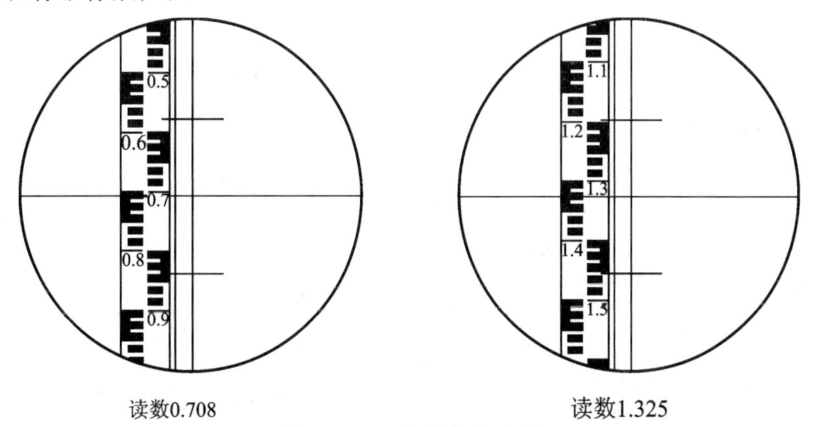

图 1-12 目标影像放大图

【注意】 读数前应判明水准尺的刻度、数字注记和零点。为防止气泡偏移，精平后马上读数，并且先估读毫米数。

1.3.6 扶尺

该项操作的目的是将水准尺竖直地立在点上。

水准尺左右倾斜容易在水准仪中发现,可及时纠正。但是当水准仪前后倾斜时,测量人不易发现,可能造成读数偏大。所以要求测量人扶尺时,站在尺的后面双手把握,高精度水准测量时要借助尺上的气泡来保证水准尺竖直。

【注意】 地面倾角较大时,可轻轻前后晃动水准尺,读取最小读数;在尺垫上立尺,要注意防止尺垫移动和尺子滑落。

1.4 水准测量的实施

1.4.1 水准点

用水准测量确定的高程控制点叫水准点,用 BM(bench mark)表示。水准点通常由其他水准点引测而来,不同等级的水准点有不同的埋设要求,一般分为永久点和临时点两种。国家等级的水准点要求保存的时间相对长些,须埋设在冻土线以下,一般用石料或钢筋混凝土制成,上面镶嵌有不易腐蚀的金属球,如图 1-13(a)、(b)所示。

建筑工地上的永久性水准点一般用混凝土或钢筋混凝土制成,其式样如图 1-13(c)所示。临时性的水准点可用地面上凸出的坚硬岩石或建筑物墙基、楼梯等做标志,也可将大木桩打入地下,桩顶钉以半球形铁钉做标志,如图 1-13(d)所示。由于建筑工地车辆和机械设备较多,水准点很容易被破坏,一般每个水准点应有备用点。

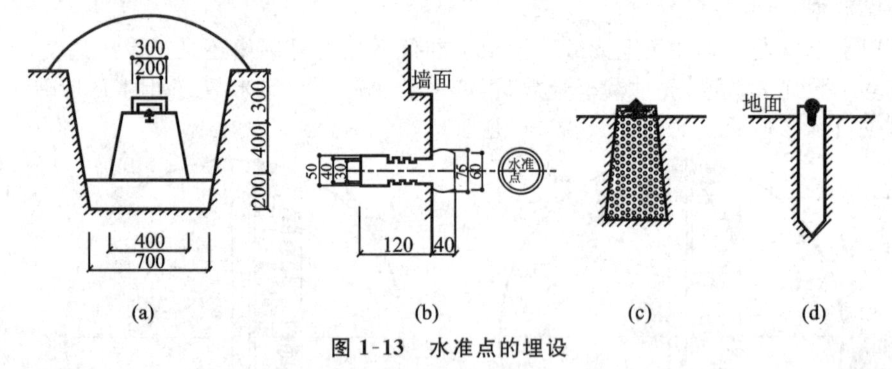

图 1-13 水准点的埋设

埋设水准点后,应绘出水准点与附近固定建筑物或其他地物的关系图,在图上还要写明水准点的编号和高程,称为点之记,以便于日后寻找水准点位置。水准点编号前通常加 BM 字样,作为水准点的代号。

1.4.2 水准测量的实施

1. 一般要求

作业前应选择好水准仪和水准尺,并对仪器进行检验校正。水准测量的仪器、测量线路长度、测量方法、仪器到水准尺之间的距离等，不同等级测量有不同的要求，测量时应按测量规范执行。

2. 施测程序

当欲测的水准点与已知水准点相距较远或高差很大时，需要连续多次安置仪器以测出两点的高差。如图1-14所示，水准点A的高程为42.152 m，欲测量点B的高程，其观测步骤如下。

① 在离点A一定距离(该距离根据高差和等级要求而定)处选定转点1，在A、1两点上分别立水准尺。

② 在距点A和点1大致等距离处安置水准仪。

③ 按水准仪的技术操作步骤，读取后视点A上的水准尺读数，读数为1.867 m，记入表1-1中点A的后视读数栏内。

④ 旋转望远镜，同法读取前视点1上的水准尺读数，读数为1.024 m，记入点1的前视读数栏内。

⑤ 后视读数减去前视读数得到高差为+0.843 m，记入高差栏内。

上述观测步骤为一个测站上的工作。

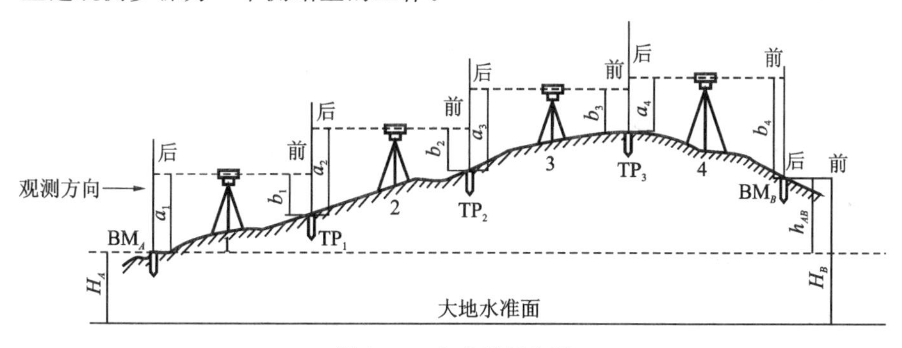

图1-14 水准测量施测

点1上的水准尺不动，把点A上的水准尺移到点2，仪器安置在点1和点2之间，同法进行观测和计算，依次测到点B。

显然，每安置一次仪器，便可测得一个高差，即

$$h_1 = a_1 - b_1$$

$$h_2 = a_2 - b_2$$

$$h_3 = a_3 - b_3$$

$$h_4 = a_4 - b_4$$

将各式相加，得

$$\sum h = \sum a - \sum b \tag{1-5}$$

则点B的高程为

$$H_B = H_A + \sum h \tag{1-6}$$

由上述可知，在观测过程中，点1、2、3、4仅起传递高程的作用，这些点称为转点

(turning point,常简写为 TP)。转点无固定标志,无须算出高程。

3. 水准测量记录

常用的水准测量记录手簿如表 1-1 所示。

表 1-1 水准测量记录手簿

日　期____________　　仪　器____________　　观　测____________

天　气____________　　地　点____________　　记　录____________

测站	测点	水准尺读数		高差/m		高程/m	备注
		后视 a/m	前视 b/m	+	−		
Ⅰ	BM_A TP_1	1.867	1.024	0.843		42.152	
Ⅱ	TP_1 TP_2	1.853	1.467	0.386			
Ⅲ	TP_2 TP_3	0.869	1.394		0.525		
Ⅳ	TP_3 BM_B	2.145	1.221	0.924		43.78	
计算校核 $\sum$		6.734	5.106	+2.153	−0.525	$\sum a-\sum b=6.734-5.106=1.628$ $\sum h=2.153-0.525=1.628$ $\sum a-\sum b=\sum h$	

水准测量记录有以下要求。

① 记录者必须复诵观测者的读数。

② 不准就数字改数字。

③ 不准涂改读数记录。

④ 读数记录记错时,应采用“杠改”法,即在错误的数字上划一水平线,将正确的数字写在其上方或下方。

⑤ 记录至毫米位,毫米位数后面 4 舍 6 进,逢 5 看前面数,前面为奇数则进,前面为偶数则舍。

1.4.3 水准测量的检核

1. 计算检核

由式(1-6)可看出,点 B 对点 A 的高差等于各转点之间高差的代数和,也等于后视读数之和减去前视读数之和,因此,此式可用来进行计算的检核,如表 1-1 所示。

$$\sum h = 1.628 \text{ m}$$

$$\sum a - \sum b = 1.628 \text{ m}$$

这说明高差计算是正确的。

终点 B 的高程 H_B 减去点 A 的高程 H_A，即

$$H_B - H_A = \sum h$$

在表 1-1 中为

$$(43.78-42.152)\ \text{m}=1.628\ \text{m}$$

这也说明高程计算是正确的。

计算检核只能检查计算是否正确，并不能检核观测和记录是否产生错误。

2. 测站检核

如上所述，点 B 的高程是根据点 A 的已知高程和转点之间的高差计算出来的。若测错其中任何一个高差，点 B 高程就不会正确。因此，对每一站的高差，都必须采取措施进行检核测量，这种检核称为测站检核。测站检核通常采用变动仪器高法或双面尺法。

(1) 变动仪器高法

此方法在同一个测站上用两次不同的仪器高度，测得两次高差以相互比较进行检核。即测得第一次高差后，改变仪器高度(应大于 10 cm)重新安置，再测一次高差。两次所测高差之差不超过容许值(该容许值在相应的规范中查取)，为符合要求，取其平均值作为最后测量结果(见表 1-1)，否则重测。

(2) 双面尺法

此方法在仪器的高度不变的情况下，分别在前视点和后视点上的水准尺上用黑面和红面各进行一次读数，测得两次高差，相互进行检核。若同一水准尺的红面与黑面读数所差的常数符合规范要求，则取平均值作为该测站观测高差。否则，需要检查原因，重新观测。详见第 5.5 节三、四等水准测量规定。

3. 成果检核

上述测站检核，只能检核一个测站上是否存在错误或误差超限，而不能说明一条水准路线的高程测量结果精度是否符合要求。温度、风力、大气折光、尺垫下沉、仪器下沉、水准尺倾斜和水准仪本身等均可能引起误差，虽然在一个测站上误差可能不很明显，但随着测站数的增多，误差会逐渐积累，有时会超过规定的限差。因此，还必须进行整个水准路线的成果检核，其检核方法有如下几种。

(1) 附合水准路线

如图 1-15(a)所示，从已知高程的水准点 BM_7 出发，沿各个待定高程的点 1，2，…，5 进行水准测量，最后附合到另一已知高程的水准点 BM_8 上，这种水准路线称为附合水准路线。

路线中各待定高程点间高差的代数和应等于两个已知水准点间高差。如果不相等，二者之差称为高差闭合差，其值不应超过容许范围，否则，就不符合要求，须进行重测。

(2) 闭合水准路线

如图 1-15(b)所示，由一已知高程的水准点 BM_9 出发，沿环线待定高程点 1，2，…，6 进行水准测量，最后回到原水准点 BM_9 上，这种水准路线称为闭合水准路线。显然，路线上各点之间高差的代数和应等于零。如果不等于零，则产生了高差

闭合差,其大小不应超过容许值。

(3) 支水准路线

如图 1-15(b)所示,由一个已知高程的水准点 BM_9 出发,沿待定高程点 7 和 8 进行水准测量,路线既不附合到另外已知高程的水准点上,也不闭合回到原来的水准点上,称为支水准路线。支水准路线应进行往返观测。

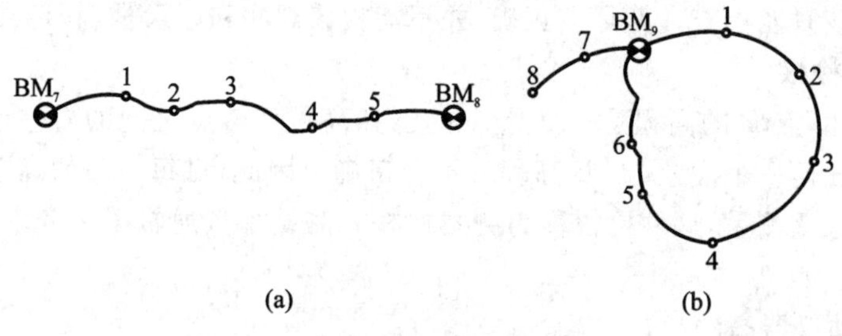

图 1-15 水准路线

1.5 水准测量的内业

在水准测量内业工作之前,要检查测量手簿,再计算各点间的高差。经检核无误后,才能进行高差闭合差的计算和调整,最后计算各点的高程。以上工作,称为水准测量的内业。

1.5.1 高差闭合差的容许值

高差闭合差可用来衡量测量的精度,不同等级水准测量,其高差闭合差容许值也不相同。《工程测量标准》(GB 50026—2020)规定,水准测量高差闭合差容许值为

三等水准测量:平地 $f_{h容}=\pm 12\sqrt{L}$,山地 $f_{h容}=\pm 4\sqrt{n}$

四等水准测量:平地 $f_{h容}=\pm 20\sqrt{L}$,山地 $f_{h容}=\pm 6\sqrt{n}$

图根水准测量:平地 $f_{h容}=\pm 40\sqrt{L}$,山地 $f_{h容}=\pm 12\sqrt{n}$

式中 L——往返测段、附合水准路线、闭合水准路线长度,以 km 计;

n——单程测站数;

$f_{h容}$——以 mm 计。

1.5.2 高差闭合差的计算和调整

1. 高差闭合差计算

(1) 附合水准路线

如图 1-16 所示,A、B 为两个水准点。显然在理论上,各测段高差的代数和应等于 A、B 两点高程之差,即

$$\sum h_{测}=H_B-H_A \tag{1-7}$$

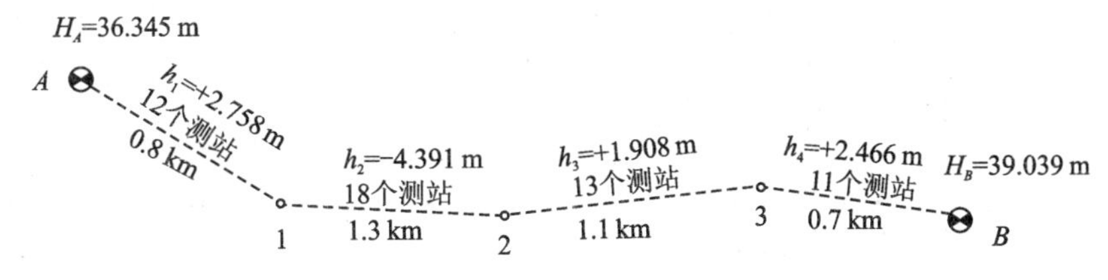

图 1-16　附合水准路线计算图

高差闭合差

$$f_h = \sum h_{测} - (H_B - H_A) \tag{1-8}$$

(2) 闭合水准路线

在理论上，闭合水准路线上各点之间高差的代数和应等于零，即

$$\sum h_{测} = 0 \tag{1-9}$$

实际上，由于测量工作中存在着误差，式(1-9)不会等于零，其差值即为高差闭合差，以符号 f_h 表示，即

$$f_h = \sum h_{测} \tag{1-10}$$

(3) 支水准路线

如果测量无误差的话，往测高差之和应与返测高差之和大小相等，符号相反，即

$$\sum h_{往} = -\sum h_{返}$$

高差闭合差

$$f_h = \sum h_{返} + \sum h_{往} \tag{1-11}$$

2. 高差闭合差的调整

如果 $f_h \leqslant f_{容}$，则表示测量成果符合要求，说明观测精度符合要求，可进行闭合差的调整。

在同一条水准路线上，假设观测条件是相同的，可认为各站产生误差的机会是相同的，故闭合差的调整按与测站数(或距离)成正比例反符号分配的原则进行，即

$$v_i = -f_h n_i / \sum n \quad 或 \quad v_i = -f_h l_i / \sum l \tag{1-12}$$

式中　v_i——第 i 段的改正数；

n_i——第 i 段的测站数；

l_i——第 i 段的长度。

1.5.3　高差、高程的计算

各实测高差分别加改正数后，便可得到改正后的高差。然后根据检核过的改正后高差，由起始点开始，逐点推算出各点的高程。

现以图 1-16 所示的观测数据为例，记入表 1-2 中进行计算说明。

各测段的改正数按测站数计算，分别列入表 1-2 中的第 6 列内。高差改正数总和的绝对值应与闭合差的绝对值相等。第 5 列中的各实测高差分别加改正数后，便得到改正后的高差，列入第 7 列。然后求改正后的高差代数和，其值应与 A、B 两点

的高差(H_B-H_A)相等,否则,说明计算有误。若计算有误,则要由起始点 A 开始,逐点推算出各点的高程,列入第 8 列中。算得的点 B 高程应该与已知的高程 H_B 相等,否则说明高程计算有误。

表 1-2　水准测量内业计算表

测段编号	点名	距离 L/km	测站数	实测高差/m	改正数/m	改正后的高差/m	高程/m	备注
	A						36.345	
1		0.8	12	+2.758	−0.010	+2.748		
	1						39.093	
2		1.3	18	−4.391	−0.016	−4.407		
	2						34.686	
3		1.1	13	+1.908	−0.011	+1.897		
	3						36.583	
4		0.7	11	+2.466	−0.010	+2.456		
	B						39.039	
$\sum$		3.9	54	+2.741	−0.047	+2.694		
辅助计算	$f_h=+47$ mm　$n=54$　$f_{h容}=\pm12\sqrt{54}$ mm$=\pm88$ mm　$f_h\leqslant f_{h容}$,则测量结果可用;改正数的计算是按测站成比例进行的							

1.6　自动安平水准仪和精密水准仪

1.6.1　自动安平水准仪

自动安平水准仪是一种不用符合水准器和微倾螺旋,只用圆水准器进行粗略整平,然后借助安平补偿器自动地把视准轴置平,读出视线水平时的读数的仪器。这种仪器与普通水准仪相比能提高观测速度。目前市场上生产的水准仪以该仪器为主。

1. 自动安平原理

如图 1-17(a)所示,当望远镜视准轴倾斜了一个小角 α 时,由水准尺上的点 a_0 过物镜光心 O 所形成的水平线,不再通过十字丝中心 Z,而在离 Z 为 l 的点 A 处,显然

$$l=f\alpha \tag{1-13}$$

式中　f——物镜的等效焦距;

　　　α——视准轴倾斜的小角。

在图 1-17(a)中,若在距十字丝分划板 S 处,安装一个补偿器 K,使水平光线偏转 β 角,以通过十字丝中心 Z,则

$$l=S\beta \tag{1-14}$$

故有

$$S\beta=f\alpha \tag{1-15}$$

这就是说,式(1-15)的条件若能得到满足,即使视准轴有微小倾斜,十字丝中心 Z 仍能读出视线水平时的读数 a_0,从而达到自动补偿的目的。

还有另一种补偿器[见图 1-17(b)]，借助补偿器 K 将 Z 移至 A 处，这时视准轴所截取尺上的读数仍为 a_0。这种补偿器是将十字丝分划板悬吊起来，借助重力，在仪器微倾的情况下，十字丝分划板回到原来的位置，安平的条件仍为式(1-15)。

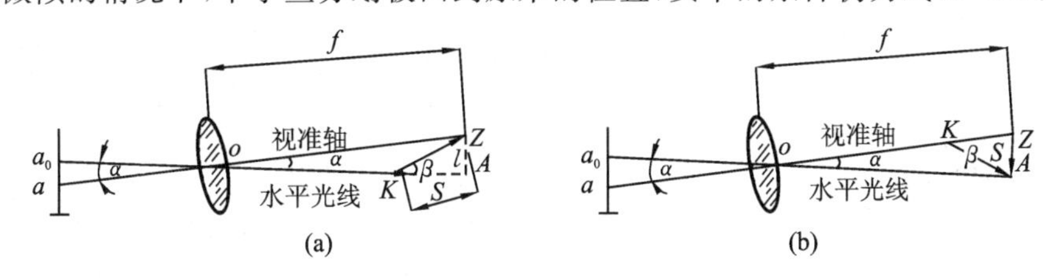

图 1-17　自动安平原理

2. 自动安平补偿器

自动安平补偿器的种类很多，但一般都采用吊挂光学零件的方法，借助重力的作用来达到视线自动补偿的目的。

图 1-18(a)所示的是 DSZ3 自动安平水准仪，该仪器在对光透镜与十字丝分划板之间安装一套补偿器。其构造是，在屋脊棱镜的下方用交叉的金属丝吊挂两个直角棱镜，当仪器有微小倾斜时，直角棱镜在重力作用下，能与望远镜作相对的偏转。为了使吊挂的棱镜尽快地停止摆动，其中还设置了阻尼器。

当仪器处于水平状态，视准轴水平时，尺上读数 a_0 随着水平光线进入望远镜，通过补偿器到达十字丝中心 Z，则读得视线水平时的读数 a_0。

当望远镜倾斜了微小角度 α 时，如图 1-18(b)所示，此时，吊挂的两个直角棱镜在重力作用下，相对于望远镜的倾斜方向作反向偏转，如图中的虚线所画直角棱镜，它相对于实线直角棱镜偏转了 α 角。这时，原水平光线(虚线表示)通过偏转后的直角棱镜(起补偿作用的棱镜)的反射，到达十字丝的中心 Z，所以仍能读得视线水平时的读数 a_0，从而达到了补偿的目的。这就是自动安平水准仪在仪器偏斜了一个 α 角时，十字丝中心在水准尺上仍能读得正确读数的原因。

由图 1-18(b)还可看出，当望远镜倾斜 α 角时，补偿的水平光线(虚线)与未经补偿的水平光线(点画线)之间的夹角为 β。由于吊挂的直角棱镜相对于倾斜的视准轴偏转了 α 角，反射后的光线便偏转 2α，然后通过两个直角棱镜反射，则 β 等于 4α。

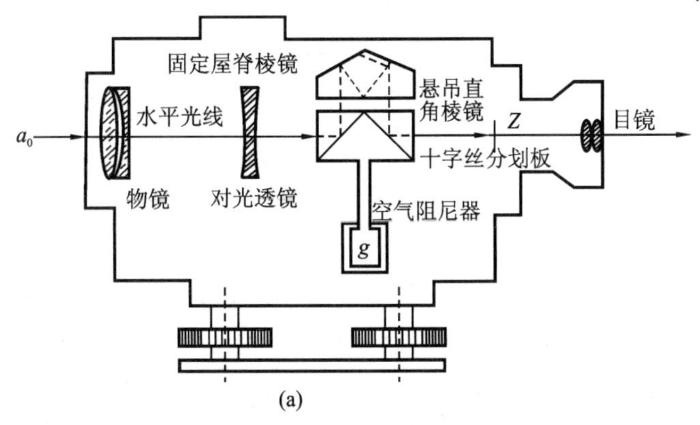

图 1-18　自动安平补偿器

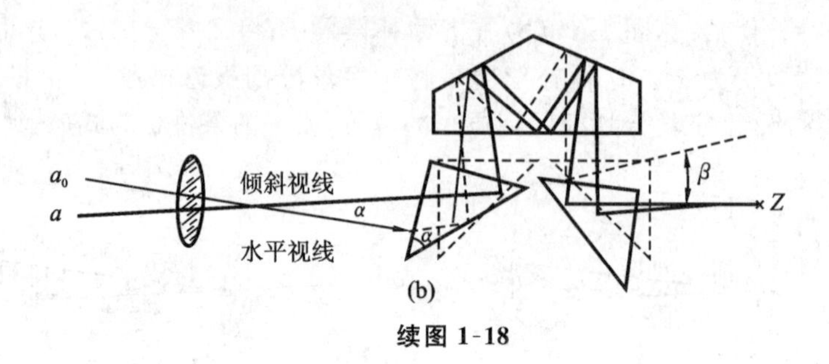

续图 1-18

1.6.2 精密水准仪

DS05、DS1 等级的水准仪属于精密水准仪，主要用于国家一、二等水准测量和高精度的工程测量，例如建筑物沉降观测、大型精密设备安装等测量工作。

精密水准仪的构造与 DS3 水准仪基本相同，也是由望远镜、水准器和基座三部分组成。其不同之处在于：水准管分划值较小，一般为 $10''/2$ mm；望远镜放大倍率较大，一般不小于 40 倍；望远镜的亮度好，仪器结构稳定，受温度变化的影响小等。

如图 1-19 所示，为了提高读数精度，精密水准仪上设有光学测微器，一块平行玻璃板装置在望远镜物镜前，平行玻璃板可以在与望远镜的视准轴成正交的平面上旋转一个小角度。平行玻璃板与测微尺相连，测微尺上有 100 个分格，它与水准尺上一个分格(1 cm 或 5 mm)相对应。当平行玻璃板与视线正交时，视线将不受平行玻璃板的影响。转动测微轮使平行玻璃板绕 A 轴俯仰一个小角度，这时视线不再与平行玻璃板面垂直，而受平行玻璃板折射的影响，使得视线上下平移。当视线移到对准水准尺上某个 cm 分划时，从测微分划尺上读出平移的微量 a 的数值，所以测微时能直接读到 0.1 mm(或 0.05 mm)。

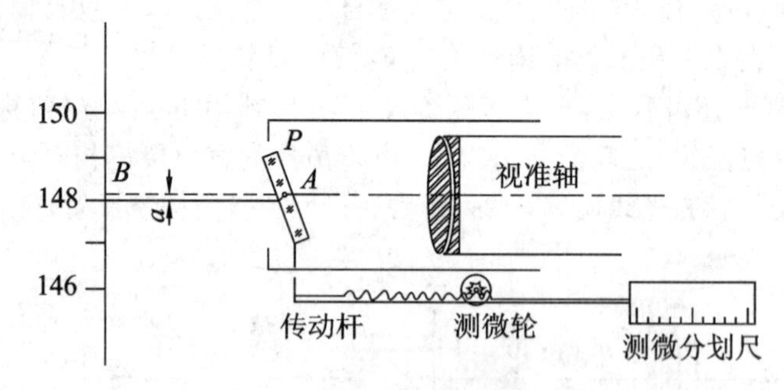

图 1-19 精密水准仪测微原理

1.6.3 精密水准尺

精密水准尺又称因瓦水准尺，与精密水准仪配套使用。这种水准尺一般都是在优质木质尺身的槽内，安装一根铟钢合金尺带而制成的。在尺带上标有分划值为 1 cm或 0.5 cm 的左右两排相互错开的刻度，数字标在木尺上。分划值为 1 cm 的精密水准尺，如图1-20(a)所示，水准尺全长约 3.2 m，铟钢合金带上有两排分划，右边一排的注记数字自 0 至 300 cm，称为基本分划；左边一排注记数字自 300 cm 至600 cm，称为辅助分划。基本分划和辅助分划有一差数 K，K 等于 3.01550 m，称为基辅差。0.5 cm 分划的精密水准尺，如图 1-20(b)所示，该尺只有基本分划而无辅助分划。左面一排分划为奇数值；右面一排分划为偶数值；右边注记为米数，左边注记为分米数。小三角形表示 0.5 dm 处，长三角形表示分米的起始线。厘米分划的实际间隔为 5 mm，尺面值为实际长度的两倍，所以用此水准尺观测高差时，读数必须除以 2 才是实际高差值。

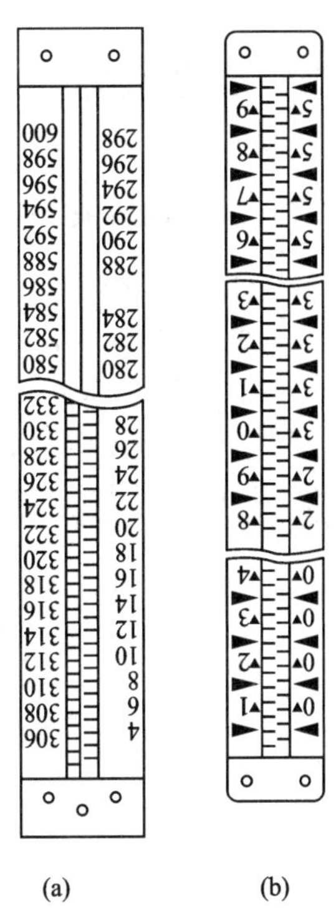

(a) (b)

图 1-20 精密水准尺

1.6.4 精密水准仪的操作

精密水准仪的操作方法与一般水准仪基本相同，不同之处是用光学测微器能测出不足一个分格的数值。即在仪器精确整平后，十字丝横丝往往不恰好对准水准尺上某一整分划线，这时就要转动测微轮使视线上、下平行移动，使十字丝的楔形丝正好夹住一个整分划线。

如图 1-21(a)所示，这是 N3 水准仪的视场图，楔形丝夹住的读数为 1.48 m，测微尺的读数为 6.5 mm，所以全读数为 1.48650 m。这是实际读数，不用除以 2。

如图 1-21(b)所示，被夹住的分划线读数为 1.97 m。视线在对准整分划线过程中平移的微量显示在目镜右下方的测微尺读数窗内，读数为 1.50 mm。所以水准尺的全读数为 1.97+0.0015=1.9715(m)，而其实际读数是全读数除以 2，即 0.98575 m。

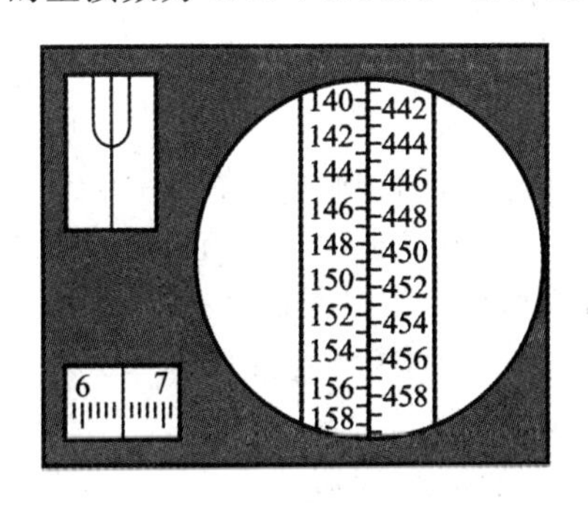

(a)

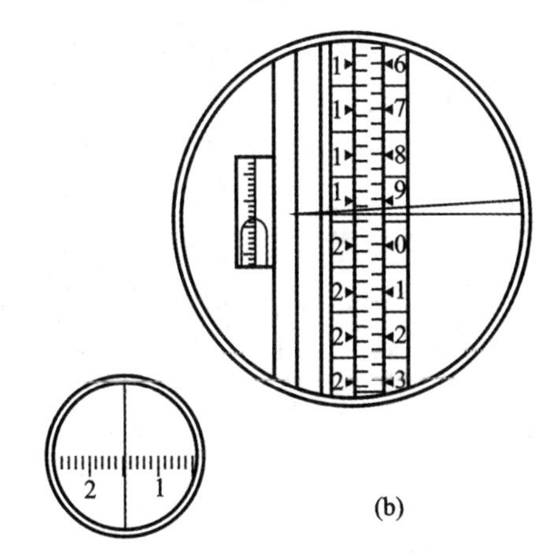

(b)

图 1-21 精密水准尺读数

1.7 微倾式水准仪的检验与校正

1.7.1 水准仪应满足的条件

根据水准测量原理,水准仪必须提供一条水平视线,才能正确推测出两点间的高差。为此,水准仪应满足的条件如下。

① 圆水准器轴 $L'L'$ 应平行于仪器的竖轴 VV;

② 十字丝的中丝(横丝)应垂直于仪器的竖轴 VV;

③ 如图 1-22 所示,水准管轴 LL 应平行于视准轴 CC。

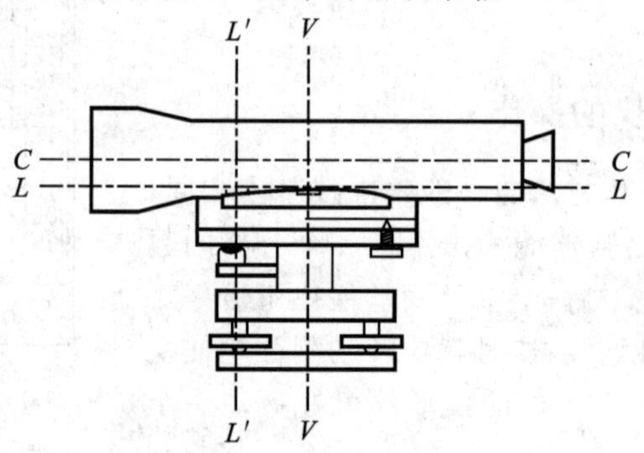

图 1-22 水准仪的几何轴线

1.7.2 水准仪的检验与校正

上述水准仪,在出厂时均已按各项条件进行检验与校正,但仪器在长期使用和运输过程中受到振动和碰撞等,会使各轴线之间的关系发生变化,若不及时检验校正,将会影响测量的质量。所以,在水准测量之前,应对水准仪进行认真的检验和校正,主要有以下三项内容。

1. 圆水准器轴平行于仪器竖轴的检验与校正

(1) 检验

如图 1-23(a)所示,调节脚螺旋使圆水准器气泡居中,此时圆水准器轴 $L'L'$ 处于竖直位置,如果仪器竖轴 VV 与 $L'L'$ 不平行且交角为 α,那么竖轴 VV 与铅垂线便偏差 α 角。将仪器绕竖轴旋转 180°[见图 1-23(b)],圆水准器转到竖轴的右面,$L'L'$ 不但不竖直,而且与竖直线的交角为 2α,显然气泡不再居中,而离开零点的弧长所对的圆心角为 2α。

因此,检验圆水准器轴是否平行于竖轴的方法是使圆水准器气泡居中后,将仪器绕竖轴旋转 180°[见图 1-23(c)、(d)],如果圆水准器气泡仍然居中,则满足此项条件;否则需要校正。

(2) 校正

通过调整圆水准器下面的三个校正螺钉,使 $L'L'$ 平行于 VV。圆水准器校正结构如图 1-24(a)所示,校正前应先稍松中间的固定螺钉,然后调整三个校正螺钉,使

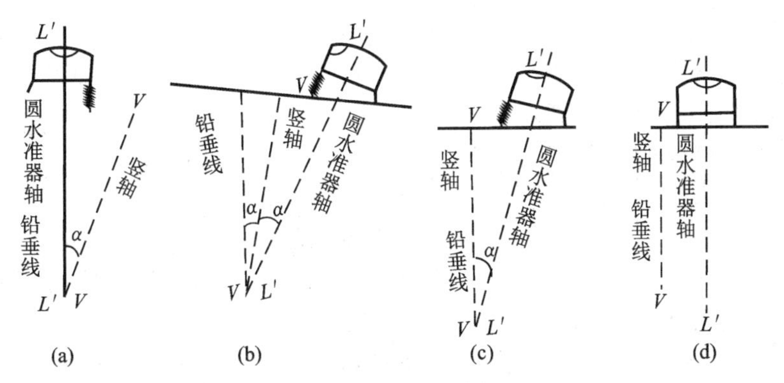

图 1-23 圆水准器轴的检验原理

气泡位置移动偏离量的一半，如图 1-24(b)所示。这时，圆水准器轴 $L'L'$ 与 VV 平行。然后再用脚螺旋整平，使圆水准器气泡居中，竖轴 VV 则处于竖直状态。校正工作一般都难以一次完成，需反复进行，直至仪器旋转到任何位置圆水准器气泡皆居中为止。最后应注意旋紧固定螺钉。

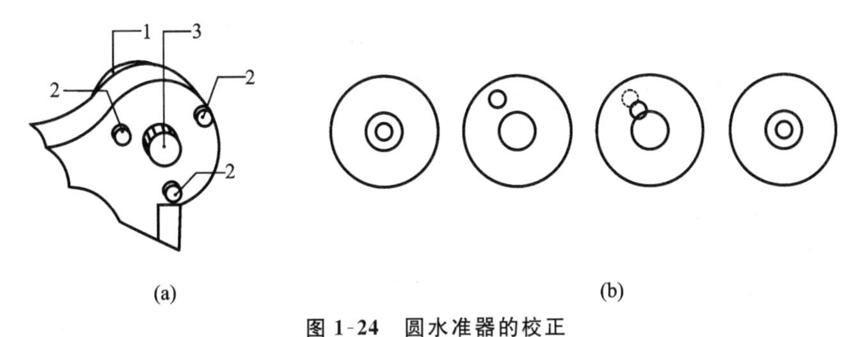

图 1-24 圆水准器的校正

1—圆水准器；2—校正螺钉；3—固定螺钉

2. 十字丝横丝垂直于仪器竖轴的检验与校正

(1) 检验

如图 1-25 所示，安置仪器后，先将十字丝横丝一端对准一个明显的点状目标 n（距仪器 10～15 m），然后固定制动螺旋，转动微动螺旋，如果标志点 n 不离开横丝，则说明横丝垂直于竖轴，不需要校正。否则，就须校正。

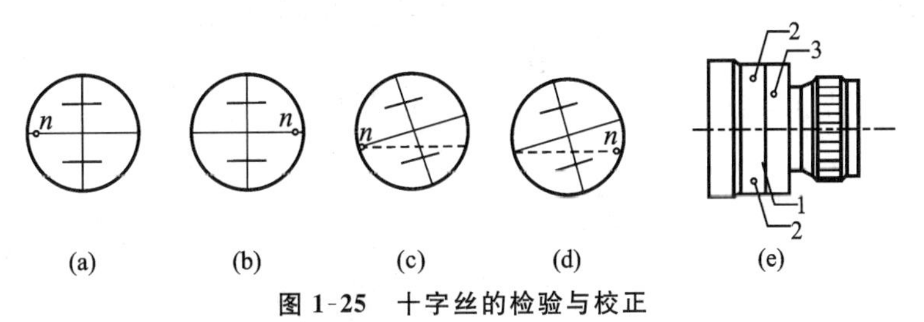

图 1-25 十字丝的检验与校正

1—物镜筒；2—目镜筒固定螺旋；3—目镜筒

(2) 校正

校正方法因十字丝分划板座装置形式的不同而异。一种方法是用螺丝刀松开分划板座固定螺钉,转动分划板座,改正偏离量的一半,即满足条件。另一种方法是卸下目镜处的外罩,用螺丝刀松开分划板座的固定螺钉,拨正分划板底座。

3. 视准轴平行于水准管轴的检验与校正

(1) 安装管水准器的微倾水准仪

水准管的检验如图 1-26 所示,在比较平坦的地面上,选定相距约 80 m 的 A、B 两点,打木桩或放置尺垫作为标志。在两点上分别立尺,在两尺正中间点 S_1 处架立水准仪,然后用变动仪器高法(或双面尺法)测出 A、B 两点的高差。若两次测得的高差之差不超过 3 mm,则取其平均值 h_{AB} 作为最后结果。由于仪器与 A、B 两点的距离相等,两轴不平行的误差可在高差计算中自动消除,故 h_{AB} 值不受视准轴误差的影响。

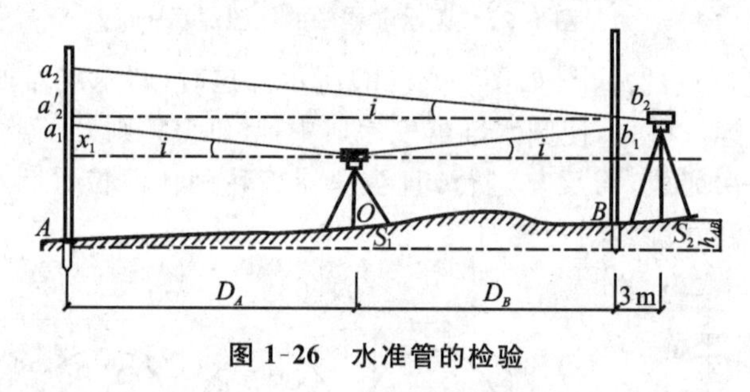

图 1-26 水准管的检验

在点 B 附近的点 S_2(离点 B 约 3 m)处安置仪器,精平后读得点 B 水准尺上的读数为 b_2,因仪器离点 B 很近,两轴不平行引起的读数误差可忽略不计。故根据 b_2 和 A、B 两点的正确高差 h_{AB} 算出点 A 水准尺上读数应为

$$a_2 = b_2 + h_{AB}$$

然后,瞄准点 A 水准尺,读出水平视线读数 a'_2,如果相等,则说明两轴平行;否则存在 i 角,其角度为

$$i = [(a'_2 - a_2)/D_{AB}]\rho'' \tag{1-16}$$

式中 D_{AB}——A、B 两点间距离,单位为 m;

ρ''——1 弧度对应的 60 进制角度,以秒表示为 206265″。

对于 DS3 级微倾水准仪,i 不得大于 20″,如果超限,则须校正。

校正:转动微倾螺旋使中丝对准点 A 水准尺上正确读数 a_2,此时视准轴处于水平位置,但管水准器气泡必然偏离中心。为了使水准管轴也处于水平位置,可用拨针拨动水准管一端的上下两个校正螺钉(见图 1-27),使气泡的两个半像符合,达到视准轴平行于水准管轴的目的。

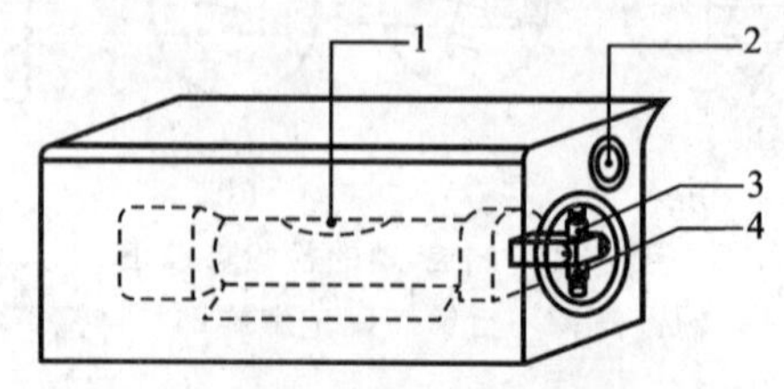

图 1-27 水准管的校正

1—气泡;2—气泡观察镜;3—上校正螺钉;4—下校正螺钉

(2) 安装自动补偿器的微倾水准仪

检验:方法同安装管水准器的微倾水准仪。

校正:转动水准仪瞄准点 A 水准尺,用螺丝刀松开十字丝分划板座固定螺钉,上下调整十字丝分划板,使中丝对准点 A 水准尺上正确读数 a_2。

【注意】 在松紧上下两个校正螺钉前,应稍旋松左右两个螺钉,校正完毕再旋紧。这两项检验校正要反复进行,直至 i 角小于 20″为止。

1.8 水准测量的误差分析

水准测量误差包括仪器误差、观测误差和外界条件影响产生的误差三个方面。

1.8.1 仪器误差

1. 仪器校正后的残余误差

虽经过校正但仍然会残存水准管轴与视准轴不平行的误差。这种误差与距离成正比,只要观测时注意使前后视距相等,便可消除或减弱此项误差。

2. 水准尺误差

水准尺刻划不精确、尺长变化、零点误差、尺子弯曲等因素,均会影响水准测量的精度。因此,水准尺须经过检验才能使用,至于尺的零点误差,可在一水准测量的测段中,采取测站为偶数的方法予以消除。

1.8.2 观测误差

1. 水准管气泡居中误差

设水准管分划值为 τ,居中误差一般为 $\pm 0.15\tau$,采用符合式水准器时,气泡居中精度可提高一倍,故居中误差为

$$M_\tau = \pm 0.15\tau D/(2\rho'') \tag{1-17}$$

式中 D——水准仪到水准尺的距离,单位为 m;

ρ''——1 弧度对应的 60 进制角度,以秒表示为 206265″。

2. 读数误差

在水准尺上估读毫米数的误差,与人眼的分辨能力、望远镜的放大倍率以及视线长度有关。可用下式进行计算

$$M_V = \pm PD/V \tag{1-18}$$

式中 P——人眼的极限分辨能力,取 60″;

D——水准仪到水准尺的距离,单位为 m;

V——望远镜的放大倍率。

3. 视差影响的误差

当存在视差时,十字丝平面与水准尺影像不重合,若眼睛观察的位置不同,读数也会不同,因而也会产生读数误差。

4. 水准尺倾斜产生的误差

水准尺倾斜将使尺上读数增大,在山坡地测量时尤其要注意此项影响。

1.8.3 外界条件影响产生的误差

1. 仪器下沉

仪器下沉,会使视线降低,从而引起高差误差。若采用“后—前—前—后”的观测程序,则可减弱其影响。

2. 尺垫下沉

转点发生下沉,将使下一站后视读数增大,这将引起高差误差。在观测的过程中要注意把尺垫踩踏严实,尤其不能移位。采用往返观测的方法,取测量结果的中数,可以减弱其影响。

3. 地球曲率及大气折光影响

第0章已经介绍了用水平视线代替大地水准面时,水准尺读数会产生误差,此处称之为地球曲率差,用c表示,有

$$c=D^2/2R \tag{1-19}$$

式中 D——水准仪到水准尺的距离,单位为m;

R——地球的平均半径为6371 km。

实际上,由于大气折光后的视线并不是水平的,而是一条曲线(见图1-28),曲线的曲率半径近似取为地球半径的7倍,其折光量的大小对水准尺读数产生的误差为

$$r= D^2/(2\times 7R) \tag{1-20}$$

折光与地球曲率的共同影响产生的误差为

$$f=c-r=D^2/2R-D^2/(2\times 7R)\approx 0.43D^2/R \tag{1-21}$$

如果使前后视距离D相等,由式(1-21)计算的f值则相等,地球曲率和大气折光的影响将得到消除或大大减弱。

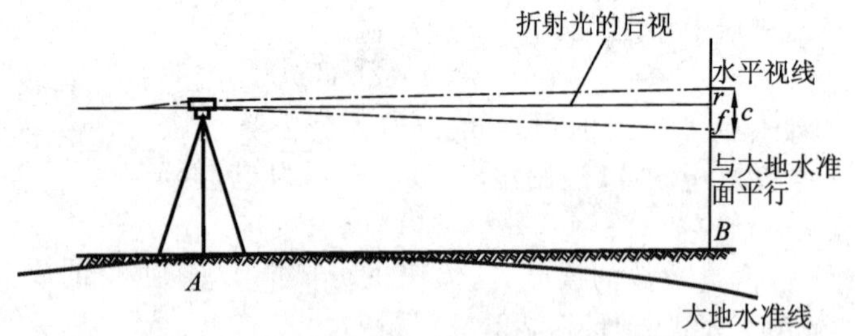

图1-28 地球曲率及大气折光对读数的影响

4. 温度影响

温度的变化不仅引起大气折光的变化,而且当烈日照射水准管时,由于水准管本身和管内液体的温度均会升高,气泡向着温度高的方向移动,从而影响仪器水平,产生气泡居中误差,观测时应注意撑伞遮阳。

【本章要点】

本章着重介绍了水准测量原理、水准仪的构造、水准仪的技术操作、水准测量的施测程序、水准测量检核、水准测量的内业计算、水准仪检验校正和水准测量的误差

分析。本章的重点是水准测量原理、水准测量施测和水准测量的内业计算。自动安平水准仪和精密水准仪作为学生需要了解的知识点也列入本章。

【思考和练习】

1.1　设 A 为后视点，B 为前视点，点 A 高程是 32.178 m。当后视读数为 1.524 m，前视读数为 1.432 m 时，A、B 两点高差是多少？点 B 比点 A 高还是低？点 B 的高程是多少？并绘图说明。

1.2　名词解释：视准轴、视差、高差闭合差、主辅尺基准差、视准差。

1.3　产生视差的原因是什么？怎样消除视差？

1.4　水准仪上的圆水准器和管水准器的作用有何不同？何谓水准管分划值？

1.5　转点在水准测量中起什么作用？

1.6　水准测量时，注意前后视距相等，它可消除或减弱哪几项误差？

1.7　试述水准测量的检核内容，其中计算检核主要校核哪两项计算？

1.8　水准仪有哪几条轴线？它们之间应满足什么条件？什么是主条件？为什么？

1.9　设地面上 A、B 两点的间隔为 81.3 m，水准仪立在两点正中间，测得高差 $h_{AB}=$ 0.324 m。将仪器安置于点 A 附近，测得点 A 水准尺读数为 1.176 m，测得点 B 水准尺读数为 1.516 m。试问：该仪器的视准差是多少？是否超出限差？若超出限差应怎样校正？

1.10　将图 1-29 中的数据填入表 1-3 中，并计算出各点的高差及点 B 高程。

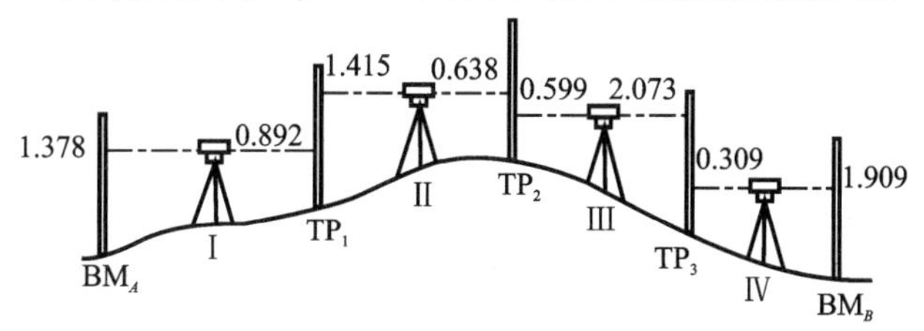

图 1-29　测量数据

表 1-3　水准测量计算表

测站	测点	水准尺读数		高差/m		高程/m	备注
		后视 a/m	前视 b/m	+	−		
I	BM$_A$					46.175	
	TP$_1$						
II	TP$_1$						
	TP$_2$						
III	TP$_2$						
	TP$_3$						
IV	TP$_3$						
	BM$_B$						
计算校核							

1.11 计算并调整表 1-4 中闭合路线等外水准测量观测成果，并求出各点高程。

表 1-4 闭合路线等外水准测量内业计算表

测点	距离/km	高差/m	改正数/m	改正后高差/m	高程/m	测点
A					34.362	A
	2.5	+9.676				
1						1
	1.6	+3.421				
2						2
	1.1	−4.560				
3						3
	3.0	−6.889				
4						4
	1.8	−1.693				
A						A
辅助计算						

1.12 调整图 1-30 所示的附合水准路线观测成果，并求出各点高程。

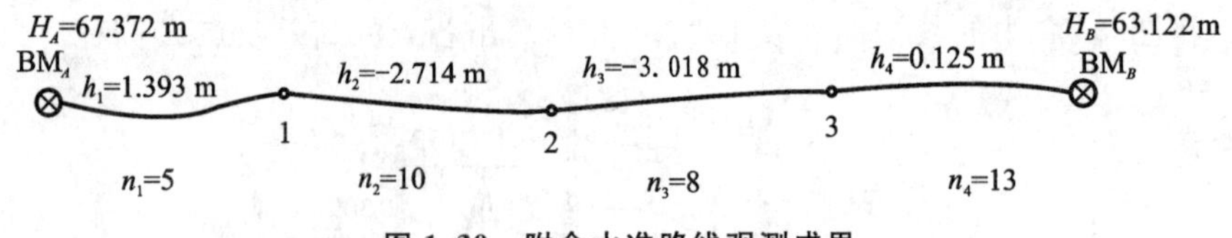

图 1-30 附合水准路线观测成果

2 角度测量

角度测量是确定地面点位的基本工作之一，光学经纬仪、电子经纬仪和全站仪是常用的角度测量仪器。角度测量分为水平角测量和竖直角测量两种。水平角测量主要用于确定地面点的平面位置，竖直角测量主要用于测定地面点的高差，或将两地面点间的倾斜距离改成水平距离。

2.1 角度测量原理

角度测量是利用一定的仪器和方法测量地面点连线的水平夹角或视线方向与水平面的竖直角的技术。

2.1.1 水平角测量原理

由地面上一点至两目标的方向线在水平面投影的夹角，称为水平角。

如图 2-1 所示，设 A、O、B 为地面上任意的三点，O 为测站点，A、B 为两目标点，OA、OB 方向线在水平面 P 上的投影 O_1A_1、O_1B_1 的夹角 β 为两目标方向线的水平角。

为了测定水平角的大小，将一刻有角度分划的水平圆盘（称为水平度盘）的中心 o 置于点 O 的铅垂线上并使之水平，借助一个能作水平和竖直运动的照准设备瞄准目标，在竖直面与水平度盘交线处，读取读数 a、b。则水平角

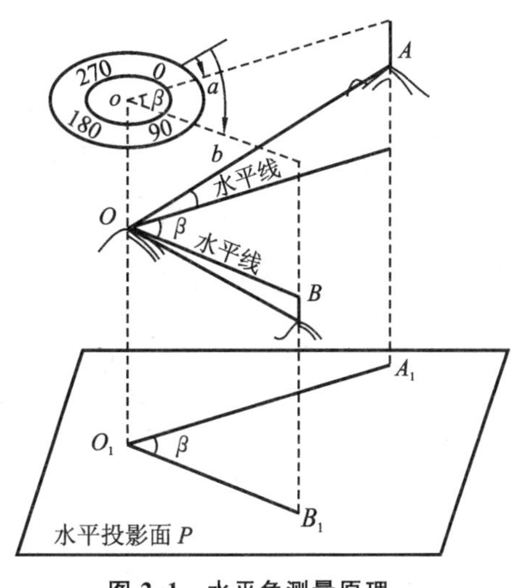

图 2-1 水平角测量原理

$$\beta=b-a \tag{2-1}$$

水平角的取值范围为 0°～360°，没有负值。如果 $b<a$，则 $\beta=b-a+360°$。

2.1.2 竖直角测量原理

望远镜目镜、物镜与目标点的连线称为视线，在同一竖直面内，视线与水平线所夹的锐角 α，称为竖直角。

如图 2-2 所示，目标在水平线上方，α 为正，称为仰角；反之，α 为负，称为俯角。竖直角的取值范围为 0°～±90°。

测角时，竖直度盘随望远镜同轴旋转一个角度，照准目标 A 或 B，利用垂直向下的竖盘指标读出目标相应的度盘读数 a 或 b。目标读数与水平视线读数二者之差，即为该目标的竖直角 α。

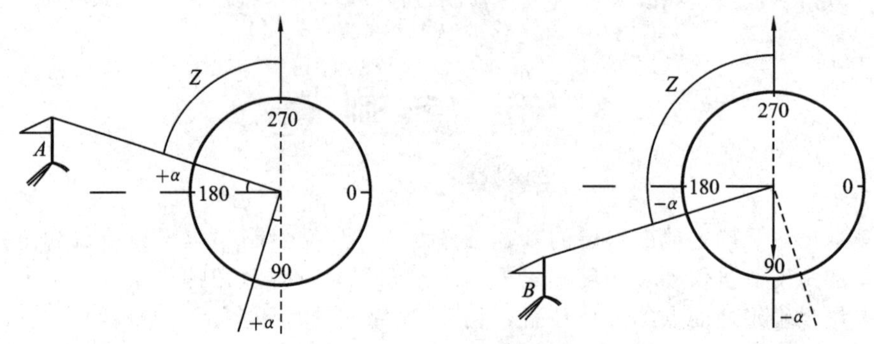

图 2-2 竖直角测量原理

在同一竖直面内，某一点至目标方向与天顶方向(图上向上箭头方向)的夹角 Z，称为天顶距，取值范围为 0°～180°。它与 α 的关系为

$$Z=90^{\circ}-\alpha \tag{2-2}$$

2.2 光学经纬仪的结构及其读数装置

我国生产的光学经纬仪按其精度等级划分为 DJ07、DJ1、DJ2、DJ6、DJ10 等几种，其中 D、J 分别是"大地测量"与"经纬仪"汉语拼音的第一个字母，07、1、2、6、10 表示仪器精度，分别为该仪器一测回方向观测的误差(以秒为单位)。下面分别介绍土木工程中经常使用的两种精度等级的光学经纬仪——DJ6 光学经纬仪和 DJ2 光学经纬仪。

2.2.1 DJ6 光学经纬仪

1. DJ6 光学经纬仪的基本构造

DJ6 光学经纬仪是中等精度的测量仪器。目前，工程测量中经常使用，其结构如图 2-3 所示。它主要由基座、水平度盘、照准部三部分组成，如图 2-4 所示。

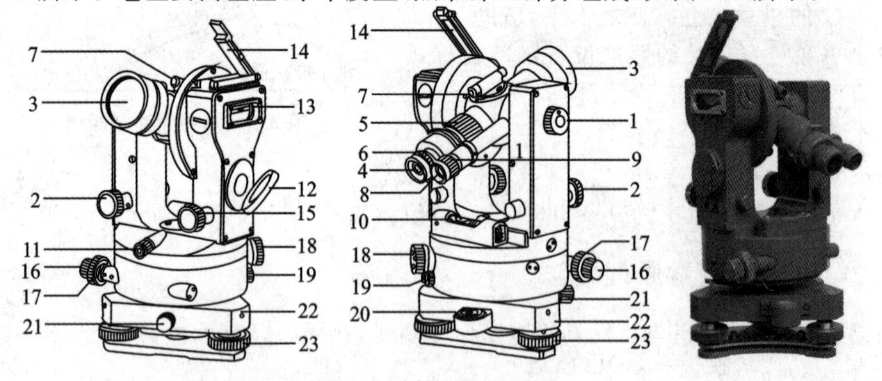

图 2-3 DJ6 光学经纬仪

1—竖直制动螺旋；2—竖直微动螺旋；3—物镜；4—目镜；5—望远镜调焦螺旋；6—目镜调焦螺旋；7—粗瞄准器；8—读数显微镜；9—读数显微镜调焦螺旋；10—照准部管水准器；11—光学对中器；12—度盘照明反光镜；13—竖盘指标管水准器；14—竖盘指标管水准器反光镜；15—竖盘指标管水准器微动螺旋；16—水平制动螺旋；17—水平微动螺旋；18—水平度盘变换螺旋；19—水平度盘变换锁止螺旋；20—基座圆水准器；21—轴套固定螺丝；22—基座；23—脚螺旋

（1）基座

基座包括轴座、脚螺旋和连接板。脚螺旋用于整平仪器，连接板可以将仪器与三脚架通过连接螺旋固定在一起。连接螺旋下有垂球钩，可悬挂垂球进行垂球对中，或用光学对点器对中，以便将仪器中心安置在测站点上。

（2）水平度盘

水平度盘是光学玻璃制成的圆环，环上刻有0°～360°的分划线，并按顺时针方向加以标记。有的还在每度刻线之间加刻一短分划线，因此相邻两分划线间的格值有1°和30′两种。

（3）照准部

照准部是指在水平度盘之上，能绕其旋转轴旋转的全部部件的总称。照准部主要由望远镜、竖盘装置、照准部水准管、光学读数系统、竖轴和横轴等部件组成。望远镜用于瞄准远处目标。竖盘装置包括度盘及其读数指标调节指示系统，用于竖直角的测量。照准部水准管用于置平水平度盘。光学读数系统用于读取度盘分划值。仪器竖轴又称旋转轴，装在照准部的下部，插入水平度盘空心轴套内，可使照准部作水平方向的旋转。控制照准部水平运动的有水平制动螺旋和微动螺旋，控制照准部绕横轴作竖直运动的有竖直制动螺旋和微动螺旋。

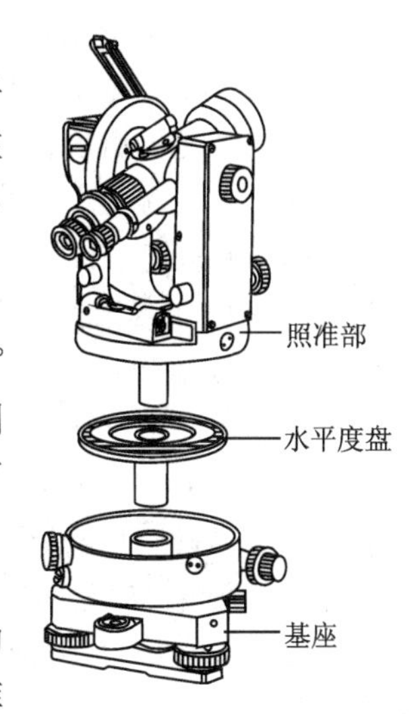

图 2-4 DJ6 光学经纬仪的组成部分

2. DJ6 光学经纬仪的读数装置

DJ6 光学经纬仪的读数装置主要包括显微放大装置和测微装置。显微放大装置的主要作用是通过仪器外部的反光镜接收入射光照明度盘，然后通过内部一系列的棱镜和透镜组成的显微物镜，将度盘分划线影像转向、放大，成像在显微目镜的承影面上，通过读数窗获取读数。测微装置是在读数窗承影面上测定小于 1 度盘格值的值的装置。DJ6 光学经纬仪通常采用以下两种类型的测微装置。

（1）分微尺型读数装置

分微尺型读数装置在读数显微窗的场镜位置安装有分微尺分划板，度盘影像投影在分微尺上。如图 2-5 所示为读数显微镜中所看到的度盘影像。上面标记“水平”或“H”的为水平度盘，下面标记“竖直”或“V”的为竖直度盘。使度盘上每度刻划间的长度放大后恰好与分微尺的刻划总长度相等，在分微尺上刻有 60 个小格，每个小格为 1′，可估读到十分之一格，即 0.1′（6″）。先根据分微尺上度盘分划线读取度数，再以度盘分划线作为分微尺的读数指标，在分微尺上读取不足 1°的读数，两个读数的和即为整个读数，如图 2-5 所示水平度盘读

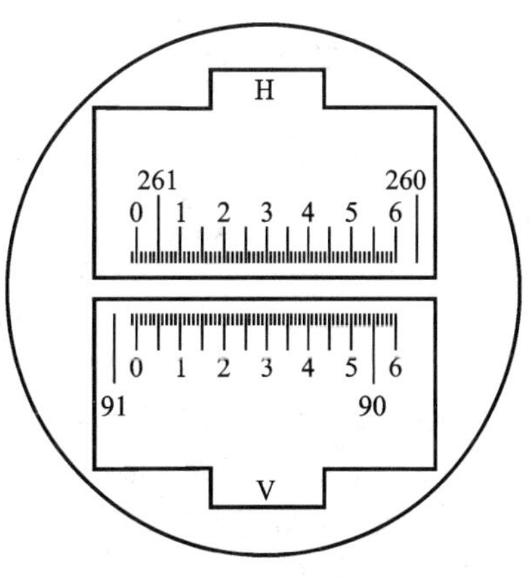

图 2-5 分微尺测微

数为 261°5.0′,竖直度盘读数为 90°55.0′。

(2) 测微尺型读数装置

这种装置主要由平板玻璃、测微轮和传动齿轮等组成。转动测微轮可带动平板玻璃与测微尺(micrometer)同步移动,使通过平板玻璃的度盘刻划线影像在读数窗内平行移动。当度盘刻划线移动至读数窗内专供读数用的双指标线的正中央时,该刻线移动的角值,可在测微尺影像上读出。如图 2-6 所示为读数显微镜中所看到的度盘和测微尺影像,上面为测微尺,中间为竖直度盘,下面为水平度盘。度盘的最小格值为 30′,测微尺共有 30 大格,每大格 1′,每大格又分为 3 小格,每小格 20″。读数时,先转动测微轮,使度盘某分划线夹于双指标线中间,读出该分划线的度盘数,再根据单指标线在测微尺上读出分(′)和秒(″)的数值,二者之和即为全部读数。如图 2-6 所示,水平度盘读数为 39°52′40″。

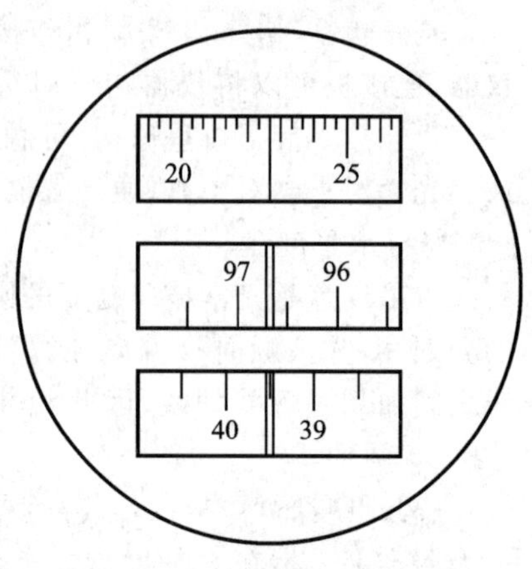

图 2-6 测微尺测微

2.2.2 DJ2 光学经纬仪

如图 2-7 所示为 TDJ2E 正像光学经纬仪,仪器竖盘读数指标为自动归零补偿器。DJ2 光学经纬仪可用于控制测量,精密导线测量,三、四等三角测量和较精密的工程测量等。

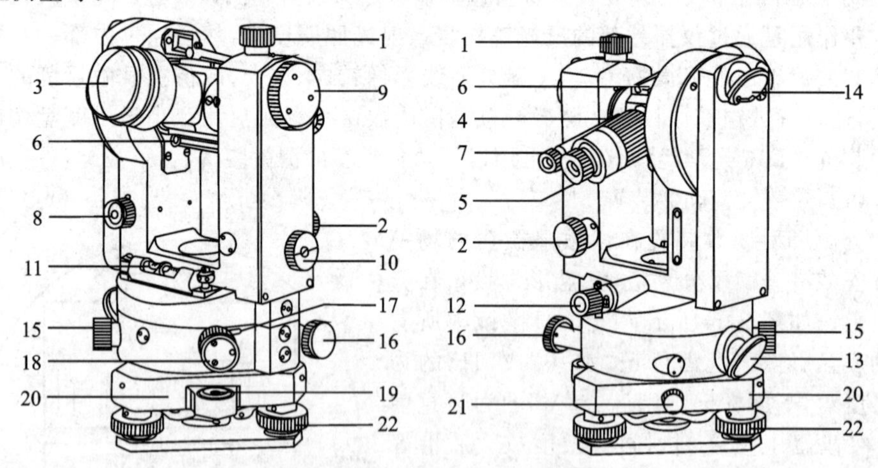

图 2-7 TDJ2E 正像光学经纬仪

1—竖直制动螺旋;2—竖直微动螺旋;3—物镜;4—望远镜调焦螺旋;5—目镜调焦螺旋;6—瞄准器;
7—读数显微目镜调焦螺旋;8—竖盘指标自动归零补偿器锁止开关;9—测微螺旋;
10—水平度盘与竖直度盘换像手轮;11—照准部管水准器;12—光学对中器;13—水平度盘照明反光镜;
14—竖盘照明反光镜;15—水平制动螺旋;16—水平微动螺旋;17—水平度盘位置变换手轮关卡;
18—水平度盘变换手轮;19—基座圆水准器;20—基座;21—轴套固定螺丝;22—脚螺旋

DJ2 光学经纬仪的构造与 DJ6 光学经纬仪基本相同，各部件名称如图 2-7 中的标记。DJ2 光学经纬仪除了望远镜的放大倍数较大，度盘读数部分采用了双平板玻璃（或双光楔）测微器，同时可读取度盘对径相差 180°两端分划线处读数的平均值，这样可消除度盘偏心误差的影响，从而提高了读数精度。

读数测微系统采用光楔测微器，其原理是利用光楔的直线运动，使通过它的度盘分划线影像产生位移，位移量与光楔运动量成正比，依此测微。在度盘相差 180°的对径位置各安装一对楔镜。其中一个固定，另一个与测微轮、测微尺相连。当转动测微轮时，楔镜间的距离发生变化，使得通过楔镜的度盘对径影像，按上下两排在读数窗内作相对平行移动。移动的角值平均数，可从测微尺上读出。DJ2 光学经纬仪在读数显微镜中只能看到水平度盘或竖直度盘的一种，读数时，通过度盘换像手轮，变换成水平度盘或竖直度盘，从读数窗中分别读取水平度盘和竖直度盘的观测角值。如图 2-8 所示，大窗口为度盘对径分划，上排注字为正像，下排为倒像，注字相差 180°，度盘格值 20′。

小窗口为测微尺分划，格值为 1″，左侧注字单位为 1′，右侧注字单位为 10″。读数时转动测微轮，使上下相邻度盘分划线重合（对齐），然后读出正像分划的度数（30°）及其相差 180°倒像分划（210°）之间的格数（2 格）乘以度盘格值之半（10′），即得大窗口读数 30°20′，再加上测微尺读数 8′12″，总读数为 30°28′12″。

有些 DJ2 光学经纬仪采用了数字注记，如图 2-9 所示，中间窗口为度盘对径刻划线影像，上面窗口两端注字为度，中央注字为 10′数，下面窗口为测微尺影像，上下注字单位分别为分(′)和 10″。读数前，先转动测微轮，使中间窗口度盘对径刻划线重合，然后得到上面窗口读数为 32°20′，下面窗口读数为 4′34.0″，总的读数为 32°24′34.0″。

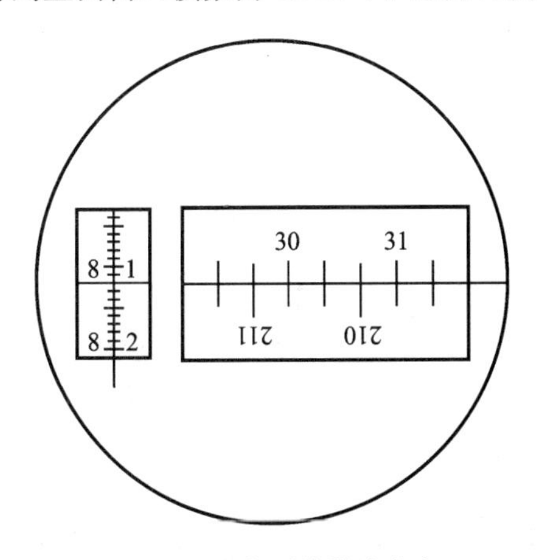

图 2-8 光楔测微器读数窗

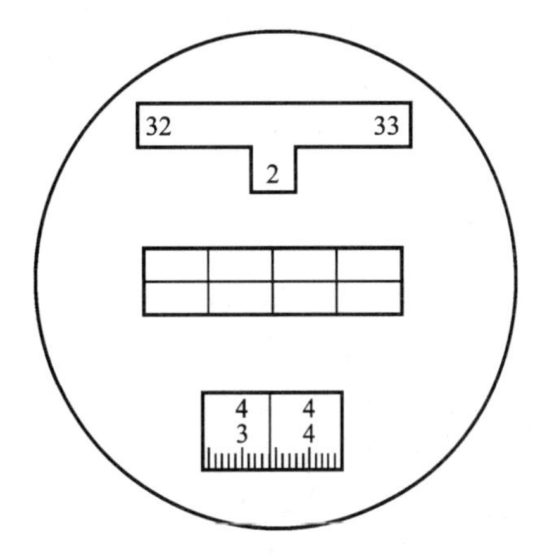

图 2-9 数字化读数

2.2.3 光学经纬仪的基本操作

光学经纬仪的基本技术操作主要包括仪器安装、对中、整平、照准和读数等几个项目。

1. 仪器安装

仪器安装的步骤如下。

① 解开三脚架捆脚皮带。

② 将三只伸缩制动螺旋(或扳手)松开,调整好其长度使脚架高度适合于观测者的身高。

③ 在测点之上张开三脚架腿,使其成正三角形等间距位置,测点位于正三角形的中心位置。

④ 踩实三脚架踏脚,并以一只脚的高度为标准,调节其余两脚使架头大致水平。

⑤ 将仪器装在三脚架头上大致中央位置,一只手握住仪器,另一只手将三脚架的中心螺旋旋入仪器基座中心螺孔中并紧固。

2. 仪器对中

对中的方式有光学对中和垂球对中两种,其操作步骤是不一样的,分别介绍如下。

(1) 光学对中

光学对中是分别旋转光学对点器目镜视度圈和调焦手轮,使圆形分划板与测点标志周围同时清晰,成像在同一成像平面上。平移三脚架,使对点器分划中心大致对准测点的中心,将三脚架的脚尖踏入土中。松开中心连接螺旋,推动仪器基座,将整个仪器在架头上平移,使光学对点器分划中心(圆环中心或十字中心)与测点标志精确重合,旋紧中心螺旋,也可借助脚螺旋对中。

(2) 垂球对中

垂球对中是将垂球线悬挂于连接螺旋中心的挂钩上,调整垂球线长度使垂球尖略高于测点。平移三脚架,使垂球尖大致对准测点的中心,将三脚架的脚尖踏入土中。然后略旋松仪器中心连接螺旋,双手扶住仪器基座,在架头上平行移动仪器,使垂球尖准确对准测站点后,再旋紧中心连接螺旋。

3. 仪器整平

整平分为粗平和精平,具体操作程序如下。

① 粗略整平。伸缩三脚架腿,使圆水准气泡居中,此操作一般不会破坏已完成的对中关系。

② 精确整平。如图 2-10(a)所示,放松照准部水平制动螺旋,使水准管与一对脚螺旋 1 和 2 的连线平行。两手拇指同时相向或向背旋转一对脚螺旋使气泡居中,气泡移动方向和左手大拇指运动方向一致。

③ 转换度盘位置精平调整。如图 2-10(b)所示,将照准部旋转 90°,与脚螺旋 1 和 2 连线的方向垂直,调节第三个脚螺旋使气泡居中。

④ 对镜检查。将照准部旋转至对径位置(即旋转 180°),检查气泡是否居中。若不居中(一般大于 2 mm),则重复以上操作。

精平仪器后需要再次检查对中情况,如果对中关系被破坏,就要再次进行精确对中和精确整平操作。

光学对中的精度(≤1 mm)比垂球对中的精度(≤3 mm)高,特别是在风力较大的情况下,更适宜用光学对中法安置仪器。

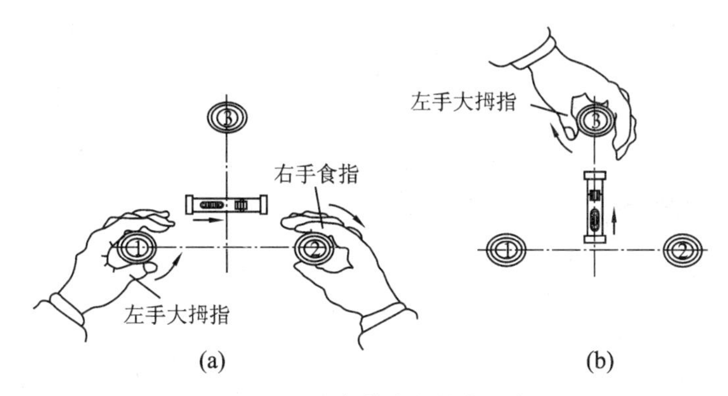

图 2-10 照准部管水准器整平方法

4. 照准与读数

照准的目的是确定目标方向所在的位置和所在度盘的读数位置,读数是读取目标方向所在度盘上的方向值,其操作过程如下。

① 目镜对光、粗瞄。松开制动螺旋,将望远镜指向远方明亮背景(如天空),调节目镜,使十字丝影像清晰。然后转动照准部,利用望远镜上的缺口、准星或瞄准器对准目标,拧紧制动螺旋。

② 物镜对光、精瞄。调节物镜对光螺旋,使目标成像清晰,并消除视差。

③ 转动微动螺旋使十字丝准确对准目标。测水平角时,视目标的大小,用纵丝平分目标,或与目标相重合(单丝),如图 2-11(a)所示。测竖直角时,用中横丝与目标顶部相切,如图 2-11(b)所示。

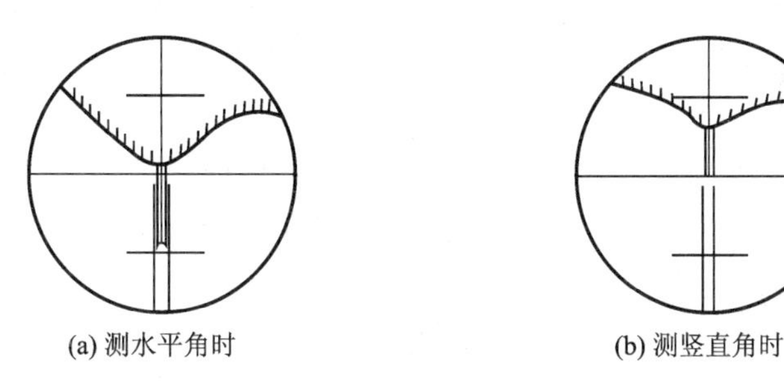

图 2-11 照准的方法

④ 调整反光镜约 45°,将镜面调向来光方向,使读数窗上照度均匀,亮度恰当。

⑤ 调节读数显微目镜,使视场影像清晰。

⑥ 读数。首先区分度盘的测微类型,判断度盘及其分微尺、测微尺的格值,然后根据前面介绍的读数方法读数。读数时和读数中,度盘和望远镜位置均不能动,否则读数一律无效,必须返工重测。

2.3 水平角测量

水平角测量常采用以下两种方法:测回法和方向观测法。前者用于只有两个观测方向的单角度测量，后者用于有三个或三个以上观测方向的多角度测量。

2.3.1 测回法

测回法观测水平角，如图 2-12 所示，设 A、C 点为两个观测目标，B 点为测站点，$\angle ABC$ 为需要观测的角，观测步骤如下。

图 2-12 测回法观测水平角

① 在 B 点安置经纬仪，对中，整平，在 A、C 点设置观测标志。

② 将竖直度盘置于望远镜左侧(称盘左或正镜)，瞄准左目标 A，水平度盘置零或略大些，其读数为 $a_{左}$(如 0°00′30″)。松开水平制动螺旋，顺时针转动照准部，瞄准右目标 C，读数 $c_{左}$(如 61°35′42″)，记入观测手簿(见表 2-1)。以上称盘左半测回或上半测回，其角值按式(2-1)计算，即

$$\beta_{左}=c_{左}-a_{左}=61°35'42''-0°00'30''=61°35'12''$$

③ 转动照准部将竖直度盘置于望远镜右侧(称盘右或倒镜)，再瞄准目标 C，水平度盘读数 $c_{右}$(241°35′24″)。松开水平制动螺旋，逆时针旋转照准部，瞄准目标 A，读数 $a_{右}$(180°00′18″)，均记入观测手簿(见表 2-1)。以上称盘右半测回或下半测回，其角值为

$$\beta_{右}=c_{右}-a_{右}=241°35'24''-180°00'18''=61°35'06''$$

④ 上下两个半测回合称为一个测回。对于 DJ6 光学经纬仪，当上下两个半测回角值差 $\Delta\beta=\beta_{左}-\beta_{右}$ 在±40″以内时，取其平均值作为一个测回的角值

$$\beta=\frac{1}{2}(\beta_{左}+\beta_{右})=61°35'09''$$

为了提高测角精度，有时需要进行多测回角度测量。根据精度要求，如需进行 n 个测回观测，则每测回之间需要按 $180°/n$ 的差值来配置水平度盘的初始位置，其目的是减少度盘分划误差的影响。其中 n 为测回数，例如当 $n=3$ 时，每测回起始方向水平度盘依次配置为等于或略大于 0°、60°、120°。

表 2-1 测回法水平角观测手簿

测回数	测站	竖盘位置	目标	水平度盘读数/(° ′ ″)	半测回角值/(° ′ ″)	一测回角值/(° ′ ″)	备注
1	B	左	A	0 00 30	61 35 12	61 35 09	
			C	61 35 42			
		右	A	180 00 18	61 35 06		
			C	241 35 24			

2.3.2 方向观测法

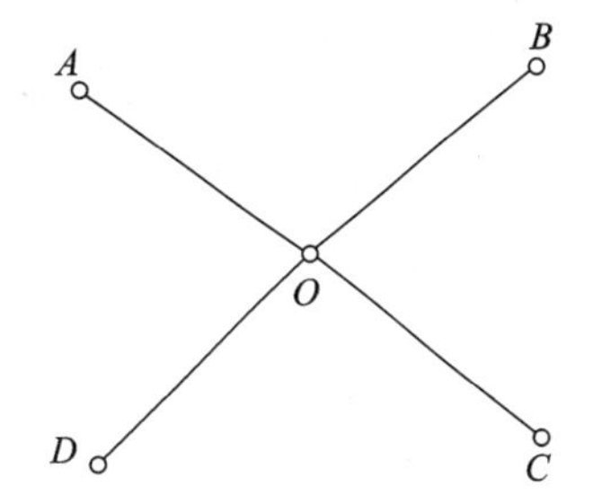

图 2-13 方向观测法测水平角

当一个测站上需要测量的方向数多于两个时，应采用方向观测法测水平角。当方向数多于三个时，每半测回都从一个选定的起始方向(称为零方向)开始观测，在依次观测所需的各个目标之后，应再次观测起始方向(归零)，称为全圆方向观测法。

1. 观测步骤

如图 2-13 所示，设 O 点为测站点，A、B、C、D 为观测目标，$\angle AOB$、$\angle BOC$、$\angle COD$ 为观测角，观测步骤如下。

① 在 O 点安置经纬仪，对中，整平，在 A、B、C、D 设置观测标志。

② 以 A 为起始方向(水平度盘置零或略大于 0°的数)，正镜顺时针转动照准部，依次瞄准 A、B、C、D，然后回到 A(归零)，称为上半测回。每观测一个目标，均记录其度盘读数，两次瞄准 A 目标的读数差称为盘左半测回归零差，其值不得超过限差规定(见表 2-2)，否则，此半测回应重测。

表 2-2 方向观测法测水平角限差规定值

仪器	半测回归零差	一测回互差	同一方向值各测回互差
DJ2	12″	18″	9″
DJ6	18″	—	24″

③ 倒镜按逆时针方向转动照准部，依次瞄准 A、D、C、B、A，并读取相应度盘读数，完成下半测回观测。同样，两次瞄准 A 方向的归零差不得超过限差规定。

上、下半测回组成一个测回。当需要观测 n 个测回时，每测回仍按 $180°/n$ 的差值来配置水平度盘的初始位置。

2. 计算步骤

① 首先计算两倍视准差 $2C$ 值

$$2C = \text{盘左读数} - (\text{盘右读数} \pm 180°)$$

把 $2C$ 值填入表 2-3 第 6 列。一测回内各方向 $2C$ 的互差若超过表 2-2 中的限值，应在原度盘位置上重测。

② 计算各方向的平均读数

$$\text{平均读数} = \frac{1}{2}[\text{盘左读数} + (\text{盘右读数} \pm 180°)]$$

计算的结果称为方向值,填入第 7 列。因存在归零读数,故起始方向有两个平均值,应将这两个平均值再求平均,所得结果作为起始方向的方向值,填入该栏上方并加括号,如表中(0°02′15″) 和(90°00′14″)。

③ 计算归零后的方向值。将各方向的平均读数减去括号内的起始方向平均值,即得各方向的归零方向值,填入第 8 列。此时,起始方向的归零方向值应为零。

④ 计算各测回归零后方向值的平均值。先计算各测回同一方向归零后的方向值之间的差值,对照表 2-2 看其互差是否超限,如果超限则应重测;若不超限,就计算各测回同一方向归零后方向值的平均值,作为该方向的最后结果,填入第 9 列。

⑤ 计算各目标间的水平角值。将表中第 9 列相邻两方向值相减,即得各目标间的水平角值,填入第 10 列。

表 2-3 方向观测法记录手簿

测站	测回	目标	水平度盘读数		2C	平均读数/(° ′ ″)	归零后的方向值/(° ′ ″)	各测回归零后方向值的平均值/(° ′ ″)	角值/(° ′ ″)	备注
			盘左/(° ′ ″)	盘右/(° ′ ″)						
O	1	A	0 02 00	180 02 18	−18	(0 02 15) 0 02 09	0 00 00	0 00 00		
		B	54 37 12	234 37 40	−28	54 37 26	54 35 11	54 35 09	54 35 09	
		C	167 40 18	347 40 42	−24	167 40 30	167 38 15	167 38 16	113 03 07	
		D	230 15 06	50 14 54	12	230 15 00	230 12 45	230 12 37	62 34 21	
		A	0 02 18	180 02 24	−6	0 02 21				
	2	A	90 00 00	270 00 18	−18	(90 00 14) 90 00 09	0 00 00			
		B	144 35 22	324 35 18	4	144 35 20	54 35 06			
		C	257 38 25	77 38 37	−12	257 38 31	167 38 17			
		D	320 12 30	140 12 54	−24	320 12 42	230 12 28			
		A	90 00 12	270 00 24	−12	90 00 18				

2.4 竖直角测量

竖直角是指同一竖直面内视线与水平线间的夹角,用 α 表示,其值 $|\alpha| \leqslant 90°$,要正确测定竖直角,先要了解经纬仪的竖盘结构。

2.4.1 竖盘结构

1. 竖盘装置

如图 2-14 所示,经纬仪的竖盘固定在望远镜横轴一端并与望远镜连接在一起,它随望远镜一起绕横轴旋转。竖盘装置包括竖盘、竖盘指标、竖盘指标水准管及其微动螺旋、横轴支架。竖盘指标与竖盘指标水准管连接在一起，由竖盘指标水准管微动螺旋控制。当调节竖盘指标水准管微动螺旋时，竖盘指标水准管的气泡移动，竖盘指标也随之移动。当竖盘指标水准管的气泡居中时，竖盘指标线移动到正确位置，即铅垂位置。此时，如果望远镜视准轴水平，竖盘读数则应为 90°或 90°的整倍数。当望远镜上下转动以瞄准不同高度的目标时，竖盘随之转动而指标线不动，因而可读得不同位置的竖盘读数，得到不同目标的竖直角。

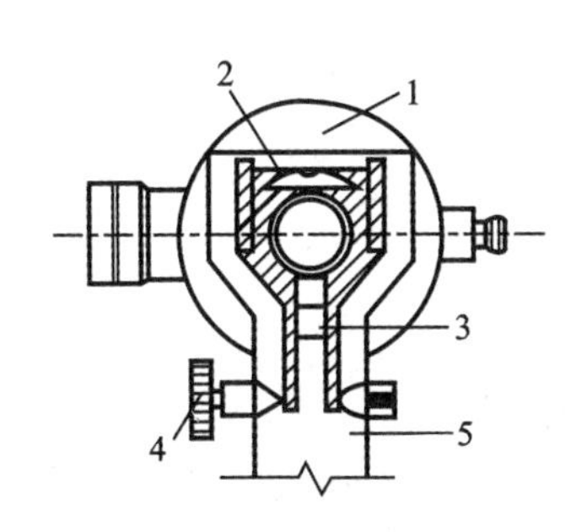

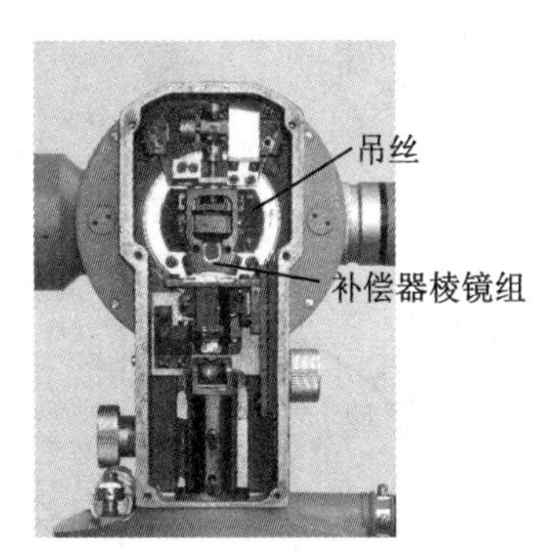

图 2-14 竖盘的构造

1—竖盘；2—竖盘指标水准管；3—竖盘指标；4—竖盘指标水准管微动螺旋；5—横轴支架

如图 2-15 和图 2-16 所示，竖盘的注记形式有多种，最常见的有 0°～360°全圆式顺时针注记和逆时针注记两种。竖直角 α 总是观测目标的读数与起始读数之差，其计算方法与竖盘注记有关，用时应注意区分，以便确定正确的竖直角计算公式。

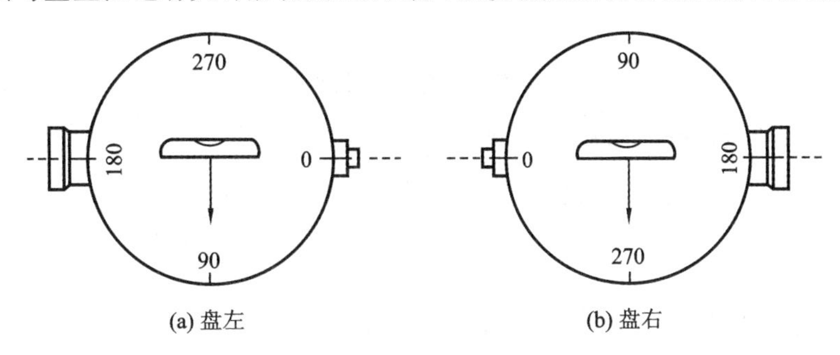

图 2-15 竖盘顺时针方向注记

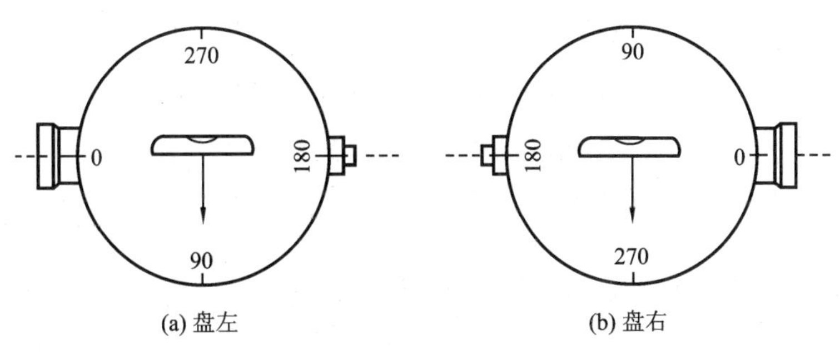

图 2-16 竖盘逆时针方向注记

如图 2-17 所示,在盘左位置将望远镜大致放平,此时竖盘读数应在起始读数 90°附近。然后将望远镜向上仰,若竖盘读数减小,则说明竖盘刻度以顺时针方式注记,该仪器的竖直角计算公式为

盘左 $$\alpha_L = 90° - L \quad (2\text{-}3)$$

盘右 $$\alpha_R = R - 270° \quad (2\text{-}4)$$

式中 L,R——盘左、盘右瞄准目标的竖盘读数。

故一测回的角值为

$$\alpha = \frac{\alpha_L + \alpha_R}{2} = \frac{1}{2}(R - L - 180°) \quad (2\text{-}5)$$

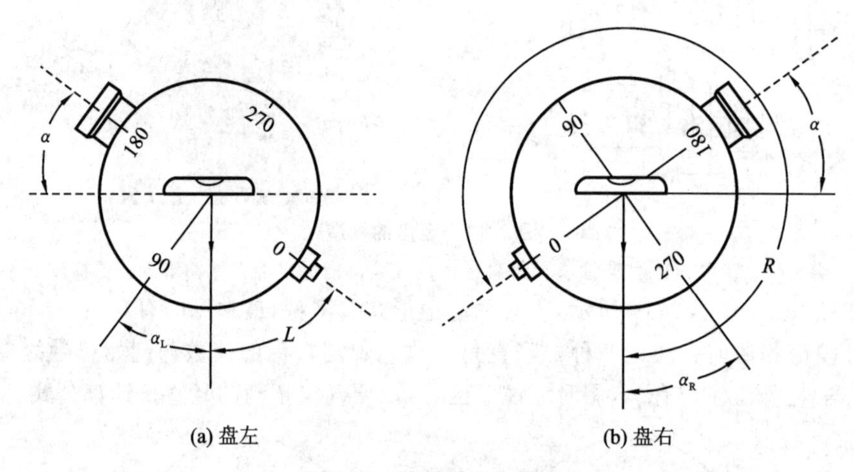

图 2-17 顺时针注记竖盘

若以盘左位置检查竖盘刻度时望远镜上仰,竖盘读数增大,则说明竖盘刻度以逆时针方式注记,如图 2-16 所示,此时,应采用下式计算竖直角,即

盘左 $$\alpha_L = L - 90° \quad (2\text{-}6)$$

盘右 $$\alpha_R = 270° - R \quad (2\text{-}7)$$

此时一测回的角值为

$$\alpha = \frac{\alpha_L + \alpha_R}{2} = \frac{1}{2}(L - R + 180°) \quad (2\text{-}8)$$

2. 竖盘指标差

当视线水平时,竖盘指标水准管气泡居中,如果竖盘指标线不在正确位置,偏离一个较小角度 x(见图 2-18),该值称为竖盘指标差,这是由水准管、视准轴等几何关系不正确所导致的。指标差有正负,偏离方向与竖盘注记方向一致,x 为正,反之则为负。

对于顺时针刻度的竖直度盘,盘左时起始读数为 $90°+x$,正确的竖直角应为

$$\alpha = (90° + x) - L \quad (2\text{-}9)$$

盘右时的正确竖直角应为

$$\alpha = R - (270° + x) \quad (2\text{-}10)$$

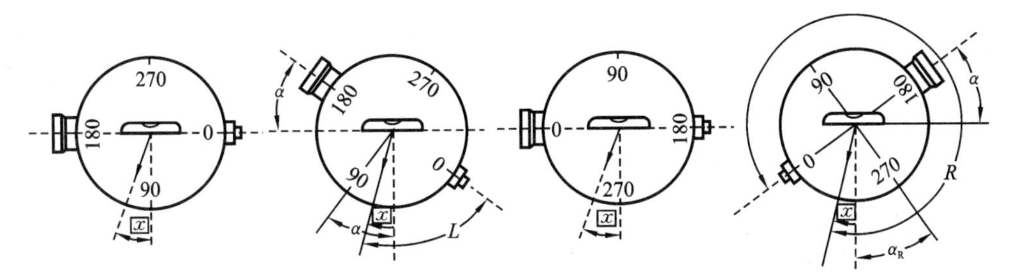

图 2-18 竖盘指标差

式中 L，R——含有竖盘指标差的盘左、盘右读数。

将式(2-3)和式(2-4)代入式(2-9)和式(2-10)得

$$α=α_L+x \tag{2-11}$$

$$α=α_R-x \tag{2-12}$$

将式(2-11)和式(2-12)相加并除以 2，得

$$α=\frac{1}{2}(α_L+α_R) \tag{2-13}$$

可见在竖直角观测过程中，取盘左、盘右观测竖直角的平均值为一测回角值，可以消除竖盘指标差的影响。

将式(2-11)和式(2-12)两式相减，可得竖盘指标差的计算公式为

$$x=\frac{1}{2}(α_R-α_L)=\frac{1}{2}(L+R-360°) \tag{2-14}$$

指标差可用来检查观测质量。在同一站上，x 可视为常数，虽然取盘左、盘右角值的平均值可消除 x 的影响，如式(2-13)所示，但是观测中，如果 x 的变化超过一定范围，则表明观测质量较差，式(2-13)就不可能消除其影响，必须返工重测。DJ6 光学经纬仪一测回内指标差的互差不应超过 25″。

2.4.2 竖直角观测

1. 仪器安置

在测站上安置经纬仪，对中整平；在目标点上设置标志，将竖直度盘置于盘左位置，望远镜大致放平，然后将望远镜上仰，竖盘读数减小，说明竖直度盘为顺时针注记(反之为逆时针)。观测竖直角时应用横丝瞄准目标的特定位置，例如标杆的顶部或标尺上的某一位置。

2. 盘左观测

瞄准目标 A，转动竖盘指标水准管微动螺旋，使竖盘指标水准管气泡居中，读取竖盘读数，如 $L=66°45'23''$，记入观测手簿(见表 2-4)。根据式(2-3)，得

$$α_L=90°-L=90°-66°45'23''=23°14'37''$$

3. 盘右观测

倒转望远镜，瞄准原目标，转动竖盘指标水准管微动螺旋，使竖盘指标水准管气泡居中，读取竖盘读数，如 $R=293°14'55''$，记入观测手簿，根据式(2-4)，其半测回角

值为

$$\alpha_R = R - 270° = 293°14'55'' - 270° = 23°14'55''$$

4. 计算

① 指标差计算,根据式(2-14)得

$$x = (66°45'23'' + 293°14'55'' - 360°)/2 = 9''$$

② 测回角计算,根据式(2-5)计算平均值,即

$$\alpha = (23°14'37'' + 23°14'55'')/2 = 23°14'46''$$

同法观测目标 B,并用 x 检核观测中是否超限,如果超出限差要求应重测。

表 2-4 竖直角观测记录手簿

测站	目标	竖盘位置	竖盘读数/(° ′ ″)	半测回竖直角/(° ′ ″)	指标差/″	一测回竖直角/(° ′ ″)	备注
O	A	左	66 45 23	23 14 37	9	23 14 46	
		右	293 14 55	23 14 55			
	B	左	98 38 24	−8 38 24	−5	−8 38 29	
		右	261 21 26	−8 38 34			

在上述观测中,每次读数前必须调节竖盘指标水准管微动螺旋使竖盘指标水准管的气泡居中,操作较烦琐。为此,有的仪器采用了竖盘指标自动归零装置,取代了竖盘指标水准管及其微动螺旋。基本原理与自动安平水准仪补偿原理相同,在仪器补偿范围内,即使仪器有一定的倾斜,也能读到水准气泡居中时的读数。因此,用带竖盘指标自动归零装置的仪器观测竖直角时,仪器整平后,即可瞄准、读数,从而提高竖直角的观测速度。对于 DJ6 光学经纬仪而言,仪器整平的精度一般在 1′以内,竖盘指标自动归零补偿范围一般为±2′,自动归零误差为±2″。

2.5 DJ6 光学经纬仪的检验与校正

如图 2-19 所示,DJ6 光学经纬仪的主要轴线有视准轴 CC 、横轴 HH、水准管轴 LL 和竖轴 VV。根据角度测量原理,仪器主要轴线应满足以下几何关系。

① 照准部水准管轴 LL 垂直于仪器竖轴 VV($LL \perp VV$)。

② 望远镜视准轴 CC 垂直于仪器横轴 HH($CC \perp HH$)。

③ 横轴 HH 垂直于竖轴 VV($HH \perp VV$)。

④ 十字丝的纵丝垂直于仪器横轴 HH。

⑤ 竖盘指标差 $x = 0$。

⑥ 光学对中器的视准轴与竖轴 VV 重合。

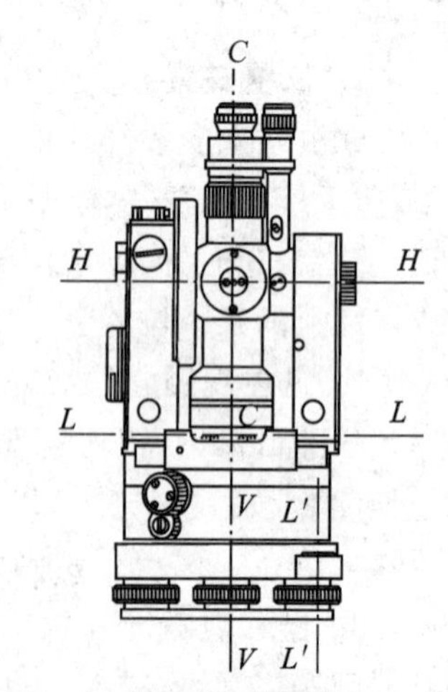

图 2-19 DJ6 光学经纬仪的主要轴线

仪器出厂时,虽经检验合格,但因搬运、振动、长期

野外使用等会造成上述几何关系的变化，从而产生测量误差。因此，测量工作中应按规范定期对仪器进行检验和校正。

2.5.1 照准部水准管轴的检验与校正

1. 检验

检验的目的是使仪器照准部水准管轴垂直于仪器竖轴，即满足条件 $LL \perp VV$，使气泡居中时，竖轴铅垂，水平度盘水平。粗平仪器，旋转照准部使水准管平行于任意一对脚螺旋的连线，转动这一对脚螺旋使气泡居中。再将照准部旋转 180°，若气泡仍然居中，表明 $LL \perp VV$，否则应校正。

2. 校正

校正应遵循“各调一半，反复进行”的原则，即先用校正针拨动水准管一端的校正螺丝，调回气泡偏移量的一半，再用仪器的脚螺旋调回气泡偏移量的另一半。

其原理如图 2-20 所示，设 LL 与 VV 不垂直，相差一个 α 角。当调节脚螺旋使气泡居中后，LL 轴水平，VV 轴偏离铅垂方向 P 一个 α 角，如图 2-20(a)的位置。照准部绕竖轴旋转 180°后，LL 轴绕 VV 轴旋转至图 2-20(b)的位置，此时 LL 轴将偏离水平方向 2α 角，气泡不再居中，偏离量为 2α。校正时按以下两步进行。

① 先用校正针拨动水准管一端的校正螺丝，升高或降低水准管一端，使气泡向中间位置移动偏离量的一半(即改正一个 α)。

② 再调节脚螺旋使气泡向中央移动另一半居中(使 VV 轴至铅垂位置 P，LL 轴至水平位置，达到 $LL \perp VV$ 的目的)。

反复进行以上两步，直到照准部转至任何位置，气泡中心偏离零点均小于半格为止。

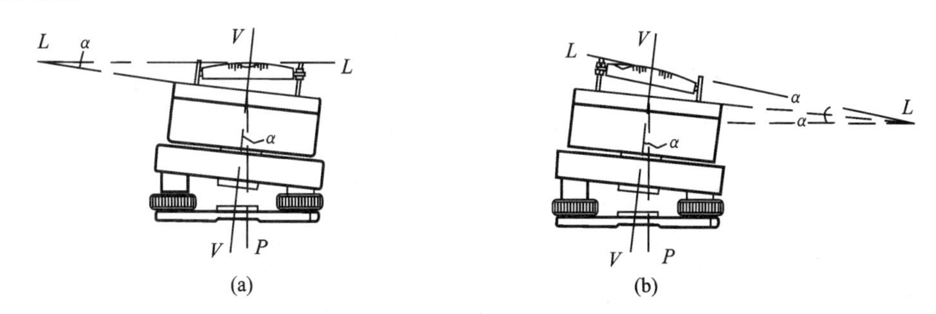

图 2-20 照准部水准管轴的检验原理

2.5.2 十字丝纵丝的检验与校正

1. 检验

检验的目的是确保纵丝垂直于横轴，使纵丝处于视准面内。仪器整平后，先用十字丝交点瞄准一个固定目标，如图 2-21 所示，旋紧照准部和望远镜的制动螺旋，然后调节望远镜微动螺旋使望远镜上下移动。若纵丝始终未偏离目标，则表明达到目的，否则应进行校正。

2. 校正

先用十字丝交点瞄准目标，拧下目镜的护盖，再放松十字丝环的四个固定螺丝，如图 2-22 所示。转动十字丝环，但交点位置不变，仍对准原目标，直至望远镜上下微动时始终未离开目标为止。最后将四个固定螺丝拧紧。

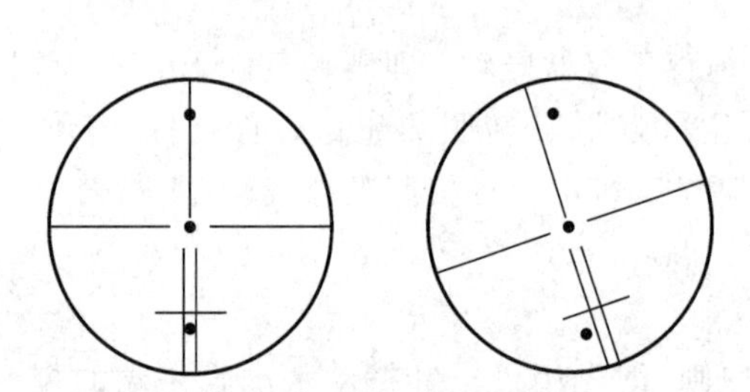

图 2-21　十字丝纵丝的检验

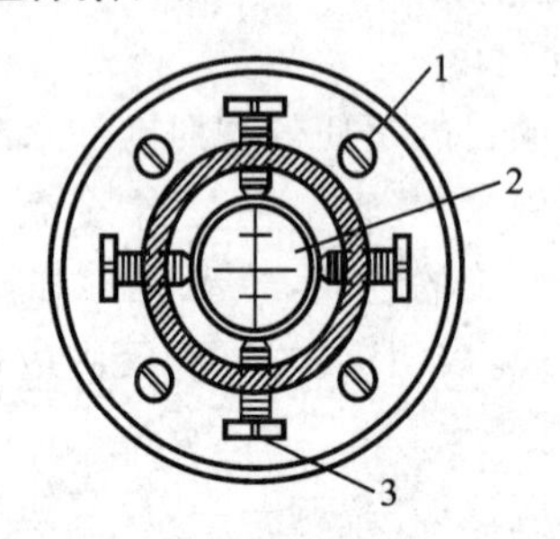

图 2-22　十字丝分划板结构图

1—压环螺丝；2—十字丝板；3—十字丝校正螺丝

2.5.3　视准轴的检验与校正

1. 检验

检验的目的是确保仪器的视准轴垂直于仪器横轴，即满足条件 $CC \perp HH$，使望远镜旋转时的视准面为一平面而不是圆锥面。如图 2-23 所示，在平坦地区，选择相距约 100 m 的 A、B 两点，取其中点 O 安置经纬仪。在 B 端与仪器大致同高的位置横放一支带有毫米分划的尺，A 端设置标志。仪器整平后，盘左瞄准点 A，倒转望远镜在毫米分划尺上读出读数 B_1。旋转照准部以盘右位置再次瞄准点 A，倒转望远镜在毫米分划尺上读出读数 B_2。若 B_1、B_2 值相等，则表示条件成立，否则应校正。

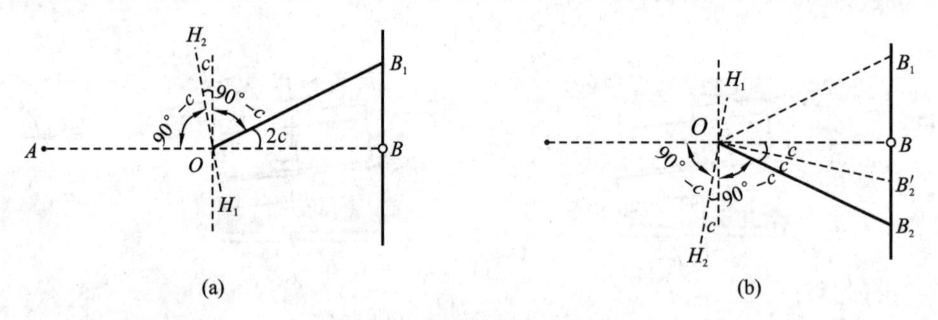

图 2-23　视准轴的检验与校正

2. 校正

视准轴误差是十字丝分划板发生平移，使得视准轴偏离正确位置一个 c 值所产生的误差，视准轴绕横轴所扫过的面为圆锥面。由图 2-23(b)可见，B_1、B_2 之间的距离是由 $4c$ 值导致的，校正时取 $B_1B_2/4$ 得 B'_2 点，调节十字丝环的左右两个校正螺丝，如图 2-22 所示，先松后紧，使十字丝中点由 B_2 点移至 B'_2 点。该项校正需重复 1 次或 2 次，一般规定 DJ6 光学水准仪的 c 值应满足 $-10'' \leqslant c \leqslant 10''$，DJ2 光学水准仪的 c 值应满足 $-8'' \leqslant c \leqslant 8''$。

2.5.4 横轴的检验与校正

1. 检验

检验的目的是使仪器满足横轴垂直于竖轴的条件，即满足条件 $HH \perp VV$，使望远镜旋转的视准面为一铅垂面而不是倾斜面。安置仪器于高墙面前 20～30 m 处，如图 2-24 所示，仪器整平后，以盘左位置瞄准仰角大于 30°的墙面明显目标点 A，然后放平望远镜，在墙面上定出点 B_1。倒转望远镜以盘右再瞄准点 A，再放平望远镜，在墙面上定出点 B_2，若 B_1、B_2 值相等，表明条件成立。由图上可见

$$i=\frac{B_1B_2 \cdot \cot\alpha}{2d}\rho'' \tag{2-15}$$

当 i 超过规定范围时，如 DJ6 为±20″，DJ2 为±15″时，应进行校正。

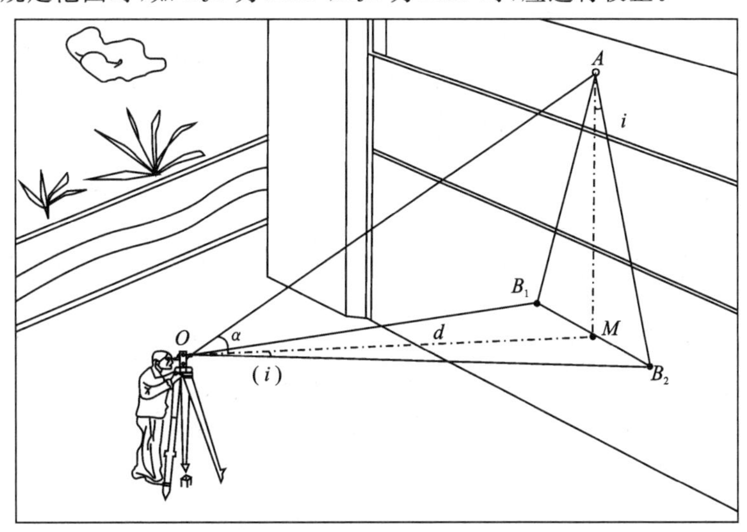

图 2-24 横轴的检验与校正

2. 校正

设横轴不垂直于竖轴，相差一个 i 角，称为横轴误差。校正时，为了使视准面为通过点 A 的铅垂面，转动照准部以盘右瞄准 B_1B_2 的中点 M，然后抬高望远镜至点 A 附近，则十字丝中丝交点必然偏离点 A。这时，可调节横轴校正机构，升高或降低横轴一端，直至使十字丝中丝交点瞄准点 A 为止。因光学经纬仪的横轴是封闭在支架内的，校正的技术难度较大，此项校正应由检修人员进行。

2.5.5 竖盘指标差的检验与校正

1. 检验

检验的目的是确保经纬仪在竖盘指标水准管气泡居中时，读数指标处于正确位置，即满足条件 $x=0$。仪器整平后，以盘左、盘右先后瞄准同一目标，在竖盘指标水准管气泡居中时，读取竖盘读数 L 和 R，按式(2-14)计算竖盘指标差 x。若 x 超过(−1′，+1′)，则应进行校正。

2. 校正

保持望远镜盘右位置瞄准目标不变,计算指标差为零时盘右正确读数为 $R-x$,转动竖盘指标水准管微动螺旋,使指标线对准该读数,此时气泡必不居中。用校正针拨动竖盘指标水准管校正螺丝,使气泡居中即可。校正需要反复进行,直至不超过限差为止。

2.5.6 光学对中器的检验与校正

1. 检验

检验的目的是确保光学对中器的视线与竖轴重合。选择平坦地面安置经纬仪并严格整平,在三脚架中央地面上放一硬白纸板,通过光学对点器在硬白纸板上标出分划线中心点 A,如图 2-25 所示,将照准部旋转 180°,再标出点 B。若 A、B 重合,表明目的达到,否则应进行校正。

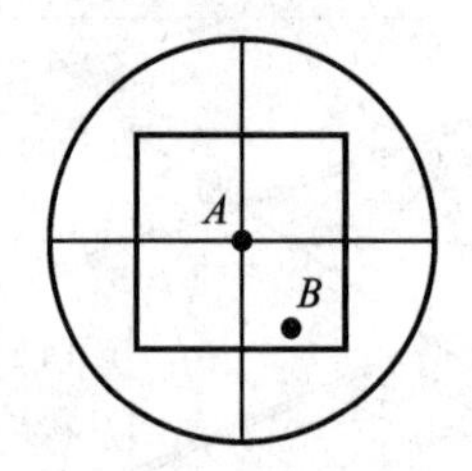

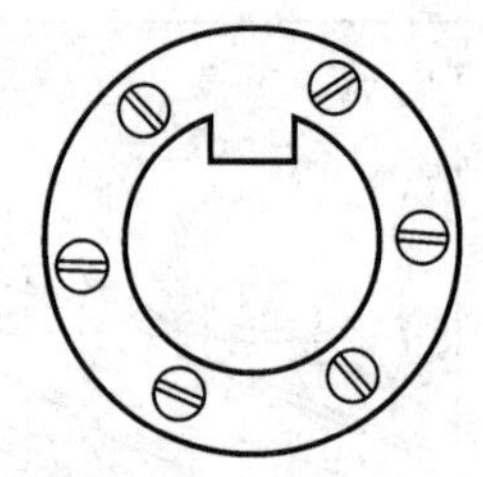

图 2-25 光学对中器的检验与校正

2. 校正

仪器类型不同,校正部位也不同,有的需要校正转向直角棱镜,有的需要校正分划板,有的二者均须校正。校正时需通过拨动对点器上相应的校正螺丝,使刻划圈中心对准 A、B 的中点。重复 1 次或 2 次,直至照准部转到任何位置,A、B 点都始终位于刻划圈中央为止。

2.6 电子经纬仪

为了使所测量的角度数据能自动显示、自动记录和传输,常采用光电扫描度盘将角度值变为电信号,再将电信号转化为角度值,达到自动测角的目的,这种经纬仪称为电子经纬仪(electronic theodolite)。它是在微处理器控制下,集机、光、电于一体,带有电子扫描度盘,实现测角数字化的新型测量仪器。电子经纬仪与光电测距仪结合成一体又称为全站仪,目前已被广泛应用于测量工作中,并将逐渐取代传统光学经纬仪和电子经纬仪。电子经纬仪的测角读数系统采用的是光电扫描度盘和自动显示系统。根据光电扫描度盘获取电信号的原理不同,电子经纬仪的电子测角系统主要有以下三种形式:编码测角系统;光栅式测角系统;动态式测角系统。

1. 编码测角系统

利用编码度盘进行测角是电子经纬仪中采用最早,也是较为普遍的电子测角方法。为了分区,对度盘进行二进制编码,将整个玻璃度盘沿径向划分为 2^n 条由圆心向外辐射的等角距码区,n 条码道(同心圆环),将每条码区分成 n 段黑白光区。设黑区透光为 1，白区不透光为 0，则对应不同码区都可组成以 n 位数为一组的编码。如图 2-26 所示，码道数 $n=4$，码区数 $2^4=16$，每条码区依次标有不同的 4 位数编码(见表 2-5)，如第十三码区的编码为 1101。每码区的角值为 $360°/2^4=22°30'$。为了识别照准方向落在度盘所在码区位置的编码，如图 2-27 所示，在度盘上方按码道划分的光区位置，安装了一排发光二极管，组成发光阵列，在度盘下方对应位置安装了一排光电二极管，组成光信号接收阵列，上下阵列对度盘光区扫描。发光阵列通过光区发出信号 1(透光)和 0(不透光)，使接收阵列分别输出高压和低压信号，通过译码器而获得照准方向所在码区的绝对位置。

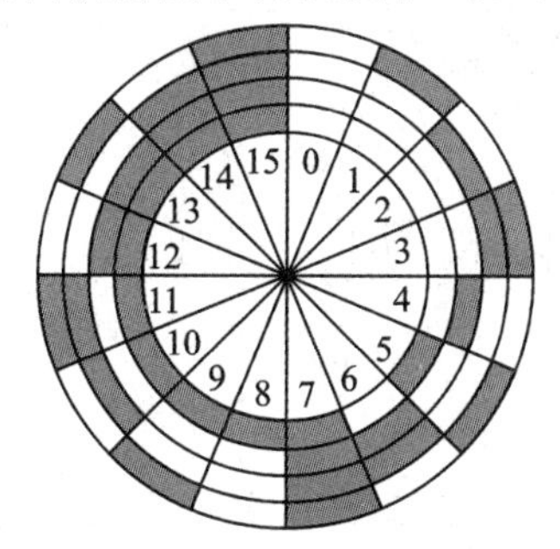

图 2-26 多码道编码度盘

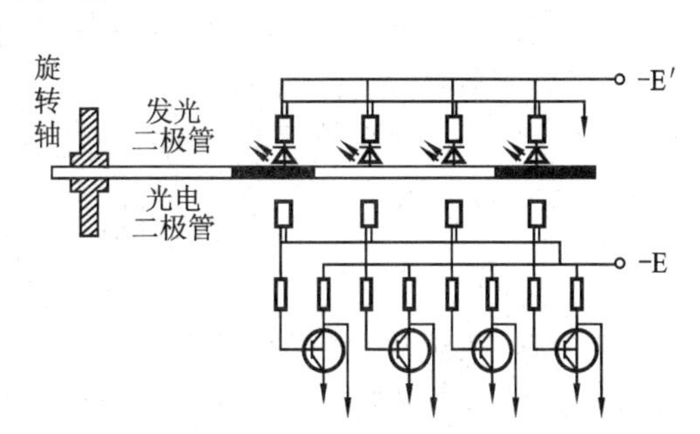

图 2-27 编码识别原理

表 2-5 对应码区编码表

区间	编码	区间	编码
0	0000	8	1000
1	0001	9	1001
2	0010	10	1010
3	0011	11	1011
4	0100	12	1100
5	0101	13	1101
6	0110	14	1110
7	0111	15	1111

编码度盘的分辨率，即码区角值的大小 $360°/2^n$ 取决于码道数 n，n 越大，则分辨率越高。如分辨率要求达到 $10'$，则需要 11 个码道，2048 个码区，即 $360°/2^{11}=360°/2048=10'$。设度盘直径 $R=80$ mm，每码区圆心角所对的最大弧长为

$$\Delta S=\frac{10'}{\rho'}\cdot\frac{R}{2}=\frac{10'}{3438'}\cdot 40\text{mm}=0.12\ \text{mm}$$

式中 ρ'——1 弧度对应的 60 进制角度，以分表示为 $3438'$。

显然，要将光区发光元件做成小于 0.12 mm 的尺寸是极其困难的。因此，编码度盘只用于角度粗测，精测还需利用电子测微技术才能实现。

2. 光栅式测角系统

在电子经纬仪中，另一种被广泛使用的测角方法是光栅度盘测角方法。由于这种方法比较容易实现，目前已被许多厂家采用。如图 2-28(a)所示，在玻璃圆盘刻度圈上，全圆式地均匀刻划出密集型的径向细刻线，光线透过时呈现明暗条纹，这种度

盘称为光栅度盘。通常光栅的刻线不透光,缝隙透光,二者宽度相等,栅距为 d。栅距所对的圆心角即为光栅度盘的分划值。度盘的光栅条纹数一般为 21600 条,条纹间距对应角值为为 $1'$,也有 10800 条的度盘,条纹间距对应角值为 $2'$。角度测量过程就是对光栅条纹数的计数和对不足一个条纹宽度的测微(细分)过程。

为了提高度盘的分辨率,在度盘上下方分别安装发光器和光信号接收器。在接收器与底盘之间,设置一块与度盘刻线密度相同的光栅,称为指示光栅。如图 2-28(b)所示,指示光栅与度盘光栅间有一个微小夹角 θ,它们叠加在一起后就产生一种特别的光学现象——莫尔条纹。指示光栅、发光器和接收器三者位置固定,唯有光栅度盘随照准部旋转。当发光器发出红外光穿透度盘光栅时,指示光栅上就呈现出放大的明暗条纹(莫尔条纹),纹距为 D。

根据光学原理,莫尔条纹具有以下特征。

① D 与栅距 d 成正比,与倾斜角 θ 成反比,三者应满足以下关系,即

$$D=\frac{d}{\theta}\rho'=kd \tag{2-16}$$

式中 k——莫尔条纹放大倍数。当 $\theta=7'$时,$k=\rho'/\theta=3438'/7'\approx500$。

② 度盘旋转一个栅距 d,莫尔条纹移动一个纹距 D,亮度相应按正弦波变化一个周期,接收器随光信号转换的电流变化一个周期。所以,当望远镜从一个方向转到另一个方向时,流过光电管的光信号的周期数,就是两方向间的光栅数。

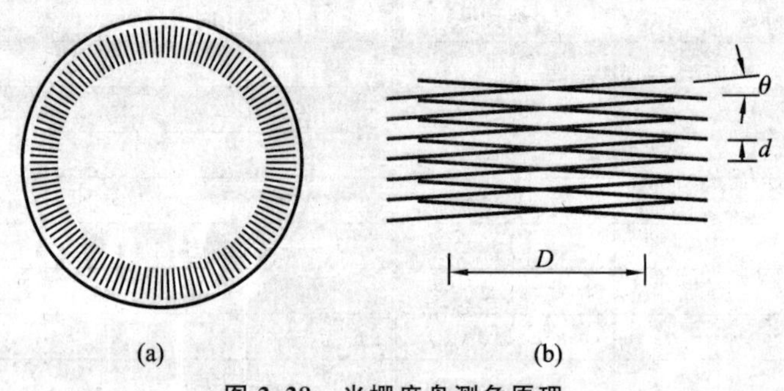

图 2-28 光栅度盘测角原理

测角时,望远镜瞄准起始方向,使接收电路中计数器处于"0"状态。当度盘随照准部正、反向转至另一目标方向时,计数器在判向电路控制下,对莫尔条纹亮度变化的周期数进行累加、减计数,最后经过程序处理,显示出观测角值。如果在电流波形的一个周期内输入 n 个脉冲,并对流过的脉冲计数,就可以将角度分辨率提高 n 倍。这种累加栅距测角的方法,称为增量式测角方法。

3. 动态式测角系统

在玻璃度盘上分划出若干等距的径向区格,每一区格由一对黑白光区组成,白的透光、黑的不透光。区格相应的角值,即格距为 φ_0(见图 2-29)。例如,将度盘分划为 1024 个区格,格距为

$$\varphi_0=360°/1024=21'05.625''$$

测角时,为了消除度盘刻度误差,按全圆刻度误差总和等于零的原理,用微型电机带动度盘匀速旋转,利用光栏上安装的电子元件对度盘进行全圆式扫描,从而获

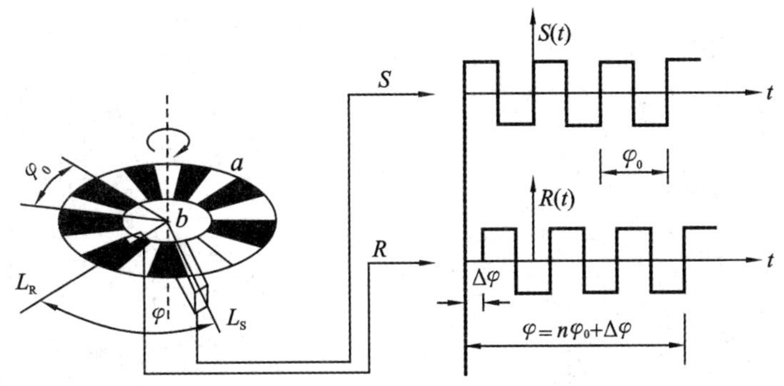

图 2-29 动态式测角原理

得目标的观测方向值。

如图 2-29 所示,在度盘的外缘安装固定光栏 L_S 与基座相连,充当 0 位线;在度盘的内缘安装活动光栏 L_R,随照准部转动,充当方向指标线。在每支光栏上装有发光器和光信号接收器,分别置于度盘上下的对称位置。发光器发出的光通过光栏上的光孔,随着旋转度盘透光、不透光区格的移动,形成明暗变化的光信号。接收器将光信号转换为正弦波,经整形成为方波电流,方波电流的幅值和相位分别由 S、R 端口输出,以便计数和相位测量。L_S 与 L_R 之间的夹角 φ 为 $n\varphi_0$ 与不足一个格距 $\Delta\varphi$ 之和,即

$$\varphi = n\varphi_0 + \Delta\varphi \tag{2-17}$$

式中 n 和 $\Delta\varphi$ 可由粗测和精测求得。

(1) 粗测

在度盘同一径向上,对应 L_S、L_R 光孔位置各设置一个标志。度盘旋转时,标志通过 L_S,计数器对脉冲方波开始计数;当同一径向的另一标志通过 L_R 时计数器停止计数。计数器计得的方波数即为 φ_0 的倍数 n。

(2) 精测

设 φ_0 对应的时间为 T_0,$\Delta\varphi$ 对应的时间为 ΔT,因度盘是等速旋转的,它们的比值应相等,故

$$\Delta\varphi = \frac{\varphi_0}{T_0}\Delta T \tag{2-18}$$

式中 ΔT——任意区格通过 L_S,紧接着另一区格通过 L_R 所需要的时间。

ΔT 可通过在相位差 $\Delta\varphi$ 中填充脉冲,并计数,根据已知的脉冲频率和脉冲数计算出来。度盘转一周可测出 1024 个 $\Delta\varphi$,取其平均值求得 $\Delta\varphi$。

粗测和精测的数据经过微处理器处理,观测的角值由液晶屏显示出来。这种以旋转度盘测角的方法,称为动态式测角方法。

4. ET-02 电子经纬仪的使用

如图 2-30 所示为我国南方测绘仪器有限公司生产的 ET-02 电子经纬仪。

(1) 主要技术参数

角度测量:光电增量式系统。

单位:400 g,360°。

显示最小单位:1″,5″。

测量方法:单次测量和连续测量。

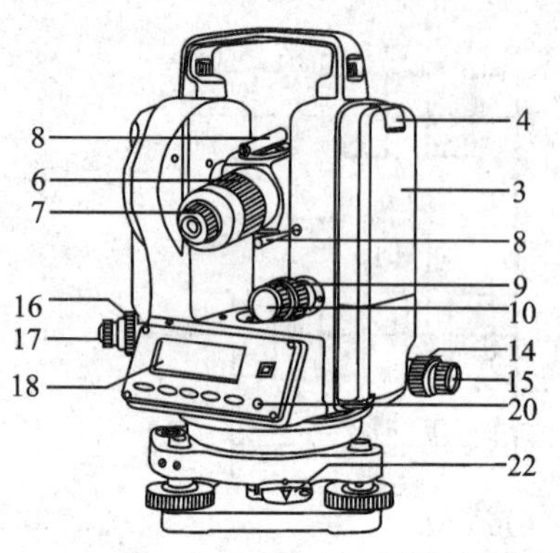

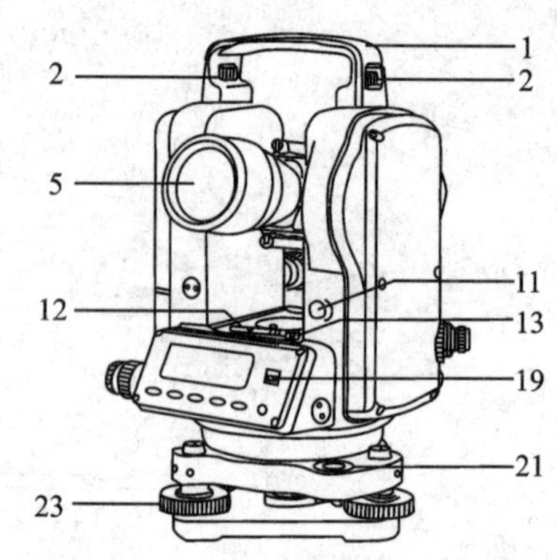

图 2-30 ET-02 电子经纬仪

1—手柄;2—手柄固定螺丝;3—电池盒;4—电池盒按钮;5—物镜;6—物镜调焦螺旋;
7—目镜调焦螺旋;8—光学粗瞄器;9—望远镜制动螺旋;10—望远镜微动螺旋;
11—光电测距仪数据接口;12—管水准器;13—管水准器校正螺丝;14—水平制动螺旋;
15—水平微动螺旋;16—光学对中器物镜调焦螺旋;17—光学对中器目镜调焦螺旋;18—显示窗;
19—电源开关键;20—显示窗照明开关键;21—圆水准器;22—轴套锁定钮;23—脚螺旋

测量精度:一测回方向观测中误差为 2.0″;

一测回竖直角观测中误差为 2.0″。

轴系补偿系统:自动垂直补偿器。

望远镜:正像,标准目镜放大倍数为 30 倍,视场角 0°30′,最短视距 1.4 m。

水准器:圆水准器精度为 8′/ 2 mm。

管水准器:精度为 30″/2 mm。

温度范围:−20～45 ℃。

仪器重量:4.3 kg。

(2) 仪器操作

用电子经纬仪测量角度比较简单,将仪器对中整平后,按下[PWR]键即可打开电源,按住[CONS]键至三声蜂鸣后松开[CONS]键,仪器进入初始化设置状态。设置完成后按[CONS]键予以确认,仪器返回测角模式。如果显示屏显示“b”,则表示仪器的竖轴不垂直,将仪器精确整平后“b”消失。

将望远镜十字丝中心对准目标,按[0 SET]键两次,使水平角读数为 0°0′0″,作为水平角起算的零方向。按[L/R]键,水平角设置为右旋(R)或左旋(L)。若为右旋,则顺时针转动照准部,瞄准另一目标,显示屏显示相应的水平角与竖直角。盘左完成后,倒转望远镜完成盘右观测。

2.7 角度测量误差分析及注意事项

用经纬仪进行角度测量会存在误差,分析误差出现的原因、特性及其规律,采用一定的观测方法,减小这些误差的影响,将有助于提高角度测量的成果质量。测量误差来源主要包括三个方面:仪器误差、操作误差及外界条件影响产生的误差。

2.7.1 仪器误差

仪器误差包括仪器检验和校正之后的残余误差、仪器零部件加工不完善所引起的误差等，主要分为以下几种。

1. 视准轴误差

视准轴误差又称视准差，是由于望远镜视准轴不垂直于横轴引起的。对角度测量的影响规律如图 2-23 所示，因该误差对水平方向观测值的影响值为 $2c$，且盘左、盘右观测时该值符号相反，故在水平角测量时，可采用盘左、盘右一测回观测取平均值的方法予以消除。

2. 横轴误差

横轴误差是由于横轴不垂直于竖轴引起的。由图 2-24 可知，盘左、盘右观测中均含有此项误差，且大小相等，方向相反。故水平角测量时，此误差同样可采用盘左、盘右观测，取一测回平均值作为最后结果的方法加以消除。

3. 竖轴误差

竖轴误差是由仪器竖轴不垂直于水准管轴或水准管整平不完善、气泡不居中所引起的。竖轴因不处于铅垂位置，与铅垂方向偏离了一个小角度，从而引起横轴不水平，使角度测量产生误差。这种误差的大小随望远镜瞄准不同方向、横轴处于不同位置而变化。同时，因为竖轴倾斜的方向与正、倒镜观测（即盘左、盘右观测）无关，所以竖轴误差不能用正、倒镜观测取平均数的方法消除。因此，观测前应严格检校仪器，观测时仔细整平，并保持照准部水准管气泡居中，气泡偏离量不得超过一格。

4. 竖盘指标差

竖盘指标差是由竖盘指标线不处于正确位置而引起的。其原因可能是竖盘指标水准管没有整平，气泡没有居中，也可能是经检校之后存在残余误差。因此观测竖直角时，切记调节竖盘指标水准管，使气泡居中。若此时竖盘指标线仍不在正确位置，如前所述，可采用盘左、盘右观测一测回，取其平均值作为竖直角度值的方法来消除竖盘指标差。

5. 度盘偏心差

该误差属仪器零部件加工、安装不完善引起的误差，在水平角测量和竖直角测量中，分别有水平度盘偏心差和竖直度盘偏心差两种。

水平度盘偏心差是由照准部旋转中心与水平度盘圆心不重合所引起的指标读数误差。因为盘左、盘右观测同一目标时，指标线在水平度盘上的位置具有对称性（即对称分划读数），所以在水平角测量时，此项误差也可取盘左、盘右读数的平均数予以减小。

竖直度盘偏心差是由竖直度盘圆心与仪器横轴（即望远镜旋转轴）的中心线不重合带来的误差。在竖直角测量时，该项误差的影响一般较小，可忽略不计。若在高精度测量工作中，确需考虑该项误差的影响，应经检验测定竖盘偏心误差系数，对相应竖直角测量结果进行修正，或者采用对向观测的方法（即往返观测竖直角）来消除竖盘偏心差对测量结果的影响。

6. 度盘分划误差

现代光学测角仪器,度盘的分划误差很小,一般可忽略不计。若观测角度需要测多个测回,应变换度盘的初始位置,使各测回的方向值分布在度盘的不同区间,然后取各测回角值的平均值,这样可以减小度盘分划误差的影响。

2.7.2 操作误差

1. 对中误差

对中误差又称测站偏心差,是仪器中心与测站中心不重合所引起的误差,如图 2-31 所示,B 为测站点,B'为仪器中心,e 为偏心距,β 为预测角,β'为实测角,δ_1、δ_2 为对中误差产生的测角影响,则

$$\Delta\beta=\beta-\beta'=\delta_1+\delta_2=\left[\frac{\sin\theta}{d_1}+\frac{\sin(\beta'-\theta)}{d_2}\right]e\rho'' \tag{2-19}$$

由上式可知,$\Delta\beta$ 与偏心距 e 成正比,与边长 d 成反比,还与测角大小有关,β 越接近 180°,影响越大。所以在测角时,对于短边、钝角尤其要注意对中。

2. 目标偏心误差

目标偏心误差是由标杆倾斜导致瞄准中心偏离标志中心所引起的误差。如图 2-32所示,A 为测站点,B 为标志中心,B'为瞄准中心, B''为 B'的投影,e 为目标偏心误差,x 为目标偏心对水平角观测一个方向的影响,则

$$x=\frac{e}{d}\cdot\rho''=\frac{l\sin\alpha}{d}\cdot\rho'' \tag{2-20}$$

由上式可知,x 与目标倾斜角 α、目标长度 l 成正比,与边长 d 成反比。因此观测水平角时,标杆应竖直,并尽量照准标杆底部,当 d 较小时,应尽可能照准标志中心。

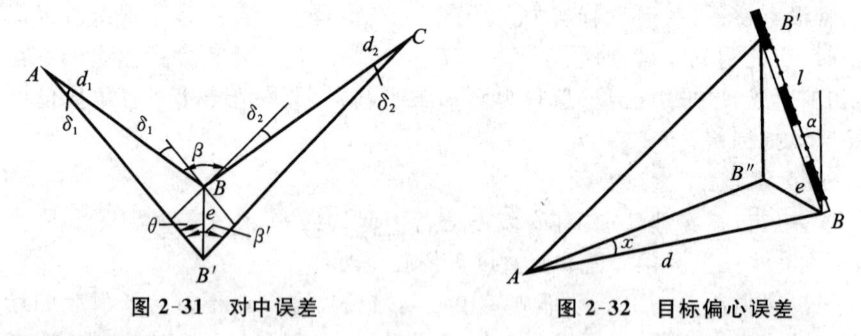

图 2-31 对中误差　　图 2-32 目标偏心误差

3. 瞄准误差

瞄准误差是视准轴偏离目标理想准线的夹角,主要取决于人眼最小分辨视角 P 和望远镜的放大倍率 V,一般可用下式计算,即

$$m_v=\pm\frac{P}{V}=\pm\frac{60''}{V} \tag{2-21}$$

对于 DJ6 光学经纬仪,一般 $V=26$,则 $m_v=\pm2.3''$。

4. 读数误差

读数误差主要取决于仪器的读数设备、照度和判断的准确性。对于 DJ6 光学经

纬仪，读数误差在[－6″，6″]范围内，对于DJ2光学经纬仪一般在[－3″，3″]范围内。

2.7.3 外界条件影响产生的误差

外界条件的影响因素很多，如温度变化、大气透明度、旁折光、风力等，这些因素均会影响观测结果的精度。为此，在测量水平角时应采取措施，例如，选择有利的观测时间确保成像清晰稳定，踩实三脚架的脚尖，为仪器撑伞遮阳，尽可能使视线远离建筑物、水面以及烟囱顶等，以防止这些部位因气温变化引起大气水平密度变化，从而产生旁折光等。

2.7.4 角度测量注意事项

由上述分析可知，为了提高测角精度，观测时必须注意以下几点。

① 观测前检校仪器，使仪器误差降到最低程度。

② 安置仪器要稳定，三脚架应踩实，仔细对中并整平，并且一测回内不得重新对中整平。

③ 标志应竖直，尽可能瞄准标志的底部。

④ 观测时应严格遵守各项操作规定和限差要求，尽量采用盘左、盘右观测。

⑤ 观测水平角时应用十字丝交点对准目标底部；观测竖直角时应用十字丝交点对准目标顶部。

⑥ 对一个水平角进行 n 个测回观测，各测回间应按 $180°/n$ 的差值来配置水平度盘的初始位置。

⑦ 读数准确、果断。

⑧ 选择有利的观测时间进行观测。

【本章要点】

本章重点介绍了角度测量原理、度盘读数方法、经纬仪技术操作、水平角观测、竖直角观测、经纬仪检校原理和方法、水平角测量误差、电子经纬仪的测角原理。难点是竖直角计算和方向观测法计算。

【思考和练习】

2.1 测角时为什么一定要对中、整平，如何进行？

2.2 测量水平角时，采用盘左、盘右观测取平均值的方法可以消除哪些仪器误差对测量结果带来的影响？

2.3 测量竖直角时，为什么每次竖盘读数前应转动竖盘指标水准管的微动螺旋使气泡居中？

2.4 经纬仪有哪些主要轴线？它们之间应满足哪些几何关系？

2.5 简述测回法观测水平角的操作步骤。

2.6 水平方向观测中的 $2c$ 是何含义？为何要计算 $2c$，并检查其互差？

2.7 测站偏心误差和目标偏心误差对水平角测量有何影响？

2.8 表 2-6 为水平角测回法观测数据，完成表格计算。

表 2-6 水平角测回法观测数据

测站	测回数	盘位	目标	水平度盘读数/(° ′ ″)	半测回角值/(° ′ ″)	一测回角值/(° ′ ″)	各测回平均值/(° ′ ″)	备注
O	1	左	A	0 02 00				
			B	91 45 06				
		右	A	180 01 48				
			B	271 45 12				
	2	左	A	90 00 48				
			B	181 43 54				
		右	A	270 01 12				
			B	1 44 12				

2.9 计算表 2-7 方向观测法的水平角测量结果。

表 2-7 方向观测法观测数据

测站	测回数	目标	水平度盘读数		2c = 左 − (右 ±180°)	平均读数 =[左+(右 ±180°)]/2	归零后的方向值	各测回归零后方向值的平均值	各方向间的水平角
			盘左读数	盘右读数					
			/(° ′ ″)	/(° ′ ″)	/ (″)	/(° ′ ″)	/(° ′ ″)	/(° ′ ″)	/(° ′ ″)
O	1	A	0 01 24	180 01 36					
		B	70 23 36	250 23 42					
		C	220 17 24	40 17 30					
		D	254 17 54	74 17 54					
		A	0 01 30	180 01 42					
	2	A	90 01 12	270 01 30					
		B	160 23 24	340 23 48					
		C	310 17 30	130 17 48					
		D	344 17 42	164 17 24					
		A	90 01 18	270 01 12					

2.10 完成表 2-8 中竖直角观测的各项计算。

表 2-8 竖直角观测数据

测站	目标	竖盘位置	竖盘读数/(° ′ ″)	半测回竖直角/(° ′ ″)	指标差/(″)	一测回竖直角/(° ′ ″)	备注
O	C	左	80 18 36				
		右	279 41 30				
	D	左	125 03 30				
		右	234 56 54				

3 距离测量

距离测量是测量基本工作之一，测量中所说的距离概念为两点间的水平长度。如果测得的是倾斜距离，还必须改算为水平距离。按照所用仪器、工具不同，距离测量的方法有钢尺量距、视距测量、电磁波测距以及卫星定位系统测距等。本章介绍前三者，后者在第 12 章中介绍。

3.1 钢尺量距

3.1.1 钢尺量距工具

钢尺量距工具主要有钢尺、皮尺，辅助工具有花杆、测钎、垂球、弹簧秤和温度计等。

1. 钢尺

钢尺分为普通钢尺和因瓦基线尺两大种类。

普通钢尺[见图 3-1(a)]是钢制的带状尺，尺宽为 10～15 mm，长度有 20 m、30 m、50 m等多种。为了便于携带和保护，将钢尺卷放在圆形尺盒内或金属尺架上。目前，多数钢尺基本分划为毫米，在每厘米、每分米及每米处均有数字标记，便于量距时读数。

根据零点位置的不同，钢尺可以分为端点尺和刻线尺。端点尺是以尺的最外端及拉环外缘作为尺的零点，如图 3-1(b)所示，当从建筑物墙边开始测量时使用方便，但是拉环易磨损；刻线尺以尺前端的一刻线作为尺的零点，如图 3-1(c)所示。

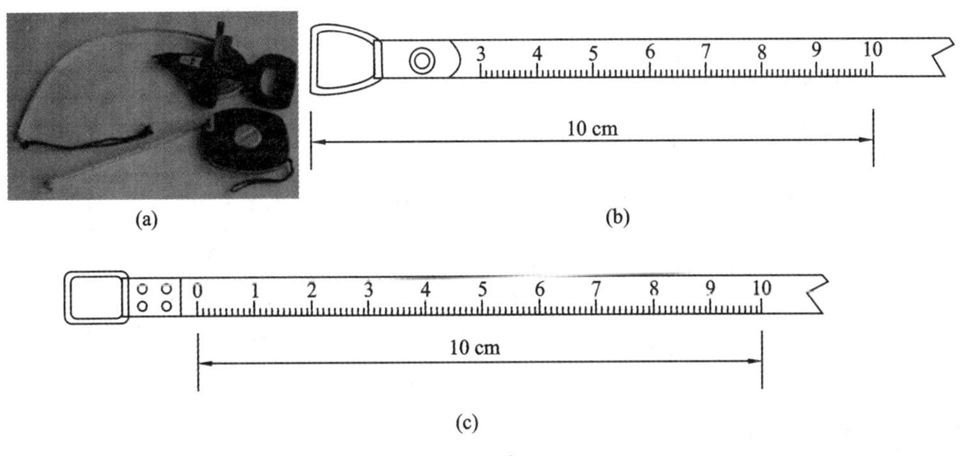

图 3-1 钢尺

因瓦基线尺是用镍铁合金制成的，其形状是线状，直径为1.5 mm，长度为24 m，尺身无分划和数字标记。在尺两端各连一个三棱形的分划尺，长为8 cm，其上分划最小为1 mm。因瓦基线尺全套由4根主尺、1根8 m或4 m长的辅尺组成。不用时安放在带有鼓卷的尺箱内。

2. 皮尺

如图3-2所示，皮尺外形同钢卷尺，用麻布或纤维制成，基本分划为厘米，零点在尺端。

皮尺精度低，只用于精度要求不高的距离测量中。钢尺量距最高精度可达到1/30000(相对误差)，由于其在短距离量距中使用方便，常在工程中使用。因瓦基线尺由温度变化引起的尺长伸缩变化小，量距精度高，可达到1/1000000，常用于精度要求很高的基线测量中。

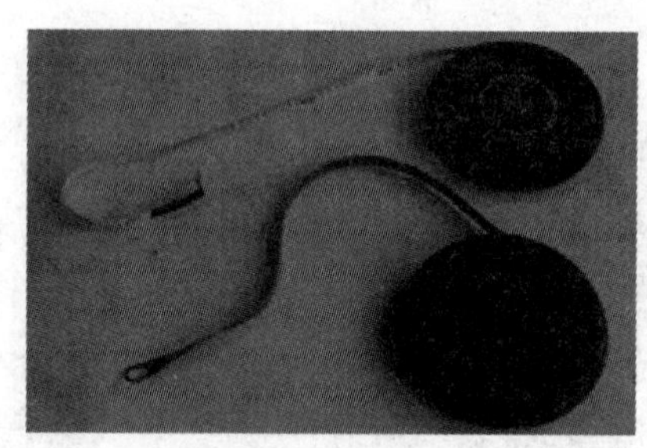

图3-2　皮尺

3. 辅助工具

花杆[见图3-3(a)]长度有2 m、3 m、5 m，直径为3～4 cm，杆上涂以20 cm间隔的红漆、白漆，以便远处也能清晰可见，用于标定直线。测钎[见图3-3(b)]是用直径为5 mm左右的粗铁丝制成的，长约30 cm，它的一端磨尖，便于插入土中，另一端做成环状，便于携带。测钎6根或11根为一组，用来标志所量尺段的起、止点和计算已量过的整尺段数。垂球[见图3-3(c)]用来投点。此外，辅助工具还有弹簧秤和温度计等，用于控制拉力和测定温度。

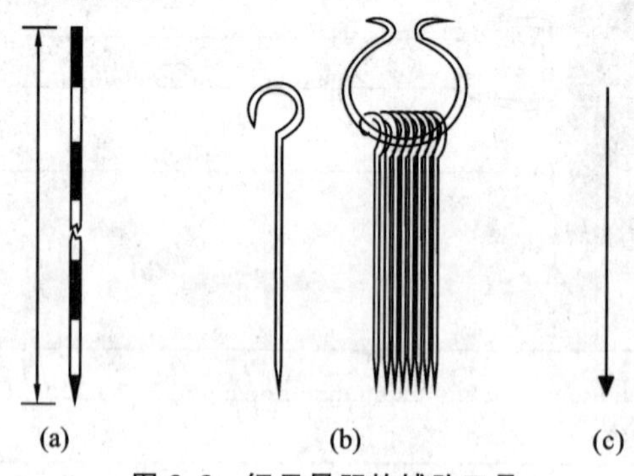

图3-3　钢尺量距的辅助工具

3.1.2　直线定线

当两个地面点之间的距离较长或地势起伏较大时，为使量距工作更加方便，可将待量直线分成几段进行测量。这种把多根标杆标定在已知直线上的工作称为直线定线，方法有目视定线和经纬仪定线两种。

① 一般量距用目视定线，如图 3-4 所示，A、B 为待测距离的两个端点，先在 A、B 点上竖立花杆，然后甲立在点 A 后 1～2 m 处，由 A 瞄向 B，使视线与花杆边缘相切，并指挥乙持花杆立在 A、B 之间的点 2 上左右移动，直到 A、2、B 三支花杆在一条直线上为止，然后将花杆竖直地插下。直线定线一般应由远到近，即先定点 2，再定点 1。

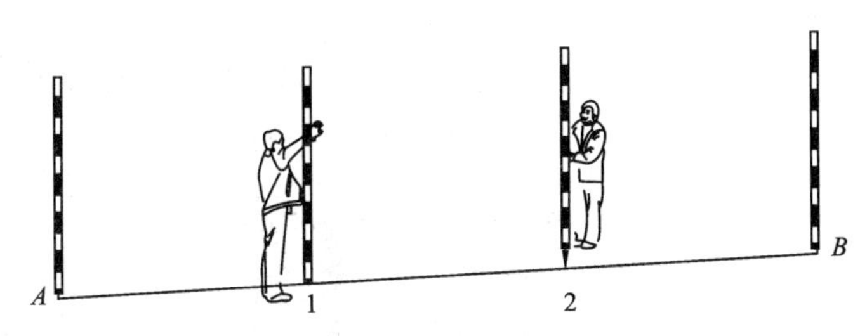

图 3-4 目视定线

② 钢尺精密量距用经纬仪定线，如图 3-5 所示，设 A、B 两点互相通视，甲将经纬仪安置在点 A，用望远镜纵丝瞄准点 B，在水平方向上制动照准部，上下转动望远镜，指挥位于两点间的乙左右移动花杆，直至花杆影像被纵丝平分。为了减少照准误差，可以用直径更细的测钎或垂球线代替花杆。

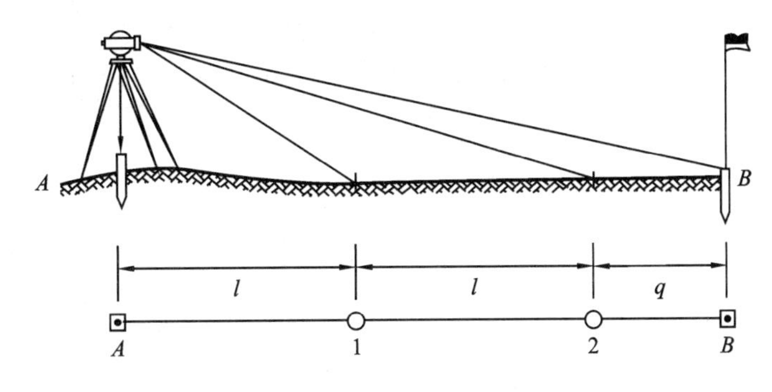

图 3-5 经纬仪定线

3.1.3 钢尺量距的一般方法

1. 平坦地区的距离测量

下木桩（桩上钉一小钉），然后在待测两端点 A、B 的外侧各立一花杆，清除直线上的障碍物后，即可开始测量。如图 3-6 所示，后尺手持尺的零端位于点 A，并在点 A 插一测钎。前尺手持尺的末端并携带一组测钎（其余 5 根或 10 根）沿 AB 方向前进，行至一个尺段处停下。后尺手以手势指挥前尺手将钢尺拉在 AB 直线上，两人同时把钢尺拉紧，拉平和拉稳后，前尺手在尺的末端整尺段长分划处竖直插下一根测钎（如果在水泥地面上测量无法插测钎时，也可以用粉笔在地面上画线做记号或打下水泥钉做标志)得到1点，这样便量完一个整尺段。随之，后尺手拔起点 A 上的测钎与前尺手共同举尺前进，当后尺手到达插测钎或画记号处时停住，同法量出第二尺段。依次继续测量下去，直至量完 AB 直线的最后一段为止。

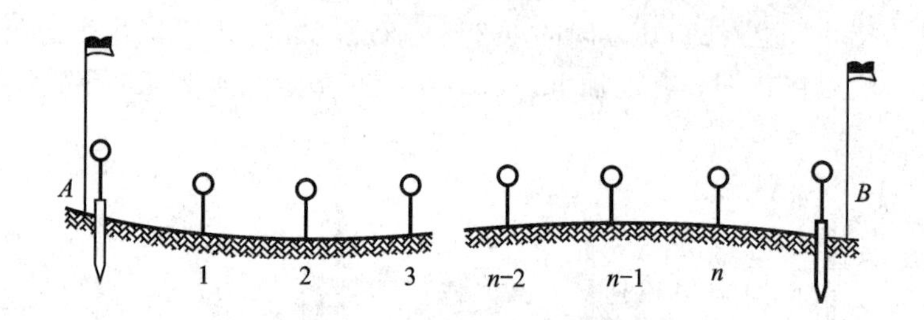

图 3-6　平坦地区的距离测量

最后一段距离一般不会刚好是整尺段的长度，如图 3-6 中的 n—B 段，称为余长。测量余长时，仍然是后尺手持尺的零端对准点 n，前尺手在钢尺上读取余长值，则 AB 两点间的水平距离为

$$D_{AB}=nl+q \tag{3-1}$$

式中　n——整尺段数；

l——钢尺长度；

q——不足一整尺段长的余长。

为了防止测量中发生错误及提高量距精度，距离要往返测量。上述为往测，返测时要重新定线，取往返测量距离的平均值作为测量结果。量距精度以相对误差表示，通常化为分子为1的分数形式，即

$$K=\frac{|D_{往}-D_{返}|}{D_{平均}}=\frac{1}{\dfrac{D_{平均}}{|D_{往}-D_{返}|}} \tag{3-2}$$

式中　$D_{平均}$——往返测量距离的平均值。

例如，测 A、B 点的水平距离，往测距离为 231.54 m，返测距离为 231.48 m，往返测量距离的平均值为 231.51 m，故其相对误差为

$$K=\frac{|D_{往}-D_{返}|}{D_{平均}}=\frac{|231.54-231.48|}{231.51}=\frac{1}{3859}<\frac{1}{3000}$$

在平坦地区，钢尺量距的相对误差一般不应大于 1/3000；在量距困难地区，其相对误差也不应大于 1/1000。当量距的相对误差没有超出上述规定时，可取往返测量距离的平均值作为量距成果。

2. 倾斜地面的距离测量

(1) 平量法

沿倾斜地面测量距离，当地势起伏不大时，可将钢尺拉平测量。如图 3-7 所示，测量由点 A 向点 B 进行，甲立于点 A，指挥乙将尺拉在 AB 方向线上。甲将尺的零端对准点 A，乙将尺子抬高，并且目估使尺子水平，然后用垂球尖将尺段的末端投影

于地面上，再插测钎。若地面倾斜较大，将钢尺抬平有困难，则可将一尺段分成几段来平量，如图 3-7 中的 EF 段。

(2) 斜量法

当倾斜地面的坡度比较均匀时，如图 3-8 所示，可以沿着斜坡测量出 A、B 的斜距 L，测出地面倾斜角 α 或 AB 的高差 h，然后计算水平距离 D 为

$$D=L\cos\alpha=\sqrt{L^2-h^2} \tag{3-3}$$

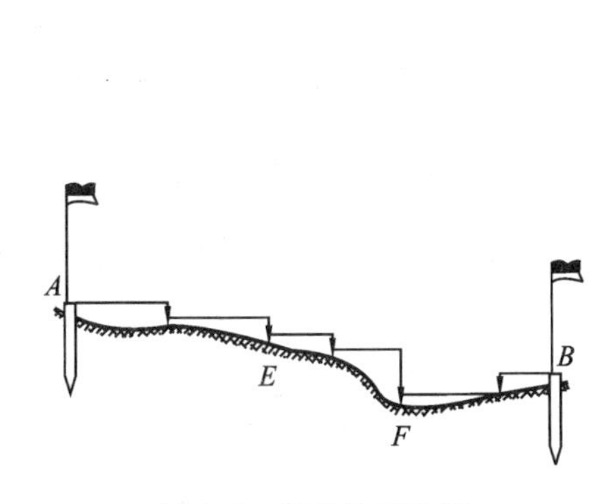

图 3-7 平量法示意图

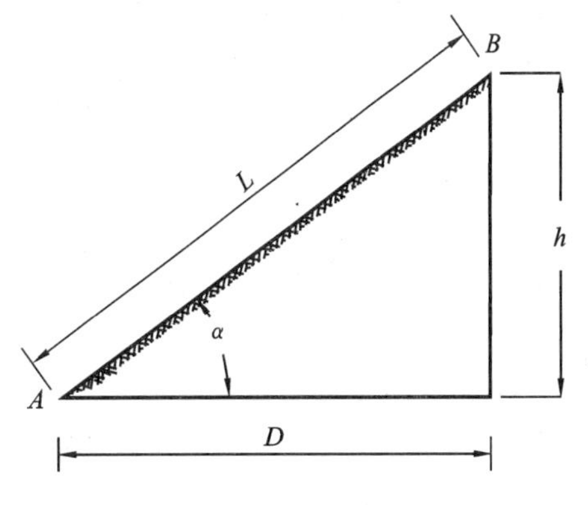

图 3-8 斜量法示意图

3.1.4 钢尺量距的精密方法

用一般方法量距，量距精度只能达到 1/5000～1/1000，当量距精度要求更高时，例如，1/40000～1/10000，就要用精密的方法进行测量。

1. 钢尺精密量距方法

(1) 定线

如图 3-9 所示，欲精密量取直线 AB 的长度，应先清除直线上的障碍物，再安置经纬仪于点 A，瞄准点 B，用经纬仪进行定线。先用钢尺进行概量，在视线上依次定出比钢尺一整尺略短的 $A1$、12 等尺段。在各尺段端点打下大木桩，桩顶高出地面 3～5 cm，在桩顶钉一白铁皮。利用点 A 的经纬仪进行定线，在各白铁皮上画一条线，使其与 AB 方向重合，另画一条线垂直于 AB 方向，形成十字，作为测量的标志，或者在各尺段端点打下水泥钉，使其中心与 AB 方向重合，作为测量的标志。

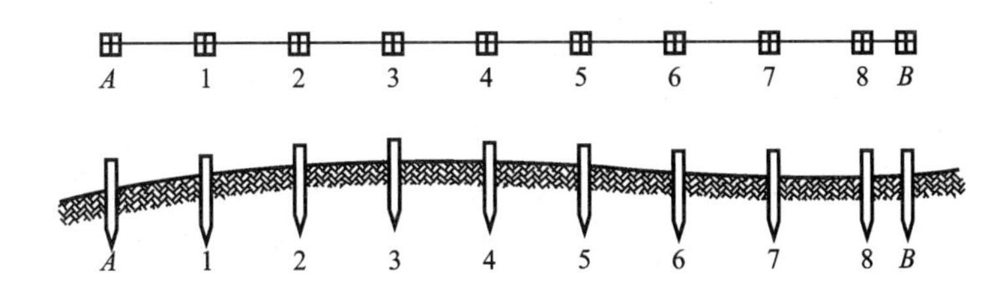

图 3-9 钢尺精密量距方法

(2) 量距

用检定过的钢尺测量相邻两木桩或水泥钉的距离。测量组一般由 5 人组成,2 人拉尺,2 人读数,1 人指挥兼读温度和记录。测量时拉伸钢尺置于相邻两木桩顶上(或水泥钉中心),并使钢尺有刻划线一侧贴近十字线(或水泥钉中心)。后尺手将弹簧秤挂在尺的零端,施以 100 N 的标准拉力,钢尺拉紧后,前尺手以尺上某一整分划对准十字线交点,并发出读数口令“预备”,后尺手回答“好”。在喊“好”的同一瞬间,两端的读尺员同时根据十字线交点读取读数,估读到 0.5 mm 并记入手簿。每尺段要移动钢尺在不同的位置测量三次,三次测得的结果按差视的不同要求而定,一般不得超过 3 mm,否则要重测。如在限差内,则取三次结果的平均值作为此尺段的观测结果。每量一尺段都要读记温度一次,估读到 0.5 ℃。

按上述由直线起点测量到终点为往测,往测完毕后立即按上述方法进行返测,注意返测需重新进行定线,每条直线所需测量的次数视量距的精度要求而定,详见相应的规范要求。

(3) 测量桩顶高程

用水准测量的方法测出各桩顶(或水泥钉)的高程,以便改算到水平距离上。水准测量宜在量距前或量距后往返观测一次,以供检核。相邻两桩顶(或水泥钉)往返所测高差之差不得超过±10 mm,如在限差之内,取其平均值作为观测结果,否则重测。

(4) 尺段长度的计算

钢尺量距时,由于钢尺本身长度有误差以及受外界条件等的影响,故需进行以下几项改正才能保证测量精度。

① 尺长改正。

钢尺的名义长度 l_0 一般和实际长度 l' 不相等,每量一段都会有误差,需进行改正。在标准拉力、标准温度下检定实际长度 l' 时,它与名义长度 l_0 之间的差值 Δl 称为整尺段的尺长改正数,即

$$\Delta l = l' - l_0 \tag{3-4}$$

任一尺段 l 的尺长改正数 Δl_d 为

$$\Delta l_d = \frac{l' - l_0}{l_0} l \tag{3-5}$$

【例 3-1】 表 3-1 中,$l' = 50.0025$ m,$l_0 = 50$ m,故

$$\Delta l = (50.0025 - 50)\ \text{m} = 0.0025\ \text{m}$$

A1 段的尺长改正数 $\Delta l_d = \frac{50.0025 - 50}{50} \times 49.6955\ \text{m} = 0.0025\ \text{m}$

② 温度改正。

受温度影响,钢尺长度会伸缩。当野外量距时的温度 t 与检定钢尺时的温度 t_0 不一致时,要进行温度改正。设钢尺在检定时的温度为 t_0,测量时的温度为 t,钢尺的线胀系数为 α,则某尺段 l 的温度改正数 Δl_t 为

$$\Delta l_t = \alpha (t - t_0) l \tag{3-6}$$

表 3-1 精密量距记录计算表

钢尺号码:NO.6 钢尺线胀系数:0.0000125/℃ 钢尺检定时温度 t_0:20 ℃ 计算者:__________
钢尺名义长度 l_0:50 m 钢尺检定长度 l':50.0025 m 钢尺检定时拉力:100 N

尺段编号	实测次数	前尺读数/m	后尺读数/m	尺段长度/m	温度/℃	高差/m	温度改正数/mm	尺长改正数/mm	改正后尺段长度/m
A1	1	49.7545	0.0600	49.6945	24.3	0.387	2.7	2.5	49.6992
	2	620	650	970					
	3	700	750	950					
	平均			49.6955					
12	1	49.9235	0.0275	49.8960	25.6	−0.274	3.5	2.5	49.9026
	2	235	260	975					
	3	585	600	985					
	平均			49.8973					
…	…	…	…	…	…	…	…	…	…
6B	1	29.7750	0.0345	29.7405	26.5	−0.136	2.4	1.5	29.7451
	2	800	385	415					
	3	995	570	425					
	平均			29.7415					
总和									278.7451

式中 α——钢尺的线胀系数,一般为$(1.15\sim1.25)\times10^{-5}$/℃;

t_0——钢尺在检定时的温度,单位为℃;

t——测量时的温度,单位为℃。

【例 3-2】 表 3-1 中,NO.6 钢尺的线胀系数为 1.25×10^{-5}/℃,检定时温度为 20 ℃,A1 尺段的测量长度为 49.6955 m,测量时温度为 24.3 ℃,则该段的温度改正数为

$$\Delta l_t=\alpha(t-t_0)l=1.25\times10^{-5}\times(24.3-20)\times49.6955\ \text{m}=0.0027\ \text{m}$$

③计算每段的水平距离。

$$D=\sqrt{(l+\Delta l_d+\Delta l_t)^2-h^2} \tag{3-7}$$

【例 3-3】 表 3-1 中,A1 段实测距离为 49.6955 m,$\Delta l_d=0.0025$ m,$\Delta l_t=0.0027$ m,$h_{A1}=0.387$ m,则 A1 段的水平距离为

$$\begin{aligned}D_{A1}&=\sqrt{(l_{A1}+\Delta l_{dA1}+\Delta l_{tA1})^2-h_{A1}^2}\\&=\sqrt{(49.6955+0.0025+0.0027)^2-0.387^2}\ \text{m}=49.6992\ \text{m}\end{aligned}$$

④ 计算全长。

将改正后的各个尺段长和余长加起来，得到 A、B 点距离的全长。表 3-1 所示的为往测的结果，其值为 278.7451 m 。同样算出返测的全长，设为 278.7401 m，平均值为 278.7426 m ，其往返测相对误差为

$$K=\frac{|D_{往}-D_{返}|}{|D_{平均}|}=\frac{|278.7451-278.7401|}{278.7426}=\frac{0.0050}{278.7426}=\frac{1}{55749}$$

相对误差在限差容许值范围内，取其平均值作为观测结果，否则重测。

2. 钢尺的检定

(1) 尺长方程式

钢尺的制造误差，经常使用引起的变形以及测量时温度和拉力不同的影响，使得其实际长度往往不等于名义长度。因此，测量之前必须对钢尺进行检定，求出它在标准拉力和标准温度下的实际长度，以便对测量结果加以改正。钢尺检定后，应给出尺长随温度变化而变化的函数式，通常称为尺长方程式，其一般形式为

$$l_t=l_0+\Delta l+\alpha l_0(t-t_0) \tag{3-8}$$

式中 l_t——钢尺在温度 t 时的实际长度；

l_0——钢尺名义长度；

Δl——尺长改正数；

α——钢尺的线胀系数；

t_0——钢尺检定时的温度；

t——钢尺量距时的温度。

(2) 钢尺检定的方法

钢尺应送专门的计量单位进行检定。钢尺检定室应是恒温室，一般用平台法检定。将钢尺放在 30 m 或 50 m 的水泥平台上，平台两端安装有施加拉力的拉力架。给钢尺施加标准拉力(100 N)，然后用标准尺量测被检测钢尺，得到在标准温度、标准拉力下的实际长度，最后给出尺长方程式。

在精度要求不高时，可用检定过的钢尺作为标准尺来检定其他钢尺。检定宜在室内水泥地面上进行，在地面上贴两张绘有十字标志的图纸，使其间距约为一整尺长(30 m 或 50 m)。用标准尺施加标准拉力测量这两个标志之间的距离，并修正端点位置，使该距离等于标准尺的长度。然后再将被检定的钢尺施加标准拉力测量两标志间的距离，取多次测量结果的平均值作为被检定钢尺的实际长度，从而求得尺长方程式。

【例 3-4】 设 1 号钢尺为标准尺，尺长方程式为

$$l_{t1}=50+0.003+1.25\times10^{-5}\times50\times(t-20) \quad (单位:m)$$

被检定的钢尺为 2 号 50 m 钢尺，多次测量的平均长度为 49.996 m，从而求得 2 号钢尺比 1 号标准尺长 0.004 m。设检定时的温度变化很小，忽略不计，则可得到被检定钢尺的尺长方程式为

$$\begin{aligned}l_{t2}&=l_{t1}+0.004\\&=50+0.003+1.25\times10^{-5}\times50\times(t-20)+0.004\\&=50+0.007+1.25\times10^{-5}\times50\times(t-20)\end{aligned}$$

3.1.5 钢尺量距的误差分析

影响钢尺量距精度的因素很多，主要有定线误差、尺长误差、温度误差、拉力误差、尺子不水平误差、钢尺垂曲和反曲误差和其他误差等，现择其主要者讨论如下。

1. 定线误差

如图 3-10 所示，在量距时由于钢尺没有准确地安放在待量的直线方向上，造成量距结果偏大，由此而引起的尺段 l 的量距误差 $\Delta\varepsilon$ 为

$$\Delta\varepsilon=\sqrt{l^2-(2\varepsilon)^2}-l=-\frac{2\varepsilon^2}{l} \tag{3-9}$$

式中 ε——定线误差。

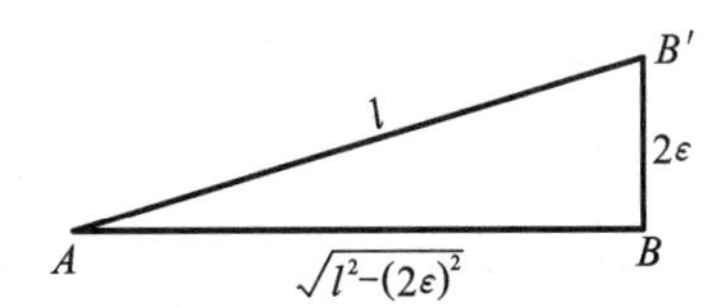

图 3-10 直线定线误差

当 $l=30$ m 时，若要求 $-3\ \text{mm}\leqslant\Delta\varepsilon\leqslant 3\ \text{mm}$，则应使定线误差 $\varepsilon\leqslant 0.21$ m，这时可采用目视定线。精密量距时用经纬仪定线，可使 ε 值和 $\Delta\varepsilon$ 更小。设 ε 值为2 cm，则 $\Delta\varepsilon$ 仅为 0.03 mm。

2. 尺长误差

钢尺必须经过检定以求得其尺长改正数。尺长误差具有系统积累性，它与所量距离成正比。精密量距时，钢尺虽经检定并在测量结果中进行了尺长改正，但成果中仍存在尺长误差，因为一般尺长检定方法只能达到±0.5 mm 左右的精度。一般量距时可不作尺长改正，当尺长改正数大于尺长的$\frac{1}{10000}$时，应进行尺长改正。

3. 温度误差

根据钢尺温度改正公式 $\Delta l_t=\alpha(t-t_0)l$，对于 30 m 的钢尺，温度变化 8 ℃，将会产生 1/10000 尺长的误差。用温度计测量温度时，测定的是空气的温度，而不是尺子本身的温度，在夏季阳光暴晒下，此二者温度之差可大于 5 ℃。因此，量距宜在阴天进行，并要设法测定钢尺本身的温度。

4. 拉力误差

钢尺具有弹性，会因受拉而伸长。量距时，如果拉力不等于标准拉力，钢尺的长度就会产生变化。拉力变化所产生的长度误差 Δp 可用下式计算，即

$$\Delta p=\frac{l\delta_p}{EA} \tag{3-10}$$

式中 l——钢尺长，设为 30 m；

δ_p——拉力误差；

E——钢的弹性模量，通常取 2×10^7 N/cm²；

A——钢尺的截面积。

设A为0.04 cm²,则$\Delta p=0.038\delta_p$ mm。欲满足-1 mm$\leqslant\Delta p\leqslant1$ mm,拉力误差不得超过26 N。精密量距时,用弹簧秤控制标准拉力,δ_p很小,Δp可忽略不计。一般量距时拉力要均匀,不要或大或小。

5. 尺子不水平误差

钢尺一般量距时,钢尺不水平,会使所量距离偏大。设钢尺长30 m,目估水平的误差约为0.44 m(倾角约50′),由此而产生的量距误差为$30-\sqrt{30^2-0.44^2}$(m)=0.003 m。

精密量距时,测出尺段两端点的高差h,进行倾斜改正。设测定高差的误差为δ_h,则由此产生的距离误差$\Delta h=\frac{h}{l}\delta_h$。欲使$\Delta h\leqslant1$ mm,当$l=30$ m,$h=1$ m时,δ_h为30 mm,用普通水准测量的方法是容易达到的。

6. 钢尺垂曲和反曲误差

钢尺悬空测量时,中间下垂,称为垂曲。故在钢尺检定时,应按悬空与水平两种情况分别检定,得出相应的尺长方程式,再按实际情况进行结果整理,这项误差可以不计。

在凹凸不平的地面量距时,凸起部分会使钢尺产生上凸现象,称为反曲。设在尺段中部凸起0.5 m,由此而产生的距离误差达$30-2\times\sqrt{15^2-0.5^2}$(m)=17 mm,这是不允许的,所以应将钢尺拉平测量。

7. 其他误差

其他误差包括钢尺刻划对点的误差、插测钎倾斜时的误差及钢尺读数误差等。这些误差是由人的感官能力受限而产生的,误差有正有负,在测量结果中可以互相抵消一部分,但仍是量距工作的一项主要误差来源。

综上所述,精密量距时,除经纬仪定线、用弹簧秤控制拉力外,还需进行尺长、温度的改正,改算到水平距离,而一般量距可不考虑上述各项改正。但当尺长改正数较大或测量时的温度与标准温度之差大于8 ℃时,应进行单项改正,这是因为此类误差用一根尺往返测量发现不了。另外,尺子拉平不容易做到,测量时可以手持一悬挂垂球,抬高或降低尺子的一端,尺上读数最小的位置就是尺子水平时的位置,并用垂球进行投点及对点。

3.1.6 钢尺量距注意事项

钢尺量距注意事项如下。

① 新购钢尺必须经过严格检定,获得精确的尺长改正数。

② 精密钢尺量距应使用经过检定的弹簧秤控制拉力。

③ 量距宜选择在阴天、微风的天气进行,最好采用半导体温度计直接测定钢尺本身的温度。

④ 为控制平距改正误差,精密量距时应限制每一尺段的高差(<1 m)或直接利用勾股定理进行改正。

⑤ 在测量时采用垂球投点,对点读数时应尽量做到配合协调。

⑥ 采用悬空方式检定钢尺或进行垂曲改正。

⑦ 钢尺量距的原理简单，但在操作上容易出错。为避免出错要做到三清：零点看清——要分清所用钢尺是刻划尺还是端点尺；读数认清——尺上读数要认清 m、dm、cm 的注字和 mm 的分划线；尺段记清——尺段较多时，容易发生少记一个尺段的错误。

⑧ 钢尺容易损坏，为维护钢尺，应做到四不：不扭，不折，不压，不拖。用毕擦净后才可卷入尺盒内。

⑨ 钢尺拉出或卷入时不宜过快，不得握住尺盒来拉紧钢尺。

⑩ 钢尺量距时不宜全部拉出，因尺末端连接处不牢固，量距时不宜受力。

3.2 视距测量

视距测量是用望远镜内视距丝装置，根据几何光学原理同时测定水平距离和高差的一种方法。这种方法具有操作方便、速度快、不受地面高低起伏限制等优点。虽然精度较低，但能满足测定碎部点位置的精度要求，因此被广泛应用于碎部测量中。

视距测量所用的仪器工具是经纬仪和水准尺。

3.2.1 视距测量的原理

1. 视线水平时的距离与高差公式

如图 3-11 所示，欲测定 A、B 两点间的水平距离 D 及高差 h，可在点 A 安置经纬仪，点 B 立水准尺，设望远镜视线水平，瞄准点 B 水准尺，此时视线与水准尺垂直。设尺上 M、N 两点成像在十字丝分划板上的两根视距丝 m、n 处，则尺上 MN 的长度可由上、下视距丝读数之差求得。上、下丝读数之差称为视距间隔或尺间隔。

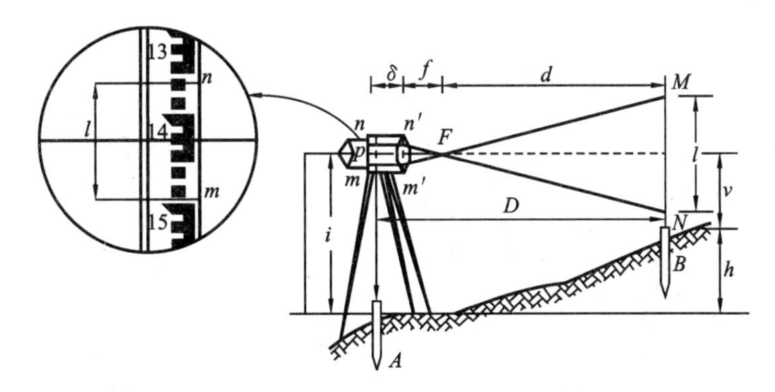

图 3-11 视线水平时的视距测量原理

图 3-11 中，l 为视距间隔，p 为上、下视距丝的间距，f 为物镜焦距，δ 为物镜中心至仪器中心的距离。

由$\triangle m'n'F$ 相似于$\triangle MNF$，可得

$$\frac{d}{f}=\frac{l}{p}$$

则
$$d=\frac{f}{p}l \tag{3-11}$$
由图可看出
$$D=d+f+\delta \tag{3-12}$$
则 A、B 两点间的水平距离为
$$D=\frac{f}{p}l+f+\delta \tag{3-13}$$
令
$$K=\frac{f}{p},\quad C=f+\delta \tag{3-14}$$
则
$$D=Kl+C \tag{3-15}$$
式中　K,C——视距乘常数和视距加常数。

对于现代常用的内对光望远镜,设计时已将视距常数设定为 $K=100$,C 接近零,所以式(3-15)可改写为
$$D=Kl=100\ l \tag{3-16}$$
同时,由图 3-11 可以看出 A、B 的高差为
$$h=i-v \tag{3-17}$$
式中　i——仪器高,是桩顶到仪器横轴中心的高度;

v——瞄准高,是十字丝中丝在尺上的读数。

2. 视线倾斜时的距离与高差公式

如图 3-12 所示,在地面起伏较大的地区进行视距测量时,必须使视线倾斜才能读取视距间隔。由于视线不垂直于水准尺,所以不能直接应用上述公式。如果能将视距间隔 MN 换算为与视线垂直的视距间隔 $M'N'$,就可按式(3-16)计算倾斜距离 L,再根据 L 和竖直角 α 算出水平距离 D 及高差 h。因此,解决这个问题的关键在于求出 MN 与 $M'N'$之间的关系。

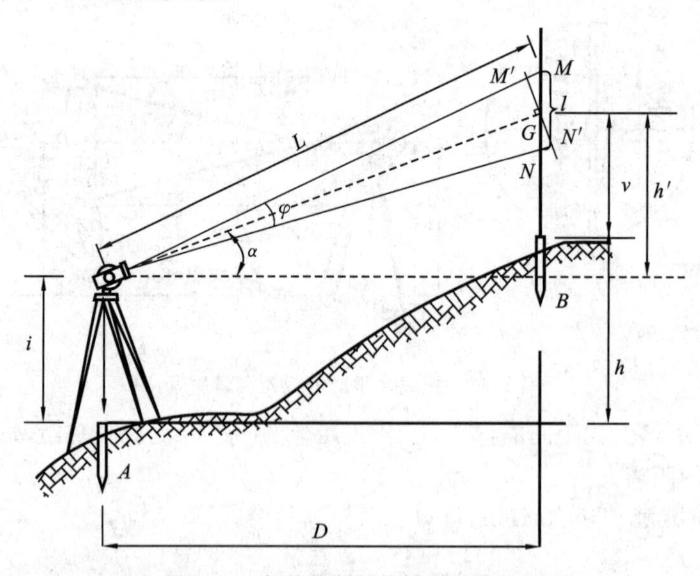

图 3-12　视线倾斜时的视距测量原理

图 3-12 中 φ 角很小，约为 34′，故可把$\angle GM'M$ 和$\angle GN'N$ 近似地视为直角，于是$\angle M'GM=\angle N'GN\approx\alpha$，因此由图 3-12 可看出 MN 与 $M'N'$之间的关系为

$$M'N'=M'G+GN'=MG\cos\alpha+GN\cos\alpha \tag{3-18}$$

$$=(MG+GN)\cos\alpha=MN\cos\alpha \tag{3-19}$$

设 $M'N'$为 l'，则

$$l'=l\cos\alpha \tag{3-20}$$

根据式(3-16)得倾斜距离为

$$L=Kl'=Kl\cos\alpha \tag{3-21}$$

所以 A、B 的水平距离为

$$D=L\cos\alpha=Kl\cos^2\alpha \tag{3-22}$$

由图 3-12 可看出，A、B 间的高差 h 为

$$h=h'+i-v$$

式中 h'——初算高差。

$$h'=L\sin\alpha=Kl\cos\alpha\sin\alpha$$

$$=\frac{1}{2}Kl\sin2\alpha \tag{3-23}$$

所以

$$h=\frac{1}{2}Kl\sin2\alpha+i-v \tag{3-24}$$

根据式(3-22)计算出 A、B 两点间的水平距离 D 后，高差 h 也可按下式计算：

$$h=D\tan\alpha+i-v \tag{3-25}$$

在实际工作中，应尽可能使瞄准高 v 等于仪器高 i，以简化高差 h 的计算。

3.2.2 视距测量的方法和步骤

如图 3-12 所示，安置仪器于点 A，用小钢尺量出仪器高 i(从桩顶量至仪器横轴，精确到厘米)，在点 B 立水准尺，并测出经纬仪在点 A 上的竖盘指标差。视距测量一般用盘左进行，用中丝对准水准尺上大致与仪器高 i 相等处的整分米刻划，分别读出中丝、上丝、下丝读数 c、b、a(精确到毫米)并记录，立即算出视距间隔 $l_L=a-b$。转动竖盘指标水准管微动螺旋，使竖盘指标水准管气泡居中。如果使用的是有竖盘指标自动归零补偿装置的经纬仪，将其打开。读出竖盘读数并记录，算出竖直角 α。最后根据式(3-22)和式(3-25)计算 A、B 两点的水平距离和高差。

3.2.3 视距测量的误差分析

影响视距测量精度的因素有以下几个方面。

1. 水准尺分划误差

水准尺分划误差若系统性增大或减小，则会使视距测量产生系统性误差。这个误差在仪器常数检测时将会反映在视距乘常数 K 上。若水准尺分划误差是偶然误差，则对视距测量的影响是偶然性的。水准尺分划误差一般为±0.5 mm，引起的距

离误差为 $m_d=K(\sqrt{2}\times0.5)=0.071$ m。

2. 乘常数 K 不准确的误差

一般视距乘常数 $K=100$,但由于视距丝间隔有误差,水准尺有系统性误差,仪器检定有误差,所以 K 值不为100。K 值误差使视距测量产生系统误差。K 值应在 100 ± 0.1 之内,否则应加以改正。

3. 竖直角测量误差

竖直角测量误差对视距测量有影响。根据视距测量公式,其影响为

$$m_d=Kl\sin2\alpha\frac{m_\alpha}{\rho} \tag{3-26}$$

若 $\alpha=45°$,$m_\alpha=\pm10''$,$Kl=100$ m,则可知 $m_d\approx\pm5$ mm,由此可见竖直角测量误差对视距测量影响不大。

4. 视距丝读数误差

视距丝读数误差是影响视距测量精度的重要因素,它与视距远近成正比,距离越远,误差越大,所以视距测量中要根据测量精度的要求限制最远视距。

5. 水准尺倾斜对视距测量的影响

视距测量公式是在水准尺严格与地面垂直的条件下推导出来的。若水准尺倾斜,设其倾角误差为 $\Delta\alpha$,现对式(3-22)作微分处理,得视距测量误差 ΔD 为

$$\Delta D=-2Kl\cos\alpha\sin\alpha\frac{\Delta\alpha}{\rho'} \tag{3-27}$$

其相对误差为

$$\frac{\Delta D}{D}=\left|\frac{-2Kl\cos\alpha\sin\alpha}{Kl\cos^2\alpha}\cdot\frac{\Delta\alpha}{\rho'}\right|=2\tan\alpha\frac{\Delta\alpha}{\rho'} \tag{3-28}$$

视距测量精度一般为1/300。要保证 $\frac{\Delta D}{D}\leqslant\frac{1}{300}$,视距测量时,倾角误差应满足

$$\Delta\alpha\leqslant\frac{\rho'\cot\alpha}{600}=5.7'\cot\alpha \tag{3-29}$$

根据式(3-29)可计算出不同竖直角测量时对倾角测量精度的要求,如表3-2所示。

表3-2 不同竖直角对应的倾角测量精度

竖直角	3°	5°	10°	20°
$\Delta\alpha$ 允许值	1.8°	1.1°	0.5°	0.3°

由此可见,水准尺倾斜对视距测量的影响不可忽视,特别是在山区,倾角大时更要注意,必要时可在水准尺上附加圆水准器。

6. 外界气象条件对视距测量的影响

(1) 大气折光的影响

视线穿过大气时会产生折射,其光程从直线变为曲线,造成误差。由于视线靠近地面,折光大,所以规定视线应高出地面1 m以上。

(2) 大气湍流的影响

空气的湍流会使视距成像不稳定,造成视距误差。当视线接近地面或水面时这种现象更为严重,所以视线要高出地面 1 m 以上。除此以外,风和大气能见度对视距测量也会产生影响。风力过大,尺子会抖动,空气中的灰尘和水汽会使水准尺成像不清晰,造成读数误差,所以应选择天气良好时进行测量。

3.2.4 视距测量的注意事项

视距测量的注意事项如下。

① 为减少垂直折光的影响,观测时应尽可能使视线高出地面 1 m 以上。

② 作业时要将视线垂直,并尽量采用带有水准器的水准尺。

③ 水准尺最好用木尺或双面尺,如果使用塔尺,应注意检查各节尺的结头是否准确。

④ 要在成像稳定的情况下进行观测。

⑤ 要严格测定视距乘常数,K 应在 100 ± 0.1 之内,否则应加以改正。

⑥ 选择有利的观测时间。

3.3 电磁波测距

钢尺量距是一项十分繁重的工作,在山区或沼泽地区使用钢尺更为困难,而视距测量精度又太低。为了提高测距速度和精度,开发出了光电测距仪。20 世纪 60 年代以来,随着激光技术、电子技术的飞跃发展,光电测距方法得到了广泛的应用,它具有测程远、精度高、作业速度快等优点。

电磁波测距(简称 EDM)是用电磁波(光波或微波)作为载波传输测距信号以测量两点间距离的一种方法。

电磁波测距仪按其所采用的载波可分为:① 用微波段的无线电波作为载波的微波测距仪;② 用激光作为载波的激光测距仪;③ 用红外光作为载波的红外测距仪。后两者又统称为光电测距仪。

微波和激光测距仪多用于远程测距,测程可达 60 km,一般可用于大地测量,而红外测距仪属于中、短程测距仪(测程在 15 km 以下),一般用于小地区控制测量、地形测量、地籍测量和工程测量等。

3.3.1 光电测距仪的基本原理

如图 3-13 所示,光电测距仪是通过测量光波在待测距离 D 上往返传播一次所需要的时间 t_{2D},来计算待测距离 D 的,其计算公式为

$$D=\frac{1}{2}ct_{2D} \tag{3-30}$$

式中 c——光在大气中的传播速度,可由式(3-31)计算。

$$c=\frac{c_0}{n} \tag{3-31}$$

式中：c_0——光在真空中的传播速度，迄今为止，人类所测得的精确值为 $c_0=(299792458\pm1.2)$ m/s；

n——大气折射率($n\geqslant1$)，它是光的波长 λ、大气温度 t 和气压 p 的函数，即

$$n=f(\lambda,t,p) \tag{3-32}$$

由于 $n\geqslant1$，所以 $c\leqslant c_0$，即光在大气中的传播速度要小于其在真空中的传播速度。

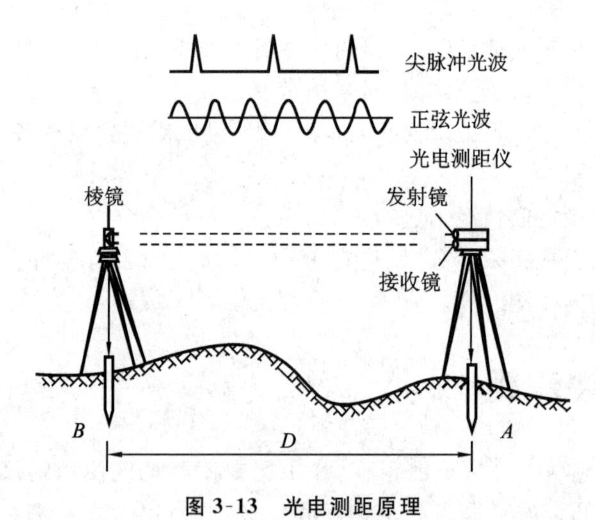

图 3-13 光电测距原理

红外测距仪一般采用 GaAs(砷化镓)发光二极管发出的红外光作为光源，其波长 $\lambda=0.85\sim0.93$ μm。对红外测距仪来说，λ 是一个常数，则由式(3-32)可知，影响光速的大气折射率 n 只随大气温度 t、气压 p 的变化而变化，这就要求在光电测距作业中，必须实时测定现场的大气温度和气压，并对所测距离施加气象改正。

根据测量光波在待测距离 D 上往返一次的传播时间 t_{2D} 的方法不同，光电测距仪可分为脉冲式和相位式两种。

1. 脉冲式光电测距仪

脉冲式光电测距仪是将发射光波的光强调制成一定频率的尖脉冲，通过测量发射的尖脉冲在待测距离上往返传播的时间来计算距离的。

如图 3-13 所示，测距仪测定 A、B 两点间的距离 D 时，在待测距离一端安置测距仪，另一端安置反光镜，测距仪发出的光脉冲，经反光镜反射，回到测距仪。若能测定光在距离 D 上往返传播的时间，即测定出发射光脉冲与接收光脉冲的时间差 t_{2D}，则距离可按式(3-30)计算。

脉冲式测距仪测定距离的精度取决于时间 t_{2D} 的量测精度。如要达到±1 cm 的观测精度，时间量测精度应达到 6.7×10^{-11} s，这要求电子元件有很高的性能，难以达到。所以一般脉冲测距仪常用于激光雷达、微波雷达等远距离测距上，其测距精度为±(0.5～1) m。

2. 相位式光电测距仪

在工程中使用的红外测距仪，都采用相位法测距原理。它将测量时间变成测量光在测线中传播的载波相位差。通过测定相位差来测定距离，称为相位法测距。

在 GaAs 发光二极管上注入一定的恒定电流，它将发出红外光，其光强恒定不变，如图 3-14(a)所示。若对发光管输入交变电流，使发射的光强随着输入电流的大小发生变化，如图 3-14(b)所示，这种光称为调制光。

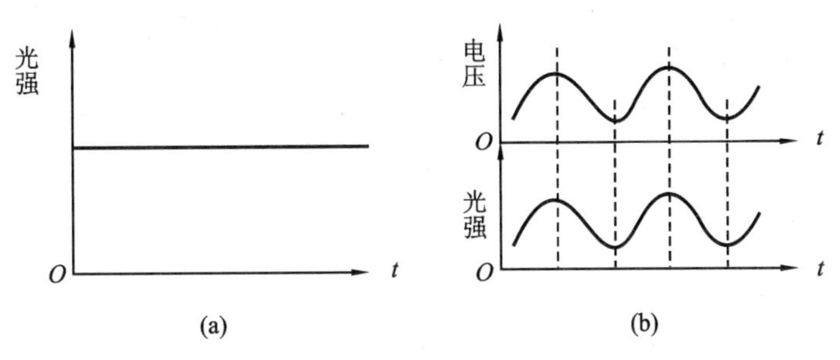

图 3-14 相位法测距原理

测距仪自 A 站发射的调制光在待测距离上传播，经点 B 反光镜反射后又回到点 A，被测距仪接收器接收，所经过的时间为 Δt。为便于说明，将经过反光镜 B 反射后回到点 A 的光波沿测线方向展开，则调制光往返经过了 $2D$ 的路程，如图 3-15 所示。

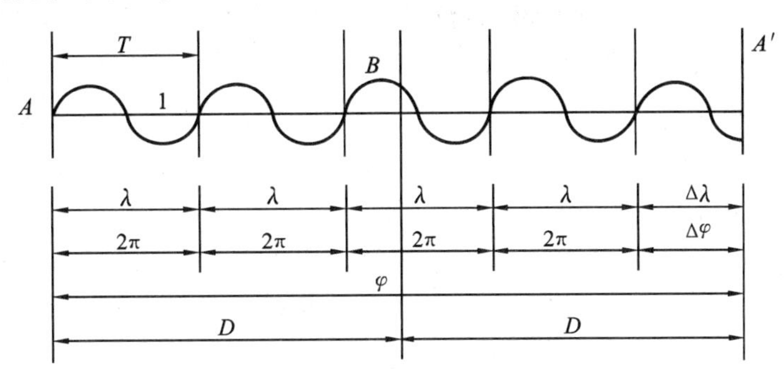

图 3-15 相位式光电测距原理

设调制光的角频率为 ω，则调制光在测线上传播时的相位延迟 φ 为

$$\varphi=\omega\Delta t=2\pi f\Delta t \tag{3-33}$$

$$\Delta t=\frac{\varphi}{2\pi f} \tag{3-34}$$

将 Δt 代入式(3-30)和式(3-31)，得

$$D=\frac{c_0}{2n_g f}\cdot\frac{\varphi}{2\pi} \tag{3-35}$$

从图 3-15 中可见，相位 φ 还可以用相位的整周数 2π 的个数 N 和不足一个整周数的 $\Delta\varphi$ 来表示，则

$$\varphi=N\times 2\pi+\Delta\varphi \tag{3-36}$$

将 φ 代入式(3-35)，得相位法测距的基本公式为

$$D=\frac{c_0}{2n_g f}\left(N+\frac{\Delta\varphi}{2\pi}\right)=\frac{\lambda}{2}\left(N+\frac{\Delta\varphi}{2\pi}\right) \tag{3-37}$$

式中 λ——调制光的波长,$\lambda=\frac{c_0}{n_g f}$。

式(3-37)与式(3-1)有相像之处。$\frac{\lambda}{2}$相当于钢尺长度,N 相当于整尺段数,$\frac{\Delta\varphi}{2\pi}$相当于不足一整尺段长的余长,令其为 ΔN。因此常称$\frac{\lambda}{2}$为“光测尺”,令其为 L_s。光尺长度可用式(3-38)计算:

$$L_s=\frac{\lambda}{2}=\frac{c_0}{2n_g f} \tag{3-38}$$

所以

$$D=L_s(N+\Delta N) \tag{3-39}$$

式(3-38)中 n_g 为大气折射率,它是载波波长、大气温度、大气压力、大气湿度的函数。

仪器在设计时,选定发射光源,然后确定一个标准温度 t 和标准气压 p,这样可以求得仪器在确定的标准气压条件下的折射率 n_g 和调制频率 f。测距仪测距时的气温、气压、湿度与仪器设计时选用的标准温度、气压等不一致会造成测距误差,所以在测距时还要测定测线的温度和气压,对所测距离进行气象改正。

测距仪中相位 φ 是采用将接收测线上返回的载波相位与机内固定的参考相位在相位计中进行比相来测定的。相位计中只能分辨 0～2π 之间的相位变化,即只能测出不足一个整周期的相位差 $\Delta\varphi$,而不能测出整周数 N。例如,“光尺”为 10 m,只能测出小于 10 m 的距离;“光尺”1000 m 只能测出小于 1000 m 的距离。由于仪器测相精度一般为 1/1000,1 km 的测尺测量精度只有 m 级。测尺越长,精度越高,所以为了兼顾测程和精度,目前测距仪常采用多个调制频率(即 n 个测尺)进行测距。用短测尺(称为精尺)测定精确的小数,用长测尺(称为粗尺)测定距离的大数。将二者相结合,就解决了长距离测距数字直接显示的问题。

例如,某双频测距仪,测程为 2 km,设计了精、粗两个测尺,精尺为 10 m(载波频率 $f_1=15$ MHz),粗尺为 2000 m(载波频率 $f_1=75$ kHz)。用精尺测 10 m 以下小数,粗尺测 10 m 以上大数。如实测距离为 1245.672 m,其中:精测距离为 5.672 m,粗测距离为 1240 m,仪器显示距离为 1245.672 m。

对于更远测程的测距仪,可以设多个测尺配合测距。

3.3.2 测距仪的使用

由于各个厂家生产的光电测距仪的使用方法各不相同,故可以参照仪器说明书进行操作。

3.3.3 测距仪使用注意事项

测距仪使用注意事项如下。

① 切不可将照准头指向太阳，以免损坏光电器件。

② 仪器应在大气比较稳定和通视良好的条件下使用。

③ 不让仪器暴晒和雨淋，在阳光下应撑伞遮阳。经常保持仪器清洁和干燥。在运输过程中要注意防震。

④ 仪器不用时，应将电池取出保管，每月应对电池充放电一次和仪器操作一次。

⑤ 测线两侧和镜站背景应避免有反光物体，防止杂乱信号进入接收系统产生干扰；此外，主机和测线还应避开高压线、变压器等强电磁场干扰源。

⑥ 测线应保证一定的净空高度，尽量避免通过发热体和较宽水面的上空。

3.3.4 测距误差来源和标称精度

测距基本公式(3-35)，顾及仪器加常数 K 时，可写成

$$D=\frac{c_0}{2n_g f}\cdot\frac{\varphi}{2\pi}+K \tag{3-40}$$

式中 c_0——真空中的光速值；

n_g——大气的折射率，它是载波波长、大气温度、大气压力、大气湿度的函数。

由式(3-40)可知，测距误差是由光速误差 m_{c_0}、大气折射率误差 m_{n_g}、调制频率误差 m_f、测相误差 $m_{\Delta\varphi}$ 和加常数误差 m_K 决定的，但实际上不止如此，除上述误差外，测距误差还包括有仪器内部信号窜扰引起的周期误差 m_A、仪器的对中误差 m_g 等。这些误差可分为两大类：一类与距离成正比，称为比例误差，如 m_{c_0}、m_{n_g}、m_f、m_g；另一类与距离无关，称为固定误差，如 $m_{\Delta\varphi}$、m_K。因此测距仪的标称精度表达式一般写为

$$m_D=\pm(a+bD) \tag{3-41}$$

式中 a——固定误差，以 mm 为单位；

b——比例误差系数，以 10^{-6} 或 mm/km 为单位；

D——距离，以 km 为单位。

例如，某测距仪的标称精度为 $\pm(5+5\times10^{-6}\times D)$ mm，现用它观测一段1300 m 的距离，则测距中误差为

$$m=\pm(5\text{mm}+5\times10^{-6}\times1.3\ \text{km})=\pm11.5\ \text{mm}$$

实际上，测距仪的测距误差，除上述外，还有反光镜的对中误差、照准误差和周期误差等。

3.4 全站仪简介

全站仪是全站型电子速测仪的简称。它是由电子测角、电子测距、电子计算和

数据存储单元等组成的三维坐标测量系统。它能自动完成角度、距离、高差的测量和高程、坐标、方位角的计算工作；能将测量数据和结果自动存储、自动显示，并能与外围设备交换信息；能较完善地实现测量和处理过程的电子化和一体化，现已被广泛地应用在各种测量中。

3.4.1 全站仪的组成

全站仪主要由电子测角系统、电子测距系统、控制系统和电源装置等部分组成。

① 电子测角系统完成水平角和竖直角的测量。

② 电子测距系统完成仪器和目标之间斜距的测量。

③ 控制系统负责测量过程控制、数据采集、误差补偿、数据计算、数据存储、通信传输等。

④ 电源装置为各系统提供能源。

3.4.2 徕卡 TPS700 全站仪简介

1. 技术指标

如图 3-16 所示为 TPS700 型全站仪，它的主要技术指标如表 3-3 所示。

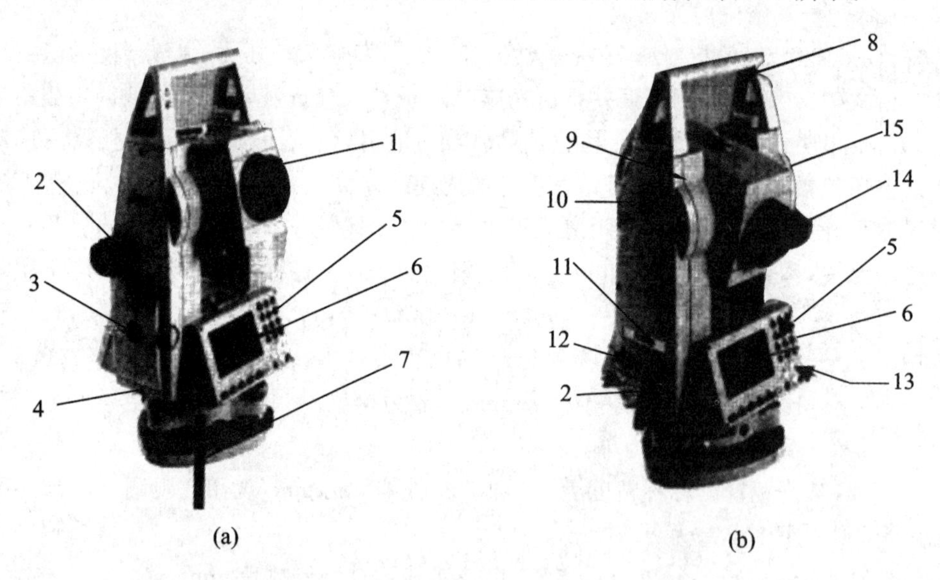

图 3-16 TPS700 型全站仪

1—激光对点(RL EDM)；2—无限位螺旋；3—碱性电池；4—I/O 接口(FC5，SDR33)；5—字符数字键盘；6—显示屏；7—激光对中；8—可卸手柄；9—绝对编码度盘；10—双轴补偿；11—开关键；12—触发键；13—导航键；14—无反射棱镜；15—内存

表 3-3 TPS700 型全站仪主要技术指标

技术参数		记录	
望远镜		内存容量	4000 组数据或 7000 个点
放大倍数	30°	数据交换	IDEX/GS18 位和 16 位可变格式
视场	1°30′	功能	REM/REC/IR-RL 开关/删除最后一个记录
角度测量		程序	放样/地形测量/自由测站/面积/……
方法	绝对编码，快速	激光对点器	
最小读数	1″	精度	1.5 m 处±0.8 mm
精度	2″	补偿器	
距离测量(标准红外)		方法	双轴补偿
测程(单棱镜)	3000 m	补偿范围	±4 s
精度	2 mm+ 2×10^{-6}	双面键盘	151×203×316(12 键加开关和快捷键)
时间		显示器	
标准方式	<1 s	LCD 分辨率	144 像素×64 像素
快速方式	<0.5 s	字符	8 行×24 列
跟踪方式	<0.3 s	质量	4.46 kg

如图 3-17 所示为全站仪反光镜。

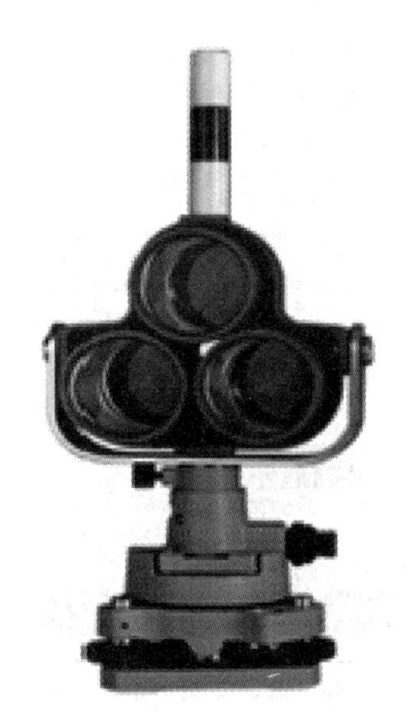

图 3-17 全站仪反光镜

2. 功能介绍

(1) 常规测量

TPS700 有自动显示窗口，窗口能自动翻页。

① 第 1 页。

第 1 页的内容如图 3-18 所示。

输入点号、编码、棱镜高后，瞄准目标点按“测距”按钮，即显示该点的测量结果，有两页，按“翻页”按钮，显示第 2 页内容。如果想在一个坐标系统中测量其他点的坐标，应先进行测站设置。按“设站”按钮，即可进入测站设置。

② 第 2 页。

第 2 页的内容如图 3-19 所示。

按“置 Hz”按钮，设置水平度盘角度，进入水平度盘状态。

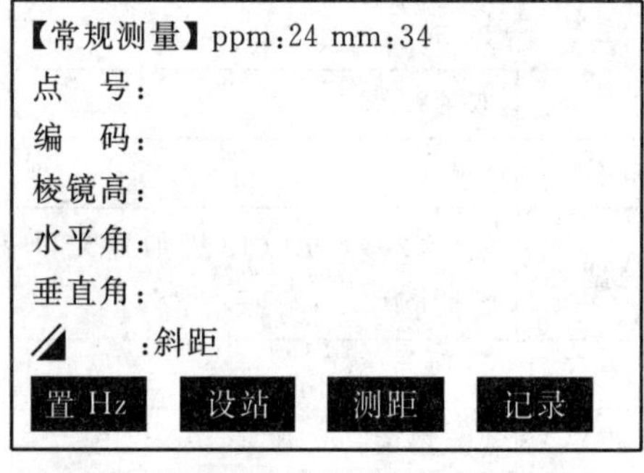

图 3-18　第 1 页

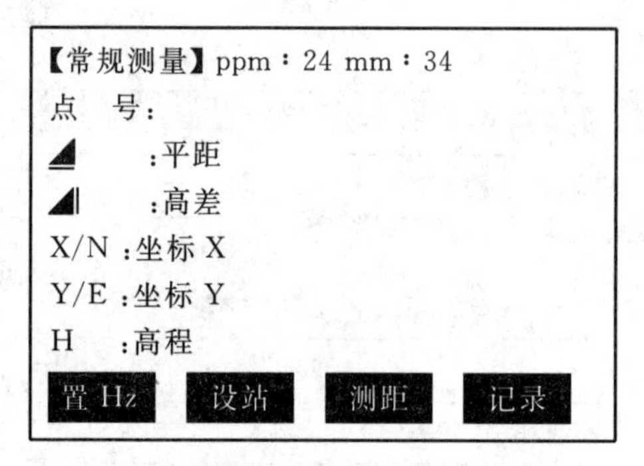

图 3-19　第 2 页

a. 设置水平度盘。

在设置水平度盘状态下(见图 3-20)，按“输入”按钮，重新输入新的角度值；按“返回”按钮，则不进行设置，返回；按“置零”按钮，则将水平角置为 0；按“设定”按钮，则将水平度盘设置为输入的角度值。在进行水平角设置时，必须瞄准目标点。

b. 测站设置。

在测站设置状态下(见图 3-21)，按“输入”按钮，则输入测站点号和仪器高，并输入测站点的坐标，然后按“设定”按钮，测站设置完成。

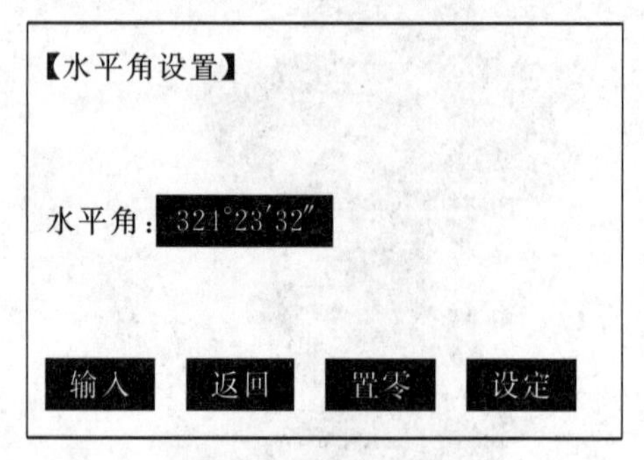

图 3-20　设置水平度盘

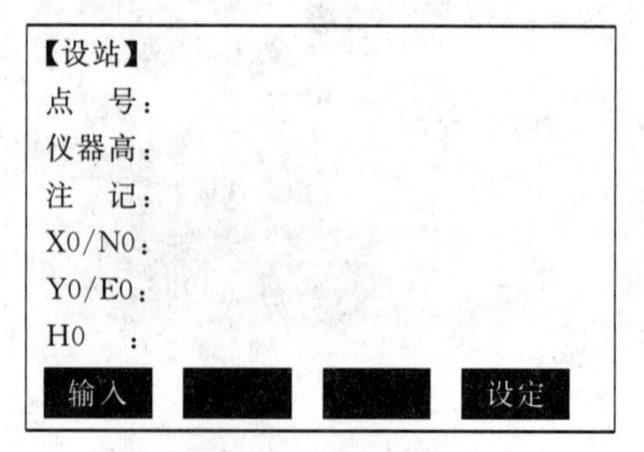

图 3-21　测站设置

(2) 基本测量程序

① 自由设站。

该程序可以用测量(角度、距离测量的任意组合)不超过五个已知点来自动计算所设站点的坐标,高程以及定向方位角。

② 高程传递。

该程序可以用测量不超过五个已知点来自动计算所设测站点高程。

③ 放样。

点位放样可以有四种不同的方式。三维放样元素由存储的待放样已知点和现场测站综合信息计算出来。

④ 对边测量。

该程序可以测定任意两点间的距离、方位角和高差。测量模式既可以是相邻两点之间的折线方式,也可以是固定一个点的中心辐射方式。

⑤ 悬高测量。

悬高测量程序用于测量计算不可接触点,如架空电线远离地面无法安置反射棱镜时,测定其悬高点的三维坐标。

⑥ 面积测量。

该程序用于测量计算闭合多边形的面积。可以用任意直线和弧线段来定义一个面积区域。弧线段由三个点或两点加一半径来确定。用于定义面积计算的点可以通过测量、数据文件导入、手工输入等方式来获得。程序通过图形显示可以查看面积区域的形状。

⑦ 导线测量。

该程序可以计算测站坐标。当导线闭合后,程序可以立即显示导线闭合差作为导线测量的野外检核。

⑧ 道路放样。

该程序可以实现道路曲线放样、线路控制以及测设纵、横断面等。

⑨ 解析计算。

a. 交点计算。该程序可以通过两个已知点及两个已知方位或距离来计算交点坐标,得到的坐标值存入坐标数据文件。

b. 坐标反算。该程序可以计算坐标数据文件中任意两点间的方位角和距离。

c. 极坐标计算点坐标。该程序可以通过已知点坐标及一个已知方位角和距离来计算。

⑩ 导线平差。

测量的导线数据可以按单导线形式进行平差,采用等权分配法计算,如果误差超限,平差后的坐标将自动记录到仪器内存。

3.4.3 全站仪的操作和使用

1. 仪器安置

仪器安置包括对中与整平,方法与光学仪器相同。它有光学对中器,TPS700 还有激光对中器,使用十分方便。整平仪器有双轴补偿器,整平后气泡略有偏离,对观测并无影响。

2. 开机和设置

开机后仪器进行自检,自检通过后,显示主菜单。测量工作中的相关设置,除了厂家进行固定设置外,主要包括以下内容。

① 各种测量单位与小数点位数的设置,包括距离单位、角度单位及气象参数单位等。

② 指标差与视准差的存储。

③ 测距仪常数的设置,包括加常数、乘常数以及棱镜常数等的设置。

④ 标题信息、测站标题信息、观测信息。根据实际测量作业的需要,如导线测量、交点放线、中线测量、断面测量、地形测量等不同作业建立相应的电子记录文件。标题信息内容包括测量信息、操作员、技术员、操作日期、仪器型号等。测站标题信息包括仪器安置好后,应在气压或温度输入模式下设置当时的气压和温度;在输入测站点号后,可直接用数字键输入测站点的坐标,或者从存储卡中的数据文件直接调用;按相关键可对全站仪的水平角置零或输入一个已知值。观测信息内容包括附注、点号、反射镜高、水平角、竖直角、平距、高差等。

3. 角度距离坐标测量

在标准测量状态下,角度测量模式、斜距测量模式、平距测量模式、坐标测量模式之间可互相切换。全站仪精确照准目标后,通过不同测量模式之间的切换,可得到所需要的观测值。

全站仪备有操作手册,要全面掌握它的功能和使用,使其先进性得到充分的发挥,应先详细阅读操作手册。

3.4.4 注意事项

全站仪的操作应注意以下事项。

① 仪器必须装箱运输,防止受剧烈振动。

② 仪器不宜受潮和在强磁场内作业,以免影响精度。

③ 放置温度在－40～70 ℃的干燥环境中。

④ 保持目镜和物镜的清洁。

⑤ 充电器不能在潮湿环境中使用。

⑥ 雷雨天气不能进行野外测量,否则可能遭受雷击。

⑦ 望远镜不能对准太阳,否则严重时可致双目失明。

⑧ 操作人员不能离开仪器,随时注意周围环境,防止意外事故发生。

⑨ 定期对仪器进行调试和检校。

⑩ 激光不能直接照射眼睛。

⑪ 电磁干扰可能会降低测量精度。

【本章要点】

本章着重介绍了量距的基本知识和方法,包括直线定线,钢尺量距的工具、方法和数据处理,钢尺的检定,视距测量的原理和方法,电磁波测距的原理和方法,各种量距方法的注意事项。同时也对全站仪作了相应的介绍。

【思考和练习】

3.1 直线定线的目的是什么?有哪些方法?如何进行?

3.2 用钢尺往、返测量了一段距离,其平均值为 203.689 m,要求量距的相对误差为 1/3000,问往、返测量距离之差不能超过多少?

3.3 何谓钢尺的名义长度和实际长度?钢尺检定的目的是什么?

3.4 下列情况使得测量结果比实际距离增大还是减小?

① 钢尺比标准尺长;

② 定线不准;

③ 钢尺不平;

④ 拉力偏大;

⑤ 温度比检定时低。

3.5 某钢尺的尺长方程式为 $l_t=50\ \text{m}+0.0030\ \text{m}+1.25\times10^{-5}\times50(t-20)\ \text{m}$,现用它测量两个尺段的距离,所用拉力为 100 N,测量结果如表 3-4 所示,试进行尺长、温度改正,求出各尺段的水平距离。

表 3-4 测量结果

尺段	尺段长度/m	温度/℃	高差/m
12	48.4672	14	0.43
23	49.5341	23	0.78

3.6 用钢尺量距时,会产生哪些误差?

3.7 衡量距离测量的精度为什么采用相对误差?

3.8 表 3-5 所示的为视距测量结果,计算各点所测水平距离和高差。该经纬仪盘左,视线水平时,竖直度盘读数为 90°,望远镜上仰,读数减小。

测站 $H_0=50.000$ m,仪器高 $i=1.54$ m

表 3-5 视距测量结果

点号	上丝读数 下丝读数 视距间隔/m	中丝读数/m	竖盘读数	竖直角	高差	水平距离	高程	备注
1	1.845 1.234	1.540	91°08′12″					
2	1.767 1.316	1.540	85°54′48″					
3	2.103 1.496	1.800	92°42′24″					
4	2.261 1.738	2.000	87°16′18″					

3.9 试述电磁波测距的原理。

3.10 影响光电测距仪精度的因素有哪些?

3.11 全站仪可以进行哪些测量工作?

4 测量误差基本知识

4.1 测量误差的分类

在一定的观测条件下进行的，对未知量进行测量的过程称为观测。观测是离不开人、仪器和环境的，这就构成所谓的观测条件。在同一条件下进行观测，称为等精度观测，反之，称为不等精度观测。相应的观测值，称为等精度观测值和不等精度观测值。

在观测时，仪器构造上的缺陷和仪器本身精密度的限制，观测者技术水平和视觉鉴别能力的限制，以及外界条件的影响，使观测值偏离观测量的真值或理论值，从而产生测量误差，简称误差。如闭合水准测量的高差闭合差，三角形内角和的闭合差，往返距离测量之差的闭合差等。观测中存在误差具有客观性和普遍性。

设某一观测量的真值或理论值为 X，在等精度条件下对该量进行了 n 次观测，其观测值为 $l_i(i=1,2,3,\cdots,n)$，则相应的误差定义为

$$\Delta_i = l_i - X \tag{4-1}$$

测量误差按其特性可分为系统误差和偶然误差。

4.1.1 系统误差

在一定的观测条件下对某未知量进行一系列的观测，若观测误差的符号和大小保持不变或按一定的规律变化，则这种误差称为系统误差。例如，某钢尺的名义长度为 30 m，经检定实际长度为 30.002 m，则测量时每一尺段就带有一常量的尺长改正数 0.002 m，该误差随着观测次数的增加而累积。

观测值偏离真值的程度，称为观测值的准确度。系统误差对准确度有很大影响，必须加以消除或减弱，通常有以下三种处理方法。

① 检校仪器，把系统误差降低到最低程度。

② 求改正数，把观测成果进行必要的改正，如钢尺经过检定，确定尺长改正数。

③ 对称观测，使系统误差相互抵消或削弱，如测水平角时采用盘左、盘右观测，水准测量时采用中间法，都是为了达到削弱系统误差的目的。

4.1.2 偶然误差

在一定的观测条件下对某未知量进行一系列的观测，若观测误差的符号和大小均呈偶然性，即从表面现象看，误差的大小和符号没有规律性，但从大量误差总体来看，具有一定的统计规律，这种误差称为偶然误差。

产生偶然误差的原因往往是不固定的和难以控制的,如观测者的估读误差、照准误差等。不断变化的温度、风力等外界条件也会导致偶然误差。

偶然误差具有以下统计特性。

① 误差的大小的绝对值不超过一定的限度。

② 绝对值小的误差出现的机会比绝对值大的误差多。

③ 互为反数的误差出现概率大致相同。

④ 误差的数学期望值为0,$E[\Delta]=0$,即理论均值为0,则

$$\lim_{n\to\infty}\frac{[\Delta]}{n}=0 \tag{4-2}$$

式中 $[\Delta]=\Delta_1+\Delta_2+\Delta_3+\cdots+\Delta_n$,表示误差的代数和;

n——观测次数。

例如,表4-1所示的是对同一水准路线进行n次观测,统计了$n=90$个高差闭合差的分布。将误差按绝对值的大小进行排列,并等分成若干段,每段的边界值以间隔$\mathrm{d}\Delta=10$ mm递增,然后分正负误差统计各区段误差相应分布的个数n_i、频率n_i/n、单位误差频率$\frac{n_i}{n}/\mathrm{d}\Delta$,又称频率密度。根据表中统计的数据,以区段间隔值为横坐标,相应区段的频率密度为纵坐标,绘出频率密度与偶然误差分布的直方图(见图4-1)。图中每区段上的矩形面积$\frac{n_i/n}{\mathrm{d}\Delta}\mathrm{d}\Delta$,就等于出现在该区段误差的频率。当加大观测次数,即$n\to\infty$时,缩小区段间隔,$\mathrm{d}\Delta\to 0$,误差频率趋近于概率,即$n_i/n\to P(\Delta)$时,图形中矩形顶边折线将趋近于一条光滑的曲线。这条曲线表示误差与概率密度的关系,称为误差分布曲线。它形象地说明了偶然误差的四个统计特性,而且还表明偶然误差服从正态分布,其概率分布密度的函数式为

$$y=f(\Delta)=\frac{1}{\sqrt{2\pi}\sigma}\mathrm{e}^{-\frac{\Delta^2}{2\sigma^2}} \tag{4-3}$$

表4-1 误差分布统计表

误差区段	负误差			正误差			备注
	n_i	n_i/n	$\frac{n_i}{n}/\mathrm{d}\Delta$	n_i	n_i/n	$\frac{n_i}{n}/\mathrm{d}\Delta$	
0~10	25	0.278	0.028	26	0.289	0.029	误差区段间隔 $\mathrm{d}\Delta=$10 mm 区段左边值计入该区段内
10~20	11	0.122	0.012	10	0.111	0.011	
20~30	5	0.056	0.006	7	0.078	0.008	
30~40	2	0.022	0.002	3	0.033	0.003	
40~50	1	0.011	0.001	0	0	0	
>50	0	0	0	0	0	0	
$\sum$	44	0.489	—	46	0.511	—	

误差在 dΔ 上的概率为

$$P(\Delta)=\frac{n_i/n}{\mathrm{d}\Delta}\mathrm{d}\Delta=f(\Delta)\mathrm{d}\Delta=\frac{1}{\sqrt{2\pi}\sigma}\mathrm{e}^{-\frac{\Delta^2}{2\sigma^2}}\mathrm{d}\Delta \tag{4-4}$$

式中 σ^2——方差；

σ——均方差或标准差，它的大小反映观测精度的高低。

令 $h=1/(\sqrt{2}\sigma)$，则式(4-3)可改写为

$$y=\frac{h}{\sqrt{\pi}}\mathrm{e}^{-h^2\Delta^2}$$

当偶然误差 $\Delta=0$ 时，$y=h/\sqrt{\pi}$，可见，误差曲线顶点的位置由 h 决定。h 越大，σ 越小，y 越大，函数曲线顶峰高而陡峭，表示误差小，密度大，观测精度高；反之曲线顶峰低而平缓，精度低。例如，$h=2$ 比 $h=1$ 的误差曲线要陡峭得多(见图 4-2)，这是因为 $\sigma_2<\sigma_1$，第二组观测的精度比第一组观测的精度高。

方差定义为

$$\sigma^2=\lim_{n\to\infty}\frac{\Delta_1^2+\Delta_2^2+\cdots+\Delta_n^2}{n}=\lim_{n\to\infty}\frac{[\Delta^2]}{n} \tag{4-5}$$

$$\sigma=\pm\lim_{n\to\infty}\sqrt{\frac{[\Delta^2]}{n}} \tag{4-6}$$

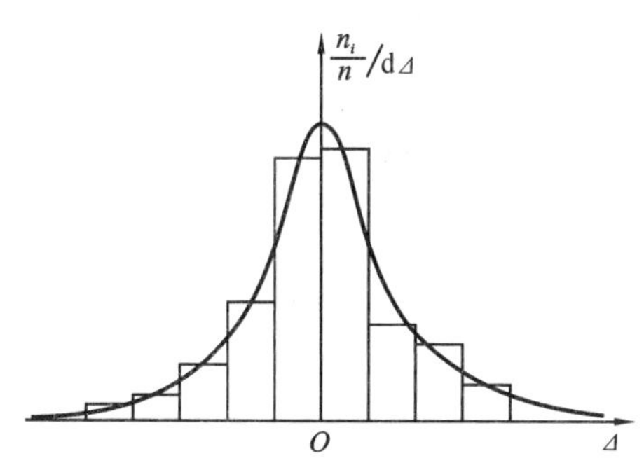

图 4-1 频率密度与偶然误差分布的直方图

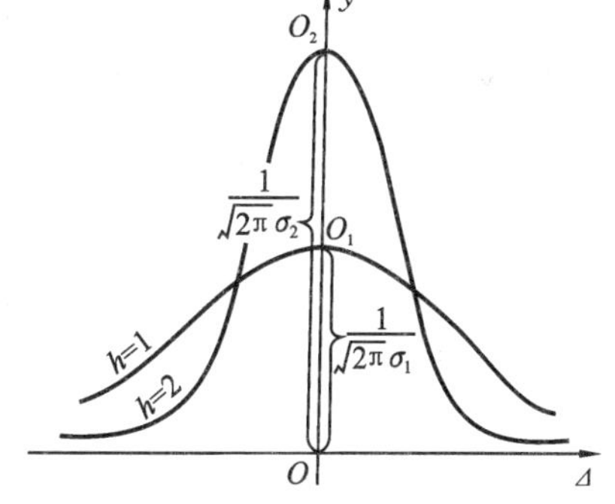

图 4-2 不同精度的误差分布曲线

综合以上分析，偶然误差表现出两大数学特征：①式(4-2)中 Δ 数学期望值为 0，这表明误差列的分布，是以它的数学期望 0 为中心，逐步聚集的。该中心称为离散中心，是误差真值所在的位置；②式(4-5)中 Δ^2 的数学期望为方差 σ^2。它描述了误差在离散中心周围所聚集的紧密度，也就是观测值之间的离散程度。σ 越小，误差越小，观测值越密集地接近其真值或它的数学期望值。

4.2 评定精度的标准

在测量工作中，为了评定测量成果的精度，以便确定其是否符合要求，必须建立衡量精度的统一标准。衡量精度的标准有很多种，这里主要介绍以下几种。

4.2.1 中误差

由式(4-6)得出的标准差是衡量精度的一种标准，但那是理论上的表达式。在测量实践中，观测次数有限，因此实际应用中，多采用中误差 m 作为衡量观测精度的一种标准，中误差为

$$m=\pm\sqrt{\frac{[\Delta^2]}{n}} \tag{4-7}$$

$$[\Delta^2]=\Delta_1^2+\Delta_2^2+\cdots+\Delta_n^2$$

式中 Δ——真误差；

n——观测次数。

中误差是误差中数的平方根，因而对绝对值大的误差，有较明显的体现。

作为识别观测值优劣的精度标准，常把中误差做标志，将 $\pm m$ 置于观测值 L 之后，即 $L\pm m$，表示该观测值所能达到的精度。

【例 4-1】 对于同一三角形，用不同的仪器分两组各进行 10 次观测，每次测得内角和的真误差 Δ 为

第一组：$-3''$、$3''$、$4''$、$-2''$、$3''$、$0''$、$-2''$、$1''$、$-1''$、$0''$

第二组：$1''$、$0''$、$8''$、$-3''$、$2''$、$-7''$、$0''$、$-1''$、$-2''$、$-1''$

求两组观测值的中误差，并比较观测精度。

解：$$m_1=\pm\sqrt{\frac{3^2+3^2+4^2+2^2+3^2+0^2+2^2+1^2+1^2+0^2}{10}}=\pm2.3''$$

$$m_2=\pm\sqrt{\frac{1^2+0^2+8^2+3^2+2^2+7^2+0^2+1^2+2^2+1^2}{10}}=\pm3.6''$$

$m_1<m_2$，说明第一组观测质量好于第二组。

4.2.2 相对误差

误差的大小，单纯取决于观测值与真值之间的不符值，而不与观测量本身大小相关的误差，称为绝对误差 D_j。中误差和真误差都是绝对误差。在精度的评定中，用绝对误差有时还不能完全反映观测结果的精度。例如，测量长度分别为 100 m 和 200 m 的两段距离，它们的中误差均为 ±0.01 m，显然不能认为这两段距离的观测精度相同。因此，为了客观地反映实际精度，引入相对误差 K 的概念，相对误差是绝对误差的绝对值与相应观测值 D 之比，并将分子化为 1，分母取整数，即

$$K=\frac{|\Delta_j|}{D}=\frac{1}{D/|\Delta_j|} \tag{4-8}$$

在上例中，按相对误差评定精度，则有

$$K_1=\frac{0.01}{100}=\frac{1}{10000}$$

$$K_2=\frac{0.01}{200}=\frac{1}{20000}$$

$K_1 > K_2$，表明前者精度较低。

在一般的距离测量中，上式的绝对误差是往返测量之差，即采用真误差来计算相对误差，称为相对真误差。若采用中误差计算相对误差，称为相对中误差。

4.2.3 极限误差和容许误差

1. 极限误差

偶然误差的第一特性表明，在一定的观测条件下，偶然误差的绝对值不超过一定的限值，这个限值称为极限误差。理论上认为，该限值不超过 3 倍的均方差。

将式(4-4)积分，可求出误差在任意区段分布的概率。设以 k 倍均方差，即 $\pm k\sigma$ 为区段，分别以 $k=1,2,3$ 按下式进行积分

$$P(-k\sigma < \Delta < k\sigma) = \int_{-k\sigma}^{k\sigma} \frac{1}{\sqrt{2\pi}\sigma} e^{-\frac{\Delta^2}{2\sigma^2}} d\Delta$$

计算结果表明，分布在相应误差区段 $\pm\sigma$，$\pm 2\sigma$，$\pm 3\sigma$ 的概率分别为

$$P(-\sigma < \Delta < +\sigma) = 0.683$$
$$P(-2\sigma < \Delta < +2\sigma) = 0.954$$
$$P(-3\sigma < \Delta < +3\sigma) = 0.997$$

以上三式的概率含义是：在一组等精度观测中，真误差在 $\pm\sigma$ 范围以外的个数约占误差总数的 31.7%；在 $\pm 2\sigma$ 范围以外的个数约占 4.6%；在 $\pm 3\sigma$ 范围以外的个数只占 0.3%。因此极限误差定为

$$\Delta_j = 3\sigma \tag{4-9}$$

式中 Δ_j——极限误差。

2. 容许误差

在实际观测中，为了保证观测成果质量，根据观测精度的不同要求，参考极限误差，将观测值预期中误差的 2～3 倍，定为决定观测值取舍所能容许的最大极限标准，称为容许误差。

$$\Delta_r = (2 \sim 3)m \tag{4-10}$$

式中 Δ_r——容许误差。

要求较严的为 $2m$，要求较宽的为 $3m$。在所得的观测值中，凡是误差超过容许误差的，一律放弃。

4.3 误差传播定律

在测量工作中经常会遇到某些量的大小并不是直接测定的，而是由观测值通过一定的函数关系间接计算出来的，即某些量是观测值的函数。例如，高差 $h=\frac{1}{2}kl\sin 2\alpha$ 就是利用观测值 l 和 α 按函数关系式计算的。由于观测值带有误差，导致函数值也存在误差。这种阐明直接观测值的误差与函数之间误差关系的定律，称为误差传播

定律。在测量中,误差传播定律被广泛用来计算和评定函数观测值的精度。

下面分别讨论线性函数和非线性函数的误差传播定律。

4.3.1 一般函数

设一般函数为

$$z=f(x_1,x_2,x_3,\cdots,x_n) \tag{4-11}$$

式中 x_i——独立观测值。若已知观测值 x_i 的中误差 m_i,如何求解函数值的中误差 m_z 呢?

把 x_i 视为自变量,真误差 Δ_i 视为相应的增量,函数增量 Δ_z 可按微分方法求出。由于一般函数中包含较为复杂的非线性函数,在微分中,略去高阶无穷小,而取其主要的线性部分,从而将非线性的增量关系化为简单的线性关系。对式(4-11)进行全微分,然后把微分符号还原为真误差 Δ,即得自变量与函数间的线性误差关系式

$$\Delta_z=\frac{\partial f}{\partial x_1}\Delta_1+\frac{\partial f}{\partial x_2}\Delta_2+\frac{\partial f}{\partial x_3}\Delta_3+\cdots+\frac{\partial f}{\partial x_n}\Delta n$$

式中 $\frac{\partial f}{\partial x_i}$(用 f_i 表示)——函数对各变量所取的偏导数,与 Δ_i 大小无关,均为常数,用变量的近似值,即观测值代入求得。

为了求得各观测值的中误差,对观测值进行 N 次观测,获得下列 N 个误差关系式:

$$\begin{gathered}
\Delta_{z1}=f_1\Delta_{11}+f_2\Delta_{12}+f_3\Delta_{13}+\cdots+f_n\Delta_{1n}\\
\Delta_{z2}=f_1\Delta_{21}+f_2\Delta_{22}+f_3\Delta_{23}+\cdots+f_n\Delta_{2n}\\
\vdots\\
\Delta_{zN}=f_1\Delta_{N1}+f_2\Delta_{N2}+f_3\Delta_{N3}+\cdots+f_n\Delta_{Nn}
\end{gathered}$$

按中误差定义式(4-7)要求,将上列各式两端平方取其和,再除以 N,即得出中误差间的函数关系式为

$$\begin{aligned}
\frac{[\Delta_z^2]}{N}=&f_1^2\frac{[\Delta_1^2]}{N}+f_2^2\frac{[\Delta_2^2]}{N}+f_3^2\frac{[\Delta_3^2]}{N}+\cdots+f_n^2\frac{[\Delta_n^2]}{N}\\
&+2f_1f_2\frac{[\Delta_1\Delta_2]}{N}+2f_2f_3\frac{[\Delta_2\Delta_3]}{N}+2f_3f_4\frac{[\Delta_3\Delta_4]}{N}+\cdots
\end{aligned}$$

式中非自乘项之积 $\Delta_P\Delta_Q(P\neq Q)$ 仍具有偶然误差的性质,当 $N\to\infty$ 时,数学期望为0,即

$$\lim_{N\to\infty}\frac{[\Delta_P\Delta_Q]}{N}=0$$

将上式表达为中误差的形式,得

$$m_z^2=f_1^2m_1^2+f_2^2m_2^2+f_3^2m_3^2+\cdots+f_n^2m_n^2 \tag{4-12}$$

这就是一般函数的误差传播定律。

4.3.2 线性函数

设线性函数为

$$z=k_1x_1 \pm k_2x_2 \pm k_3x_3 \pm \cdots \pm k_nx_n \tag{4-13}$$

式中 k_i——常数；

x_i——独立观测值。

作为应用式(4-12)的特例，线性函数对各变量的偏导数 f_i 就是函数本身各项的系数 k_i。将式(4-12)中的 f_i 代以相应的 k_i，即得线性函数式(4-13)的误差传播定律，即

$$m_z^2=k_1^2m_1^2+k_2^2m_2^2+k_3^2m_3^2+\cdots+k_n^2m_n^2 \tag{4-14}$$

应用式(4-14)不难写出属于线性函数特例的下列函数的误差传播定律。

(1) 倍函数

$$z=kx \tag{4-15}$$

$$m_z^2=k_z^2m^2 \quad 或 \quad m_z=km \tag{4-16}$$

(2) 和差函数

$$z=x_1 \pm x_2 \pm x_3 \pm \cdots \pm x_n \tag{4-17}$$

$$m_z^2=m_1^2+m_2^2+m_3^2+\cdots+m_n^2 \tag{4-18}$$

当 x_i 为等精度观测时，$m_1=m_2=m_3=\cdots=m_n=m$，则式(4-18)变为

$$m_z=m\sqrt{n} \tag{4-19}$$

式中 m——单位观测值中误差；

m_z——$\sqrt{n}$个单位观测积累值中误差。

在距离测量中，如果已知一尺段或 1 km 单位观测值的中误差 m_l 或 m_{km}，则相应的全长测量中误差为

$$m_D=m_l\sqrt{n} \tag{4-20}$$

或

$$m_D=m_{\text{km}}\sqrt{D} \tag{4-21}$$

式中 n——测量的尺段数；

D——全长测量的距离，单位为 km。

在水准测量中，m 可以是一个测站或 1 km 单位测程中高差的中误差 $m_{站}$ 或 m_{km}，则相应水准路线起点、终点间高差中误差为

$$m_{\Sigma}=m_{站}\sqrt{n} \tag{4-22}$$

$$m_{\Sigma}=m_{\text{km}}\sqrt{L} \tag{4-23}$$

式中 n——测站数；

L——路线长度，单位为 km。

式(4-22)多用于山区，式(4-23)多用于平坦地区。

【例 4-2】 在视距测量中时，当视线水平时，读得视距间隔 $l=1.23\ \text{m}\pm1.4\ \text{mm}$，试求水平距离及其中误差。

视线水平时，水平距离 $D=Kl=100\times1.23\ \text{m}=123\ \text{m}$

根据式(4-16)得

$$m_D = 100m_l = \pm 140\ \text{mm}$$

最后结果为 123 m±0.14 m。

【例 4-3】 用测回法测角,如已知每一方向观测值的中误差为 m_F,试求一测回角值 β 的中误差。

设 α 为照准目标方向的观测值。一个测回等于盘左 β_L、盘右 β_R 两个半测回角值的平均值。而半测回角值则为两个方向观测值之差。其函数关系为

$$\beta = \frac{1}{2}(\beta_L + \beta_R) = \frac{1}{2}[(\alpha_{L1} - \alpha_{L2}) + (\alpha_{R1} - \alpha_{R2})] = \frac{1}{2}\alpha_{L1} - \frac{1}{2}\alpha_{L2} + \frac{1}{2}\alpha_{R1} - \frac{1}{2}\alpha_{R2}$$

根据线性函数误差传播定律式(4-19),有

$$m_\beta = \frac{1}{2}m_F\sqrt{n} = m_F$$

【例 4-4】 测量两段距离,其结果为 $d_1 = 828.46\ \text{m} \pm 0.24\ \text{m}$ 和 $d_2 = 817.25\ \text{m} \pm 0.17\ \text{m}$,试比较两距离之和及差的精度。

根据和差函数中误差公式(4-18),两距离之和及差的中误差为

$$m_d = \pm\sqrt{(0.24)^2 + (0.17)^2}\ \text{m} = \pm 0.29\ \text{m}$$

两距离之和 $$D_1 = d_1 + d_2 = 1645.71\ \text{m}$$

其相对中误差为 $$\frac{m_d}{D_1} = \frac{0.29\ \text{m}}{1645.71\ \text{m}} = \frac{1}{5600}$$

两距离之差 $$D_2 = d_1 - d_2 = 11.21\ \text{m}$$

其相对中误差为 $$\frac{m_d}{D_2} = \frac{0.29\ \text{m}}{11.21\ \text{m}} = \frac{1}{38}$$

由以上结果可知,前者的精度比后者的精度高很多。

4.4 算术平均值及其中误差

在实际工程中,除少数理论值的真值可以预知外,一般观测值的真值因误差的存在是很难测定的。因此,为了提高观测值的精度,测量上通常利用有限的多余观测,计算平均值 x 代替观测值的真值 X,用改正数 v_i,代替真误差 Δ_i,用以解决工程实际问题。

4.4.1 算术平均值原理

设某量的真值为 X,在等精度观测条件下,对该量进行 n 次观测,其观测值为 $l_i(i=1,2,\cdots,n)$。根据真误差计算式(4-1),可得

$$\begin{gathered}\Delta_1 = l_1 - X \\ \Delta_2 = l_2 - X \\ \vdots \\ \Delta_n = l_n - X\end{gathered}$$

把上列等式相加,除以 n,则

$$\frac{[\Delta]}{n}=\frac{[l]}{n}-X \tag{4-24}$$

算术平均值

$$x=\frac{l_1+l_2+\cdots+l_n}{n}=\frac{[l]}{n}$$

代入式(4-24),并设

$$\delta=[\Delta]/n$$

有

$$X=x-\delta$$

根据偶然误差的特性,若 $n\to\infty$,则 $\delta\to 0$,$x\to X$,由于 n 为有限值,因而算术平均值接近真值。在测量上通常把 x 称为平差值、最或然值、最可靠值。它是观测量真值或数学期望的估值。

4.4.2 改正数

在测量中,常给观测值 l_i 添加一个改正数 v_i,以求其最或然值 x,即

$$l_1+v_1=l_2+v_2=\cdots=l_n+v_n=x$$

改正数即算术平均值与观测值之差,用 v 来表示,即

$$v_i=x-l_i \quad (i=1,2,\cdots,n) \tag{4-25}$$

改正数具有以下两大数学特征。

① $[v]=0$。将式(4-25)取 n 列之和,得

$$[v]=nx-[l] \tag{4-26}$$

又由于 $xn=[l]$,故

$$[v]=0$$

利用这一特性可以检验 x 和 v 在计算过程中是否有误。

② $[vv]=$最小。设 x' 为不等于算术平均值 x 的任意值,代替某列观测值的最或然值,v' 表示 x' 与观测值之差,即

$$v_i'=x'-l_i$$

按式(4-25)

$$v_i=x-l_i$$

两式相减

$$v_i'=v_i+x'-x$$

令 $\varepsilon=x'-x$,则

$$v_i'=v_i+\varepsilon$$

上式两端平方,等号左右两端分别取和,得

$$[v'v']=[vv]+n\varepsilon^2+2\varepsilon[v]$$

因为 $[v]=0$,所以

$$[v'v']=[vv]+n\varepsilon^2$$

上式三项均为正,故$[vv]<[v'v']$。

又因为x'为假定的任意数,所以

$$[vv]=\text{最小} \tag{4-27}$$

式(4-27)表明,由最或然值计算的改正数,其平方和必然满足$[vv]$=最小。反之,在$[vv]$=最小的条件下,根据一列观测值用数学求极值的方法求出的值,必然是最或然值。该理论称为最小二乘法原理,是测量平差值的最基本理论。利用这一原理求得的观测值的最或然值,称为测量平差。算术平均值法就是用直接平差求最或然值的一种方法。下面应用$[vv]$最小,证明算术平均值原理。

$$[vv]=(x-l_1)^2+(x-l_2)^2+\cdots+(x-l_n)^2$$

利用数学上求条件极限的方法,对x取一阶导数并令它等于0,即

$$\frac{\mathrm{d}[vv]}{\mathrm{d}x}=2(x-l_1)+2(x-l_2)+\cdots+2(x-l_n)=0$$

$$nx-[l]=0 \quad \text{则} \quad x=[l]/n$$

可见,算术平均值原理是符合最小二乘法原理的。

观测值与算术平均值之差,称为最或然误差。最或然误差具有与改正数同样的数学特性,它与改正数的绝对值相等,但符号相反。

4.4.3 用改正数计算中误差

当真误差Δ_i不知时,常以改正数v_i代替真误差计算单一观测值的中误差,二者关系如下:

$$\Delta_i=l_i-X, \quad v_i=x-l_i \quad (i=1,2,\cdots,n)$$

两式相加,得

$$\Delta_i=x-X-v_i=\delta-v_i$$

将上式两端分别平方,等号左右两端分别取和,得

$$[\Delta\Delta]=[vv]-2\delta[v]+n\delta^2$$

将$[v]=0$和$\delta=\frac{[\Delta]}{n}$代入,得

$$\begin{aligned}[\Delta\Delta]&=[vv]+[\Delta]^2/n\\&=[vv]+\frac{1}{n}(\Delta_1^2+\Delta_2^2+\cdots+\Delta_n^2)+\frac{2}{n}(\Delta_1\Delta_2+\Delta_2\Delta_3+\cdots)\\&=[vv]+\frac{[\Delta\Delta]}{n}+\frac{2[\Delta_P\Delta_Q]}{n}\end{aligned}$$

因为

$$\frac{[\Delta_P\Delta_Q]}{n}=0$$

$$m^2=\frac{[\Delta\Delta]}{n}$$

所以

$$m=\pm\sqrt{\frac{[vv]}{n-1}} \tag{4-28}$$

式(4-28)称为白塞尔公式,$n-1$为多余观测次数。

4.4.4 算术平均值中误差

设对某量进行n次等精度观测,观测值为l_i,中误差为m。算术平均值的中误差M的计算式推导如下。

算术平均值x为线性函数,即

$$x=\frac{1}{n}l_1+\frac{1}{n}l_2+\frac{1}{n}l_3+\cdots+\frac{1}{n}l_n$$

由式(4-14)得

$$M^2=\left(\frac{1}{n}m_1\right)^2+\left(\frac{1}{n}m_2\right)^2+\left(\frac{1}{n}m_3\right)^2+\cdots+\left(\frac{1}{n}m_n\right)^2$$

因为是等精度观测 $m_1=m_2=m_3=\cdots=m_n=m$

所以

$$M^2=n\left(\frac{1}{n}m\right)^2$$

即

$$M=\pm\frac{m}{\sqrt{n}} \tag{4-29}$$

将式(4-28)代入,得

$$M=\pm\sqrt{\frac{[vv]}{n(n-1)}} \tag{4-30}$$

式(4-29)表明,算术平均值的精度比平均前各单一观测值的精度提高了$\sqrt{n}$倍,但倍数$\sqrt{n}$与次数n的增加速度不成正比。例如,$n=10$,精度提高3.2倍,即M降低了68%;$n=20$,精度增至4.5倍,M降至78%。前10次增加较快,后10次增加甚微,可见,提高精度不能单纯依靠增加观测次数来达到,而应同时采用提高观测仪器等级,改善观测方法和观测条件来实现,观测次数一般不应超过12次。

【例4-5】 对某距离观测5次,其观测值如表4-2所示。试求距离的算术平均值x,单一观测值中误差m和算术平均值中误差M。

表4-2 算术平均值及误差计算

d/m	v/mm	vv/mm^2	备注
$d_1=55.550$	-11	121	$d=\frac{277.695}{5}\text{m}=55.539\text{m}$
$d_2=55.535$	4	16	
$d_3=55.520$	19	361	$m_d=\pm\sqrt{\frac{572}{5-1}}\text{m}=\pm12.0\text{mm}$
$d_4=55.544$	-5	25	
$d_5=55.546$	-7	49	$M=\pm\frac{12.0}{\sqrt{5}}\text{m}=\pm5.4\text{mm}$
$[d]=277.695$	$[v]=0$	$[vv]=572$	

最后结果为 $d=55.539\ \text{m}\pm5.4\ \text{mm}$。

在检查中,$[v]=0$,若因凑整而使$[v]\neq0$,其绝对值不应大于以末位为单位的$0.5\times n$(本例为 $0.5\times5\ \text{mm}=2.5\ \text{mm}$)。如超过,则应查其原因,纠正错误。

4.5 加权平均值及其中误差

对某一量进行不等精度观测时,各观测值具有不同的可靠性。因此,在求未知量的最可靠估计值时,就不能像等精度观测那样简单地取算术平均值,因为较可靠的观测值对最后测量结果会产生较大的影响。

不等精度观测值的可靠性,可用称为观测值"权"的数值来表示。观测值的精度越高,其权值越大。

4.5.1 权与中误差的关系

设 n 个不等精度观测值的中误差分别为 $m_1,m_2,\cdots,m_n$,则权可用下式来确定

$$p_i=\frac{\lambda}{m_i^2}\qquad(i=1,2,\cdots,n)\tag{4-31}$$

式中 λ——任意正数。

【例 4-6】 设以不等精度观测某角度,各观测值的中误差分别为 $m_1=\pm2.0''$,$m_2=\pm3.0''$,$m_3=\pm6.0''$。求各观测值的权。

由式(4-31)可得

$$p_1=\frac{\lambda}{m_1^2}=\frac{\lambda}{4},\qquad p_2=\frac{\lambda}{m_2^2}=\frac{\lambda}{9},\qquad p_3=\frac{\lambda}{m_3^2}=\frac{\lambda}{36}$$

若取 $\lambda=4$,则 $p_1=1,p_2=4/9,p_3=1/9$。

若取 $\lambda=36$,则 $p_1=9,p_2=4,p_3=1$。

选择适当的 λ 值,可以使权成为便于计算的数值。

等于1的权称为单位权,此时观测值的中误差称为单位权中误差,一般用 μ 表示。对于中误差为 m_i 的观测值,其权 p_i 为

$$p_i=\frac{\mu^2}{m_i^2}\tag{4-32}$$

4.5.2 加权平均值及其中误差

对同一未知量进行 n 次不等精度观测,观测值为 $l_1,l_2,\cdots,l_n$,其相应的权为 $p_1,p_2,\cdots,p_n$,则加权平均值 x 为不等精度观测值的最或然值,计算公式为

$$x=\frac{p_1l_1+p_2l_2+\cdots+p_nl_n}{p_1+p_2+\cdots+p_n}\tag{4-33}$$

或

$$x=\frac{[pl]}{[p]}\tag{4-34}$$

校核计算公式为

$$[pv]=0 \tag{4-35}$$

式中 $v_i(=l_i-x)$——观测值的改正数。

下面计算加权平均值的中误差 M_x。

由式(4-32),根据误差传播定律,可得 x 的中误差 M_x 为

$$M_x^2=\frac{1}{[p]^2}(p_1^2m_1^2+p_2^2m_2^2+\cdots+p_n^2m_n^2) \tag{4-36}$$

式中 $m_1,m_2,\cdots,m_n$——$l_1,l_2,\cdots,l_n$ 的中误差。

由式(4-32)可知,$p_1m_1^2=p_2m_2^2=\cdots=p_nm_n^2=\mu^2$,所以

$$M_x^2=\frac{\mu^2}{[p]} \tag{4-37}$$

应用等精度观测值中误差的推导方法,可推导出单位权中误差的计算公式为

$$\mu=\pm\sqrt{\frac{[pv^2]}{n-1}} \tag{4-38}$$

则加权平均值的中误差 M_x 为

$$M_x=\pm\sqrt{\frac{[pv^2]}{[p](n-1)}} \tag{4-39}$$

【例 4-7】 在水准测量中,从 L、M、N 三个已知高程点出发,测定点 S 的高程。已知三个高程观测值 H_i 和各水准路线的长度 D_i。求点 S 高程的最或然值 H_S 及其中误差 M_S。

【解】 以水准路线长度的倒数为观测值的权,计算如表 4-3 所示。

表 4-3 不等精度直接观测平差计算

测段	高程观测值 H_i/m	路线长度 D_i/km	权 $p_i=1/D_i$	观测值的改正数 v/mm	pv	pv^2
L—S	52.147	4.0	0.25	17	4.2	72.3
M—S	52.120	2.0	0.50	−10	−5	50
N—S	52.132	2.5	0.40	2	0.8	1.6
			$[p]=1.15$		$[pv]=0$	$[pv^2]=123.9$

根据式(4-33),点 S 高程的最或然值为

$$H_S=\frac{0.25\times52.147+0.50\times52.120+0.40\times52.132}{0.25+0.50+0.40}\ \text{m}=52.130\ \text{m}$$

根据式(4-38),单位权中误差为

$$\mu=\pm\sqrt{\frac{[pv^2]}{n-1}}=\pm\sqrt{\frac{123.9}{3-1}}\ \text{mm}=\pm7.87\ \text{mm}$$

根据式(4-39),最或然值的中误差为

$$M_S=\pm\sqrt{\frac{[pv^2]}{[p](n-1)}}=\pm7.87\sqrt{\frac{1}{1.15}}\ \text{mm}=\pm7.34\ \text{mm}$$

【本章要点】

本章重点介绍了误差分类、评定精度标准、误差传播定律、算术平均值及其中误差、加权平均值及其中误差的基本原理和计算方法。

【思考和练习】

4.1 系统误差有何特点？它对测量结果产生什么影响？

4.2 偶然误差有何特点？它具有哪些特性？

4.3 改正数有何特征和用途？

4.4 何谓中误差、容许误差、相对误差？

4.5 某直线测量5次，其观测结果分别为245.12 m，245.21 m，245.13 m，245.23 m，245.09 m，试计算其算术平均值、算术平均值中误差及其相对误差。

4.6 等精度观测五边形内角各两个测回，一测回角中误差 $m_\beta=\pm40''$，试求：

(1) 五边形角度闭合差的中误差；

(2) 欲使角度闭合差的中误差不超过$\pm50''$，求观测的测回数。

4.7 在$\triangle ABC$中，用同一架仪器观测，角A观测了4个测回，角B观测了6个测回，角C观测了9个测回，试确定三个内角的权。

4.8 从已知高程点A、B、C出发，沿三条水准路线测定点D的高程，观测结果如表4-4所示，求点D高程及其中误差。

表4-4 观测结果

路线	点D观测高程/m	测站数
A—D	30.525	24
B—D	30.520	20
C—D	30.510	18

5 小地区控制测量

控制测量是一切测量工作的基础。本章主要介绍小地区控制测量常用方法的外业工作和有关的内业计算。平面控制测量的主要内容为导线测量及各种交会测量。高程控制测量的主要内容为三、四等水准测量及三角高程测量。

5.1 控制测量概述

测绘的基本工作是确定地面上地物和地貌特征点的位置,即确定空间点的三维坐标。这样的工作若从一个原点开始,逐步依据前一个点的坐标来测定后一个点的位置,必然会将前一个点的误差带到后一个点上。这样的测量方法会导致误差逐步积累,最后将会达到惊人的程度。为了保证所测点位的精度,减少误差积累,测量工作必须遵循“从整体到局部,先控制后碎部”的基本原则。这一原则的含义就是在测区内先建立测量控制网来控制全局,然后根据控制网测定控制点周围的地形或进行建筑施工放样。这样不仅可以保证整个测区有一个统一的、均匀的测量精度,而且可以加快测量进度。

所谓控制网,就是在测区内选择一些有控制意义的点(称为控制点)构成的几何图形。控制网按功能可分为平面控制网和高程控制网两种,按控制网的规模可分为国家控制网、城市控制网、小区域控制网和图根控制网等几类。测定控制网平面坐标的工作称为平面控制测量,测量控制网高程的工作称为高程控制测量。

5.1.1 国家控制网

国家控制网又称基本控制网,即在全国范围内按统一的方案建立的控制网,它是全国各种比例尺测图的基本控制基础。它用精密仪器、精确方法测定,并进行严格的数据处理,最后求定控制点的平面位置和高程。

国家控制网按其精度可分为一、二、三、四等四个级别,而且是由高级向低级逐级加以控制的。就平面控制网而言,先在全国范围内沿经纬线方向布设一等网,作为平面控制骨干。在一等网内再布设二等网,作为全面控制的基础。为了满足其他工程建设的需要,再在二等网的基础上加密而成为三、四等控制网,如图 5-1 所示。国家平面控制网主要是用三角测量、精密导线测量和 GPS 测量的方法建立的(随着科学技术的发展和现代化测量仪器的出现,三角测量这一传统定位技术大部分已被卫星定位技术所替代)。对国家高程控制网来说,应先在全国范围内沿纵、横方向布设的一等水准路线,在一等水准路线上布设二等水准闭合或附合路线,再在二等水准环路上加密而成为三、四等闭合或附合水准路线,如图 5-2 所示。国家高程控制测量主要采用精密水准测量的方法。国家一、二等控制网,除了作为三、四等控制网的依据,还可作为研究地球形状和大小以及其他学科的依据。

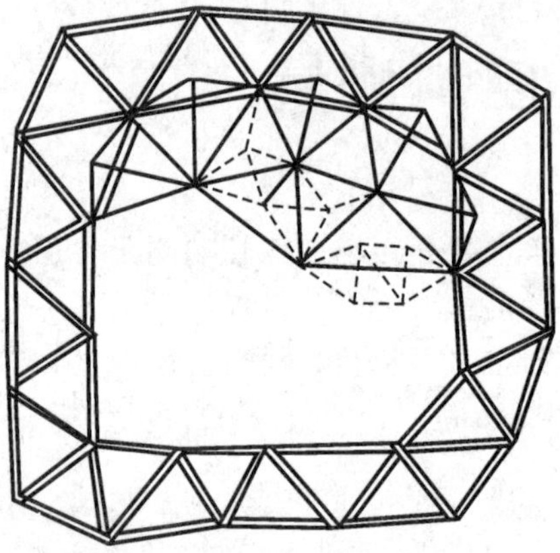

图5-1　平面控制网

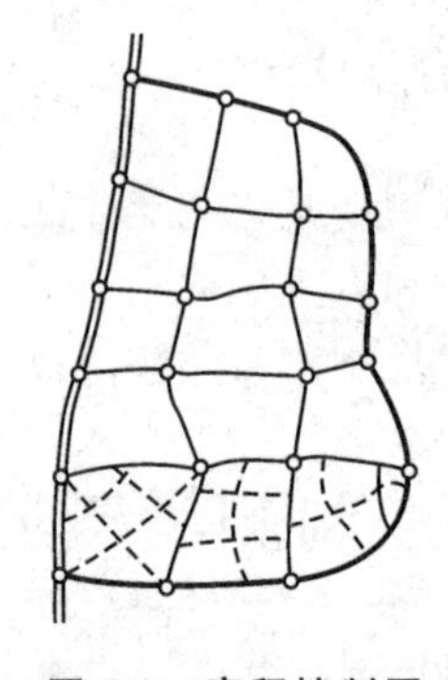

图5-2　高程控制网

5.1.2　城市控制网

城市控制网是在国家控制网的基础上建立起来的,目的在于为城市规划、市政建设、工业民用建筑设计和施工放样服务。城市控制网建立的方法与国家控制网相同,只是对于控制网的精度要求有所不同。为了满足不同目的及要求,城市控制网也要分级建立。

国家控制网和城市控制网的测绘工作均由专门的测绘单位承担,控制点的平面坐标和高程由测绘部门统一管理。

5.1.3　小区域控制网

所谓小区域控制网,是指在面积小于15 km^2 范围内建立的控制网。小区域控制网原则上应与国家控制网或城市控制网相连,形成统一的坐标系和高程系,但当连接有困难时,为了满足建设的需要,也可以建立独立控制网。小区域控制网也要根据面积大小分级建立,主要采用一、二、三级导线测量,一、二级小三角网测量或一、二级小三边网测量,其面积和采用等级的关系如表5-1所示。

表5-1　小区域控制网的建立

测区面积/km^2	首级控制	图根控制
2～15	一级小三角或一级导线	二级图根控制
0.5～2	二级小三角或二级导线	二级图根控制
0.5以下	图根控制	

5.1.4　图根控制网

直接为测图建立的控制网称为图根控制网。图根控制网的控制点又称图根点。图根控制网也应尽可能与上述各种控制网相连接,形成统一的控制系统。个别困难地区连接有困难时,也可建立独立图根控制网。因为图根控制网是专为测图而制成的,所以图根点的密度和精度要满足测图要求,表5-2为开阔地区图根点的密度规定。对于山区或特别困难地区,图根点的密度可适当增大。

表 5-2 开阔地区图根点的密度规定

测图比例尺	1∶500	1∶1000	1∶2000	1∶5000
每平方千米图根点个数	150	50	15	5
50 cm×50 cm 图幅图根点个数	9～10	12	15	20

5.2 直线定向与坐标正反算

5.2.1 直线定向

确定地面上两点的相对位置时仅有两点间距离是不够的,还需要确定直线的方向。确定一条直线的方向简称直线定向。进行直线定向时,首先要选定一个标准方向线,作为直线定向的标准方向。直线定向的标准方向有下列三种。

1. 真子午线方向

通过地球表面上某点及地球的北极和南极的半个大圆称为该点的真子午线(见图 5-3)。通过地球表面某点的真子午线的切线方向,称为该点的真子午线方向,其北端指示方向又称真北方向。真子午线方向可用天文观测方法、陀螺经纬仪和 GPS 来测定。

地球上各点的真子午线都向两极收敛而会集于两极,因此虽然各点的真子午线方向都是指向真北和真南,但是在经度不同的点上,真子午线方向互不平行(见图 5-4)。通过两点的真子午线方向间的夹角称为子午线收敛角 γ。

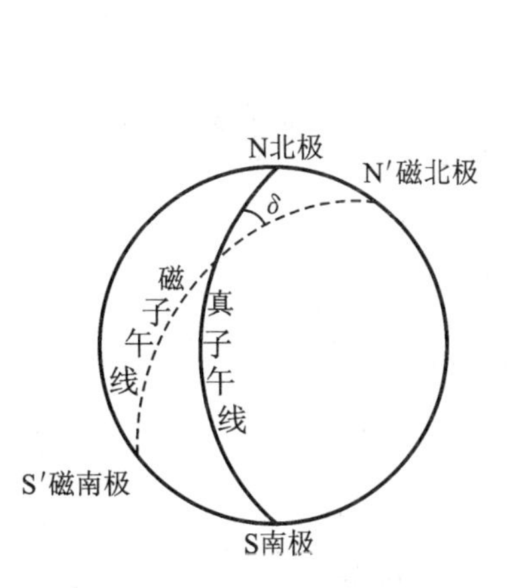

图 5-3 真子午线与磁偏角

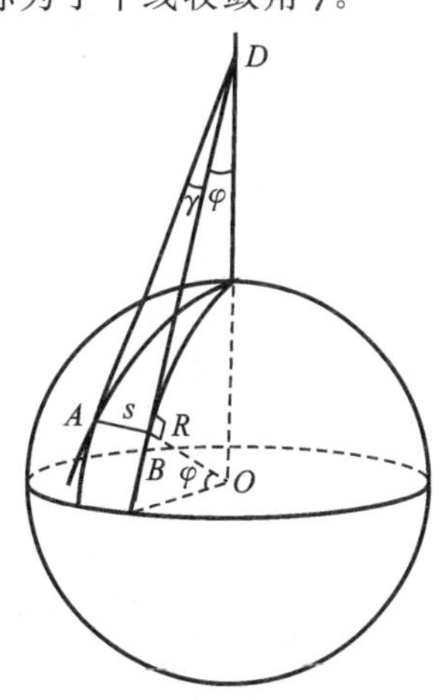

图 5-4 子午线收敛角

2. 磁子午线方向

过地球上某点及地球南北磁极的半个大圆称为该点的磁子午线。自由旋转的磁针静止下来所指的方向,就是磁子午线方向。通过地面某点磁子午线的切线方向称为该点的磁子午线方向,其北端指示方向又称为磁北方向。磁子午线方向可用罗盘仪来测定。

由于地磁的两极与地球的两极并不一致,同一地点的磁子午线方向与真子午线方向不会一致,其夹角称为磁偏角,用符号 δ 表示(见图 5-3)。磁子午线方向北端在真子午线方向以东时为东偏,δ 定为"+";以西时为西偏,δ 定为"-"。磁偏角的大小随地点、时间而异,我国磁偏角的变化约为 $+6°$(西北地区)~$-10°$(东北地区)。由于地球磁极的位置不断地在变动,以及磁针受局部吸引等影响,磁子午线方向不宜作为精确定向的基本方向。但因为磁子午线定向方法简便,所以在独立的小区域测量工作中仍可采用。

3. 坐标纵轴方向

不同点的真子午线方向或磁子午线方向都是不平行的,这使直线方向的计算很不方便。采用坐标纵轴方向作为基本方向,这样各点的基本方向都是平行的,方向的计算也就十分方便了。过地表任一点且与其所在的高斯平面直角坐标系或者假定坐标系的坐标纵轴平行的直线称为该点的坐标纵轴方向。坐标纵轴北向为正,又称轴北方向。

以上直线定向的标准方向中真北、磁北、轴北方向称为三北方向。

5.2.2 直线定向方法

确定直线方向就是确定直线和标准方向之间的角度关系。直线定向方法有方位角和象限角两种方法。

1. 方位角

由标准方向的北端起,按顺时针方向量到某直线的水平角,称为该直线的方位角。方位角的定义域为(0°,360°),如图 5-5 所示,$O1$、$O2$、$O3$ 和 $O4$ 的方位角分别为 A_1、A_2、A_3 和 A_4。

确定一条直线的方位角时,首先要在直线的起点作出标准方向(见图 5-6)。如果以真子午线方向作为标准方向,那么得出的方位角称真方位角,用 A 表示;如果以磁子午线方向为标准方向,则其方位角称为磁方位角,用 A_m 表示;如果以坐标纵轴方向为标准方向,则其角称为坐标方位角,用 α 表示。由于一点的真子午线方向与磁子午线方向之间的夹角是磁偏角 δ,真子午线方向与坐标纵轴方向之间的夹角是子午线收敛角 γ,所以从图 5-6 不难看出,真方位角和磁方位角之间的关系为

$$A_{EF}=A_{mEF}+\delta_E \tag{5-1}$$

真方位角和坐标方位角的关系为

$$A_{EF}=\alpha_{EF}+\gamma_E \tag{5-2}$$

式中 δ 和 γ 的值东偏时为"+",西偏时为"-"。

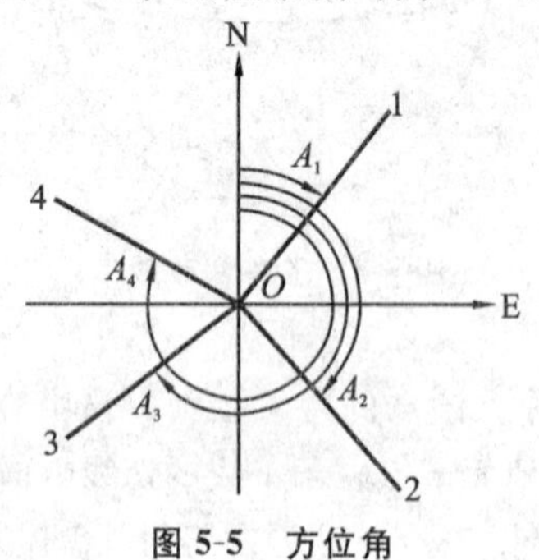

图 5-5 方位角

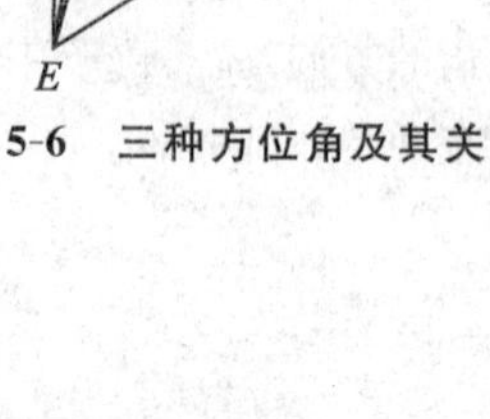

图 5-6 三种方位角及其关系

2. 象限角

直线与标准方向构成的锐角称为直线的象限角，如图 5-7 所示的 R_1、R_2、R_3、R_4。

3. 直线的正反方向

一条直线有正反两个方向，在直线起点量得的直线方向称直线的正方向；反之在直线终点量得该直线的方向称直线的反方向。

如图 5-8 所示，直线 EF，在起点 E 量得直线的方位角为 A_{EF} 或 α_{EF}，称为直线 EF 的正方位角。而在终点 F 量得直线的方位角为 A_{FE} 或 α_{FE}，称为直线 EF 的反方位角。同一直线的正反真方位角的关系为

$$A_{FE}=A_{EF}\pm 180°-\gamma_F \tag{5-3}$$

γ_F 为 EF 两点间的子午线收敛角。而正反坐标方位角的关系为

$$\alpha_{FE}=\alpha_{EF}\pm 180° \tag{5-4}$$

由以上的变换关系可以看出，采用坐标方位角计算最为方便，因此在直线定向中一般采用坐标方位角。

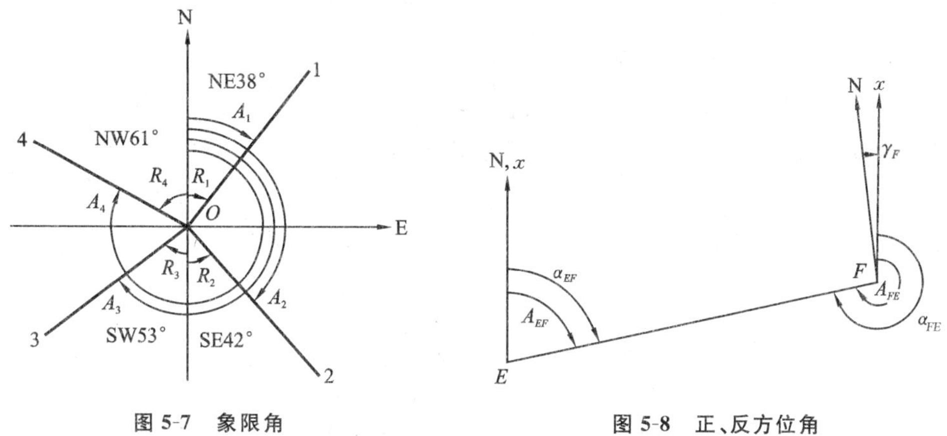

图 5-7 象限角

图 5-8 正、反方位角

5.2.3 推算导线各边的坐标方位角

如图 5-9 所示，根据已知边的坐标方位角和改正后的角值，按下面公式推算导线各边坐标方位角：

$$\left.\begin{aligned}\alpha_{前}&=\alpha_{后}-180°+\beta_{左} \quad ①\\ \alpha_{前}&=\alpha_{后}+180°-\beta_{右} \quad ②\end{aligned}\right\} \tag{5-5}$$

式中 $\alpha_{前}$，$\alpha_{后}$——导线前进方向的前一条边的坐标方位角和与之相连的后一条边的坐标方位角；

$\beta_{左}$，$\beta_{右}$——前后两条边所夹的左（右）角（沿前进方向，导线左边的折角为左角，反之为右角）。

由式(5-5)求得

$$\alpha_{B1}=\alpha_{AB}-180°+\beta_B$$
$$\alpha_{12}=\alpha_{B1}-180°+\beta_1$$
$$\alpha_{23}=\alpha_{12}-180°+\beta_2$$
$$\vdots$$

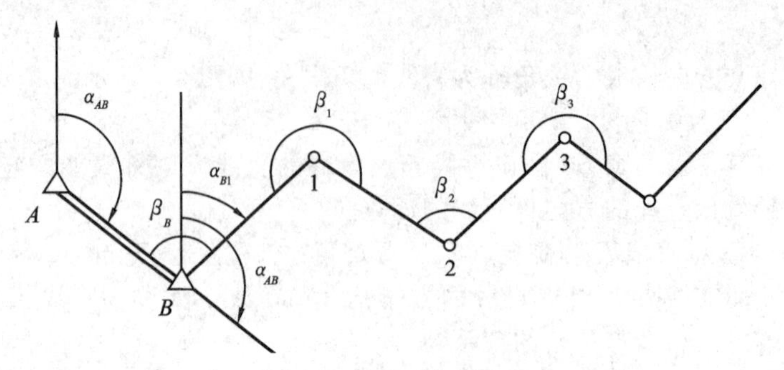

图 5-9　坐标方位角推算

运用式(5-5)计算时,应注意以下两点。

① 由于直线的坐标方位角只能是 0～360°,当用式(5-5)第①式求出的 $\alpha_{前}$ 大于 360°时,应减去 360°。

② 当用式(5-5)第②式求出 $\alpha_{前}$ 为负值时,应加上 360°方为所求的坐标方位角。

5.2.4　坐标的正算和反算

① 如图 5-10 所示，已知一点 A 的坐标(x_A, y_A)、边长 D_{AB} 和坐标方位角 α_{AB},求点 B 的坐标(x_B, y_B),称为坐标正算问题。由图可知,

$$\left.\begin{aligned} x_B &= x_A + \Delta x_{AB} \\ y_B &= y_A + \Delta y_{AB} \end{aligned}\right\} \tag{5-6}$$

式中　Δx——纵坐标增量;

Δy——横坐标增量。

Δx、Δy 均是边长在坐标轴上的投影,即

$$\left.\begin{aligned} \Delta x_{AB} &= D_{AB}\cos\alpha_{AB} \\ \Delta y_{AB} &= D_{AB}\sin\alpha_{AB} \end{aligned}\right\} \tag{5-7}$$

Δx、Δy 的正负取决于 $\cos\alpha$、$\sin\alpha$ 的符号,要根据 α 的大小和所在象限来判别,如图 5-11 所示。式(5-6)又可写成

$$\left.\begin{aligned} x_B &= x_A + D_{AB}\cos\alpha_{AB} \\ y_B &= y_A + D_{AB}\sin\alpha_{AB} \end{aligned}\right\} \tag{5-8}$$

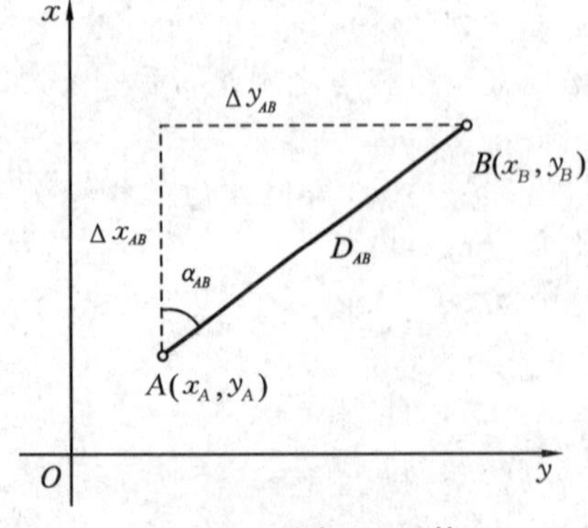

图 5-10　坐标正、反算

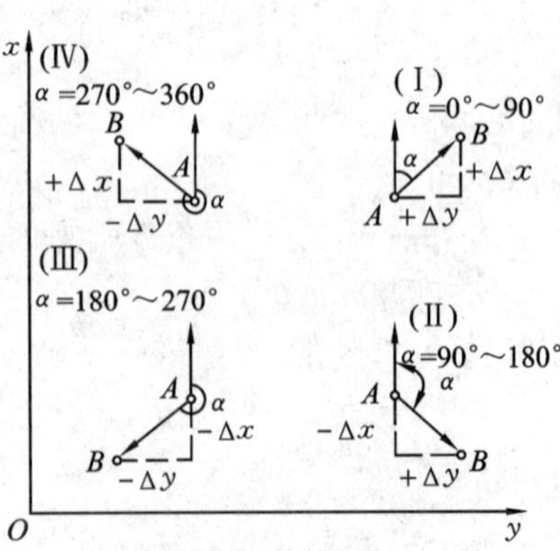

图 5-11　坐标增量的正负

② 如图 5-10 所示，已知 A、B 两点坐标，求坐标方位角 α_{AB} 称为坐标反算。可得

$$\alpha_{AB}=\arctan\frac{\Delta y_{AB}}{\Delta x_{AB}} \tag{5-9}$$

$$D_{AB}=\sqrt{\Delta x_{AB}^2+\Delta y_{AB}^2} \tag{5-10}$$

式中 $\Delta x_{AB}=x_B-x_A$，$\Delta y_{AB}=y_B-y_A$。

由式(5-9)求得的 α 可在四个象限任一象限之内，它由 Δy 和 Δx 的符号确定，相应的计算如表 5-3 所示。

实际上，由图 5-11 可知，象限角 $R=\arctan\left|\frac{\Delta y}{\Delta x}\right|$，根据 R 所在的象限，将象限角换算为方位角，也可得到同样结果，如表 5-4 所示。

表 5-3 坐标方位角的计算

象限	坐标方位角
Ⅰ	$\alpha=\arctan\frac{\Delta y}{\Delta x}$
Ⅱ	$\alpha=180°+\arctan\frac{\Delta y}{\Delta x}$
Ⅲ	$\alpha=180°+\arctan\frac{\Delta y}{\Delta x}$
Ⅳ	$\alpha=360°+\arctan\frac{\Delta y}{\Delta x}$

表 5-4 方位角和象限的关系

象限	由方位角换算象限角	由象限角换算方位角
Ⅰ	$R=\alpha$	$\alpha=R$
Ⅱ	$R=180°-\alpha$	$\alpha=180°-R$
Ⅲ	$R=\alpha-180°$	$\alpha=180°+R$
Ⅳ	$R=360°-\alpha$	$\alpha=360°-R$

【例 5-1】 已知 $x_A=1874.43$ m，$y_A=43579.64$ m，$x_B=1666.52$ m，$y_B=43667.85$ m，求 α_{AB}。

【解】 由已知坐标，得

$$\Delta y_{AB}=(43667.85-43579.64)\text{m}=88.21\text{ m}$$

$$\Delta x_{AB}=(1666.52-1874.43)\text{m}=-207.91\text{ m}$$

由以上结果可知 α 在第二象限，故

$$\alpha_{AB}=180°+\arctan\frac{88.21}{-207.91}=180°-22°59'24''=157°00'36''$$

5.3 导线测量

导线测量是进行平面控制测量的主要方法之一，它适用于平坦地区、城镇建筑密集区及隐蔽地区。由于光电测距仪及全站仪的普及，导线测量的应用日益广泛。

导线就是在地面上按一定要求选择一系列控制点，将相邻控制点用直线连接起来构成的折线。折线的顶点称为导线点，相邻点间的连线称为导线边。导线分精密导线和普通导线两种，前者用于国家或城市平面控制测量，而后者多用于小区域和图根平面控制测量。

导线测量就是测量导线各边长和各转折角，然后根据已知数据和观测值计算各导线点的平面坐标的一种方法。用经纬仪测角和钢尺量边的导线称为经纬仪导线。

用光电测距仪测边的导线称为光电测距导线。用于测图控制的导线称为图根导线，此时的导线点又称图根点。

根据测区的地形以及已知高程控制点的情况，导线可布设成以下几种形式。

1. 附合导线

起始于一个已知高程控制点，最后附合到另一高程控制点的导线称为附合导线，如图 5-12 所示。

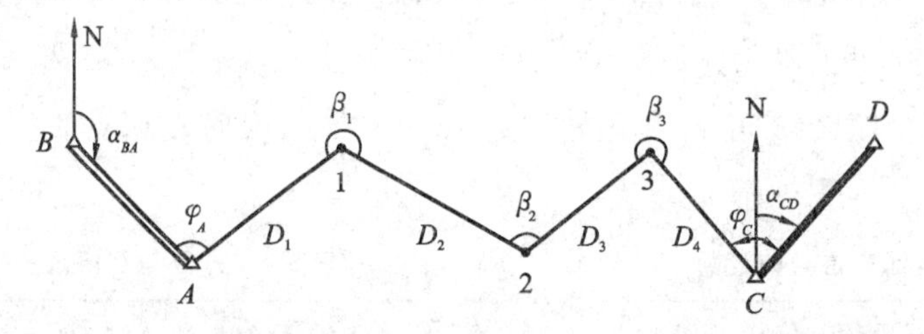

图 5-12　附合导线

由于附合导线附合在两个已知点和两个已知方向上，所以具有检核条件，图形精度好，是小区域控制测量的首选方案。其缺点是横向误差较大，导线中点误差较大。

2. 闭合导线

起止于同一已知高程控制点，中间经过一系列的导线点，形成一闭合多边形，这种导线称为闭合导线，如图 5-13 所示。闭合导线也有图形检核条件，是小区域控制测量的常用布设形式。但由于它起止于同一点，产生图形整体偏转不易被发现，因而图形精度不及附合导线。另外，这种形式可能产生边长系统误差，使整个闭合环放大或缩小，而且无法消除此项误差。

3. 支导线

导线从一已知高程控制点开始，既不附合到另一已知点，又不回到原来起始点的，称为支导线，如图 5-14 所示。

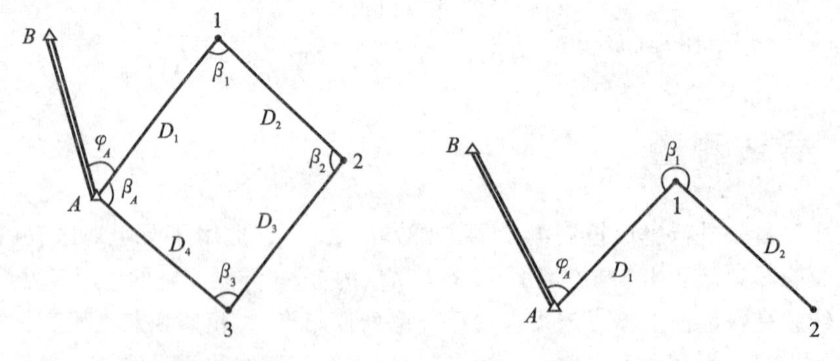

图 5-13　闭合导线　　　　**图 5-14　支导线**

支导线没有图形检核条件，因此发生错误不易发现，一般只能用于无法布设附合导线或闭合导线的少数特殊情况，并且要对导线边长和边数进行限制，规范规定支导线一般不得超过三条边。

前面三种是基本的布设形式，除此以外，根据具体情况还可以布设成结点导线形式(见图 5-15)和环形导线形式(见图 5-16)。

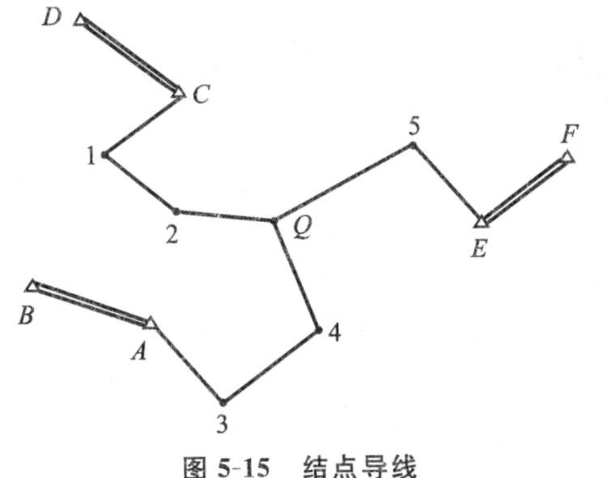

图 5-15　结点导线

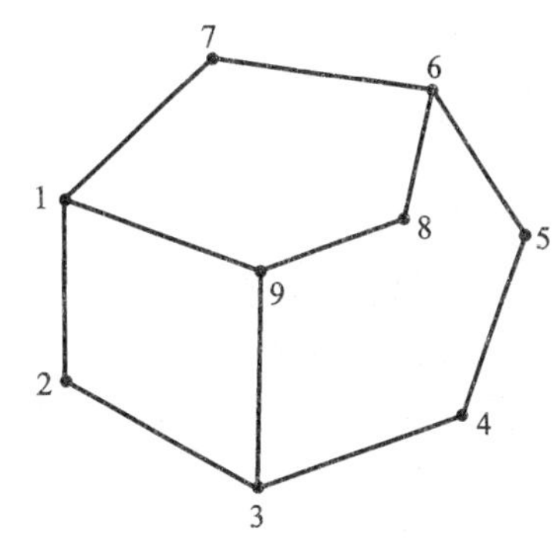

图 5-16　环形导线

表 5-5 为小区域和图根导线测量的技术要求。

表 5-5　小区域和图根导线测量的技术要求

等级	测图比例尺	附合导线长度/m	平均边长/m	测距相对中误差	测角中误差/(″)	导线全长相对中误差	测回数		角度闭合差/(″)
							DJ2	DJ6	
一级		2500	250	1/20000	±5	1/10000	2	4	$\pm 10\sqrt{n}$
二级		1800	180	1/15000	±8	1/7000	1	3	$\pm 16\sqrt{n}$
三级		1200	120	1/10000	±12	1/5000	1	2	$\pm 24\sqrt{n}$
图根	1∶500	500	75	1/3000	±20	1/2000		1	$\pm 60\sqrt{n}$
	1∶1000	1000	110						
	1∶2000	2000	180						

由表 5-5 可知,图根导线的平均边长和导线的总长度是根据测图比例尺确定的。因为图根导线点是测图时的测站点,测图中要求在两相邻测站点上测定同一地物作为检核依据,而测比例尺为 1∶500 的地形图时,规定测站到地物的最大距离为 40 m,即两测站之间的最大距离为 80 m,所以对应的导线边最长为 80 m,表中规定平均边长为 75 m。测图中又规定点位中误差不大于 0.5 mm,在 1∶500 地形图中误差为 0.5 mm,对应的实际点位误差为 0.25 m。如果把 0.25 m 视为导线的全长闭合差,根据全长相对闭合差就可求得导线的全长为 500 m。

5.3.1　导线测量的外业工作

导线测量工作分为外业和内业,外业工作主要是布设导线,通过实地测量获取导线的有关数据,其具体工作包括以下几个方面。

1. 选点

导线点的选择一般是利用已有的测区内地形图,先在图上选点,拟定导线布设方案,然后到实地踏勘,落实点位。当测区不大或无现成的地形图可利用时,可直接到现场,边踏勘边选点。无论采用哪种方法,选点时应注意以下问题。

① 相邻点要通视良好,地势平坦,视野开阔,其目的在于方便测边、测角和有较大的控制范围。

② 点位应放在土质坚硬且不易破坏的地方,其目的在于能稳固地安置仪器和保存点位。

③ 导线边长应符合表 5-5 的要求,应大致相等;点的密度要符合表 5-2 的要求,且均匀地分布在整个测区。

当选定导线点位后,应立即建立和埋设标志。标志可以是临时性的,如图 5-17 所示,即在点位上打入木桩,在桩顶钉一钉子或刻画"+"字,以示点位。如果需要长期保存点位,则可以制成永久性标志,如图 5-18 所示,即埋设混凝土桩,在桩中心的钢筋顶面刻"+"字,以示点位。标志埋设好后,对其进行统一编号,并绘制导线点与周围固定地物的相关位置图,称为"点之记",如图 5-19 所示,作为今后找点的依据。

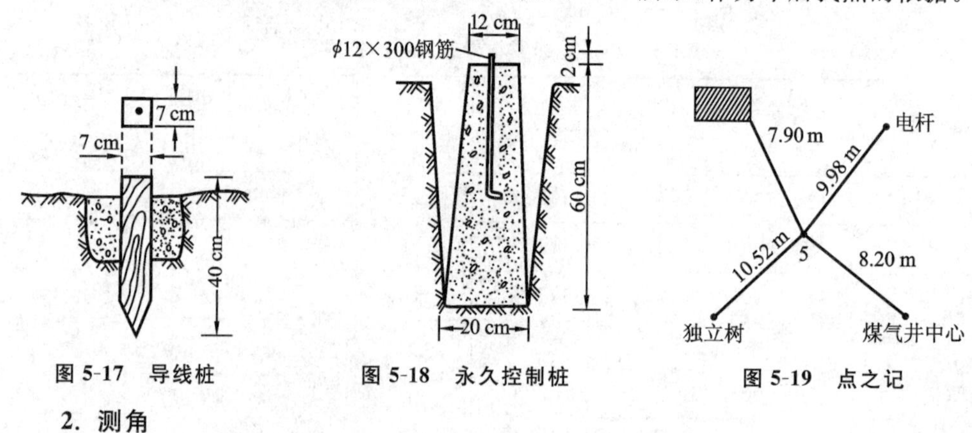

图 5-17 导线桩　　图 5-18 永久控制桩　　图 5-19 点之记

2. 测角

测角就是测量导线的转折角。转折角按导线点序号前进方向分为左角和右角。对于附合导线和支导线,测左角或右角均可,但全线必须统一。对于闭合导线,应测闭合多边形的内角。导线角度测量的有关技术要求,可参考表 5-5。导线测量一般用 DJ6 经纬仪测一个测回。上、下半测回角差不大于 40″,即可取平均值作为角值。当测站上只有两个观测方向,即测单角时,用测回法观测;当测站上有三个观测方向时,用方向测回法观测,可以不归零;当观测方向超过三个时,方向测回法观测一定要归零。

3. 量边

导线边长一般要求用检定过的钢尺进行往、返测量。对图根导线测量时,通常也可以沿同一方向测量两次。当尺长改正数小于尺长的 1/10000,测量时的温度与钢尺检定时的温度差小于 10 ℃,边的倾斜小于 1.5%时,可以不加以上三项改正,以其相对中误差不大于 1/3000 为限差,直接取平均值即可。当然,如果有条件可用光电测距仪测量边长,既能保证精度,又省时省力。

4. 连测

导线连测目的在于把已知点的坐标系传递到导线上来,使导线点的坐标与已知点的坐标形成统一的系统。导线与已知点和已知方向连接的形式不同,连测的内容也不相同。

在图 5-12 至图 5-14 中只需测连接角 φ_A。在图 5-20 中，除了测连接角 β_A、β_1 外，还要测连接边 D_A。连测工作可与导线测角、量边同时进行，精度要求相同。如果建立的是独立坐标系的导线边、角连测线，则要先假定导线某一点的坐标值和某一条边的坐标方位角，方能进行坐标计算。

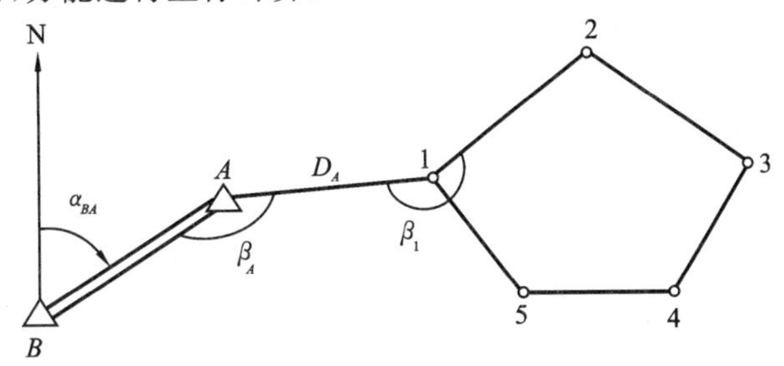

图 5-20　连接测量

5.3.2　导线测量的内业计算

导线测量内业计算的目的是根据已知数据和外业观测结果计算出各导线点的坐标。计算之前，应全面检查抄录的起算数据是否正确，外业观测记录和计算是否有误。然后绘制导线略图，在图上相应位置注明各项起算数据与观测数据，如图 5-21 所示。

1. 闭合导线的坐标计算

下面结合实例介绍闭合导线的计算方法。将观测的内角、边长填入表 5-6 中的第 2、6 列，起始边方位角和起点坐标值依次填入第 5、11、12 列顶上格（带有双横线的值）。对于四等以下导线角值取至（″），边长和坐标取至 mm，图根导线边长和坐标取至 cm，并绘出导线草图，在表内进行计算。

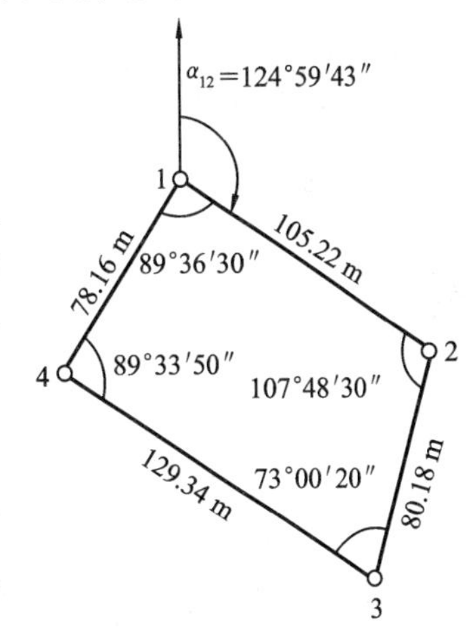

图 5-21　闭合导线图

（1）角度闭合差的计算与调整

n 边形内角和的理论值 $\sum \beta_{理} = (n-2)\times 180°$。测角误差，会使得实测内角和 $\sum \beta_{测}$ 与理论值不符，其差值称为角度闭合差，以 f_β 表示，即

$$f_\beta = \sum \beta_{测} - (n-2)\times 180° \tag{5-11}$$

其容许值 $f_{\beta容}$ 参照表 5-5 中“角度闭合差”列。当 $f_\beta \leqslant f_{\beta容}$ 时，可进行闭合差调整，将 f_β 以相反的符号平均分配到各观测角中，其角度改正数为

$$v_\beta = -\frac{f_\beta}{n} \tag{5-12}$$

当 f_β 不能整除时，将余数凑整到测角的最小位分配到短边大角中，改正后的角值为

$$\beta_i = \beta_1' + v_\beta \tag{5-13}$$

调整后的角值填入表 5-6 中第 4 列，必须满足 $\sum \beta_{调} = (n-2)\times 180°$，否则表示计算有误。

表 5-6　闭合导线坐标计算表

点号	观测角 /(° ′ ″)	改正数/(″)	改正后的角值 /(° ′ ″)	坐标方位角/(° ′ ″)	边长 /m	增量计算值/m		改正后的增量值/m		坐标/m	
						$\Delta x'$	$\Delta y'$	Δx	Δy	x	y
1	2	3	4	5	6	7	8	9	10	11	12
1										500.00	500.00
				124 59 43	105.22	−1 −60.34	+3 +86.20	−60.35	+86.23		
2	107 48 30	+13	107 48 43							439.65	586.23
				197 11 00	80.18	−1 −76.60	+2 −23.69	−76.61	−23.67		
3	73 00 20	+12	73 00 32							363.04	562.56
				304 10 28	129.34	−1 +72.65	+4 −107.01	+72.64	−106.97		
4	89 33 50	+12	89 34 02							435.68	455.59
				34 36 26	78.16	−1 +64.33	+2 +44.39	+64.32	+44.41		
1	89 36 30	+13	89 36 43							500.00	500.00
				124 59 43							
$\sum$	359 59 10	50	360 00 00		392.90	+0.04	−0.11	0.00	0.00		

辅助计算：

$f_\beta = \sum\beta - (4-2)\times 180° = -50''$　　$f_{\beta容} = \pm 60''\sqrt{4} = \pm 120''$

$f_x = \sum \Delta x_{测} = +0.04\ \text{m}$　$f_y = \sum \Delta y_{测} = -0.11\ \text{m}$　$f_D = \sqrt{f_x^2 + f_y^2} = 0.12\ \text{m}$

$K = \dfrac{f_D}{\sum D} = \dfrac{1}{3200}$　容许相对闭合差　$K_{容} = \dfrac{1}{2000}$

导线略图

(2) 各边坐标方位角推算

根据导线点编号，导线内角(即右角)改正值和起始边，即可按公式 $\alpha_{前}=\alpha_{后}+180°-\beta_{右}$，依次计算 α_{23}、α_{34}、α_{41}，直到回到起始边 α_{12}，填入表 5-6 中第 5 列。经校核无误后，方可继续往下计算。

(3) 坐标增量计算及其闭合差调整

根据各边长及其坐标方位角，即可按式(5-7)计算出相邻导线点的坐标增量 $\Delta x'$、$\Delta y'$ 填入第 7、8 列。如图 5-22 所示，闭合导线纵横坐标增量的总和的理论值应等于零，即

$$\sum \Delta x_{理}=0,\ \sum \Delta y_{理}=0 \tag{5-14}$$

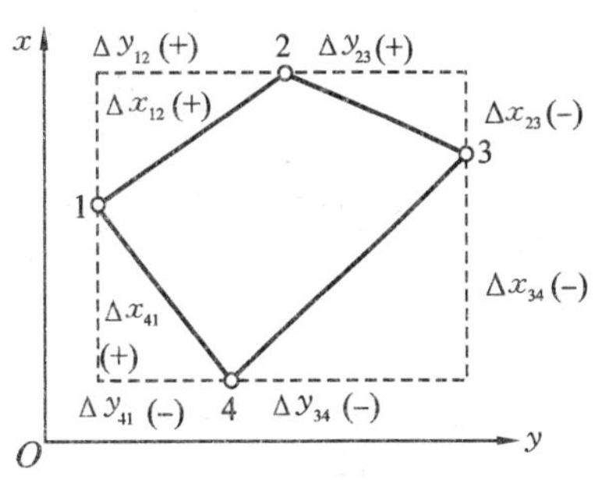

图 5-22 坐标增量的计算

由于量边误差和改正角值的残余误差，其计算的观测值 $\sum \Delta x_{测}$、$\sum \Delta y_{测}$ 与理论值之差，称为坐标增量闭合差，即

$$\left.\begin{aligned} f_x &= \sum \Delta x_{测} - \sum \Delta x_{理} \\ f_y &= \sum \Delta y_{测} - \sum \Delta y_{理} \end{aligned}\right\} \tag{5-15}$$

如图 5-23 所示，f_x、f_y 的存在，使得导线不闭合而产生 f_D，称为导线全长闭合差，即

$$f_D=\sqrt{f_x^2+f_y^2} \tag{5-16}$$

f_D 值与导线长短有关，通常以全长相对闭合差 K 来衡量导线测量的精度。即

$$K=\frac{f_D}{\sum D}=\frac{1}{\dfrac{\sum D}{f_D}} \tag{5-17}$$

式中 $\sum D$——导线全长，即第 6 列总和。

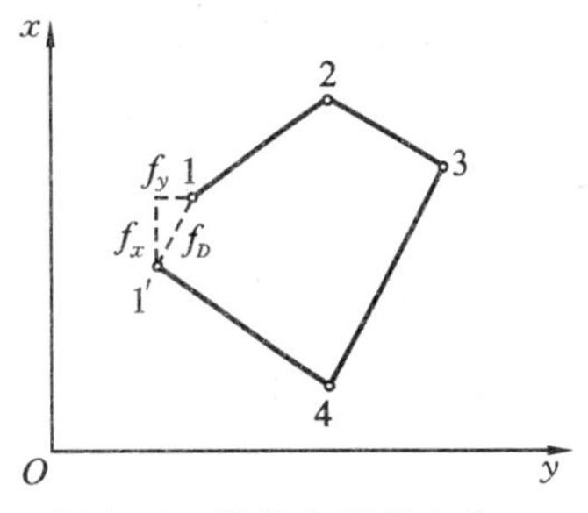

图 5-23 导线全长闭合差

当 K 在容许值(表 5-5)范围内时，可将 f_x、f_y 以相反符号按与边长成正比例的原则分配到相应各增量中去，其改正数为

$$\left.\begin{aligned} v_{xi} &= -\frac{f_x}{\sum D}D_i \\ v_{yi} &= -\frac{f_y}{\sum D}D_i \end{aligned}\right\} \tag{5-18}$$

按增量的取位要求，改正数凑整至 cm 或 mm，填入第 7、8 列相应增量计算值尾数的上方，凑整后的改正数总和必须与坐标增量闭合差符号相反、大小相等。然后将表中第 7、8 列的增量计算值加上相应的改正数，计算后的增量填入第 9、10 列。

(4) 坐标计算

根据起点已知坐标和改正后的坐标增量，按式(5-6)依次计算 2、3、4 点直至返回

1点的坐标,填入第11、12列,以资检查。

2. 附合导线的坐标计算

计算步骤与闭合导线完全相同,但计算方法中,唯有$\sum\beta_{理}$、$\sum\Delta x_{理}$、$\sum\Delta y_{理}$三项不同,如表5-7所示,现分述如下。

(1) 角度闭合差f_β中$\sum\beta_{理}$的计算

如图5-24所示,已知始边和终边方位角$\alpha_{A'A}$、$\alpha_{BB'}$,根据式(5-5),导线各转折角(左角)β的理论值应满足

$$\alpha_{AP_2}=\alpha_{A'A}-180°+\beta_1$$
$$\alpha_{P_2P_3}=\alpha_{AP_2}-180°+\beta_2$$
$$\vdots$$

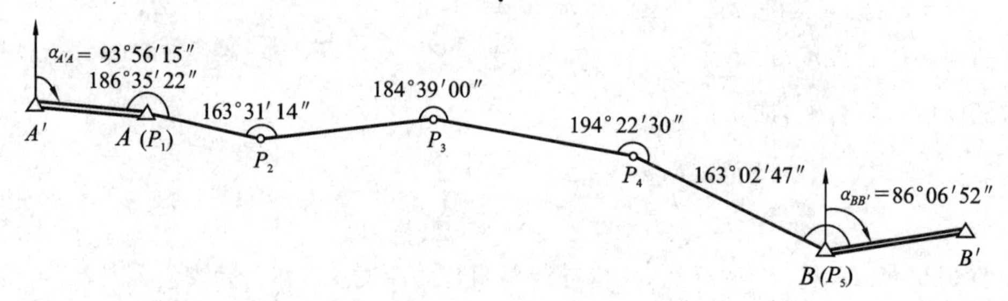

图5-24 附合导线图

将上列式取和得

$$\alpha_{BB'}=\alpha_{A'A}-5\times180°+\sum\beta$$

式中 $\sum\beta$——各转折角(包括连接角)理论值的总和。写成一般式,有

$$\sum\beta_{理}^{左}=\alpha_{终}-\alpha_{始}+n\times180° \tag{5-19}$$

同理,为右角时,有

$$\begin{gathered}\sum\beta_{理}^{右}=\alpha_{始}-\alpha_{终}+n\times180°\\ f_\beta=\sum\beta_{测}-\sum\beta_{理}\end{gathered} \tag{5-20}$$

(2) 坐标增量f_x、f_y闭合差中$\sum\Delta x_{理}$、$\sum\Delta y_{理}$的计算

由附合导线图可知,导线各边在纵、横坐标轴上投影的总和,其理论值应等于终、始点坐标之差,即

$$\left.\begin{aligned}\sum\Delta x_{理}=x_{终}-x_{始}\\ \sum\Delta y_{理}=y_{终}-y_{始}\end{aligned}\right\} \tag{5-21a}$$

$$\left.\begin{aligned}f_x=\sum\Delta x_{测}-\sum\Delta x_{理}\\ f_y=\sum\Delta y_{测}-\sum\Delta y_{理}\end{aligned}\right\} \tag{5-21b}$$

表 5-7 附合导线坐标计算表

点号	观测角 /(° ′ ″)	改正数/(″)	改正后的角值 /(° ′ ″)	坐标方位角/(° ′ ″)	边长 /m	增量计算值/m		改正后的增量值/m		坐标/m	
						$\Delta x'$	$\Delta y'$	Δx	Δy	x	y
1	2	3	4	5	6	7	8	9	10	11	12
A'											
				93 56 15							
$A(P_1)$	186 35 22	−3	186 35 19							167.81	219.17
				100 31 34	86.09	−15.73	−1 +84.64	−15.73	+84.63		
P_2	163 31 14	−4	163 31 10							152.08	303.80
				84 02 44	133.06	+13.80	−1 +132.34	+13.80	+132.33		
P_3	184 39 00	−3	184 38 57							165.88	436.13
				88 41 41	155.64	−1 +3.55	−2 +155.60	+3.54	+155.58		
P_4	194 22 30	−3	194 22 27							169.42	591.71
				103 04 08	155.02	−35.05	−2 +151.00	−35.05	+150.98		
$B(P_5)$	163 02 47	−3	163 02 44							134.37	742.69
				86 06 52							
B'											
$\sum$	892 10 53		892 10 37		529.81	−33.43	+523.58	−33.44	+523.52		

辅助计算

$f_\beta = \sum\beta_{测} - \sum\beta_{理} = \sum\beta_{测} - (\alpha_{BB'} - \alpha_{A'A} + 5\times180^\circ) = +16''$ $\quad f_{\beta容} = \pm60''\sqrt{5} = \pm134''$

$f_x = \sum\Delta x_{测} - \sum\Delta x_{理} = +0.01\ \text{m}$ $\quad f_y = \sum\Delta y_{测} - \sum\Delta y_{理} = +0.06\ \text{m}$

$f_D = \sqrt{f_x^2 + f_y^2} = 0.06\ \text{m}$ $\quad K = \dfrac{f_D}{\sum D} = \dfrac{1}{8800}$ 容许相对闭合差 $K_{容} = \dfrac{1}{2000}$

导线略图

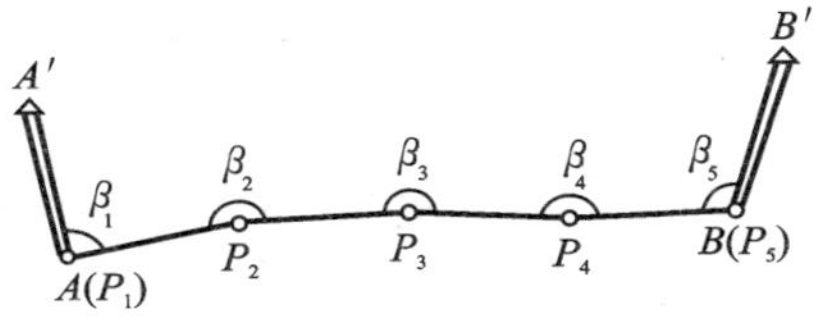

5.4 交会法定点

平面控制网可同时测定一系列点的平面坐标,但在测量中往往会遇到只需要确定一个或两个点的平面坐标,如增设个别图根点的情况。这时可以根据已知控制点,采用交会法确定点的平面坐标。

5.4.1 前方交会

所谓前方交会,就是在两个已知控制点上观测角度,通过计算求得待定的坐标值。如图 5-25 所示,A、B 为已知控制点,P 为待定点。在 A、B 两点上安置经纬仪,测量水平角 α、β,通过计算即可求得点 P 的坐标。从图 5-25 中可得

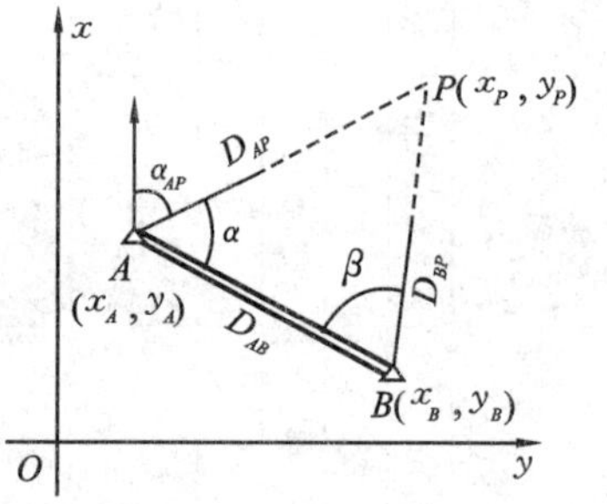

$$x_P = x_A + D_{AP}\cos\alpha_{AP}$$

式中

$$\alpha_{AP} = \alpha_{AB} - \alpha$$

图 5-25 前方交会

按正弦定理,有

$$D_{AP} = D_{AB}\frac{\sin\beta}{\sin(\alpha+\beta)}$$

故

$$\begin{aligned} x_P &= x_A + D_{AB}\frac{\sin\beta}{\sin(\alpha+\beta)}\cos(\alpha_{AB}-\alpha) \\ &= x_A + D_{AB}\frac{\sin\beta}{\sin(\alpha+\beta)}(\cos\alpha_{AB}\cos\alpha + \sin\alpha_{AB}\sin\alpha) \end{aligned}$$

因

$$\left.\begin{aligned} D_{AB}\cos\alpha_{AB} &= x_B - x_A \\ D_{AB}\sin\alpha_{AB} &= y_B - y_A \end{aligned}\right\}$$

所以

$$x_P = x_A + \frac{(x_B - x_A)\sin\beta\cos\alpha + (y_B - y_A)\sin\beta\sin\alpha}{\sin\alpha\cos\beta + \cos\alpha\sin\beta}$$

化简后得

$$x_P = \frac{x_A\cot\beta + x_B\cot\alpha - y_A + y_B}{\cot\alpha + \cot\beta}$$

同理可得 (5-22)

$$y_P = \frac{y_A\cot\beta + y_B\cot\alpha + x_A - x_B}{\cot\alpha + \cot\beta}$$

利用式(5-22)计算时,需注意 A、B、P 三点是按逆时针编号的,否则公式中的加、减号将有改变。为了检核并提高精度,一般都要求从三个已知点作两组前方交会。

如图 5-26 所示，分别按 A、B 和 B、C 求出点 P 的坐标。如果两组坐标求出的点位较差在允许范围内，则可取平均值作为待定点的坐标。对于图根控制测量而言，其较差应不大于比例尺精度的 2 倍，即

$$\Delta=\sqrt{\delta_x^2+\delta_y^2}\leqslant 2\times 0.1M\ \mathrm{mm}$$

式中 δ_x、δ_y——点 P 的两组坐标之差；

M——测图比例尺分母。

5.4.2 侧方交会

侧方交会是在一个已知控制点和待定点上测角来计算待定点平面坐标的一种方法。在图 5-27 中，如果在已知点 A 及待定点 P 上，分别观测了 α 和 γ 角，则可计算出 β 角。这样就和前方交会的计算公式一样，根据 A、B 两点的坐标和角 α、β，就可求出点 P 的坐标。这种方法适用于某个已知点不便安置仪器时的情况，同样可利用第三个已知点 C 进行检核。

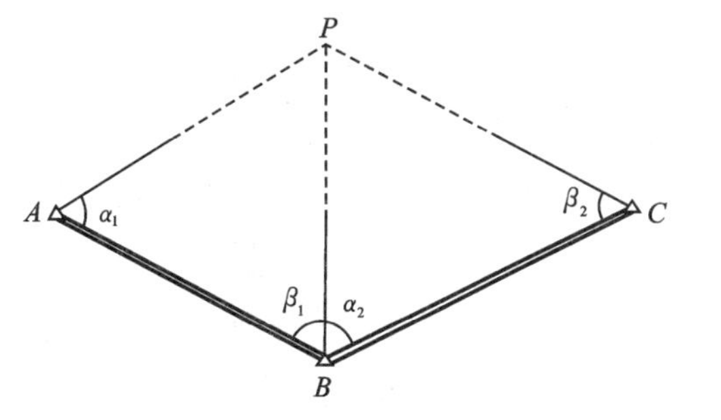

图 5-26 两组前方交会

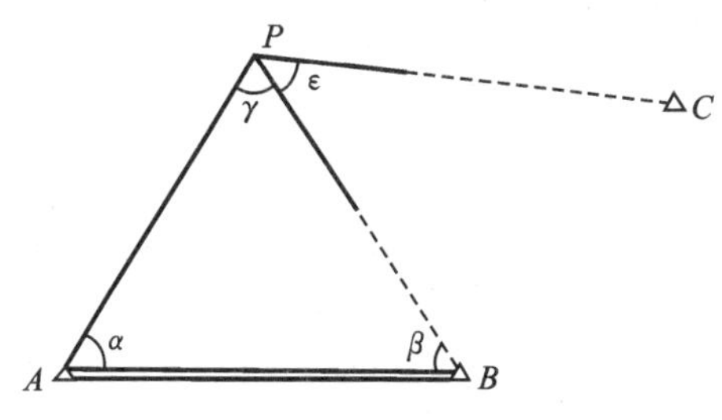

图 5-27 侧方交会

5.4.3 后方交会

后方交会是在待定点上对三个或三个以上的已知控制点进行角度观测，从而求得待定点 P 的坐标的方法。如图 5-28 所示，A、B、C 为三个已知控制点，点 P 为待求点。现在点 P 观测了 α、β 和 γ 角，将计算过程填入表 5-8 中。其有关的计算公式为

$$\left.\begin{aligned}y_P-y_B&=(x_P-x_B)\tan\alpha_{BP}\\y_P-y_A&=(x_P-x_A)\tan(\alpha_{BP}+\alpha)\\y_P-y_C&=(x_P-x_C)\tan(\alpha_{BP}-\beta)\end{aligned}\right\}\tag{5-23}$$

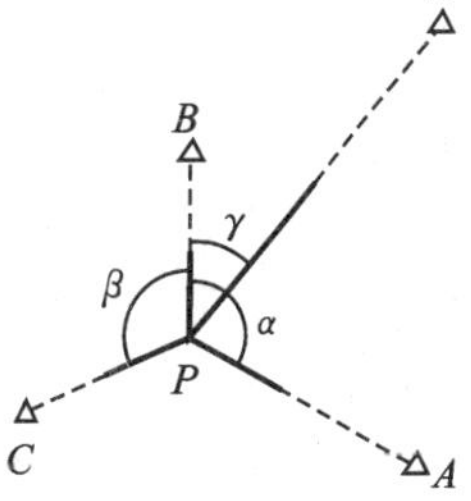

图 5-28 后方交会

解上面方程，可算出三个未知数，从而得出点 P 的坐标。这里略去推导过程，直接给出计算公式为

$$\tan\alpha_{BP}=\frac{(y_B-y_A)\cot\alpha+(y_B-y_C)\cot\beta+(x_A-x_C)}{(x_B-x_A)\cot\alpha+(x_B-x_C)\cot\beta-(y_A-y_C)}\tag{5-24}$$

$$\Delta x_{BP}=x_P-x_B=\frac{(y_B-y_A)(\cot\alpha-\tan\alpha_{BP})+(x_B-x_A)(1+\cot\alpha\tan\alpha_{BP})}{1+\tan^2\alpha_{BP}}\tag{5-25}$$

$$\Delta y_{BP} = \Delta x_{BP} \tan\alpha_{BP} \tag{5-26}$$

$$\left.\begin{aligned} x_P &= x_B + \Delta x_{BP} \\ y_P &= y_B + \Delta y_{BP} \end{aligned}\right\} \tag{5-27}$$

表 5-8 后方交会计算

已知：

$x_A = 4374.87$ mm, $y_A = 6564.14$ mm	$\alpha = 118°58'18''$
$x_B = 5144.96$ mm, $y_B = 6083.70$ mm	$\beta = 106°14'22''$
$x_C = 4512.97$ mm, $y_C = 5541.71$ mm	$\gamma = 36°24'29''$
$x_D = 5684.10$ mm, $y_D = 6860.08$ mm	

第一组(已知点 A、B、C)	第二组(已知点 D、B、C)
$\tan\alpha_{BP} = +0.018025$	$\tan\alpha_{BP} = +0.017978$
$\Delta x_{BP} = -487.22$ mm	$\Delta x_{BP} = -487.19$ mm
$\Delta y_{BP} = -8.78$ mm	$\Delta y_{BP} = -8.76$ mm
$x_P = 4657.74$ mm	$x_P = 4657.77$ mm
$y_P = 6074.29$ mm	$y_P = 6074.31$ mm
$\Delta = \sqrt{3^2 + 4^2}$ cm $= 5$ cm $<(2\times0.1\times1000$ mm $= 200$ mm$)$, $M = 1000$	平均值 $x_P = 4657.76$ mm $y_P = 6074.30$ mm

实际计算中，利用式(5-24)～式(5-27)时，点号的安排应与图 5-25 所示的一致，即 A、B、C、P 按逆时针排列，A、B 间为 α 角，B、C 间为 β 角。为了进行检核，实际工作中常要观测 4 个已知点，每次用 3 个点，共组成两组后方交会。对于图根控制，两组点位较差也不得超过 $2\times0.1\ M$(mm)。

在后方交会中，若点 P 与点 A、B、C 位于同一圆周上，则在这一圆周上的任意点与 A、B、C 组成的 α、β 角的值都相等，即点 P 的位置无法确定，后方交会无解，所以称这个圆为危险圆。在作后方交会时，必须注意不要使待求点位于危险圆附近。

5.4.4 距离交会法

距离交会法就是在两已知的控制点上分别测定到待定点的距离，进而求出待定点的坐标的方法，下面介绍其计算方法。

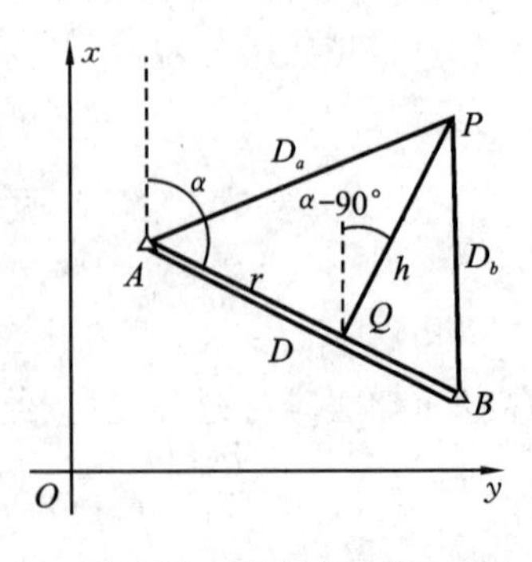

图 5-29 距离交会法

图 5-29 中，A、B 为已知点，P 为待定点。根据 A、B 的已知坐标可推算出 A、B 的边长 D 和坐标方位角 α，即

$$D = \sqrt{(x_B - x_A)^2 + (y_B - y_A)^2}$$

$$\alpha = \arctan\left(\frac{y_B - y_A}{x_B - x_A}\right)$$

作 $PQ \perp AB$，并令 $PQ=h$，$AQ=r$，则 $r=D_a\cos\angle PAB$。按余弦定理 $D_b^2=D_a^2+D^2-2D_aD\cos\angle PAB=D_a^2+D^2-2Dr$。

故

$$\left.\begin{aligned} r&=\frac{D_a^2+D^2-D_b^2}{2D} \\ h&=\sqrt{D_a^2-r^2} \end{aligned}\right\} \tag{5-28}$$

根据 r 和 h 求 A、P 的坐标增量，即

$$\left.\begin{aligned} \Delta x_{AP}&=r\cos\alpha+h\sin\alpha \\ \Delta y_{AP}&=r\sin\alpha-h\cos\alpha \end{aligned}\right\}$$

故

$$\left.\begin{aligned} x_P&=x_A+r\cos\alpha+h\sin\alpha \\ y_P&=y_A+r\sin\alpha-h\cos\alpha \end{aligned}\right\} \tag{5-29}$$

应用上述公式时，应注意点号的排列须与图 5-29 所示的一致，即 A、B、P 按逆时针排列。为了进行检核，可选三个已知点，进行两组距离交会，两组所得点位误差规定如前所述。

5.5　三、四等水准测量

三、四等水准测量，除用于国家高程控制网的加密外，还常用作小地区的首级高程控制，以及工程建设地区内工程测量和变形观测的基本控制。三、四等水准网点应从附近的高一级国家水准点引测。

工程建设地区的三、四等水准点的间距可根据实际需要确定，一般在 1～2 km 范围内，应埋设普通水准标石或临时水准点标志，也可利用埋石的平面控制点作为水准点。在厂区内则注意不要选在地下管线上，距离厂房或高大建筑物不小于 25 m，距离振动影响区 5 m 以外，距离回填土边不小于 5 m。

现将三、四等水准测量的要求和施测方法介绍如下。

① 三、四等水准测量使用的水准尺通常是双面水准尺，两根标尺黑面的尺底均为 0，红面的尺底通常一根为 4.687 m，一根为 4.787 m。

② 视线长度和读数误差的限差如表 5-9 所示，高差闭合差的规定如表 5-10 所示。

表 5-9　三、四等水准测量限差

等级	视线长度/m	前后视距差/m	前后视距累积差/m	红黑面读数差/mm	红黑面高差之差/mm
三等	≤75	≤3.0	≤5.0	≤2.0	≤3.0
四等	≤100	≤5.0	≤10.0	≤3.0	≤5.0

表 5-10　三、四等水准测量的主要技术要求　(单位:mm)

等级	每千米高差中数中误差		测段、区段、路线往返测高差不符值	测段、路线的左右路线高差不符值	附合路线或环线闭合差		检测已测测段高差之差
	偶然中误差 M_{Δ}	全中误差 M_W			平原、丘陵	山区	
三等	$\leqslant \pm 3$	$\leqslant \pm 6$	$\leqslant \pm 12\sqrt{L_S}$	$\leqslant \pm 8\sqrt{L_S}$	$\leqslant \pm 12\sqrt{L}$	$\leqslant \pm 15\sqrt{L}$	$\leqslant \pm 20\sqrt{L_i}$
四等	$\leqslant \pm 5$	$\leqslant \pm 10$	$\leqslant \pm 20\sqrt{L_S}$	$\leqslant \pm 14\sqrt{L_S}$	$\leqslant \pm 20\sqrt{L}$	$\leqslant \pm 25\sqrt{L}$	$\leqslant \pm 30\sqrt{L_i}$

三、四等水准测量的观测与计算方法如下。

1. 一个测站的观测顺序

一个测站的观测顺序如表 5-11 所示。

表 5-11　三、四等水准测量记录(双面尺法)

测站编号	点号	后尺 下丝 / 上丝 后视距/m 视距差/m	前尺 下丝 / 上丝 前视距/m $\sum d$ 累积/m	方向及尺号	水准尺读数(中丝)/m 黑面	水准尺读数(中丝)/m 红面	高差 K+黑−红/mm	平均高差/m	备注
		(1)	(4)	后	(3)	(8)	(14)		K 为尺常数 $K_A = 4.687$ m $K_B = 4.787$ m
		(2)	(5)	前	(6)	(7)	(13)	(18)	
		(9)	(10)	后−前	(15)	(16)	(17)		
		(11)	(12)						
1	$M\sim N$	1.681	0.849	后 A	1.494	6.179	+2		
		1.307	0.473	前 B	0.661	5.449	−1	0.831	
		37.4	37.6	后−前	0.833	0.730	+3		
		−0.2	−0.2						
2	$N\sim G$	1.142	1.656	后 B	0.901	5.687	+1		
		0.658	1.192	前 A	1.424	6.110	+1	−0.523	
		48.4	46.4	后−前	−0.523	−0.423	0		
		+2.0	+1.8						
				后 A					
				前 B					
				后−前					
每页计算总检核	$\sum(9)-\sum(10) = \sum(11) =$ 末站(12)　　$\sum[(3)+(8)]-\sum[(6)+(7)]=\sum[(15)+(16)]=2\sum(18)$								
成果检核	高差闭合差 $f_h \leqslant f_{h容}$								

照准后视尺黑面，读取下、上丝读数(1)、(2)及中丝读数(3)(括号中的数字代表观测和记录顺序)；照准前视尺黑面，读取下、上丝读数(4)、(5)及中丝读数(6)；照准前视尺红面，读取中丝读数(7)；照准后视尺红面，读取中丝读数(8)。这种“后—前—前—后”的观测顺序，主要是为抵消水准仪与水准尺下沉产生的误差。四等水准测量每站的观测顺序也可以为“后—后—前—前”，即“黑—红—黑—红”。表中各次中丝读数(3)、(6)、(7)、(8)是用来计算高差的，因此，在每次读取中丝读数前，都要注意使符合气泡的两个半像严密吻合。

2. 视距计算、检核与限差

(1) 视距计算与检核

后视距离　　(9)=(1)−(2)

前视距离　　(10)=(4)−(5)

前、后视距差　　(11)=(9)−(10)

三等水准测量中，(11)的值不得超过±3 m；四等水准测量中，此值不得超过±5 m。计算前、后视距累积差(12)，本站(12)=前站(12)+本站(11)，三等水准测量中不得超过±5 m，四等水准测量中不得超过±10 m。

(2) 同一水准尺黑、红面读数差的检核

前尺　　(13)=(6)+K−(7)

后尺　　(14)=(3)+K−(8)

三等不得超过±2 mm，四等不得超过±3 mm。K 为前尺、后尺的红黑面常数差。

(3) 高差计算与检核

黑面高差　　(15)=(3)−(6)

红面高差　　(16)=(8)−(7)

检核计算　　(17)=(14)−(13)=(15)−(16)±0.100

三等不得超过 3 mm，四等不得超过 5 mm，高差中数(18)=$\frac{1}{2}$[(15)+(16)±0.100]。上述各项记录、计算如表 5-11 所示。观测时，若发现本测站某项限差超限，应立即重测本测站，只有各项限差均检查无误后，方可搬站。

3. 每页计算的总检核

(1) 视距计算检核

后视距总和减前视距总和应等于末站视距累积差，即

$$\sum(9)-\sum(10)=\text{末站}(12)$$

检核无误后，算出总视距为

$$\text{总视距}=\sum(9)+\sum(10)$$

(2) 高差计算检核

红、黑面后视距总和减红、黑面前视距总和应等于红、黑面高差总和，还应等于

平均高差总和的2倍。

测站数为偶数时,有

$$\sum[(3)+(8)]-\sum[(6)+(7)]=\sum[(15)+(16)]=2\sum(18)$$

测站数为奇数时,有

$$\sum[(3)+(8)]-\sum[(6)+(7)]=\sum[(15)+(16)]=2\sum(18)\pm 0.100\ \text{m}$$

4. 水准路线测量结果的计算、检核

外业结果经检核无误后,按第1章水准测量结果计算的方法,经高差闭合差的调整后,计算各水准点的高程。

5.6 三角高程测量

当地面两点间的地形起伏较大,不便于水准测量时,可使用三角高程测量的方法,先测定两点间的高差,再求得高程。该法较水准测量精度低,常用作山区各种比例尺测图的高程控制。

5.6.1 三角高程测量原理

三角高程测量的基本思想是根据由测站的照准点所观测的竖直角和两点间的水平距离来计算两点之间的高差。如图5-30所示,已知点A高程H_A,欲求点B高程H_B。可将仪器安置在点A,照准点B目标顶端N,测得竖直角α,量取仪器高i和目标高S。

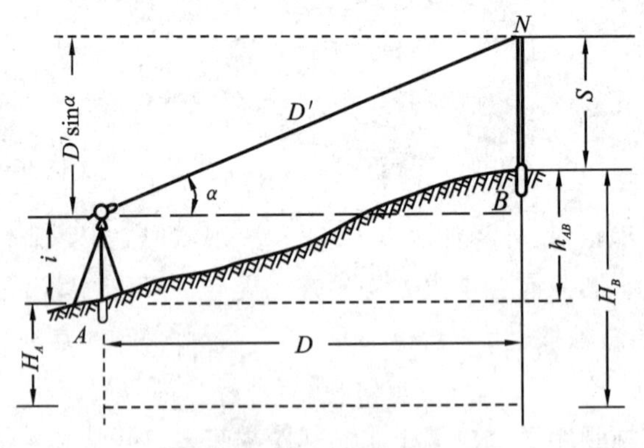

图5-30 三角高程测量原理

如果已知AB两点间的水平距离D,则高差h_{AB}为

$$h_{AB}=D\tan\alpha+i-S \tag{5-30}$$

如果用测距仪测得AB两点间的斜距D',则高差h_{AB}为

$$h_{AB}=D'\sin\alpha+i-S \tag{5-31}$$

则点B高程为

$$H_B = H_A + h_{AB}$$

5.6.2 地球曲率和大气折光对高差的影响

式(5-30)、式(5-31)是在假定地球表面为水平(即把水准面当作水平面),认为观测视线是在直线的条件下导出的。当地面上两点间的距离小于 300 m 时,这种假定是适用的。两点间距离大于 300 m 时就要顾及地球曲率,加以曲率改正,称为球差改正。同时,观测视线受大气垂直折光的影响而成为一条向上凸起的弧线,必须加入大气垂直折光差改正,称为气差改正。以上两项改正合称为球气差改正,简称二差改正。

如图 5-31 所示,O 为地球中心,R 为地球平均曲率半径($R=6371$ km),A、B 为地面上两点,D 为 A、B 两点间的水平距离,R'为过仪器高点 P 的水准面曲率半径,PE 和 AF 分别为过点 P 和点 A 的水准面。实际观测竖直角 α 时,水平线交于点 G,GE 就是由于地球曲率而产生的高程误差,即球差,用符号 c 表示。由于大气折光的影响,来自目标 N 的光沿弧线 PN 进入仪器中的望远镜,而望远镜的视准轴却位于弧线 PN 的切线 PM 上,MN 即为大气垂直折光带来的高程误差,即气差,用符号 γ 表示。由于 A、B 两点间的水平距离 D 与曲率半径 R'的比值很小,例如,当 $D=3$ km 时,其所对圆心角为 2.8′,故可认为 PG 近似垂直于 OM,有

$$MG = D\tan\alpha$$

于是 A、B 两点高差为

$$h = D\tan\alpha + i - S + c - \gamma$$

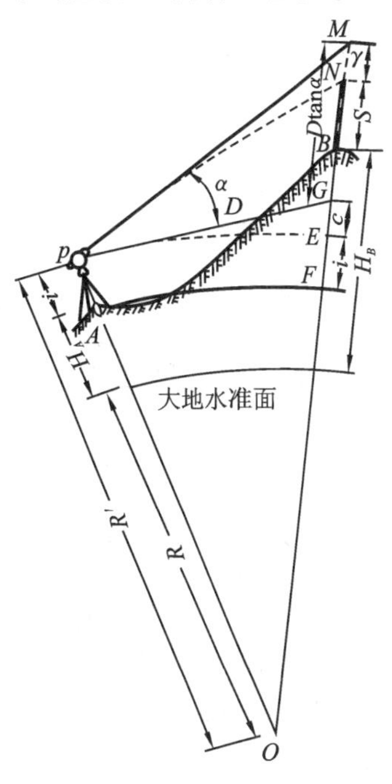

图 5-31 三角高程及二差影响

令 $f=c-\gamma$,则上式可写为

$$h = D\tan\alpha + i - S + f$$

从图 5-31 可知,

$$(R'+c)^2 = R'^2 + D^2$$

即

$$c = \frac{D^2}{2R'+c}$$

c 与 R'相比很小,可略去,并考虑到 R'与 R 相差甚小,故以 R 代替 R',则上式为

$$c = \frac{D^2}{2R}$$

根据研究,因大气垂直折光而产生的视线变曲的曲率半径约为地球曲率半径的

7倍,则

$$\gamma=\frac{D^2}{14R}$$

二差改正为

$$f=c-\gamma=\frac{D^2}{2R}-\frac{D^2}{14R}$$

$$\approx 0.43\frac{D^2}{R}=6.7D^2(\text{cm})$$

式中 D——水平距离,单位为 km。

表 5-12 给出了 1 km 内不同距离的二差改正数。

表 5-12 二差改正数

D/km	0.1	0.2	0.3	0.4	0.5	0.6	0.7	0.8	0.9	1.0
$f=6.7D^2$/cm	0	0	1	1	2	2	3	4	5	7

三角高程测量一般都采用对向观测,即由点 A 观测点 B,再由点 B 观测点 A,取对向观测所得高差绝对值的平均数,这可抵消二差改正误差的影响。

5.6.3 三角高程测量的观测和计算

三角高程测量根据使用仪器不同可分为电磁波测距仪三角高程测量和经纬仪三角高程测量。对于电磁波测距仪三角高程控制测量,测量规范分为两级,即四等和五等三角高程测量。三角高程控制宜在平面控制点的基础上布设成三角高程网或高程导线,也可布置为闭合或附合的高程路线。光电测距三角高程测量的主要技术要求如表 5-13 所示。

表 5-13 三角高程测量主要技术要求

等级	仪器	测回数		指标较差/(″)	竖直角较差/(″)	对向观测高差较差/mm	附合或环型闭合差/mm
		三丝法	中丝法				
四等	DJ2	—	3	≤7	≤10	$40\sqrt{D}$	$20\sqrt{\sum D}$
五等	DJ2	1	2	≤10	≤10	$60\sqrt{D}$	$30\sqrt{\sum D}$
图根	DJ6		1			≤400D	$0.1H_d\sqrt{n}$

注:① D 为测距边长度(km),n 为边数。

② H_d 为等高距(m)。

三角高程测量的观测与计算步骤如下。

① 在测站上安置仪器，量仪器高 i 和棱镜高度 s，读数至 mm。

② 用经纬仪或测距仪采用测回法观测竖直角 1～3 个测回。前后半测回之间的较差及指标差如果符合表 5-13 规定，则取其平均值作为结果。

③ 采用对向观测法且对向观测高差较差符合表 5-13 要求时，采用式(5-30)和式(5-31)进行高差及高程计算，取其平均值作为结果。采用全站仪进行三角高程测量时，可先将球气差改正数及其他参数输入仪器，然后直接测定测点高程。

④ 对于闭合或附合的三角高程路线，应利用对向观测的高差平均值计算路线高差闭合差。符合闭合差限值规定时，进行高差闭合差调整计算，推算出各点的高程。

【本章要点】

本章主要介绍小地区控制测量常用方法的外业工作和有关的内业计算。平面控制测量的主要内容为导线测量及各种交会测量。高程控制测量的主要内容为三、四等水准测量及三角高程测量。

【思考和练习】

5.1 测量工作的基本原则是什么？为什么？

5.2 什么叫直线定向？直线定向的方法有哪几种？

5.3 标准方向的种类有哪些？它们是如何定义的？

5.4 图根控制测量中，导线布设的形式有哪几种？各适用于什么情况？选择导线点应注意哪些事项？

5.5 经纬仪导线测量的外业工作有哪几项？

5.6 交会法定点有几种？什么是角度前方交会？交会角在什么范围？

5.7 何谓坐标正算？何谓坐标反算？坐标反算时坐标方位角如何确定？

5.8 如何计算角度闭合差和坐标增量闭合差？两种闭合差分配的原则分别是什么？

5.9 用左转折角和右转折角推算坐标方位角时，其方位角闭合差的调整有何不同？

5.10 两点后方交会需要哪些已知数据？观测哪些数据？

5.11 用前方交会法观测待定点 P，已知数据和观测数据如下，试计算点 P 坐标。

$x_A = 4636.45\text{m}$ $\quad$ $y_A = 1054.54\text{m}$

$x_B = 3873.96\text{m}$ $\quad$ $y_B = 1772.68\text{m}$

$\alpha = 35°34'36''$ $\quad$ $\beta = 47°56'24''$

5.12 根据表 5-14 所列的一段四等水准测量观测数据，按记录格式填表、计算并检核，然后说明观测成果是否符合现行水准测量规范的要求。

表 5-14　三、四等水准测量计算手簿

测站编号	后尺 下丝	前尺 下丝	方向及尺号	水准尺读数/m		K+黑−红/mm	高差中数/m	备注
	后尺 上丝	前尺 上丝						
	后视距/m	前视距/m		黑面	红面			
	视距差 d/m	$\sum d$/m						
1	1.832	0.926	后 A	1.379	6.165			
	0.960	0.065	前 B	0.495	5.181			
			后−前					
2	1.742	1.631	后 B	1.469	6.156			$K_A=4.787$
	1.194	1.118	前 A	1.374	6.161			
			后−前					$K_B=4.687$
3	1.519	1.671	后 A	1.102	5.890			
	0.692	0.836	前 B	1.258	5.945			
			后−前					
4	1.919	1.968	后 B	1.570	6.256			
	1.220	1.242	前 A	1.603	6.391			
			后−前					
校核								

5.13　闭合导线的观测数据如图 5-32 所示，已知点 $B(1)$ 的坐标 $X_{B(1)}=48311.264$ m，$Y_{B(1)}=27278.095$ m；已知 AB 边的方位角 $\alpha_{AB}=226°44'50''$，计算点 2、3、4、5、6 的坐标。

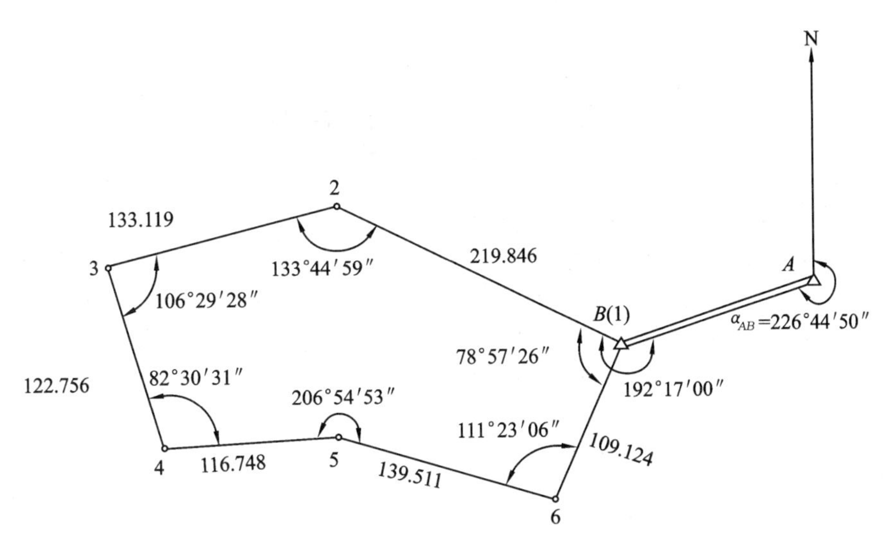

图 5-32 闭合导线的观测数据

5.14 附合导线的观测数据如图 5-33 所示,已知点 $B(1)$的坐标 $B(1)$(507.693,215.638),点 $C(4)$的坐标 $C(4)$(192.450,556.403);已知 AB、CD 边的方位角 $\alpha_{AB}=237°59'30''$,$\alpha_{CD}=97°18'29''$,求 2、3 两点的坐标。

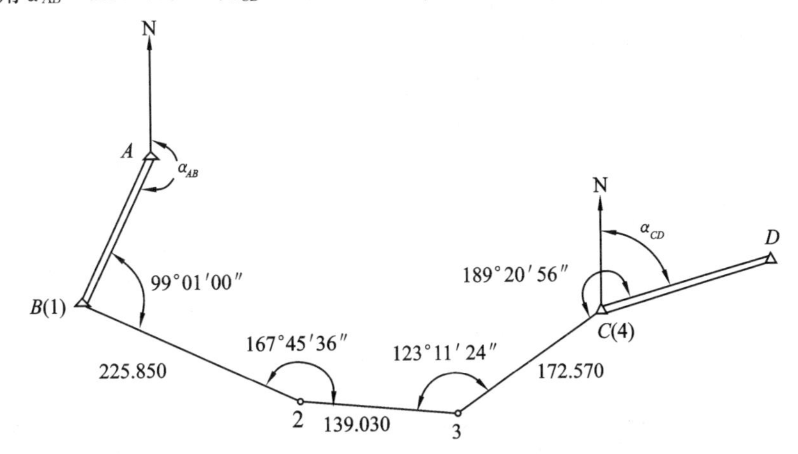

图 5-33 附合导线的观测数据

6　地形图的基本知识

控制测量的结果使得整个测区里均匀布置了测量控制点，有了测量控制点就可采用一定方法把地面上的东西反映到图上来编绘成地形图。测绘地形图主要需要解决两个问题：第一个问题是如何在图上反映地面上各种丰富多彩的东西；第二个问题是如何把地面上的点位反映到图上来。本章主要介绍第一个问题的解决办法。

6.1　地形图的比例尺

6.1.1　地形图与地图

为研究地球表面物体形状及地面点之间的相互位置关系，可采用两种方法：一种是用数据表示；另一种是用绘图的方法表示，即将地面点位的测量成果绘在图上。用绘图的方法表示可以增加地面点位及地面点之间相互位置关系的直观性、全面性、似真性、方便性与清晰性。如某一山区内有山地、丘陵、平地、河流、居民地、道路等，在图上可以同时表示出这些地物、地貌的情况及其相互位置关系，使整个地区和局部范围内的地面情况都呈现在地图使用者眼前，便于研究和使用。此外，图还有便于携带等优点。

测量中可用地形图和地图表示地物和地貌。地形图是将地面上一系列地物与地貌点的位置，通过综合取舍，把它们垂直投影到一个水平面上，再按比例缩小后绘制在图纸上的图样。这种投影称为正形投影，即投影后角度不变，图纸上的地物和地貌与实地上相应的地物和地貌相比，其形状是相似的。如果在图上仅仅表示了地物的平面位置而未表示地面上高低起伏的地貌情况，这样的图称为平面图。如果测区范围较大，考虑地球曲率的影响，采用专门的方法将观测成果编绘而成的图称为地图。地图是按照一定的数学法则，将地面上自然和社会经济要素，经过概括所形成的信息，运用符号系统缩绘成平面上的图形，它可传递各要素的质量、数量在空间上的地理分布、联系以及时间上的变化发展。按内容划分，地图可分为普通地图和专题地图两类。普通地图是综合反映地球表面各种自然和社会经济要素，但不突出表示其中某一要素的地图。专题地图是以普通地图作为地理基础，突出表示某种或几种自然和社会经济要素的地图，如地籍图、航海图、施工图等。

6.1.2　比例尺

为了方便测图和用图，需将实际地物、地貌按一定比例缩绘于图上，故每张地形图都是按比例缩小的图，且同一图上各处比例应一致。

1. 比例尺表示方法

图上一段直线长度与实地相应线段的水平长度之比，称为地形图的比例尺。比例尺有下面两种表示方法。

(1) 数字比例尺

数字比例尺一般用分子为 1 的分数形式表示。设图上一段直线长度为 d，相应实地上线段的水平长度为 D，则该图的数字比例尺为

$$\frac{d}{D}=\frac{1}{M}$$

式中 M——数字比例尺分母。分数值越大(即分母 M 越小)，比例尺越大。

(2) 图示比例尺

为了用图方便，以及减小图纸伸缩引起的误差，在绘制地形图时，常在图的下方绘制图示比例尺。如图 6-1 所示，取 2 cm 长度为基本单位，每个单位所代表的长度为 20 m，从比例尺上可直接量取到基本单位的 1/10。

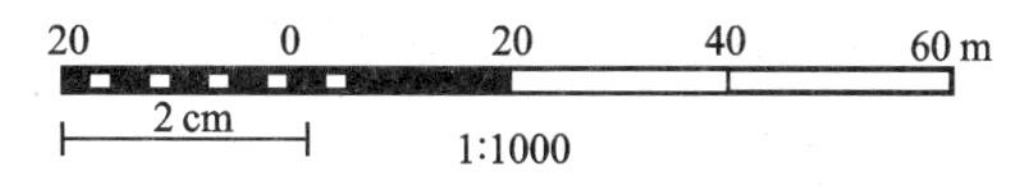

图 6-1 图示比例尺

2. 地形图按比例尺分类

通常采用表 6-1 所示的几种比例尺来分类。

表 6-1 地形图按比例尺分类

分类	比例尺
大比例尺	1∶500，1∶1000，1∶2000，1∶5000，1∶10000
中比例尺	1∶25000，1∶50000，1∶100000
小比例尺	1∶200000，1∶500000，1∶1000000

3. 地形图的比例尺精度

人眼能分辨的图上最短距离为 0.1 mm，故把相当于图上 0.1 mm 的实际水平距离称为地形图的比例尺精度。如 1∶500 地形图的比例尺精度为 0.1 mm×500=50 mm=5 cm。不同比例尺的地形图，其比例尺精度也不同，如表 6-2 所示。大比例尺地形图上所绘地物比小比例尺图上的更精确且详尽。

表 6-2 地形图的比例尺精度

比例尺	1∶500	1∶1000	1∶2000	1∶5000	…
比例尺精度	5 cm	10 cm	20 cm	50 cm	…

比例尺精度的概念对于用图和测图有重要意义。其一，根据地形图比例尺可确定实地量测精度，例如，在测 1∶500 比例的地形图时，量距精度只要达到±5 cm 即可，因为即使精度高于此值，在绘图时也表示不出来。其二，可根据用图要求表示地物、地貌的详细程度，确定合适的地形图的比例尺。例如，要求测绘能反映出地面上

0.1 m的水平距离的细节。从表6-2中可知,用图的比例尺不应小于1∶1000,地形图的比例尺越大,不仅反映地形的细部越详细,而且图的精度也越高,但是一幅图所包含的地面面积也越小,测绘工作量也成倍增加,导致测图费用增加。因此,应根据用图的需要选用适当的比例尺地形图。

6.2 地形图的分幅与编号

一张地形图称为一幅地形图。图幅指图的幅面大小,即一幅图所测绘地物、地貌的范围。图幅形状有梯形和矩形两种,梯形图幅是指按经纬线度数进行分幅的地形图,其图幅形状为梯形,一般用于中小比例尺的地形图。矩形分幅是指以矩形或正方形划分图幅形状,矩形分幅不按经纬线绘图框线。矩形分幅的图框线是由坐标网格线组成的,适合用于小面积或独立地区大比例尺地形图测绘。测量中图幅大小是有规定的,大比例尺地形图图幅及其代表实地面积如表6-3所示。

表6-3 矩形分幅的图幅

比例尺	图幅大小/cm	实地面积/km²	一幅1∶5000地形图所包含本幅图的数目
1∶5000	40×40	4	1
1∶2000	50×50	1	4
1∶1000	50×50	0.25	16
1∶500	50×50	0.0625	64

从表6-3可知,一幅1∶5000地形图所包含的范围,如用1∶500比例尺来测,需要64幅图。为了便于测绘、使用和保管,需要对地形图进行分幅和编号。

由于矩形分幅不是国际统一分幅,其编号方法比较灵活,一般有以下几种方法。

1. 按图幅西南角坐标千米数编号法

如图6-2所示,一幅1∶5000图西南角P的坐标为$x=40$ km,$y=30$ km,则该图的编号为40-30。编号时,1∶1000、1∶2000比例尺地形图坐标值取至0.1 km,而1∶500比例尺的地形图坐标值取至0.01 km。

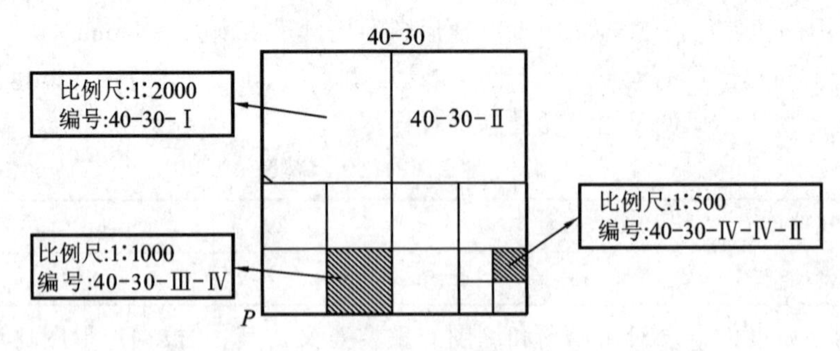

图6-2 矩形分幅与统一编号

2. 按1∶5000地形图图号为基础编号法

如果在同一个地区测绘了几种不同比例尺的地形图,则可采用本编号法。以

1∶5000地形图西南角的坐标值为基本图号，按比例尺由小到大逐级向下分幅。每级分为四幅，记为罗马数字Ⅰ、Ⅱ、Ⅲ、Ⅳ。如图6-2所示，1∶5000地形图的编号为40-30，本幅图内的1∶2000地形图的编号是在1∶5000地形图的编号后分别加上Ⅰ、Ⅱ、Ⅲ、Ⅳ组成，如40-30-Ⅰ。1∶1000地形图的编号是在1∶2000地形图的编号后分别再加上Ⅰ、Ⅱ、Ⅲ、Ⅳ组成，如40-30-Ⅲ-Ⅳ。1∶500地形图的编号以此类推，如40-30-Ⅳ-Ⅳ-Ⅱ。

3. 按数字顺序编号

如果测区范围比较小，图幅数量不多，可以按数字顺序编号，如图6-3所示。

1	2	3	4
5	6	7	8
9	10	11	12
13	14	15	16

图6-3 数字顺序编号

6.3 地形图的图外注记

地形图包含了很多信息，除了图框内的信息，图框外也包含了不少信息。

6.3.1 图名

图名是本幅图的名称，以图幅内最大的城镇、村庄、名胜古迹或突出的地物和地貌的名字来表示。图名写在图幅上方中央，如图6-4所示，图名为侯台。

6.3.2 图号

在保管、使用地形图时，为使图纸有序存放和便于检索，要将地形图编号，此编号称为地形图图号。图号标注在图幅上方图名之下。如图6-4所示，图号为154.0-234.5。

6.3.3 接图表

接图表是说明本幅图与相邻图幅之间位置关系的示意图，供查找相邻图幅使用。接图表位置是在图幅左上方。如图6-4所示，侯台东面的相邻图幅是王顶堤。

6.3.4 图廓

图廓为地形图的范围线，矩形分幅的地形图有内、外图廓，内图廓是本幅图的边界，由坐标格网组成。在内图廓四周的内侧，每隔10 cm绘有5 cm长的短线，表示坐标格网线的位置。在内图廓外侧均注有对应的坐标值。外图廓是最外边的粗线，仅起装饰作用。

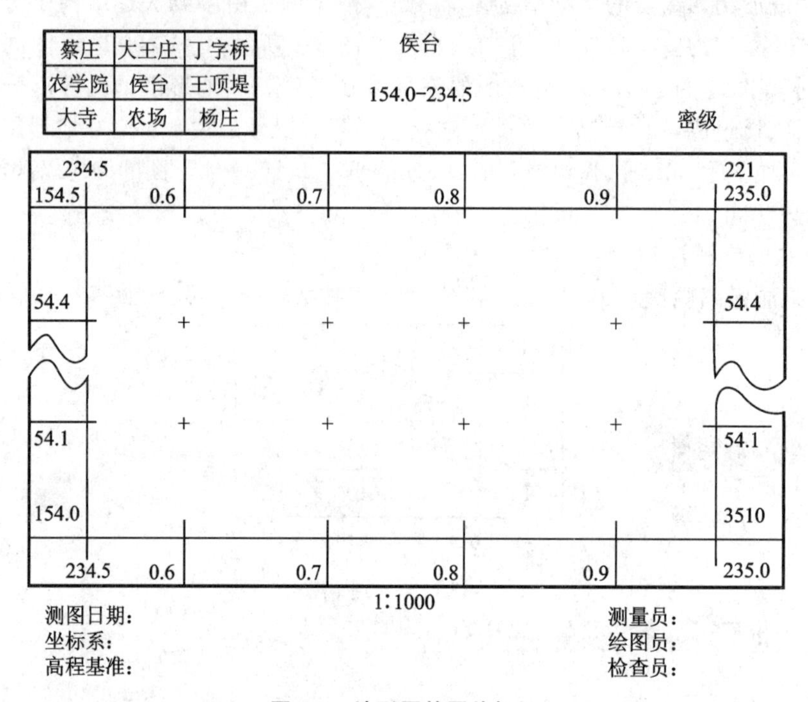

图 6-4 地形图的图外标记

外图廓线外除了有接图表、图名、图号外,还应注明测量所用的平面坐标系、高程坐标系、比例尺、测绘日期及测绘单位等。

6.4 地形图符号

地形图主要用规定的符号反映地球表面的地物、地貌的空间位置及相关信息,这些符号总称为地形图图式。图式是由国家测绘局统一制定的。地形图的符号主要分为两大类:地物符号和地貌符号。

6.4.1 地物符号

地物是地面上具有一定轮廓的固定性物体,如房屋、道路、河流、森林、湖泊等。地物的类别、形状和大小及其在地图上的位置,都是用规定的符号来表示的,同一种地物的表示方法与比例尺有关。为统一起见,国家测绘部门颁布了各种比例尺地形图图式,如表 6-4 所示。根据绘制符号的方法不同,地物符号分为以下几类。

1. 比例符号

轮廓较大的地物,如房屋、运动场、湖泊、森林、田地等,凡能按比例尺把它们的形状、大小和位置缩绘在图纸上的符号,都称为比例符号。这类符号可以表示出地物的轮廓特征。

表 6-4 地形图图示

编号	符号名称	图例	编号	符号名称	图例
1	三角点	梁山 383.27 3.0	14	高压线	4.0 1.0
2	导线点	2.0 I 12 41.38	15	低压线	4.0 1.0
3	普通房屋	1.5	16	通信线	4.0 1.0
4	水池	水	17	砖石及混凝土围墙	10.0
5	村庄	1.5 李 村	18	土墙	10.0 0.5
6	学校	文 3.0	19	等高线	首曲线 45 0.15 计曲线 6.0 0.3 间曲线 1.0 0.15
7	医院	十 3.0	20	梯田坎	未加固的 加固的 1.5 3.0
8	工厂	工 3.0	21	垄	1.5 0.2
9	坟地	2.0 2.0	22	独立树	阔叶树 果树 针叶树
10	宝塔	3.5 1.0	23	公路	0.15 沥 砾 0.3
11	水塔	2.0 1.0 3.5 1.0	24	大车路	2.0 8.0 0.15 0.15
12	小三角点	3.0 狮山 125.34	25	小路	0.3 4.0 1.0
13	水准点	2.0 Ⅱ蓉石8 328.903	26	铁路	10.0 0.8

续表

编号	符号名称	图例	编号	符号名称	图例
27	隧道	0.3 6.0 1.5 2.0 45°	36	人工沟渠	
28	挡土墙	0.3 5.0	37	输水槽	1.5 1.0 45°
29	车行桥	45°	38	水闸	2.0 1.5
30	人行桥	45°	39	河流溪流	0.15 0.5 清 7.0 河
31	高架公路	0.2 1.5 1.0 0.5	40	湖泊池塘	塘
32	高架铁路	1.0 1.5	41	地类界	0.25 1.5
33	路堑	0.8	42	经济林	3.0 梨 1.5 10.0 10.0
34	路堤	0.8 1.5 3.0	43	水稻田	3.0 10.0 10.0
35	土堤	45.3	44	旱地	1.0 2.0 10.0 10.0

2. 非比例符号

轮廓较小的地物，或无法将其形状和大小按比例缩绘到图上的地物，如导线点、电线杆、独立树、里程碑、水井和钻孔等，则采用一种统一规格、概括形象特征的象征性符号表示，这类符号称为非比例符号。非比例符号不表示地物的形状和大小，按下列规则表示地物的中心位置。

①几何图形符号定位点在符号图形的几何中心，如圆形、正方形等。

②宽底符号定位点在底线中心，如烟囱等。

③底部为直角形的符号定位点在直角的顶点，如独立树等。

④几何图形组成的符号定位点在下方图形的中心点，如路灯、消火栓等。

⑤下方无底线的符号定位点在下方两端点连线的中点，如山洞、窑洞等。

3. 半比例符号

对于一些带状延伸地物，如河流、道路、通信线、管道、横栅等，其长度可按测图比例尺缩绘，而宽度无法按比例表示的符号称为半比例符号。这种符号一般表示地物的中心位置，但是城墙和垣栅等，其准确位置在其符号的底线上。

4. 地物注记

有些地物除用符号表示外，还需对其加以说明的文字、数字或特定符号，称为地物注记。如地区、城镇、河流、道路名称，江河的流向、道路去向以及林木、田地类别等说明。

6.4.2 地貌符号

地貌是指地面高低起伏的形态，是地形图要表示的重要信息之一。要把地貌反映到图上，很显然上述四种地物符号不能表示。用比例符号只能把地貌的占地范围绘出，不能表示它的高低起伏状态。历史上曾有过一种写景法表示地貌，即在此范围内，以绘画写景的形式概略表示地貌，其优点是直观、生动，但是不具备地形图的最基本特点——可量测性。经过长期探索，形成用等高线来表示地貌的方法。

1. 等高线概念

等高线是地面上高程相同的相邻点连接而成的闭合曲线。

2. 等高线表示地貌的原理

如图 6-5 所示，设想有一座小山头的山顶被水恰好淹没时的水面高程为 50 m，水位每退 5 m，则坡面与水面的交线即为一条闭合的等高线，其相应高程为 45 m、40 m、35 m。将各交线垂直投影在同一水平面上，按一定比例尺缩小，从而得到一组等高线。稍微发挥一点空间想象力，这组等高线在图上不仅能表达山头形状、大小、位置以及起伏变化，而且还具有一定的立体感。

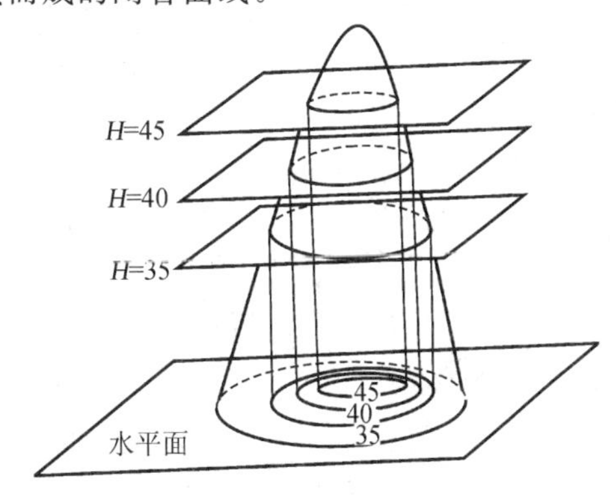

图 6-5 等高线的概念

3. 等高距和等高线平距

相邻等高线之间的高差,称为等高距或等高线间隔,通常用 h 表示。在同一幅地形图上,等高距是相同的。相邻等高线间的水平距离,称为等高线平距,通常用 d 表示。等高线平距随实地坡度的变化而变化。h 与 d 的比值就是地面坡度 i。由图 6-5 可知,在同一幅地形图上等高线平距 d 愈大,表示地面坡度愈缓,等高线显得越稀疏;反之,等高线平距 d 愈小,则表示地面坡度愈陡,等高线越密集。坡度与平距成反比,因此可以根据等高线的疏密程度来判断地面坡度的陡缓。

另外也可以看出,反映同一地貌,等高距越小,等高线就越多,显示地貌就越详细。等高距选择越大,等高线就越稀疏,就不能精确显示地貌。但等高距选择过小,等高线密集,会失去图面的清晰度。因此,在测绘地形图时,应根据地形和比例尺参照表 6-5 选用合适的等高距。

表 6-5　地形图的基本等高距

地形类别	比例尺				备注
	1∶500	1∶1000	1∶2000	1∶5000	
平地	0.5 m	0.5 m	1 m	2 m	等高距为 0.5 m 时,特征点高程可注至 cm,其余均注至 dm
丘陵	0.5 m	1 m	2 m	5 m	
山地	1 m	1 m	2 m	5 m	

4. 等高线种类

为了用图方便,等高线按其用途可分为下列四类。

(1) 首曲线

首曲线又称为基本等高线,即按地形图选定的基本等高距描绘的等高线,用 0.15 mm宽的细实线表示。

(2) 计曲线

计曲线又称为加粗等高线,为了读图方便,高程为 5 倍基本等高距的等高线用粗实线描绘并注记高程。

(3) 间曲线

间曲线又称为半距等高线,即按 1/2 基本等高距绘制的等高线。图上用长虚线表示,描绘时可以不闭合。在基本等高线不能反映出地面局部地貌的变化时,可用间曲线来补充加密。

(4) 助曲线

助曲线又称为辅助等高线,即按 1/4 基本等高距绘制的等高线。用短虚线表示,如图 6-6 所示。助曲线是用来表示其他的等高线都不能表示的重要微小形态。

5. 几种典型地貌的等高线

地貌反映了地面的自然起伏状态。地面的自然起伏是千变万化的,但将地面起伏形态特征分解观察,不难发现它是由一些典型地貌组合而成的。掌握典型地貌的等高线特征,有助于识读、应用和测绘地形图。典型地貌主要有山头、洼地、山脊、山谷和鞍部等。

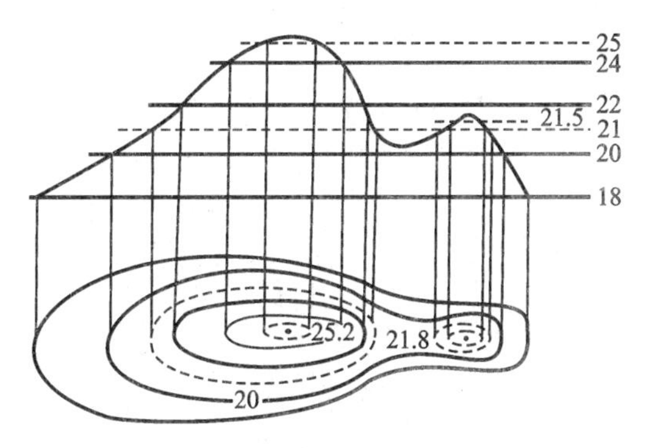

图 6-6　等高线的分类

(1) 山头和洼地

凸起而且高于四周的高地称为山，大的称为岳或岭，小的称为山丘，连绵不断的大山叫山脉，山的最高点称为山头。比四周地面低下，而且经常无水，地势较低的凹地，大而深的称为盆地，较小而浅的叫洼地。如图 6-7 所示山头和洼地的等高线，其特征等高线表现为一组闭合曲线。

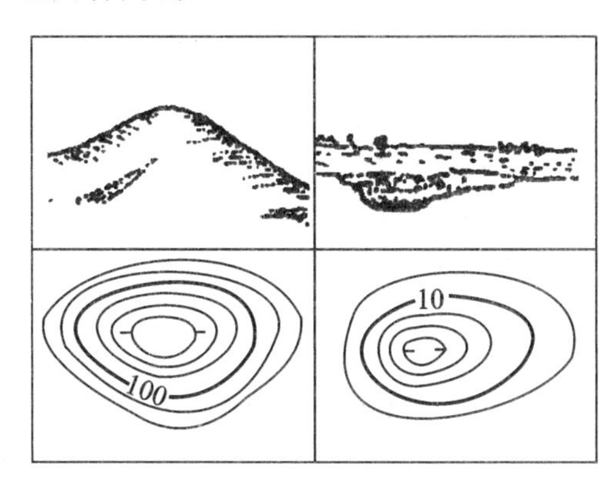

图 6-7　山头和洼地

在地形图上区分山头或洼地时可采用高程注记或示坡线的方法。高程注记可在最高点或最低点上注记高程，或通过等高线的高程注记字头朝向确定山头或高处。示坡线是从等高线指向下坡方向垂直于等高线的短线，示坡线从内圈指向外圈，说明中间高，四周低，由内向外为下坡，故为山头或山丘；示坡线从外圈指向内圈，说明中间低，四周高，由外向内为下坡，故为洼地或盆地。

(2) 山脊和山谷

山脊是沿着一个方向延伸的高地，其最高棱线称为山脊线。雨水以山脊为界流向两侧坡面，故山脊线又称分水线，如图 6-8 的 S 所示，山脊的等高线是一组向低处凸出的曲线。山谷是沿着一个方向延伸的两个山脊之间的凹地，贯穿山谷最低点的连线称为山谷线。雨水从坡面汇流在山谷，故山谷线又称集水线，如图 6-8 的 T 所示，山谷的等高线特征是一组向高处凸出的曲线。

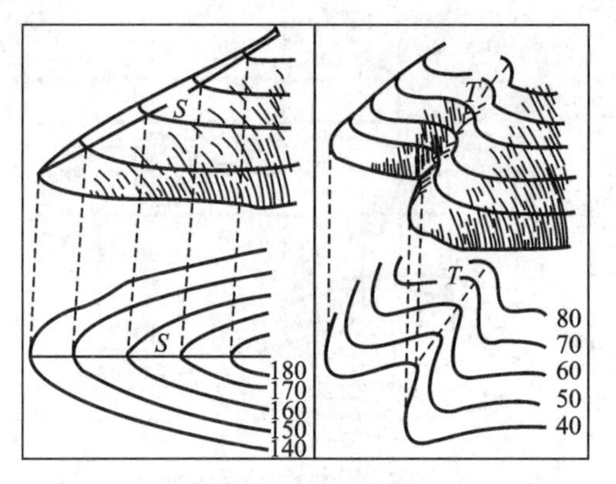

图 6-8　山脊和山谷

山脊线和山谷线是显示地貌基本轮廓的线，统称为地性线，它在测图和用图中都有重要作用。

(3) 鞍部

鞍部是相邻两山头之间呈马鞍形的凹地，如图 6-9 所示。鞍部(点 K 处)俗称垭口，往往是山区道路通过的地方，也是两个山脊与两个山谷的会合处。鞍部等高线的特点是在一圈大的闭合曲线内套有两组小的闭合曲线。

(4) 陡崖和悬崖

陡崖是坡度在 70°以上的陡峭崖壁，有石质和土质之分，图 6-10 所示的是石质陡崖的表示符号。悬崖是上部凸出，中间凹进的地貌，这种地貌等高线投影在水平面上呈交叉状，俯视时隐蔽的等高线用虚线表示，如图 6-11 所示。

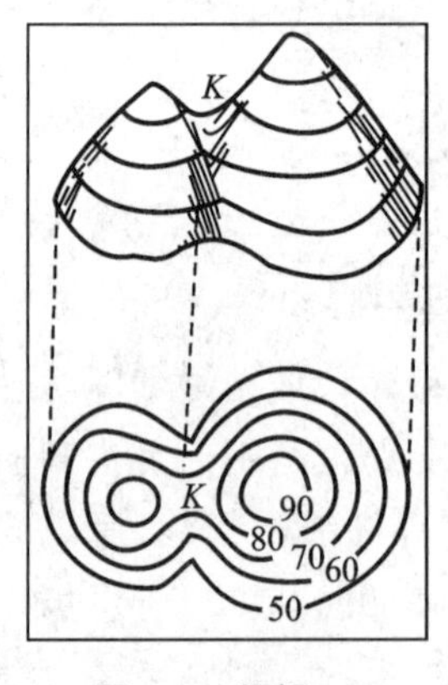

图 6-9　鞍部

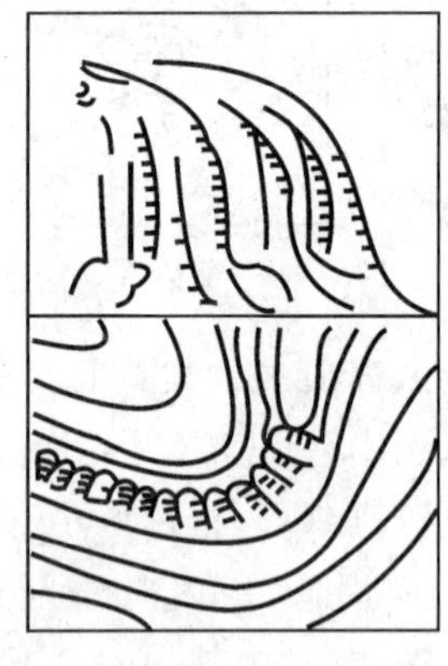

图 6-10　陡崖

(5) 冲沟

冲沟又称雨裂，如图 6-12 所示，它是具有陡峭边坡的深沟，由于边坡陡峭而不规则，所以用锯齿形符号来表示。

熟悉了典型地貌等高线特征，就容易识别各种综合地貌的等高线图，图 6-13 所示的是某地区综合地貌示意图及对应的等高线图。

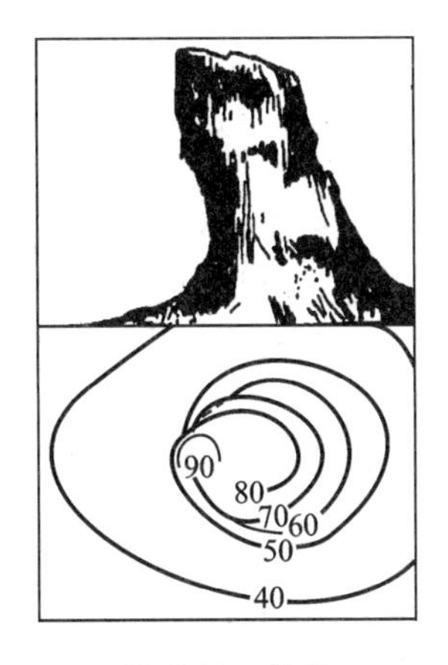

图 6-11 悬崖

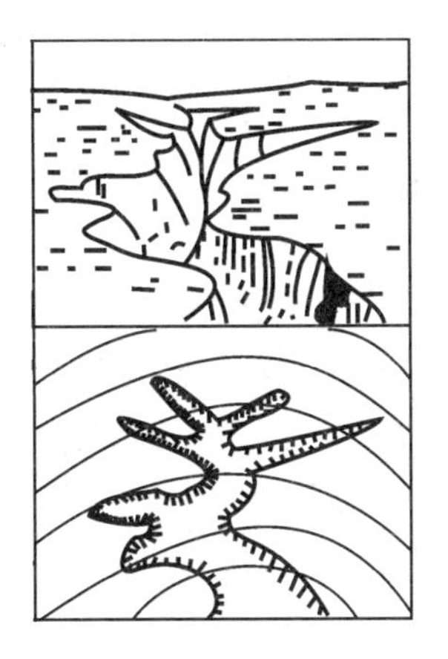

图 6-12 冲沟

图 6-13 某地区综合地貌示意图及对应的等高线图

6. 等高线的特性

根据上述等高线的原理和典型地貌的等高线，可归纳出等高线具有如下几点特性。

① 同一条等高线上的各点高程相等。

② 等高线均是闭合曲线，如不在本图幅内闭合，则必在图外相邻的其他图幅内闭合。

③ 除在悬崖或绝壁处，等高线在图上不能相交或重合。

④ 等高线的平距小，表示坡度陡；平距大则表示坡度缓；平距相等则表示坡度相等，平距与坡度成反比。

⑤ 等高线与山脊线、山谷线正交。

【本章要点】

本章共分 4 节，主要介绍了大比例尺地形测图中地物、地貌的表示方法。主要要点有比例尺精度、地形图的图外注记、地物的四种符号、等高线原理、几种典型地貌的等高线特点、等高线的基本特性。

【思考和练习】

6.1 什么叫比例尺精度？比例尺精度在测绘工作中有何作用？1∶2000 地形图的比例尺精度是多少？

6.2 什么叫地物？什么叫地貌？什么叫地形？

6.3 地物符号可分为哪几类？各在什么情况下使用？试举例说明。

6.4 什么叫等高线？等高线有哪些特性？

6.5 什么叫等高线平距、坡度？二者之间的关系如何？

6.6 有哪几种典型地貌？其等高线各有什么特点？试绘图说明。

7 大比例尺地形图测绘

地形图是用各种规定的符号和注记表示地物、地貌及其他有关资料的图样。本章学习如何完成地形图的测绘工作。地形图测绘分为测量和绘图两大步骤，先在测图区域进行首级控制测量加密图根控制点，并以控制点为基础，测量并计算地形特征点的平面位置和高程，再按照规定的线条、符号和测图比例尺，把地物和地貌绘成相似形，制成地形图。本章将对模拟测图和数字测图这两种地形图测绘方法进行讲解。

7.1 测图前的准备工作

7.1.1 收集资料与现场踏勘

收集测区已有地形图及各种测量成果资料，包括已有地形图的测绘日期、坐标系统，已有控制点的点数、等级、坐标、点之记等。现场踏勘了解测区位置、地物、地貌、通视等情况，找到控制点的实地位置，确定控制点的可靠性和可使用性。

7.1.2 制定测图技术方案

根据测区地形特点、已有设备及测量规范的技术要求，确定图根点的位置和控制测量的形式及观测方法，确定特殊地段的处理方法及作业方式，进行人员、工序、时间等方面的安排。

7.1.3 图根控制测量

图根控制测量的测量方法参照第 5 章内容，此处不再赘述。

7.1.4 图纸准备

图纸准备工序应用于数字测图技术广泛使用前的模拟测图时期，现作简要介绍。

1. 图纸选择

一般临时性测图，可将图纸固定在图板上进行测绘；需要长期保存的地形图，为减少图纸的伸缩变形，通常将图纸裱糊在锌板、铝板或胶合板上。各测绘部门大多采用聚酯薄膜代替绘图纸，它具有透明度好、伸缩性小、不怕潮湿、牢固耐用等特点。

2. 坐标格网绘制

按每个区格 10 cm×10 cm 的规格绘制直角坐标格网，可用坐标仪或坐标格网尺等专用仪器工具绘制（见图 7-1）。

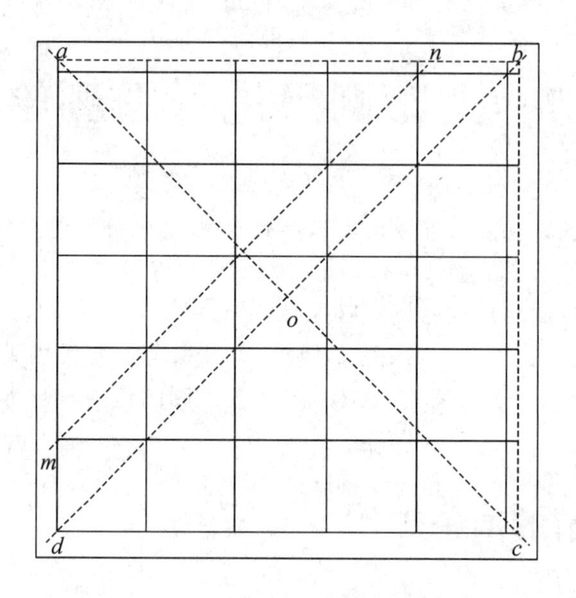

图 7-1　坐标格网绘制

3. 展绘控制点

展绘控制点前，应先按图的分幅位置，将坐标格网线的坐标值，注在相应格网边线的外侧(见图 7-2)。展点时，应先根据坐标确定控制点所在的方格，将图幅内所有控制点展绘在图纸上，并注明点号及高程，再用比例尺量取各相邻控制点间的距离，其距离与相应实地距离的误差在图上不应超过 0.3 mm。

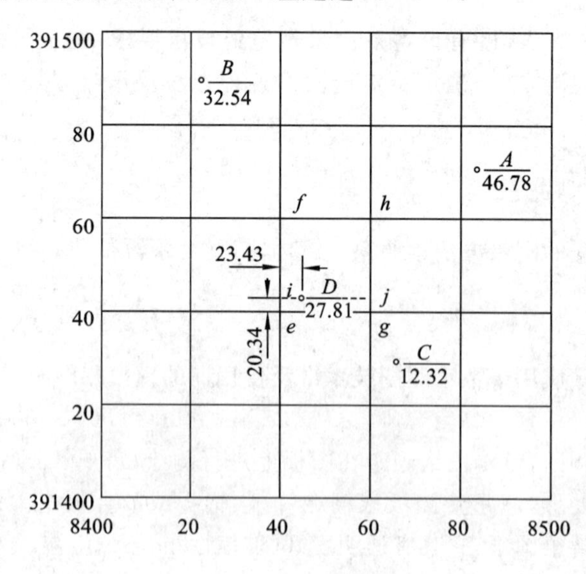

图 7-2　展绘控制点

7.2 碎部点的选择和编码

7.2.1 碎部点的选择

在地形图测绘中，决定地物、地貌位置的特征点称为碎部点。碎部测量工作就是依据控制点确定碎部点的平面位置与高程。这一过程中，正确选择地形特征点十分重要，它是地形测绘的基础。

1. 地物

地物具有明显的轮廓，地物特征点就是地物轮廓点和中心点。碎部测量时，对于能依比例表示的地物，需实测其轮廓，一般特征点选在地物轮廓的方向线变化处，如房屋角点、道路转折点等；对于不能依比例表示的地物，如独立树、电线杆、污水井等，特征点应选在中心点处。

固定建筑物的特征点应选在其墙基外角，建筑物上凸出的悬空部分还应按最外围的投影位置选取特征点，房屋附属设施（如廊、建筑下的通道、台阶等）应按实测轮廓综合选取特征点。房屋轮廓凹凸部分（如墩、柱等）在图上小于 0.4 mm 时，可以墙基外角为主综合取舍。

对于围墙、栏杆、道路等线状地物的特征点的选择，需视其尺寸而定。例如，对图上宽度大于 0.5 mm 的围墙应按依比例实测的原则选取特征点，不大于 0.5 mm 的围墙按一半依比例反映其中心线走向即可。公路、车行大路应依比例实测，人行小路的特征点按一半依比例在中心线上选取。

林地、花圃、草地等成片生长的植被，应按范围轮廓选取特征点。行道树的特征点应选于首末位置，中间遇走向发生改变时按需增设。

2. 地貌

地貌可以看作由许多大小、坡度、方向不同的曲面组成，这些曲面的交线就是地貌特征线，即地性线。地貌特征点就选在地性线上，通常选最能反映地貌特征的山顶点、鞍部点，山脊线、山谷线上的坡度变化点，山脚线的方向变化点，例如图 7-3 所示的立尺点。

图 7-3 碎部点选择

除此之外，还应按规范要求设高程点，如在进行 1：500 大比例尺地形图测绘时，高程点实地平均间距应为 15 m,如遇地势起伏变化应适当加密,对平坦地区可适当放宽,但图上点密度不应小于 5 个/100 cm^2。在居民地内部空地、广场等处,高程点应设在地块内能代表一般地面的居中部位,如空地范围较大,则应按规定间距布设;如地势有高有低,则应分别设高程点。对于公路、内部道路等,高程点应设在路面中心线上。

碎部点的密度应该适当,过稀不能详细反映地形的细小变化,过密则会增加野外工作量,造成浪费,各种比例尺的碎部点间距可按《工程测量标准》(GB 50026—2020)和《城市测量规范》(CJJ/T 8—2011)的规定执行。

7.2.2 数据编码

为了绘制地形图,需要知道碎部点属性。碎部点属性由位置属性、分类属性、关系属性和其他属性组成。位置属性表述碎部点的地理位置,分类属性表述碎部点是什么,关系属性表述碎部点间的连接关系。根据碎部点属性,可以实现计算机自动成图或人工辅助成图。

碎部点编码是记录分类属性、关系属性和其他属性的一组符号串。现有数字测图软件都有编码作业方案,但使用的编码方法不尽相同。下面介绍六位编码法及简码法两种编码方法。

1. 六位编码法

根据六位编码法确定的编码由分类码及关系码构成,以《国家基本比例尺地图图式　第 1 部分:1∶500　1∶1000　1∶2000 地形图图式》(GB/T 20257.1—2017)(以下简称《图式》)为基础。《图式》在第 4 部分“符号与注记”中将地形符号分为 9 大类,每大类中再用 1～3 位数字或小写英文字母进行细分。六位编码中的“分类码”用《图式》中的地形符号编号,占 4 位:第 1 位对应 9 大类,第 2～4 位对应大类下的细分。“关系码”是六位编码的第 5 位,表示连接次序,用 1 位大写英文字母作代码:B 为起点,M 为中间点,E 为终点,C 为闭合到起点。第 6 位表示连线种类,用 1 位数字作代码:1 为直线,2 为圆弧,3 为样条曲线。

六位编码法的编码与《图式》符号对应,具有唯一性,计算机容易识别与处理,但由于记忆的局限,外业输入和记录比较困难。

2. 简码法

简码法是在碎部测量外业时输入或记录简单的提示性编码的方法,经内业简码识别,便可绘出与图式要求一致的地形符号。南方 CASS 数字化测图系统的简码包括类别码、关系码、独立符号码 3 种,每种最多由 3 位字符组成(具体编码可查阅南方 CASS 数字化测图系统用户手册)。

类别码第 1 位为英文字母,分 K(U)[(曲)坎类]、X(Q)[(曲)线类]、W(垣栅类)、T(铁路类)、D(电力类)、F(房屋类)、G(管线类)、Y(圆形物)、P(平行体)、C(控制点)等;后 2 位为数字(0～99),表示在大类里由主到次的细分,无效 0 可省去。如 F0,F1,…,F6 分别表示坚固房屋,普通房屋,…,简易房屋。类别码后可带参数,用于进一步描述碎部点特征，例如控制点点名、坎高、宽度、层数等。如 Y0-12.5 表示半径为 12.5 m 的圆形物。

关系码有“+”“-”“A$”“P”4 种：“+”表示本点与上点依顺序连接，“-”表示本点与下点依逆序连接，“n+”表示本点与上 n 点依顺序连接，“n-”表示本点与下 n 点依逆序连接；“A$”表示断点识别符，“+A$”表示本点与上点连接，“-A$”表示本点与下点连接；“P”表示平行于上点所在物体，“nP”表示平行于上 n 点所在物体。

独立符号码用以 A 开头的 3 位字符串表示单点定位的独立地物。如 A13 表示“泉”，A74 表示“旗杆”等。

简码法形式简单、规律性强、易记忆，并能同时采集碎部点的地物要素和拓扑关系，能适应复杂情况。

7.3 碎部测量

碎部测量与控制测量相比，其特点是测点数量多，远远超过控制测量时控制点的个数，另外受地形图比例尺的制约，碎部点的定位精度比控制点的精度要低很多，因此在实际工作中碎部点测绘方法比较灵活。

在光学仪器时代，广泛采用模拟测图，主要是在一个测站上，用经纬仪测量水平角、皮尺量距，用比例尺根据几何关系展绘点位。也可更进一步根据水平角、水平距离算坐标，最后根据坐标增量把点位展绘到图纸上。这一套程序太过麻烦，外业工作量大、效率太低，地图的精度和手工绘制水平有关，易使原始测量精度受损，且通常以一幅图为单元组织测绘，会给图边接图造成困难。

随着测绘仪器及计算机技术的发展，电子仪器逐渐取代光学仪器，数字测图这种全解析的机助成图方法已成为当今的主流，模拟测图已较少使用。数字测图是以数字形式表达地物特征点的方法，与模拟测图相比，具有作业效率高、成图规范、原始数据精度无损失的优点，使地形图测绘实现了数字化、自动化。基于数字化测图储存的数字地图，可以对数据进行增加、删除、组合、分离，可根据需要输出不同比例尺和不同图幅的地形图，还能生成数字地形模型，为地理信息系统(GIS)的产生打下了基础。

7.3.1 模拟测图

根据水平角、水平距离、高程获得方式的不同，模拟测图的方法可分为经纬仪测绘法、平板仪测图法等。

1. 经纬仪测绘法

经纬仪测绘法的实质是极坐标法：根据测站上一个已知方向，测定已知方向与碎部点方向之间的水平夹角，并量测测站点与碎部点的水平距离，根据夹角、距离用量角器和比例尺在图纸上定位。同时用经纬仪按三角高程方法测出该点高程，并在该点的左侧注明其高程。

经纬仪测绘法在一个测站上的操作步骤如下(见图 7-4)。

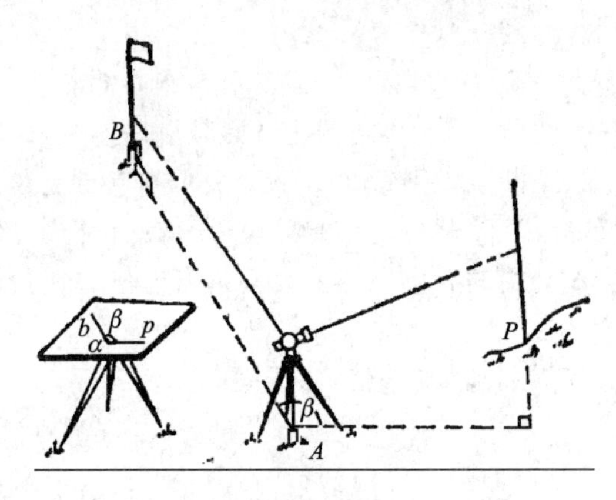

图 7-4 经纬仪测绘法

(1) 仪器安置

在测站 A(控制点)安置经纬仪,量取仪器高 i。

(2) 定向

照准控制点 B,将水平度盘读数配置为 0°,作为后视点的起始方向,并用视距法测定其距离和高差,以便进行检查。测图板置于测站旁。

(3) 跑尺

在地形特征点上立尺的工作通称为跑尺,须依次将尺立于地物、地貌特征点上。

(4) 观测

将经纬仪照准碎部点 P 的水准尺,读取中丝读数、竖盘读数 L 及水平角 β,并读取上、下丝读数 m、n(或读取视距间隔 l),记入手簿,进行计算(见表 7-1)。然后将 β_P、D_P、H_P 报给绘图员。对于具有特殊意义的碎部点,如房角、水渠、电杆、山头等,应在备注中加以说明。

当测站周围碎部点测完后,应重新照准后视点检查水平度盘零方向,在确定变动不大于 2′后,方能撤站。

表 7-1 地形测量手簿

测站:A4　　后视点:A3　　仪器高 i:　　指标差 x:−1.0′　　测站高程 H:

点号	上丝读数 m	下丝读数 n	视距 Kl /m	中丝读数 v	水平角 β	竖盘读数 L	竖直角 α	高差 h/m	水平距离 D/m	高程 /m	备注
1	1.84	1.00	84.0	1.42	160°18′	85°48′	4°11′	6.18	84.55	213.58	水渠
2	1.48	1.36	12.0	1.42	10°58′	81°18′	8°41′	2.02	13.19	209.42	

(5) 绘图

根据图上的起始方向 ab(对应实地零方向 AB),在图上测站 a 点用量角器定出 ap 方向,并在该方向上按比例尺针刺 D_P 定出 p 点;以该点为小数点注记其高程

H_P。同法展绘其他各点，并根据这些点绘图。

一个测站周围的碎部点测绘完成后，应对照实地检查，确认没有遗漏和错误后，才可以搬站。若测区面积较大，考虑到相邻图幅的拼接问题，每幅图可向图廓外测出 5 mm。

经纬仪测绘法不受地形限制，速度和精度能达到一定要求，在现场完成地物的测绘，便于与实地对照以发现测图中可能存在的错误和遗漏，是一种曾广泛使用的方法。如果测距仪器改为光电测距仪，工作效率会更高。

2. 平板仪测图法

平板仪测图法是根据相似形的原理，用图解投影的方法，按测图比例尺将地面上点的位置缩绘在图纸上，构成地形图。其测图方法实质上还是属于极坐标法。

7.3.2 全站仪数字测图

全站仪数字测图的实质是解析法测图，是指将在野外利用全站仪所测得的数据自动转化成数字成果进行存储，通过全站仪和计算机通信将外业数据转存到计算机中，在相应的成图软件下进行人机交互处理、编辑，形成大比例尺地图图形数据。

其野外数据采集主要是通过坐标测量功能获得地形点的三维坐标，原理、工作步骤与经纬仪测绘类似。碎部点属性可通过录入编码或手工绘制草图记录。其流程如下。

1. 安置测站

将仪器安置于一已知控制点上，设置仪器参数（如棱镜常数），建立工程文件。

2. 建站

输入测站点信息：测站点点名、测站点坐标、仪器高。输入后视点信息：后视点点名、后视点坐标或后视方位角、棱镜高。精确照准后视点，确定定向。

完成定向后，需测量后视点或第三个已知控制点坐标，进行检核，若实测结果与已知坐标相符，则进入下一步；否则检查原因，改正后重新定向。

建站的目的是通过输入的测站点、后视信息及完成的实地照准，使仪器水平度盘的零刻度线与用户坐标系的坐标纵轴正方向相一致，仪器的测量坐标系与用户坐标系相吻合。

3. 碎部测量

跑尺员选择碎部点，测量员照准棱镜，输入碎部点点号、棱镜高，测量并保存该点坐标信息。

①测量时若采用草图法，则需绘图员在外业观测的同时，现场绘制工作草图，记录碎部点构成的地物形状、类型、连接关系，并记录点号（与仪器保存的点号一致），随测随绘。

②若采用编码法成图，需在保存测量信息时，在仪器上录入相应属性编码。

当地物比较规整时，可以采用简码法，外业现场输入简码，内业自动成图。当外业信息十分复杂多变时，很难做到自动化处理，此时常用草图法进行测绘工作，但在大面积测绘时工作量会过大。

4. 检核

在测量过程中,若遇到关机、间歇而重新开始,以及正常开测及收测,都必须对一已知控制点进行测量,并与已知坐标进行对比检核,以保证整个测量过程中数据采集的可靠性。

5. 绘图

将外业采集的碎部点坐标数据传输到计算机,利用数字化成图软件(如 CASS)绘制出地形图。数据导出时需注意保存的数据格式,用CASS成图时,需将数据保存为以下格式:点名,编码,y,x,h(逗号必须为英文格式,否则软件将无法识别数据)。具体成图方法将在第7.4节介绍。

若采用草图法,则以外业草图为依据,在室内将碎部点显示在计算机屏幕上,根据工作草图上记录的各点连线信息和地物类别,采用人机交互方式连接碎部点,输入图形信息码,生成图形。

若采用编码法,则计算机通过内业处理软件根据该特征点的属性编码自动判别,做出相应的画图指令,自动绘图。

还可在野外利用笔记本电脑和全站仪连接通信,将全站仪野外观测数据实时输入计算机,人机对话输入点的编码,绘图人员在现场对照实际地形在计算机上编辑地形图。其特点是野外测绘,实时显示测点,现场编辑成图。

7.3.3 GNSS-RTK数字测图

相比于上述测图方法,在建筑物或树木等障碍物较少的顶空开阔地区,采用GNSS-RTK技术进行地形图测图,工作效率明显提高,已成为野外数据采集的重要手段。下面介绍利用GNSS-RTK进行数字化测图的工作步骤,原理将在第12章中讲述。

1. 基准站及移动站安置

(1) 通过电台连接基准站

将一台RTK接收机设置为基准站工作模式,安置在一个已知点上作为基准站(也可安置在未知点上),连接好天线、电台及电源(仅当仪器需设外置电台时),进行电台频道设置。将另一台(或多台)RTK接收机设置为移动站工作模式,将其电台频道设置为与基准站频道相同。

基准站架设时,应选在地势相对较高、视野开阔地带,避开高大建筑物和强烈干扰卫星信号或反射卫星信号的物体(例如大面积树木、水域等),尽量设在测区中部。所用电台频率不应与测区其他无线电通信频率相同。

(2) 通过网络连接CORS站

当在卫星定位连续运行参考站系统(GNSS CORS)的工作范围内进行操作时,可直接采用CORS站作为基准站,无须再自行设立。此时只需将RTK接收机设置为移动站,设置数据链为相应网络模式(通过网络访问CORS站,无须使用电台),录入已知的CORS站服务器IP、Port、接入点等信息。

在移动站与基准站建立连接后，对于新的测量作业需在手簿中建立新的工程（项目），以将测量数据保存至相应工程文件之内。在工程中需根据用户坐标系信息进行目标椭球、中央子午线等坐标系统数据设置。

2. 联测已知点，转换坐标

在测区范围内选取至少2个已知控制点，利用已知点上所采集的WGS-84坐标及用户已知坐标，计算坐标系转换参数并进行应用。设置天线高数据，采集另一已知点数据，与已知坐标进行对比检核。

需注意，在移动站、基准站设置工作完成后，移动站手簿可能显示的解算状态有：固定解、浮点解、差分解、单点解。其中单点解表示移动站与基准站并未建立联系，需重新检查设置。其他三种状态，均表明两者已建立连接，但三者所代表的解算精度不同，从固定解到差分解，精度由高到低。为求转换参数而进行已知点的WGS-84坐标采集时，需接收有效卫星数≥5，PDOP≤6，且为固定解状态。

3. 碎部点数据采集

将移动站竖立于待测碎部点上进行数据采集，通过已完成的转换参数，实时解算出该点在用户坐标系中的三维坐标，进行存储。根据施测需求，每次数据采集仅需几秒即可完成。采集时可应用草图法或编码法记录。

RTK在作业开始与作业结束前，应至少在一个已知点上进行测量，与已知坐标进行对比检核。在采集碎部点坐标过程中，遇到关机、停测后再开始工作，也必须对已知点进行测量与对比检核，以保证整个过程中数据采集的可靠性。通常情况下，平面坐标分量较差不大于5 cm，高程较差不大于7 cm，即可认为数据采集可靠。

外业作业时，也可根据测区特点，将全站仪数字测图与GNSS-RTK数字测图相结合，利用RTK进行空旷地带（如道路、植被边界、井盖、高程点等）的数据采集，利用全站仪进行如房屋角点、电杆等RTK测量精度不足地物的数据采集工作。

7.3.4 测站点的增补

在地形测绘中，由于测区内地形的隐蔽性、复杂性以及通视条件受限制，利用已有控制点可能无法将全部地形都测绘完，这时可在已有控制点的基础上增补临时性的测站点。增设新图根控制点的方式比较灵活，可采用第5章介绍的支导线法、交会定点法，也可采用视距支导线法。由于支导线缺乏检核条件，对观测和展绘工作应加强检查，防止产生错误。

7.4 地形图的绘制

7.4.1 地物描绘

地物应按《图式》规定的符号表示。对于能依比例表示的地物，把同一地物的特征点展绘在图上后，应将其轮廓用线段连接起来，如果边界是曲线，应逐点连成顺滑的曲线。不能依比例描绘的地物，则在图上定出中心位置，再按《图式》所规定的非比例符号表示。

①固定建筑物应注明结构和层次。其结构应从主体部分判断，裙房、阳台等不作为判别对象；楼层数的计算应以主楼为准。一般建筑物、构筑物的外轮廓与地面的交线均用实线表示。

②房屋附属设施如廊、建筑物下的通道、台阶、室外楼梯、院门、门墩和支柱(架)等应按实际测绘，以图式符号表示，台阶、室外楼梯等需注意高低方向的区分；悬空通廊等未能与地面相交的设施，一般用虚线表示。两地物相重叠或立体交叉时，按投影原则，下层被上层遮盖的部分断开，上层保持完整。

③林地、灌木林、草地、花圃等在实测其范围后，将范围绘出，内部填充相应图式表示种类。小面积的灌木林(不大于图上 2 cm^2)可按独立灌木丛绘制。同一地段有多种植物生长时，植被符号可组合使用，但不要超过三种。

7.4.2 地貌绘制

地貌主要用等高线来表示。由于地貌碎部点一般选择在变坡处，所以相邻点间可视为坡度不变。绘制等高线时，先描绘出山脊线、山谷线等地性线；然后根据两相邻碎部点的高程，按等高距确定通过这两点连线的等高线的数目；再按平距与高差成正比的关系内插出两点间各条等高线位置，等高线的高程应为等高距的整数倍。

如图 7-5(a)所示，a、b、c、d、e 为碎部点在图上的平面位置，高程标注在各点旁边。图中实线表示山谷线，虚线表示山脊线，这些地性线构成了地貌的骨骼。若等高距为 1 m，a、b 两点的图上距离为 3.5 cm、高差为 5.4 m，则 a、b 连线中应有 44 m、45 m、46 m、47 m、48 m 五条等高线通过。按在同一坡度线上高差与平距成正比的关系，先定出 44 m、48 m 等高线的位置，因 a 点与 44 m 等高线的高差为 0.9 m，则有 $0.9:5.4=x:35$，其中 x 为 a 点和 44 m 等高线间的水平距离，算出 $x=5.8$ mm，从 a 点沿 a、b 连线方向量取 5.8 mm 即得 44 m 等高线的位置，同理可得 48 m 等高线的位置。再把 44 m 和 48 m 之间的等高线平距四等分，定出 45 m、46 m、47 m 三条等高线的位置，这一方法称为“取头定尾，中间等分”。同理，在 bc、bd、be 段上定出相应的点[见图 7-5(b)]。最后按照等高线通过山脊线、山谷线的特点用圆滑曲线连接高程相同的相邻点，就构成一组等高线[见图 7-5(c)]。

实际工作中，等高线常采用目估法确定，其原理与上述原理一致，只不过用目估代替了计算。

通常等高线应在计曲线上注记高程值，当地势平缓、等高线较稀时，每一曲线都应注明高程值。其数字的排列方向应与曲线平列，字头应向高处。对不能用等高线表示的地貌如悬崖、峭壁、冲沟等，应按《图式》规定的符号表示。高程点注记一般注于点的右方。

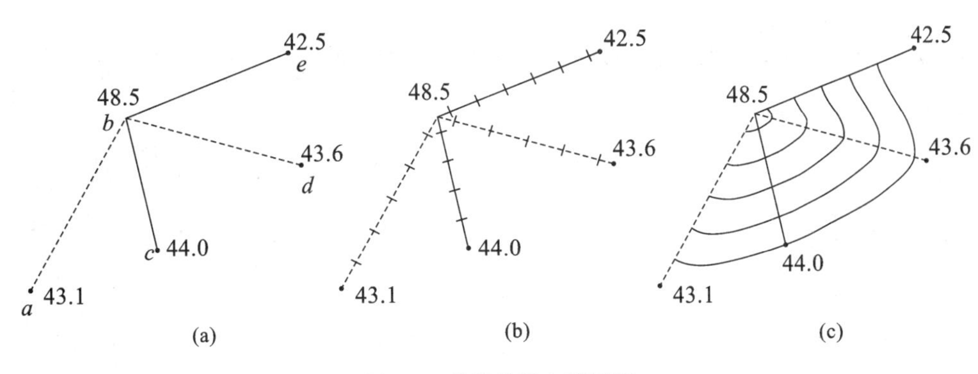

图 7-5 等高线的内插原理

7.4.3 CASS 内业成图

CASS 是一种综合性数字化成图软件，具有完备的数据采集、数据处理、图形生成、编辑、输出等功能，能方便灵活地完成数字化成图工作，还具有土方计算、断面图绘制、土地利用等管理功能。下面介绍 CASS 内业成图的步骤。

1. 绘图准备

(1) 定显示区、比例尺

通过[定显示区]选项读取坐标数据文件，可根据文件的数据大小定义屏幕显示区域的大小，以保证展点时所有点可见，此时命令区会显示所读取的最大、最小坐标值。

通过[改变当前图形比例尺]输入需要的比例尺。

(2) 展点

通过[绘图处理]的[展控制点]项，读取控制点坐标文件完成控制点展绘，控制点类型将在此时输入。

通过[绘图处理]的[展野外测点点号]项，读取碎部点坐标文件完成碎部点展绘。如图 7-6 所示，数字代表测点点号，点号旁的圆点为按坐标值展绘的碎部点点位。

若数据导出时未导出单独的控制点数据文件，可跳过展绘控制点而直接展绘野外测点，在地物绘制时再通过[控制点]命令绘制控制点图式。

2. 地物绘制

若采用编码法，程序先根据输入的比例尺、图廓坐标、已生成的坐标文件和连接信息文件，按编码分类，生成绘图命令，并在屏幕上显示所绘图形。在使用简码时，通过[绘图处理]中的[简码识别]读取数据文件，即可直接生成图形，然后操作人员根据判断，对屏幕上的图形作编辑、修改。人工编辑的方法与草图法相同。

若采用草图法，则结合草图，选择所需地物图式符号，进行定位画图。系统中所有地形图图示符号都是按照图层来划分的。

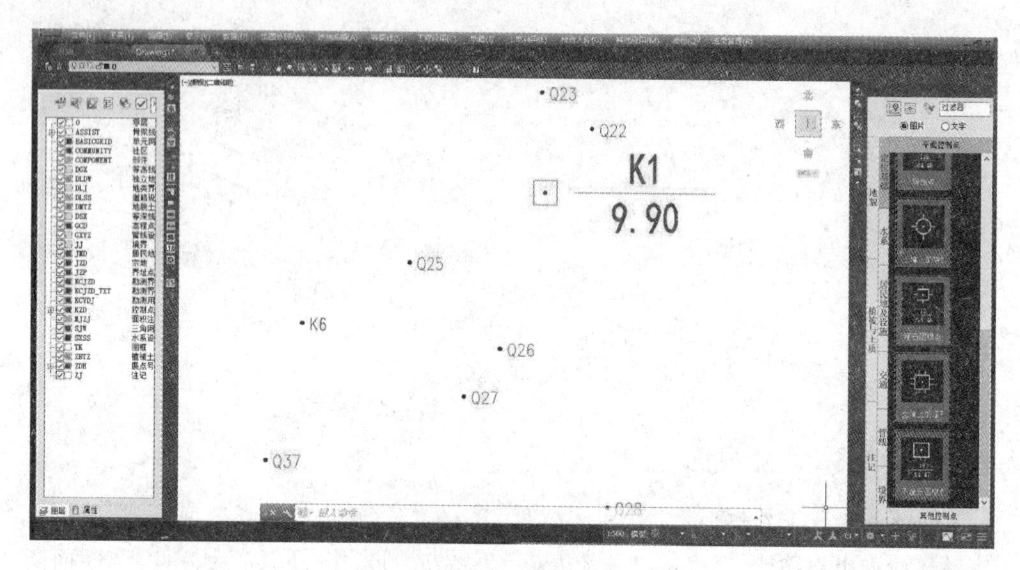

图 7-6　碎部点展点图及控制点示例

(1) 选择测点定位方法

屏幕右侧菜单区有[点号定位][坐标定位]两个选项,绘图过程中根据需求进行选取,二者可随时切换。

通过[点号定位]读取坐标数据文件,命令栏将显示所读取点的个数。接下来在地物绘制时,通过输入点号来完成相应属性地物的定位。

通过[坐标定位],可直接在绘图区用鼠标点取位置绘图。

(2) 绘图

以多点一般房屋为例:选择右侧地物面板[居民地]的[多点一般房屋],根据提示连续输入房屋角点点号或拾取点位,按"C"键闭合,输入房屋层数,即可完成该房屋绘制。绘图中命令栏会提示多种编辑方法,若在碎部测量时,某一房屋角点未能测出,可通过[隔一点]命令完成绘制。

绘图建议由面到点,从整体到局部,逐步细化。首先绘制完成测区内的主要房屋、主干道路,展示出整个测区的整体概貌,形成整体框架;然后绘制植被、房屋附属设施、小路、线状地物,逐步细化;接着绘制井盖、路灯等独立地物;最后进行道路材质、主要房屋名称等文字注记。绘图过程中同属性地物应一次绘完,以便检查,避免遗漏。

3. 地貌绘制

①展绘高程点:将所有高程点展绘出来。

②绘制等高线:通过图面高程点或读取碎部点文件建立三角网,删除不必要的三角形,设置等高距、生成等高线,整体删除三角网。

③等高线注记:通过作与等高线相交的直线,利用[沿直线注记]批量完成等高线的高程注记。

④等高线修剪:将房屋内部、道路、文字注记等处的等高线进行批量修剪消隐。如需修剪非特定属性区域内的等高线,可绘制辅助闭合多边形,来完成相应区域等高线的修剪工作。

7.4.4 图形整饰

图形整饰应遵循先图内后图外、先地物后地貌、先注记后符号的原则。

1. 图面整理

用[高程点过滤]将指定高程值范围之外的高程点、指定距离范围内的高程点直接删除,手动删除不必要的残余高程点。调整压盖地物图式、文字位置,完成图面整理。应注意等高线不能通过注记或部分地物符号。

2. 绘制图框

通过[图廓属性],进行图幅下部坐标系、图式、高程系、施测单位、施测日期等图面信息输入,设置图面所需比例尺、图名、图号等参数;通过[标准图框]或[任意图框]在图面框选成图区域,输入接图表、图名、图号信息,删除图框外实体,即完成图幅绘制。

7.4.5 地形图的拼接和检查

1. 地形图的拼接

当测区面积较大时,由于受测量误差和描绘误差的影响,在相邻图幅连接处,无论是地物还是地貌,往往都不能完全吻合。如图 7-7 所示,左、右两幅图边的房屋、道路、等高线都有偏差。若相邻图幅地物和地貌的偏差不超限,则将相接两幅图的边缘图线移至偏差的中线处,即取平均位置加以修正。若接合差超过规定,则应到实地检查,补测后修正。

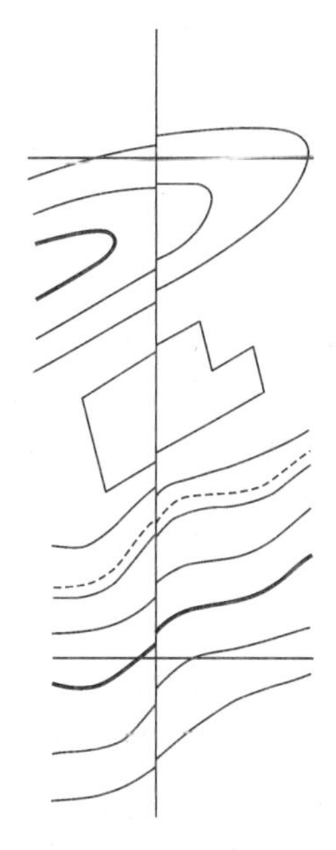

图 7-7 地形图的拼接

2. 地形图的检查

(1) 室内检查

检查图上地物、地貌是否清晰、易读,各种符号、注记是否正确,等高线与地貌特征点的高程是否相符,相邻图幅的接边有无问题等。如发现错误或疑点,应到野外进行实地检查并修改。

(2) 外业检查

先进行巡视检查,根据室内检查的具体情况,有计划、有重点地确定巡视路线,进行实地对照查看。主要检查地物、地貌有无遗漏,等高线是否逼真、合理,符号、注记是否正确等。然后进行仪器设站检查,除对在室内检查和巡视检查过程中发现的错误和遗漏进行补测和更正外,对一些怀疑点,地物、地貌复杂地区,图幅的四角或中心地区,进行抽样设站检查。

7.5 航空摄影测量简介

前面介绍的模拟测图、全站仪数字测图和 RTK 数字测图，主要用于大比例尺地形图的测绘工作。如果测区范围大，例如大面积的城市规划、土地规划等工程，可以采用航空摄影测量来测绘地形图，即将摄影机安装在飞机上对地面进行摄影获得地面影像来进行地图的制图。与前几种方法比较，它不仅可将大量外业测量工作改到室内完成，还具有成图快、精度均匀、现势性好、成本低、不受气候季节限制等优点，是全国范围内测绘中、小比例尺地形图的主要方法。随着航空摄影测量仪器和技术的改进，航空摄影测量目前已能用于城市大比例尺地形图的成图，各专业部门在工程规划设计中使用的 1∶5000 和 1∶2000 等大比例尺地形图，均采用航空摄影测量绘制。

7.5.1 航摄相片的基本知识

航摄相片是用装在飞机(或小型无人机)上的摄影仪，在良好的气候条件下，按一定航向和航高在空中对地面进行有规律连续摄影所得到的。航摄相片是测图的基本资料。相片的幅面大小叫相幅，常用相幅一般有 18 cm×18 cm、23 cm×23 cm。相框四边的中点设有框标，利用框标连线可建立像平面坐标系，框标连线交点为原点。有了像平面坐标系就可以量测出相片上任意一点的像平面坐标，以确定像点在相片上的位置。

航片影像要能覆盖整个测区面积，并有一定的重叠度。所谓重叠度是指相邻两张相片之间重叠影像的长度，沿着航线飞行方向的重叠长度称为航向重叠度。两相邻航带之间的重叠影像长度称为旁向重叠度。相片的重叠部分是立体观测和相片连接的必要条件，一般要求规定航向重叠不小于 60%，旁向重叠不小于 30%(见图7-8)。航片影像反映的地表信息极为丰富，而且很直观，地形图也是反映地面地物、地貌等信息的线画地图，二者有相似之处，但又有区别，航空摄影测量所要解决的问题就是如何把航空影像转化成地形图。航摄相片与地形图相比有以下特点。

1. 投影方式的差别

地形图是垂直投影，即将地面上的地物、地貌垂直投影在水平面上，缩小后绘制成地形图，因而地形图比例尺为一常数。垂直投影影像的比例尺与投影距离无关。而航摄相片是中心投影。如图 7-9 所示，地面点 A 发出光线经摄影镜头 S 交于底片点 a 上。摄影镜头 S 到底片的距离为摄影机焦距 f，S 到地面的垂直距离称为航高，以 H 表示。根据其几何关系可得相片的比例尺为

$$\frac{1}{M}=\frac{ab}{AB}=\frac{f}{H} \tag{7-1}$$

从式(7-1)可知，比例尺是随航高 H 的变化而变化的，即航摄相片的比例尺与投影距离有关。

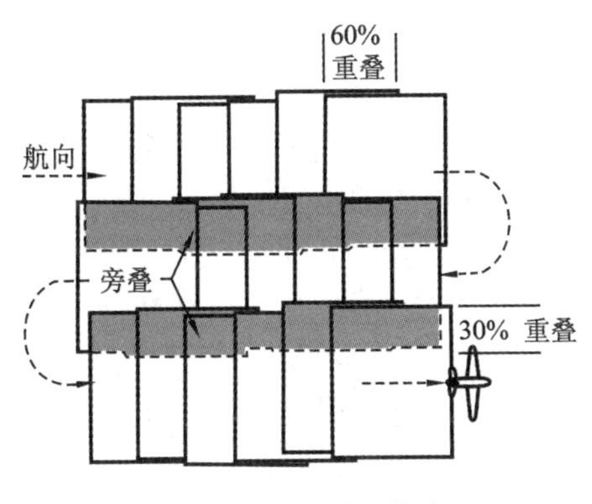

图 7-8 相片的重叠度

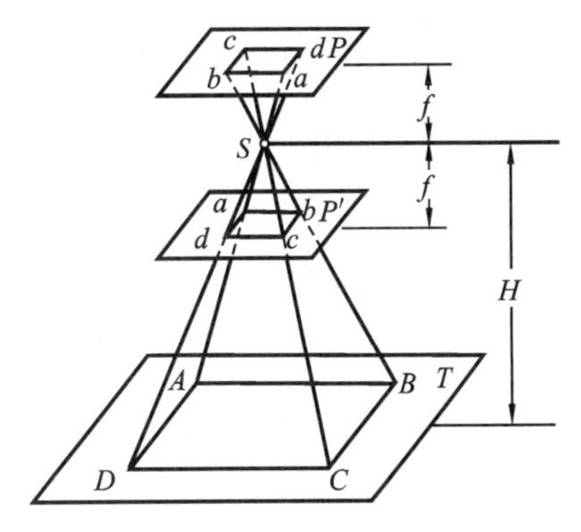

图 7-9 相片比例尺

2. 地面起伏引起的像点位移

地面起伏并不影响垂直投影，但是却非常影响中心投影，由图 7-9 及相片比例尺的公式可知，只有当相片严格水平且地面也绝对平坦时，中心投影图才会与地形图所要求的垂直投影保持一致。当相片水平而地面起伏时，如图 7-10 所示，地面两等长线段 AB 和 CD 位于不同的高度，它们在相片上的成像 ab、cd 却有不同的长度和比例尺。即使在地面同一水平位置而高度不同的点 D、D'，在相片上也有着不同的影像 d、d'，dd' 即为因地面起伏引起的中心投影的像点位移，称为投影误差。

投影误差的大小与地面点对选定的基准面 T_0 的高程 h 成正比。因此在航测内业时，可根据少量的地面已知高程点，采取分层投影的方法，将投影误差限制在一定的范围内，使之不影响地形图的精度。

另外相片倾斜引起像点位移产生的误差称为倾斜误差。如图 7-11 所示，P 和 P' 分别为水平和倾斜相片，水平面上等长线段 AB、CD 在水平相片上成像为 ab、cd，在倾斜相片上成像为 $a'b'$、$c'd'$，$ab<a'b'$，$cd>c'd'$，可见倾斜相片上各处的比例尺都不相同。无论是地形起伏还是相片倾斜引起的像点位移，都可以通过投影转换，进

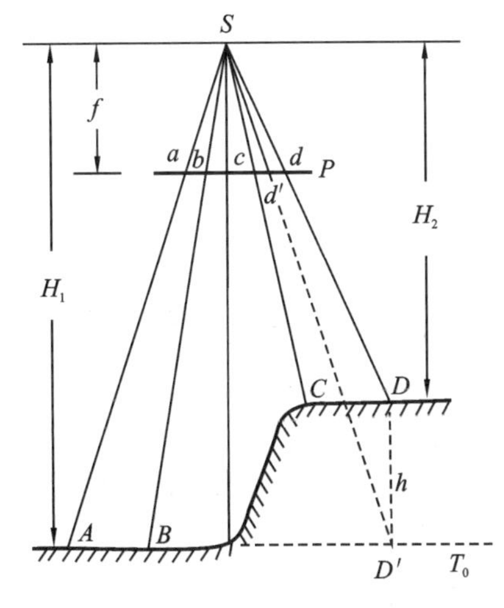

图 7-10 投影误差

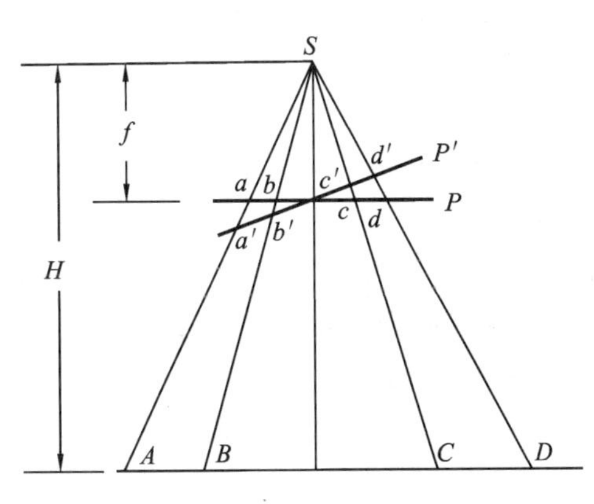

图 7-11 倾斜误差

行相片纠正,恢复地物所固有的空间位置,编制各种地形图。

3. 表示方式和表示内容不同

在地形图上,地物、地貌是按比例尺用确定的地物符号、地貌符号、文字注记等表达的。而航摄相片则反映实地物体的自然影像,以相关的形状、大小、色调、灰度、阴影等反映地物和地貌,这种表达方式有一定程度的不确定性和局限性。在表示内容上,地形图常用注记符号对地物符号、地貌符号作补充说明,如河流的流向、深度,地面的高程、房屋类型、道路等级、建筑材料等。而航摄相片虽然能直观反映地面情况,但却无法反映地理名称、注记等内容。利用航摄相片制作地形图时,需要补充地物的属性、关系和地貌的植被等资料。为此,航测通过内业判读和外业调绘的方法来综合和识别有关地物地貌信息,并按统一的图式符号和文字注记绘注在相片上的相应位置,这项工作称为相片调绘。

7.5.2 航测成图方法简介

航空摄影测量以航摄相片测制地形图,它包括航空摄影、航测外业、航测内业三部分工作内容。航测外业主要包括控制测量和相片调绘。航测内业则包括控制加密和测图。控制加密是在外业控制点基础上在室内进行的,主要由计算机来完成,俗称"电算加密"。测图有测制线画地形图、相片平面图、影像地形图以及数字地面模型(DTM)等。航测成图方法主要有模拟法立体成图、解析法测图和数字摄影测量成图等。

1. 模拟法立体成图

模拟法的基本原理是利用光学、机械或光学机械模拟方法来重建或恢复摄影时相似的几何关系,在室内重建与摄区地面相似的立体几何模型,从而实现摄影光束的几何反转。在此几何模型上的量测相当于对原物体的量测。所得结果通过机械或齿轮传动方式直接在绘图桌上绘出各种地形图与专题图。模拟法立体成图是航空摄影测量中立体测图使用最早的一种方法,在我国一直延伸到20世纪70年代。

2. 解析法测图

解析法测图是以计算机为主要手段,通过对航摄相片的量测和解析计算的交会方式来研究和确定所摄物体的形状、大小、位置和相互关系,并提供各种摄影测量产品的方法。

解析测图仪是世界上首先将测量成果实现数字化的仪器。其基本原理是在机助测图软件的控制下,将在立体模型上测得的结果存入计算机,然后再传送到数控绘图机上绘出图形。这种存储在计算机中的数字形式地图,成为测绘数据库和建立各种地理信息系统的基础。

3. 数字摄影测量成图

解析摄影测量的进一步发展是数字摄影测量。数字摄影测量是指从摄影测量与遥感获取的数据中,采用数字摄影影像或数字化影像,在计算机中进行各种数值、图形和影像处理,以研究目标的几何和物理特性,从而获得各种形式的数字化产品和目视化产品的技术。数字化产品包括数字地图、数字高程模型(DEM)、数字正射影像、测量数据库、地理信息系统(GIS)和土地信息系统(LIS)等。目视化产品主要包括地形图、专题图、剖面图、透视图、正射影像图、电子地图等。

数字摄影测量与模拟、解析摄影测量的最大区别是数字摄影测量处理的原始资料是数字影像,而模拟、解析摄影测量处理的原始资料是相片。它最终是以计算机视觉代替人的立体观测,因而它所使用的仪器是计算机和相应外设设备。数字摄影测量若处理的是相片,则需要利用影像数字化仪器对其数字化。用数字摄影机(如CCD阵列扫描仪)可直接获得数字影像。数字化影像是对已得到的相片进行扫描获得的。在计算机中进行全自动化数字处理的方法,称为全数字化摄影测量。它包括自动影像匹配与定位、自动影像判读两大部分。前者对数字影像进行分析、处理、特征提取和影像匹配,然后进行空间几何定位,建立高程数字模型和数字正射影像图,其目视化产品主要包括等高线图和正射影像图。由于这种方法能代替人眼观测立体进行测绘的全过程,故称为全自动化测图系统。后者解决对数字影像的定性描述,称为数字图像分类处理。低级分类基于灰度、特征和纹理等,多采用统计分类的方法。高级的图像理解则基于知识、结构和专家系统。它用于代替人眼自动识别和区分目标,是一种比定位难度更高的计算机视觉方法。

7.6 地籍图的测绘

7.6.1 地籍测绘概述

1. 地籍测绘的目的和意义

地籍,即土地的户籍。地籍测绘的目的是获取和表述不动产的权属、位置、现状、数量等有关信息,为不动产产权管理、税收、规划、市政、环保、统计等多种用途提供定位系统和基础资料。这里所称的不动产主要包括地块和地块上的建筑物。以上信息的获取和表述都是以地块为单位进行的。地块是地籍的最小单位,是地球表面上一块有边界(包括权属界线、地类界线和其他人为的边界线)、有确定权属主(可以是一个或多个法人或自然人)和利用类别的土地。

2. 地籍测绘的内容和对成果的要求

地籍测绘的内容包括地籍建立或地籍修测中的地籍平面控制测量、地籍要素调查、地籍要素测量、地籍图绘制、面积量算等。

地籍测绘的成果包括地籍数据集、地籍簿册和地籍图。地籍测绘的成果应反映如下基本信息。

① 每一地块的范围,包括边界线和界址点(即土地权属界限的连接点)的位置。

② 每一地块的权属主及产权状况。

③ 每一地块在地表的位置,包括地理位置和几何位置。

④ 每一地块的数量和质量,包括地块的面积和土地等级。

⑤ 每一地块的利用情况,包括房屋及其他构筑物的利用情况。

综上所述,地籍测绘的成果应满足以下要求。

① 地籍测绘的成果应有统一性、连续性、法律性和现实性。

② 地籍测绘的成果应做到数据准确、完善、经济、合理,使其体现多用途性质。

③ 为满足多用途目的,地籍测绘的方法和数据处理存储的方法必须考虑到能将各种数据纳入综合信息处理系统,以便及时提供或交换处理各种信息。

7.6.2 地籍图的基本知识

地籍图是一种以土地权属界址、面积、类别、等级、质量、使用现状以及相关的地物、地貌的专用地图。它是国家整个国土管理、使用、开发的基础性资料,也是土地登记、发证和税收的重要依据,具有法律效力。

1. 地籍图的内容

地籍图主要由地籍要素、地理要素两部分内容组成。

(1) 地籍要素

地籍要素包括各级行政境界线、土地权属界、界址点和界址线、地籍编号、房产情况,土地利用类别、土地面积、土地等级等。

① 各级行政境界。

各级行政境界有国界、省、自治州、直辖市界,县、自治县、旗、县级市、乡、镇、区、村以及市、县、区等街道、巷道界等。

② 土地权属界。

土地权属界是指各企业、机关、团体、住户等用地权属范围线,也以不同宽度的线条表示,或者用围墙、栅栏、道路、河沟等作为土地权属界,它是地籍图的主要内容之一。被权属界线所封闭的地块称为宗地。土地权属界是以宗地为单位的。

③ 界址点和界址线。

宗地的界址点和界址线是地籍图上数量较多且较主要的内容。界址点用 0.8 mm 直径的小圆圈表示,界址线用宽 0.3 mm 的线段表示。界址点的坐标应通过测量方法获得,界址点应在街道范围内统一编号。

④ 地籍编号。

地籍编号以行政区为单位,按街道、宗地两级编号。较大城市可按街道、街坊、宗地三级编号。

⑤ 房产情况。

房产情况通常按房产的产权类别、位置、结构、层次、建筑面积等内容表示。

根据国家测绘局《地籍测绘规范》(CH 5002—1994),房产性质划分为公产、代管产、托管产、拨用产、全民单位自管公产、集体单位自管公产、私产、中外合资产、外产、军产和其他产等 11 类。

根据国家统计局标准,房屋结构可划分为钢结构、钢和钢筋混凝土结构、钢筋混凝土结构、混合结构、砖木结构和其他结构六大类。

⑥ 土地利用类别。

经调查后，土地利用类别用相应的符号表示在地籍图上。城市是按土地利用现状一级分类的图式符号表示的，在宗地后加注分类符号；乡村是按土地利用现状二级分类的图式符号表示的，在地块号旁加注分类符号。非农业用地则按城市一级分类的图式符号注记。

⑦ 土地面积。

地籍图上用数字表示宗地面积及该宗地中建筑占地面积。城市中按宗地注记，单位为平方米；乡村除按权属单位的用地范围注记，有时还注记地块面积，单位为公顷或亩，乡村住宅基地面积以平方米为单位注记。

⑧ 土地等级。

土地等级经土地管理部门划定后，必须用规定的符号表示在地籍图上。城市是在街道号后或者是在宗地后加注等级字符表示的；乡村通常是在宗地后加注土地等级字符表示的。特殊情况下，也可在地块后加注土地等级字符。

(2) 地理要素

地理要素包括作为界标物的地物、房屋及其附属设施、工矿企业露天构筑物、固定粮仓、公共设施、广场、空地；道路，包括铁路、公路、城镇街巷、行人道、农村大车道、乡村路、小路等；水系，包括河流、湖泊、水库、池塘、海岸、滩涂、水利设施等；垣栅等线状物；农村划分的块地；地形起伏变化较大地区的高程注记点；地理名称注记等。

2. 地籍图比例尺和分幅编号

世界各国的地籍图比例尺标准不一，我国地籍图比例尺，主要是以满足土地使用价值和经济价值的需要选择的。一般规定城镇地区地籍图比例尺为 1∶500、1∶1000、1∶2000，农村地区地籍图比例尺为 1∶5000、1∶10000，农村居民地(又称宅基地)地籍图比例尺可选用 1∶1000、1∶2000。

比例尺为 1∶5000、1∶10000 地籍图的分幅与编号与同比例尺的地形图相同，均按梯形分幅法进行。比例尺为 1∶500、1∶1000、1∶2000 的地籍图采用 50 cm×50 cm 正方形分幅。图幅编号采用 6 位数字表示，前 4 位数由图幅西南角 y 坐标和 x 坐标各两位千米数(即十位和个位数)组成，用大字号表示。后两位是比例尺编号，用小字号 00 表示一幅 1∶2000 的图；10、20、30、40 依次表示由一幅 1∶2000 的图幅划分为 4 幅图中的一幅 1∶1000 的图；11、12、13、14、21、22、23、24、…、44 依次表示由一幅 1∶2000 的图幅划分为 16 幅图中一幅 1∶500 的地籍图，如图 7-12 所示。

7.6.3 地籍图的测绘

地籍图的测绘仍须遵循“先控制，后碎部”的原则。地籍控制测量包括基本控制测量与图根控制测量，基本控制点和图根控制点的密度应根据测区内建筑物的疏密程度和通视条件而定，以满足地籍要素测绘的要求为原则，一般每隔 100～200 m 应有一点。控制测量应采用国家统一坐标系，也可采用地方坐标系，采用地方坐标系时应与国家坐标系连测，具体的一些要求可参见《地籍测绘规范》(CH 5002—1994)。

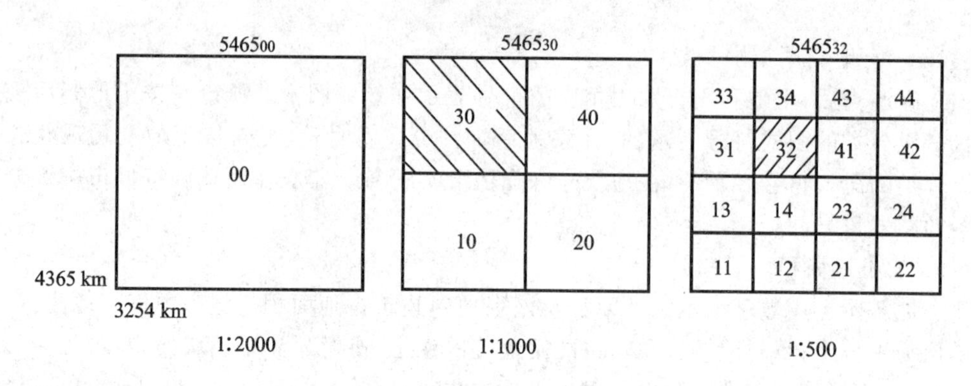

图 7-12 地籍图的比例尺与分幅

在地籍控制测量完成之后,再根据控制点测绘地籍图。地籍图的测绘方法一般有解析法、部分解析法、图解法和航测法四种。

1. 解析法

这种方法在野外采集成图数据,直接测定全部界址点和重要地物点的坐标,然后在室内根据需要随时展绘不同比例尺的地籍图。测图前,应先周密布设密度较大的图根控制点或测站点,然后用经纬仪、测距仪或全站仪设站测定各界址点和地物点的坐标。一般可按先易后难,先外后内,先界址点后地物点的次序测图。在宗地内部无法设站观测时,可按解析几何的方法来求解坐标。

根据测定的坐标和需要的比例尺利用展点仪和展点工具,依次展绘各界址点和地物点,按照图示符号要求,连接相关的点和线,以人工方法绘制出地籍图。也可采用计算机绘图,只要将坐标和有关的成图元素输入计算机,就能自动绘制地籍图。

2. 部分解析法

部分解析法是在测区内先用解析法实测街坊外围的界址点坐标,再将这些点展绘到图上的方法。对于那些街坊内部无法直接观测的界址点和建筑物主要特征点,可按距离交会法、直角坐标法等几何关系补充绘制到图上。大宗地内的地物可以用平板仪测绘,测绘时可直接在已展绘好的解析界址点的薄膜上进行。

部分解析法具有精度较高、速度较快、比全解析法更易于实现等优点,但精度不够均匀。

3. 图解法

平板仪测图是图解法中最常用的测图方法,它可测绘不同比例尺的地籍图。平板仪测地籍图的方法,与测地形图类似。先在图上展绘出测图控制点,然后在现场设站用极坐标法和距离交会法进行碎部测量。先测绘宗地界址点展示宗地位置,再按宗地由外到内的次序测绘相关的地籍和地物要素,这样可以减少测绘的错误。

4. 航测法

航测法适用于大面积的地籍测绘工作。其优点是外业工作量小、成本低、效率高、现势性好,可得到数字地籍图,是实现自动化测绘的一种方法。随着航测技术的发展,航测法现已可应用在大比例尺的地籍测绘工作中。其具体方法见第 7.5 节。

【本章要点】

本章共分6节，主要介绍了大比例尺地形图的测绘方法及地籍图的测绘方法。要点有碎部点选择、全站仪数字化测图、GNSS-RTK数字测图方法、地形图的绘制、地籍图的测绘方法。

【思考和练习】

7.1 测图前应做哪些准备工作？

7.2 何谓地形特征点？它在测图中有何作用？

7.3 如何选取地形特征点？

7.4 简述全站仪数字测图系统的数字测图过程。

7.5 简述GNSS-RTK数字测图过程。

7.6 简述CASS成图过程。

7.7 航摄相片与地形图有什么区别？

8 地形图的应用

地形图的一个突出特点是其具有可量性和可定向性。设计人员可以在地形图上做定量分析，如可以确定某点的平面坐标及高程；确定图上两点间的距离和方位；确定图上某部分的面积、体积；了解地面的坡度、坡向；绘制某方向线上的断面图；确定汇水区域和场地平整填挖边界等。地形图的另一个特点是综合性和易读性。在地形图上所提供的信息内容非常丰富，如具有居民地、交通网、境界线等各种社会经济要素，以及水系、地貌、土壤和植被等自然地理要素，还有控制点、坐标格网、比例尺等数字要素，此外还有文字、数字和符号等各种注记，尤其是大比例尺地形图更是建筑工程规划、设计、施工和竣工管理等不可缺少的重要资料。因此，正确地识读和应用地形图，是建筑工程技术人员必须具备的基本技能。

8.1 地形图的识读

8.1.1 地形图识读的目的

大比例尺地形图是各项工程规划、设计和施工的重要地形资料。

在规划设计阶段，地形图的作用如下：

① 可以地形图为底图，进行总平面的布设；

② 根据需要在地形图上进行量算工作，以便因地制宜地进行合理的规划和设计。

为了能正确地应用地形图，首先要能看懂地形图。地形图用各种规定的符号和注记表示地物、地貌及其他有关资料，识读这些符号和注记，才能使地形图成为展现在人们面前的实地立体模型，并判断其相互关系和自然形态。

8.1.2 地形图识读的内容

1. 地形图注记的识读

根据地形图图廓外的注记，可全面了解地形的基本情况：地形图的比例尺、测图日期、图廓坐标、接图表、坐标系统、高程系统、等高距等。

2. 地物和地貌的识读

分析、研究地形图时，主要是根据 GB 20257 系列标准规定的符号、等高线的性质和测绘地形图时综合取舍的原则来识读地物、地貌。

3. 识读地形图注意事项

由于各项建设的发展，地面上的地物、地貌不是一成不变的。因此，在应用地形图进行规划以及解决工程设计和施工中的各种问题时，除了要细致地识读地形图，还要进行实地勘察，以便对建设用地作出全面正确的了解。

按以上读图的基本程序和方法，可对一幅地形图获得较全面的了解，以达到真正读懂地形图的目的，为用图打下良好的基础。

8.2 地形图应用的基本内容

8.2.1 求图上某点的平面坐标

地形图上某点的坐标，可根据格网坐标用图解法求得。

如图 8-1 所示，欲求图上点 P 的直角坐标，应先通过点 P 作平行于直角坐标格网的纵横直线，交邻近的格网线于点 A、B、C、D；按地形图比例尺量出 CP 和 AP 的距离，则可求出点 P 的坐标为

$$x_P = x_C + CP = (3813000 + 395)\ \text{m} = 3813395\ \text{m}$$

$$y_P = y_A + AP = (40541000 + 495)\ \text{m} = 40541495\ \text{m}$$

为了提高坐标量算的精度，必须考虑图纸伸缩变形的影响（精度要求高），如图 8-1所示。此时还应量取 AB 和 CD 的长度，按下式计算

$$\left.\begin{aligned} x_P &= x_C + \frac{CP}{CD}l \\ y_P &= y_A + \frac{AP}{AB}l \end{aligned}\right\} \tag{8-1}$$

式中 l——相邻格网线间的距离，故

$$x_P = \left(3813000 + \frac{395}{999} \times 1000\right)\ \text{m} = 3813395.4\ \text{m}$$

$$y_P = \left(40541000 + \frac{495}{1000} \times 1000\right)\ \text{m} = 40541495.0\ \text{m}$$

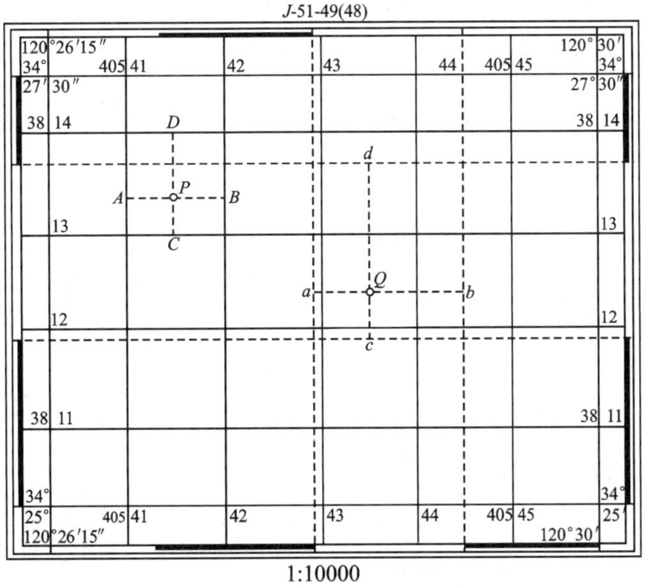

图 8-1 在图上量测点的坐标和距离

8.2.2 求图上某点的高程

地形图上任一点的高程,可以根据等高线及高程注记确定。

如果某点正好位于等高线上,则此点的高程即为该等高线高程。如图 8-2 所示的点 p,可看出 $H_p=27$ m。若所求点不在等高线上,则可用比例内插法确定该点的高程。

如图 8-2 的点 k,过点 k 作一条大致垂直并相交于相邻等高线的线段 mn,量取 mn 的长度 d 和 mk 的长度 d',点 k 的高程 H_k 可按下式求得

$$H_k=H_m+\frac{d'}{d}h \tag{8-2}$$

式中 h—— 等高距(m),在图中 $h=1$ m;

H_m——点 m 的高程。

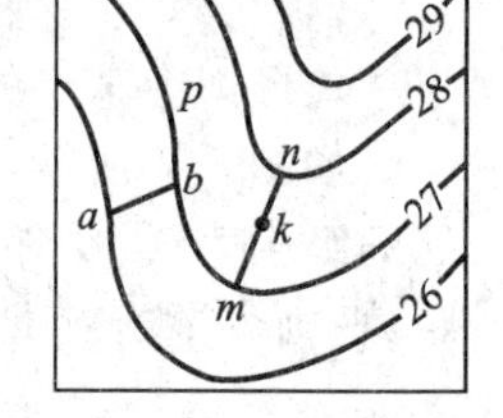

图 8-2 确定图上某点的高程

当精度要求不高时,也可用目估内插法确定待定点的高程。

8.2.3 求图上两点间的水平距离

图上两点间的直线距离,可用以下两种方法确定。

1. 直接量测(图解法)

用分规在图上直接量出线段长度,再按图示比例尺计算,即可得其水平距离;也可用毫米尺量取图上长度并按比例尺换算为实际水平距离,但此法容易受图纸伸缩的影响。

2. 解析法

当距离较长时,为了消除图纸变形的影响以提高精度,可用两点的坐标计算距离,即

$$D_{AB}=\sqrt{(x_B-x_A)^2+(y_B-y_A)^2}=\sqrt{\Delta x_{AB}^2+\Delta y_{AB}^2} \tag{8-3}$$

确定曲线长度最简便的方法是用一细线使之与图上待量的曲线吻合,在细线上作出两端点的标记,然后量取细线两标记之间的长度,再按比例尺确定曲线的实地长度。

若图解坐标的求得考虑了图纸伸缩变形的影响,则解析法求距离的精度高于图解法的精度。若图纸上绘有图示比例尺,则一般用图解法量取两点间的距离,这样既方便,又能保证精度。

8.2.4 求图上某直线的坐标方位角

在图 8-3 中,直线 AB 的坐标方位角可用以下两种方法求解。

1. 图解法

如图 8-3 所示,求直线 AB 的坐标方位角。

先过 A、B 两点精确地作平行于坐标格网纵线的直线,然后用量角器量测 AB 的坐标方位角 α_{AB} 和 BA 的坐标方位角 α_{BA}。

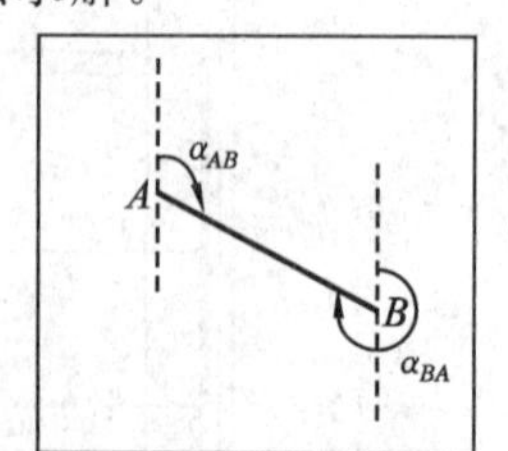

图 8-3 确定坐标方位角

同一直线的正反坐标方位角之差为 180°,但由于量测存在误差,设量测结果为 α_{AB}' 和 α_{BA}',则

$$\alpha_{AB}=\frac{1}{2}(\alpha'_{AB}+\alpha'_{BA}\pm 180°) \tag{8-4}$$

按图 8-3 中的情况，式(8-4)右边括弧中应取“－”号。

2. 解析法

先求出 A、B 两点的坐标，再按式(8-5)计算 AB 的坐标方位角。

$$\alpha_{AB}=\arctan\frac{(y_B-y_A)}{(x_B-x_A)}=\arctan\frac{\Delta y_{AB}}{\Delta x_{AB}} \tag{8-5}$$

当直线较长时，解析法可取得较好的结果。

8.2.5 求图上两点间地面的坡度

设地面两点间的水平距离为 D，高差为 h，高差与水平距离之比 i 称为坡度，常以百分率(%)或千分率(‰)来表示坡度。

$$i=\frac{h}{D}=\frac{h}{dM} \tag{8-6}$$

式中 d——图上两点间的长度，单位 m；

M——地形图比例尺分母。

如图 8-2 的 a、b 两点，其高差 h 为 1 m，若量得图上 ab 的长为 1 cm，地形图比例尺为 1∶5000，则 ab 线段的地面坡度为

$$i=\frac{h}{dM}=\frac{1}{0.01\times 5000}=2\%$$

如果直线两端位于两条相邻等高线上，则所求的坡度与实地坡度相符。如果两点间的距离较长，中间通过多条疏密不等的等高线，则上式所求地面坡度为两点间的平均坡度，与实际坡度不完全一致。

8.2.6 按限制坡度在地形图上选线

在设计铁路、公路、渠道等线路工程时，常常需要定出一条要求不超过规定坡度的最短线路。

【例 8-1】 设从公路上的点 A 到高地点 B 要选择一条公路线，要求其坡度不大于 5%（限制坡度）。设计用的地形图比例尺为 1∶2000，等高距为 1 m，如图 8-4 所示。

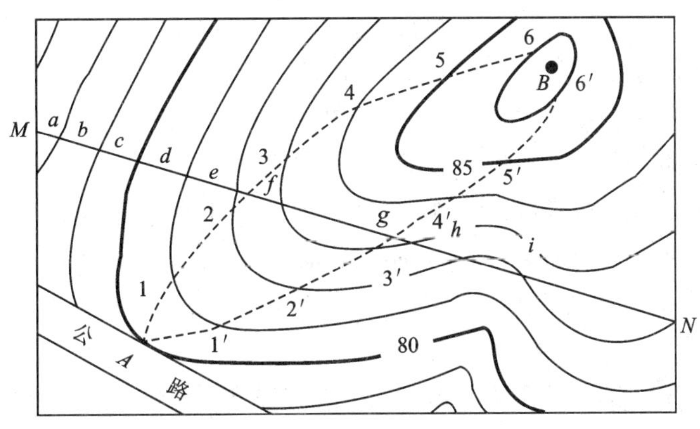

图 8-4 利用地形图选线

(1) 按限定坡度求相邻两等高线间的最小平距 d

$$d=\frac{h}{iM}=\frac{1}{0.05\times 2000}\mathrm{m}=0.01\ \mathrm{m}=1\ \mathrm{cm}$$

(2) 在相邻等高线上找出满足限坡且水平距离大于或等于 d 的点

① 起始等高线上点 A 为圆心,以 d 为半径画弧交 81 m 等高线于点 1。

② 再以点 1 为圆心,以 d 为半径画弧,交 82 m 等高线于点 2,以此类推,直到点 B 附近为止。

③ 然后连接点 $A,1,2,\cdots,B$,便在图上得到符合限制坡度的路线。这只是点 A 到点 B 的路线之一。

④ 还需另选一条路线,如 $A,1',2',\cdots,B$。

在此处要注意的是,如遇等高线之间的平距大于 d,以 d 为半径的圆弧将不会与等高线相交,这说明坡度小于限制坡度,路线方向可直接与相邻等高线相连。

(3) 选择最短路线或最佳方案

要在所有选取的线路中选择最短线路。若考虑其他因素,如少占农田、建筑费用最少、避开塌方或崩裂地带等,则要确定路线的最佳方案。

8.2.7 按图上一定方向绘制纵断面图

在道路、管线等工程的设计规划中,常需了解线路方向上的地面起伏情况,因此可利用地形图绘制线路方向的断面图。

断面图就是表现某一方向的地面高低起伏情况的图样,是以距离为横坐标,高程为纵坐标绘出的图。这里所说的纵断面图是沿着线路中线方向绘出的断面图。它反映沿线路方向的地面起伏情况,可进行填挖方量的概算,合理确定线路的纵坡等。纵断面图可以在现场实测,也可以从地形图上获取资料而绘出。

根据地形图来绘制纵断面图的方法如下(以绘出图 8-4 中直线 MN 方向的纵断面图为例)。

① 先量出直线 MN 与各等高线交点 $a,b,c,\cdots,i$ 等到 M 的距离,以与地形图相同的比例尺或其他适宜的比例尺将其展绘在横坐标轴上(见图 8-5 中的 $a,b,c,\cdots$)。

② 过横坐标轴上展绘的各点作横坐标轴的垂线,根据各点的高程,再按一定比例在各自的垂线上绘出相应的高程,就得出相应的地面点。

③ 在山头、鞍部、山脊、山谷处应设加点(图 8-5 上点 f、g 和点 h、i 之间),用内插法求得加点的高程并将其展绘在相应与横坐标轴垂直的垂线上。

④ 用光滑的曲线将上述各地面点连接起来,就绘出了沿直线 MN 方向的断面图。

绘制断面图时,为了使地面的起伏变化更加明显,一般高程比例尺是水平距离比例尺的 10~20 倍。

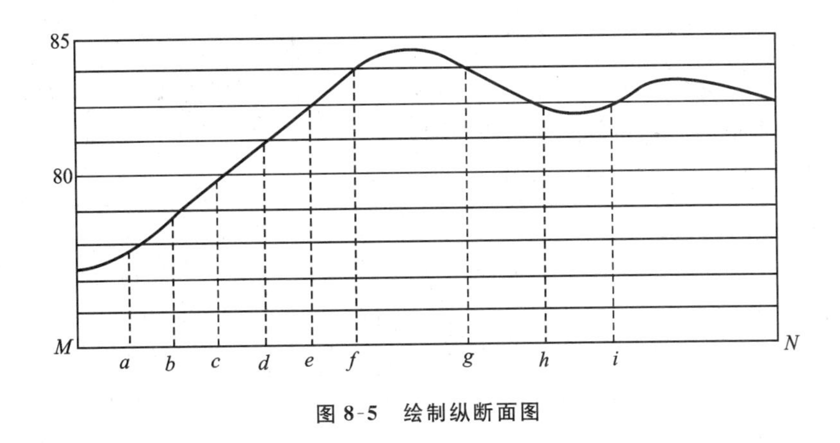

图 8-5 绘制纵断面图

8.3 面积计算

8.3.1 面积计算

在工程规划设计中,常需要在地形图上量算一定轮廓范围内的面积。下面介绍几种常见的方法。

1. 多边形面积量算

(1) 几何图形法

如果图形是由直线连接的闭合多边形,则将多边形分成若干个三角形和梯形,如图 8-6 所示,利用三角形和梯形计算面积的公式计算出各简单图形的面积,它们的面积之和即为多边形面积。核算时,可将其变换成简单图形或图形元素(如改变三角形的底和高)进行重算。最后根据地形图的比例尺进行换算后可得实地面积。

(2) 坐标计算法

如果欲求面积的图形为任意多边形,且各顶点的坐标已知,则可根据公式计算面积。如图 8-7 所示,$ABCD$ 为任意四边形,各顶点 A、B、C、D 的坐标按顺时针方向

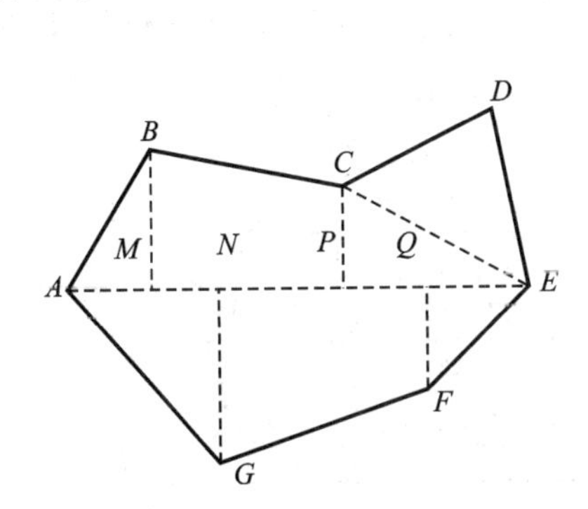

图 8-6 多边形计算面积

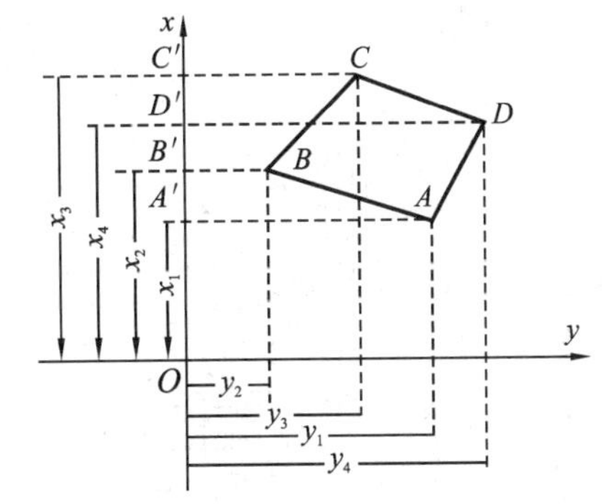

图 8-7 坐标法计算面积

编号,分别为(x_1,y_1)、(x_2,y_2)、(x_3,y_3)、(x_4,y_4),各顶点向 x 轴投影得 A'、B'、C'、D'点,则四边形 $ABCD$ 的面积,等于 $C'CDD'$的面积加 $D'DAA'$的面积减去 $C'CBB'$和 $B'BAA'$的面积。四边形 $ABCD$ 的面积为

$$\begin{aligned}S&=\frac{1}{2}[(y_3+y_4)(x_3-x_4)]+\frac{1}{2}[(y_4+y_1)(x_4-x_1)]\\&\quad-\frac{1}{2}[(y_3+y_2)(x_3-x_2)]-\frac{1}{2}[(y_2+y_1)(x_2-x_1)]\\&=\frac{1}{2}[x_1(y_2-y_4)+x_2(y_3-y_1)+x_3(y_4-y_2)+x_4(y_1-y_3)]\end{aligned}$$

若图形有 n 个顶点,则上式可推广为

$$S=\frac{1}{2}[x_1(y_2-y_n)+x_2(y_3-y_1)+\cdots+x_n(y_1-y_{n-1})]$$

即
$$S=\frac{1}{2}\sum_{i=1}^{n}x_i(y_{i+1}-y_{i-1})\tag{8-7}$$

若将多边形各顶点投影于 y 轴,同理推出

$$S=\frac{1}{2}\sum_{i=1}^{n}y_i(x_{i+1}-x_{i-1})\tag{8-8}$$

2. 不规则图形面积量算

(1) 透明方格纸法

如图 8-8 所示,要计算曲线内的面积时,可将一张透明方格纸覆盖在图形上,数出图形内的整方格数 n_1 和不足一整格的方格数 n_2。设每个方格的面积为 a(当为毫米方格时,$a=1\ \mathrm{mm}^2$),则曲线围成的图形面积可按式(8-9)计算

$$S=\left(n_1+\frac{1}{2}n_2\right)aM^2\tag{8-9}$$

式中 M——比例尺分母。计算时应注意 a 的单位。

(2) 平行线法

如图 8-9 所示,将绘有等间隔平行线的透明纸蒙在待求面积的图形上,并使其中两条平行线与曲线边缘相切,则图形被分割成若干个长条,每一个长条可近似按照梯形来计算面积。梯形的高为平行线间隔 h,图形分割各平行线的长度为 $l_1,l_2,\cdots,$

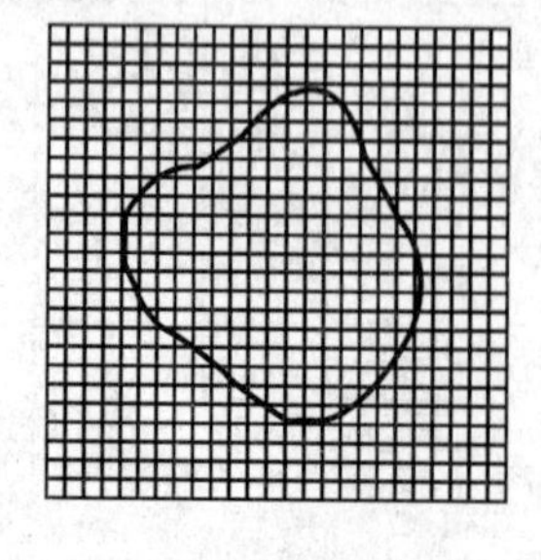

图 8-8 透明方格纸法求面积

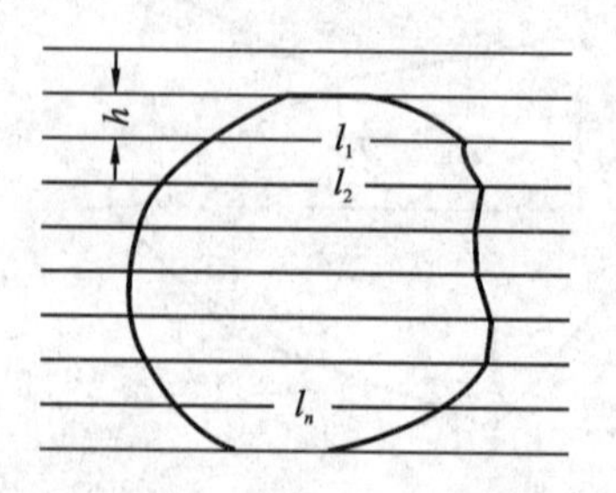

图 8-9 平行线法求面积

l_n，则各梯形面积分别为

$$S_1=\frac{1}{2}h(0+l_1)$$

$$S_2=\frac{1}{2}h(l_1+l_2)$$

$$\vdots$$

$$S_n=\frac{1}{2}h(l_{n-1}+l_n)$$

$$S_{n+1}=\frac{1}{2}h(l_n+0)$$

则图形总面积为

$$S=S_1+S_2+\cdots+S_{n+1}=h\sum_{i=1}^{n}l_i \tag{8-10}$$

式中　S——图形面积(m)；

l_1、l_2、…、l_n——梯形底边长度(m)；

h——平行线间距(m)。

(3) 求积仪法

求积仪是一种专门供图上量算面积的仪器。

求积仪操作简便、速度快，适用于任意图形的面积量算，且能保证一定的精度，有电子求积仪和机械式求积仪两种。

电子求积仪是采用集成电路制造的一种新型求积仪，此仪器设定图形比例尺和计量单位后，将描迹镜中心点沿曲线推移一周，就会在显示窗上自动显示图形的面积和周长。当图形为多边形时，只要依次描对各顶点，就可自动显示其面积和周长。

8.3.2 在地形图上确定汇水面积

跨越河流、山谷修筑道路时，必须建桥梁或涵洞，兴修水库必须筑坝拦水。桥梁涵洞孔径的大小、水坝的设计位置与坝高、水库的蓄水量等都要根据这个地区的降水量和汇水面积来确定。雨水流向同一山谷地面的受雨面积称为汇水面积。汇水面积由一系列的分水线连接而成。

确定汇水面积首先要确定汇水面积的边界线，而汇水面积的边界线是由一系列的山脊线和路堤或大坝连接而成的。由图 8-10 可以看出，由山脊线 $bcdefga$ 与公路上的 ab 线段所围成的面积，就是这个山谷的汇水面积。汇水面积可用透明方格纸法、平行线法或电子求积仪法测定。求得汇水面积后，再结合气象水文资料，确定流经公路桥涵 m 处的水流量。

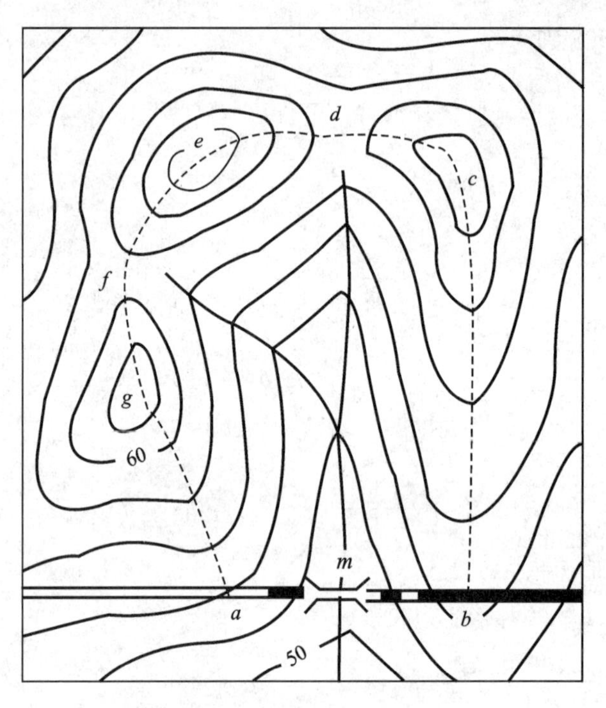

图 8-10 确定汇水面积

8.4 地形图在平整场地中的应用

建筑工程除要进行合理的平面布置外,往往还要对建筑场地进行平整,使平整后的场地适合布置建筑物和施工、排水、交通运输和敷设地下管线等。场地平整时要计算填挖方量和填挖方量的平衡以及其他要求等工作。常用的土方量计算方法有方格网法与断面法两种,这项工作可依据地形图进行。当土方量计算精度要求较高时,须在现场实测方格网图、断面图。现依平整时的不同要求介绍几种土石方的计算方法。

8.4.1 方格网法

1. 平整为水平场地

如图 8-11 所示,欲将 40 m 见方的 *ABCD* 坡地平整为某一高程的平地,要求填、挖方量平衡,具体方法如下所述。

(1) 绘制方格网

在地形图上拟平整土方的区域绘制方格网,方格的大小取决于地形的复杂程度、地形图比例尺和土方量概算的精度。一般取小方格的实地边长为 10 m 或 20 m,图中为 10 m。

(2) 计算设计高程

根据地形图上的等高线,用内插法求出各方格顶点的地面高程,标注在方格顶

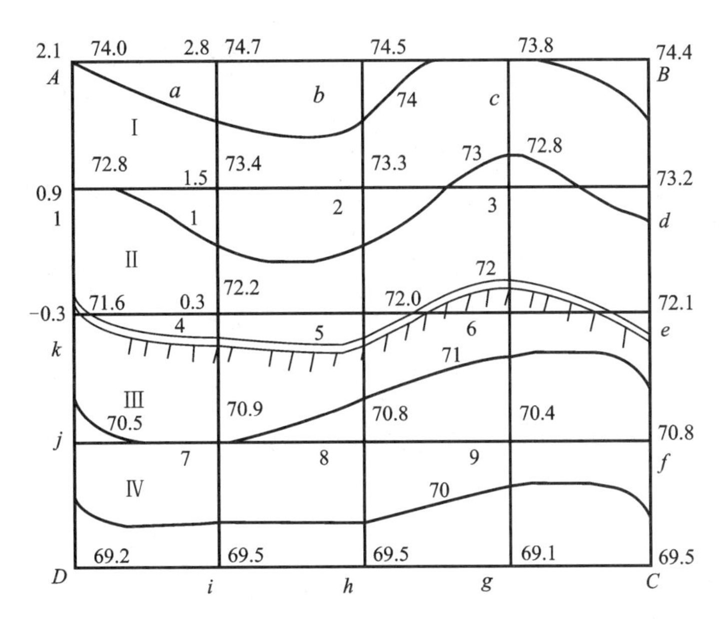

图 8-11 利用地形图平整水平场地

点的右上方。分别求出各方格四个顶点的平均高程 $H_i(i=1,2,\cdots,n)$，然后将各方格的平均高程求和并除以方格总数 n，即得到设计高程 $H_{设}$。根据图 8-11 中的数据，求得设计高程为 71.9 m。

(3) 绘制填、挖边界线

根据 $H_{设}=71.9$ m，在地形图上用内插法绘出 71.9 m 等高线，该线就是填、挖边界线，如图 8-11 所示标短线的等高线。

(4) 计算填、挖高度

$$填(挖)高度=地面高程-设计高程 \tag{8-11}$$

按式(8-11)计算出每一方格顶点的填、挖高度，标注在对应顶点的左上方。

(5) 计算填、挖方量

计算填、挖方量有两种情况：一是整个方格都是填方或都是挖方，如图 8-11 所示方格Ⅰ或Ⅳ；另一种是既有填方又有挖方，如图 8-11 所示方格Ⅱ或Ⅲ。

设 $V_{Ⅰ挖}$ 为方格Ⅰ的挖方量，$V_{Ⅱ挖}$ 和 $V_{Ⅱ填}$ 分别是方格Ⅱ的挖方量和填方量，则

$$V_{Ⅰ挖}=S_{Ⅰ挖}\times(2.1+2.8+0.9+1.5)/4=1.825\times S_{Ⅰ挖}$$

$$V_{Ⅱ挖}=S_{Ⅱ挖}\times(0.9+1.5+0+0+0.3)/5=0.54\times S_{Ⅱ挖}$$

$$V_{Ⅱ填}=S_{Ⅱ填}\times[0+0+(-0.3)]/3=-0.1\ S_{Ⅱ填}$$

式中 $S_{Ⅰ挖}$——方格Ⅰ的挖方面积；

$S_{Ⅱ挖}$ 和 $S_{Ⅱ填}$——方格Ⅱ的挖方和填方面积。

根据各方格的填、挖方量，可求得场地的总填、挖方量，填、挖方总量应基本平衡。

2. 平整为倾斜场地

有时为了充分利用自然地势，减少土石方工程量，以及场地排水的需要，在填挖平衡的原则下，可将场地平整成具有一定坡度的倾斜面。如图 8-12 所示，要求将该地面铲成倾斜面，且斜面要通过地面上 A、B、C 三点，即 A、B、C 三点的高程为不能随

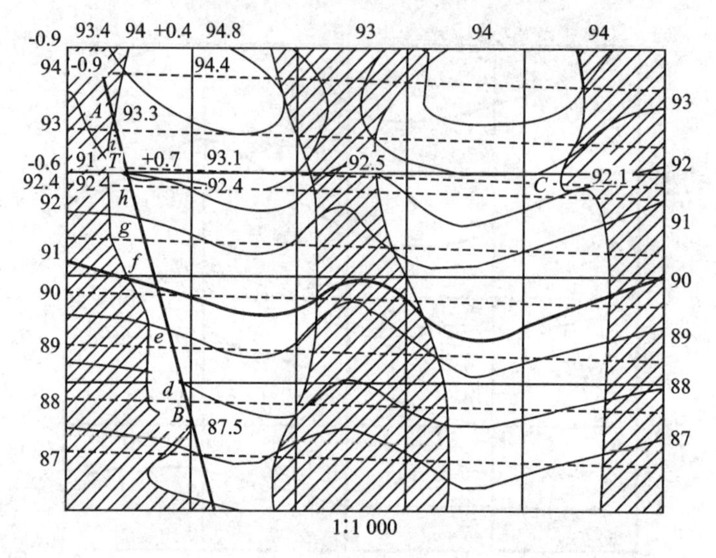

图 8-12 倾斜面的平整

意变动的不填不挖点,设其高程分别为 93.3 m、87.5 m、92.4 m。其具体步骤如下。

(1) 确定等高线的平距

将 A、B、C 三点中的最高、最低点如点 A、B 连线,按 A、B 两点的高程差与平距等比例内插通过其间的 88 m、89 m、90 m、91 m、92 m、93 m 等高线的通过点 d,e,f,…,i 以及 92.4 m 等高线通过点 T 等。

(2) 确定等高线的方向

连接 TC 线,此即为倾斜面等高线的方向线。因倾斜面的等高线为一组间距相等互相平行的直线,故过 d、e、f 等点作平行于 TC 的直线(图中虚线),即为过 A、B、C 三点的设计倾斜面的等高线。

(3) 确定填、挖边界线

地面上等高线与倾斜面等高线的交点即为不填不挖点,连接这些点的曲线即为填挖边界线。图 8-12 中,画斜线部分表示填方,其余为挖方。若在实地用桩定出填挖边界线,按填挖边界将挖方地带的土方填入填方地带后则形成包含 A、B、C 三点自北向南倾斜的倾斜面。

(4) 绘制方格网

方法同第 8.4.1 节"1. 平整为水平场地"的步骤之(1)。

(5) 确定各填、挖顶点的填、挖高度

如图 8-12 中西北角方格,依图上等高线确定各方格顶点的地面高程分别为 93.4 m、94.8 m、93.1 m、91.7 m,并将各数值注在相应顶点的右上方。依设计的等高线确定的各方格顶点高程分别为 94.3 m、94.4 m、92.4 m、92.3 m,其数值注在相应顶点的下方。据式(8-12)可得各顶点填、挖值分别为 −0.9 m、+0.4 m、+0.7 m 和 −0.6 m,注于相应顶点的左上方。

(6) 计算填、挖方量

方法同 8.4.1 节"1. 平整为水平场地"的步骤之(5)。

8.4.2 断面法

方格网法适用于地形起伏不大或地形变化比较有规律的场地。在地形起伏变化较大的地区或者道路、管线等线状建设场地，宜采用断面法来计算填、挖土方量。

如图 8-13 所示，$ABCD$ 是某建设场地的边界线，拟按设计高程 85 m 对建设场地进行平整，现采用断面法计算填方和挖方的土方量。根据建设场地边界线 $ABCD$ 内的地形情况，每隔一定间距(图 8-13 中距离为 1 cm)绘一垂直于场地左、右边界线 AD、BC 的断面图，图 8-14 中为 $A-B$、Ⅰ－Ⅰ 的断面图。由于设计高程定为 85 m，在每个断面图上，凡低于 85 m 的地面与 85 m 设计等高线所围成的面积即为该断面的填方面积，如图 8-14 中 S'_{A-B}、$S'_{\text{I}-\text{I}}$、$S''_{\text{I}-\text{I}}$，高于 85 m 的地面与 85 m 设计等高线所围成的面积即为该断面的挖方面积，如图 8-14 中的 S_{A-B}、$S_{\text{I}-\text{I}}$。

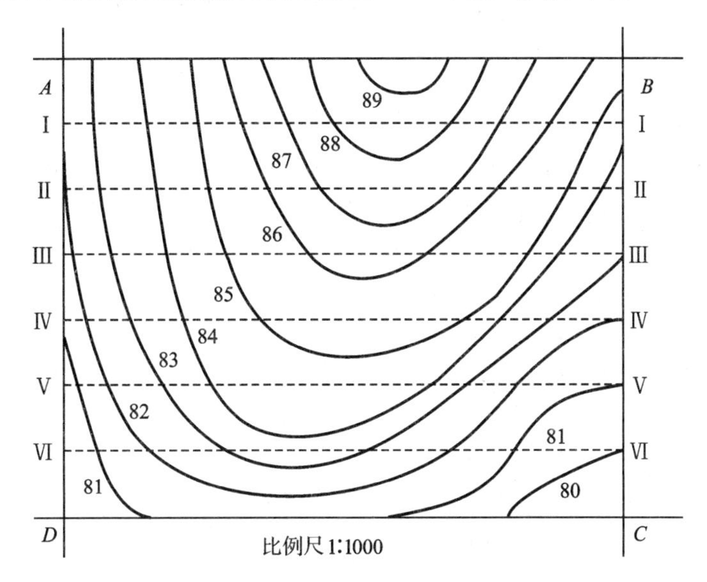

图 8-13 断面法计算土石方量

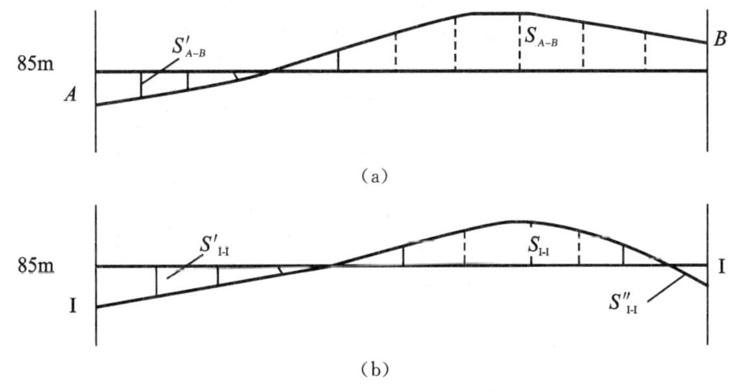

图 8-14 断面法计算面积

(a)$A-B$ 断面图；(b) Ⅰ－Ⅰ 断面图

分别计算出每一断面的总填、挖土方面积后，将相邻两断面的总填、挖土方面积分别相加取平均值，再乘上相邻两断面间距 L，即可计算出相邻两断面间的填、挖土方量。如在 A—B 断面与 Ⅰ－Ⅰ 断面间的填、挖土方量计算公式为

挖方
$$V_{A-\mathrm{I}}=\frac{1}{2}(S_{A-B}+S_{\mathrm{I-I}})\times L$$

填方
$$V'_{A-\mathrm{I}}=\frac{1}{2}(S'_{A-B}+S''_{\mathrm{I-I}}+S'_{\mathrm{I-I}})\times L$$

式中 V、V'——相邻断面间的挖、填土方量；

S——断面处的挖方面积；

S'、S''——断面处的填方面积；

L——相邻断面间距。

用同样的方法可以分别计算出其他相邻断面间的填、挖土方量，汇总后则可以计算出 $ABCD$ 场地的总填方量和总挖方量。

【本章要点】

本章介绍了地形图的识读，地形图在工程建设中的应用。重点介绍了地物、地貌的识读；应用地形图求某点坐标和高程，求某直线的方位角、长度和坡度；利用地形图量算图形面积、绘纵断面图、选坡度线、确定汇水面积，以及用地形图进行土石方计算。

【思考和练习】

8.1 简述地形图识读的基本过程。

8.2 在如图 8-15 所示 1∶2000 的地形图上，有 A、B 两点，用图解法求：

① A、B 两点的高程及连线的坡度；

② 从 A 到 B 选一条线路，规定线路的坡度为 3%。

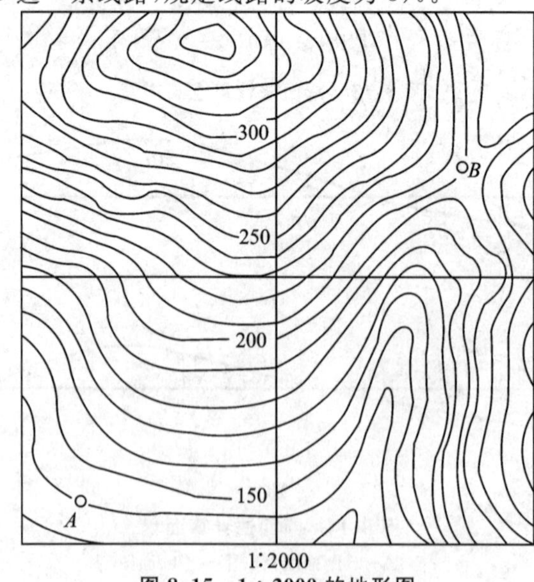

图 8-15　1∶2000 的地形图

8.3 根据图 8-16 所示的地形图作出 AB 方向的纵断面图。

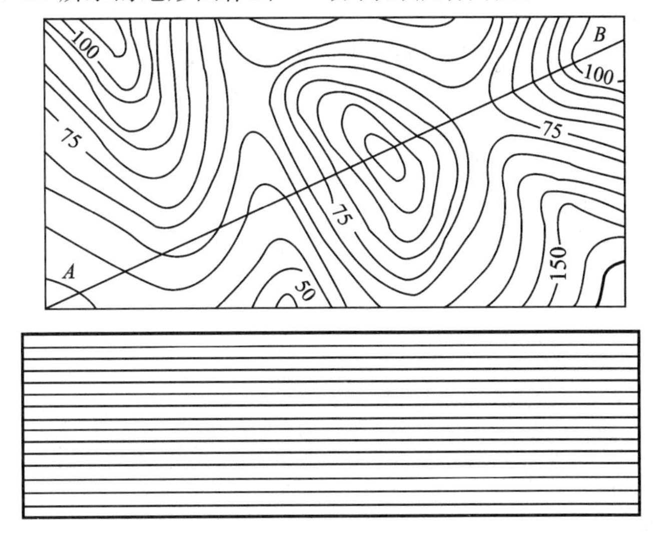

图 8-16 地形图

9 施工测量的基本工作

9.1 施工测量概述

9.1.1 概述

工程在施工阶段所进行的测量工作称为施工测量。

施工测量的任务是把图纸上设计的建筑物的平面位置和高程，按设计和施工的要求在施工作业面上测设出来，作为施工的依据，并在施工过程中进行一系列测量工作，以指导和衔接各施工阶段和工种间的施工。在整个施工阶段中，从建立施工控制网、场地平整，到建筑物的定位和放样，构件与设备的安装，都要进行一系列的测量。施工中每道工序完成后，都要测量检查工程实际平面位置和高程是否符合要求；为了检查基础沉降情况，在施工过程中及建筑物使用期间，需进行变形观测；为了便于建筑物使用过程中的管理、维修、扩建等，建筑工程完工后或告一段落时要做竣工测量。由此可见，施工测量工作贯穿于建筑施工阶段的全过程。

9.1.2 施工测量的特点

① 施工测量是直接为工程施工服务的，它必须与施工组织计划相协调。测量人员应与设计、施工人员密切联系，了解设计内容、性质及对测量精度的要求，随时掌握工程进度及现场的变动，使测设精度和速度满足施工的需要。

② 应选择合理的施工测量精度。施工测量的精度主要取决于建筑物的大小、性质、用途、材料、施工方法等因素。一般情况下，施工控制网的精度一般高于测图控制网的精度；高层建筑物的精度应高于钢筋混凝土厂房的要求精度；装配式建筑物的测设精度应高于非装配式建筑物的要求精度；连续生产自动作业线的厂房的测设精度高于非连续、非自动生产线的厂房的要求精度。精度要求过低，将会造成质量事故；精度要求过高，会使测设时花费过多的人力、物力和时间。

③ 施工现场交通频繁、各工序交叉作业、材料堆放及施工机械振动等，易使测量标志损坏。因此，测量标志从形式、选点到埋设均应考虑便于使用、保管和检查，如有损坏应及时恢复，以保证测量工作顺利进行。

④ 施工测量应先于施工做好一系列准备工作。现代建筑工程规模大、施工进度快、测量精度要求高，故在施工测量前应认真核对图纸上的尺寸与数据，检校好仪器和工具，制定合理的测设方案。在测设过程中，要注意人身和仪器安全。

9.2 测设的基本工作

测设就是将设计图纸上拟建的建(构)筑物的特征点(如轴线的交点)在地面标定出来,以便施工。测设的基本工作包括测设已知的水平距离、水平角和高程。

9.2.1 测设已知水平距离

1. 钢尺测设法

1) 一般方法

测设已知水平距离是从地面上一已知点开始,沿已知方向按给定的长度在地面上测设出另一端点的位置。为了校核,测设水平距离应测量两次。若相对误差在允许范围(一般为1/2000)内,则取其平均值作为最终结果。

2) 精确方法

当测设精度要求较高时,应按钢尺量距的精密方法进行测设。测设方法有两种:直接法和间接法。

(1) 直接法

此法适用于测设长度不足一整尺距离,且所用钢尺已经过鉴定,有尺长方程式。根据给定的水平距离 D 计算测设长度 D',具体步骤如下。

① 测出两点间的高差 h 和钢尺的温度 t;

② 计算出在实地测设的名义长度 D',即

$$D'=D-\Delta l_d-\Delta l_t-\Delta l_h \tag{9-1}$$

其中

$$\Delta l_d=\frac{\Delta l}{l_0}\times D=\frac{l'-l_0}{l_0}\times D$$

$$\Delta l_t=\alpha(t-t_0)\times D$$

$$\Delta l_h=-\frac{h^2}{2D}$$

式中 D—— 需要测设的水平距离;

Δl_d——尺长改正数;

Δl——钢尺尺长改正数;

l_0——钢尺的名义长度;

l'——钢尺的真实长度;

Δl_t——温度改正数;

α——钢尺的线胀系数,一般用 1.25×10^{-5}℃$^{-1}$;

t——测设时的温度;

t_0——钢尺的标准温度(20℃);

Δl_h——倾斜改正数；

h——两点间的高差。

③ 用标准拉力在给定方向上测设名义长度 D'，则得到设计距离 D。

(2) 间接法

此法适用于测设长度超过一整尺距离，设 A、B 两点间设计水平距离为 D，已知点 A 位置如图 9-1 所示。

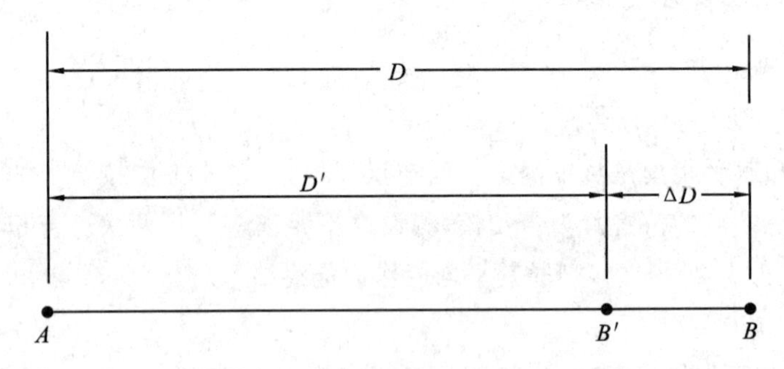

图 9-1　已知水平距离的精确测设

① 用一般方法先在地面上打下尺段桩 A 和终点桩 B'，用钢尺精密量距的方法量取每一尺段距离 l_i 和钢尺温度 t_i，用水准仪测得每一尺段高差 h_i；

② 对每一尺段距离 l_i 施加尺长、温度和倾斜三项改正数，求出精确水平距离 D'；

③ 计算 $\Delta D=D-D'$，沿 AB 方向量取 ΔD，当 ΔD 为正时，从 B'开始向外量；反之，则向内量。

【例 9-1】 设给定地面上 AB 两点的设计水平距离为 45 m。在 A、B 方向上用一般方法测量后打下一个整尺段桩和一个终点桩。经水准测量测得相邻桩之间的高差 $h_1=0.240$ m，$h_2=-0.118$ m。精密测量所用钢尺的名义长度 $l_0=30$ m，在检定温度 $t_0=20$℃时的实际长度 $l'=30.003$ m，线胀系数 $\alpha=1.25\times10^{-5}$℃$^{-1}$，试按间接法说明测设方法。

【解】 ①设量得的第一尺段长度为 29.985 m，测设时温度 $t=8$℃，则

$$\begin{aligned}D_1&=l_1+\frac{l'-l_0}{l_0}l_1+\alpha(t_1-t_0)\cdot l_1+\left(\frac{-h_1^2}{2l_1}\right)\\&=[29.985+(3.0\times10^{-3})+(-4.5\times10^{-3})+(-1.0\times10^{-3})]\ \text{m}\\&=29.9825\ \text{m}\end{aligned}$$

② 设量得的余尺段长度为 15.015 m，测设时温度 $t=10$ ℃，则

$$\begin{aligned}D_2&=l_2+\frac{l'-l_0}{l_0}l_2+\alpha(t_2-t_0)\cdot l_2+\left(\frac{-h_2^2}{2l_2}\right)\\&=[15.015+(1.5\times10^{-3})+(-1.9\times10^{-3})+(-0.5\times10^{-3})]\ \text{m}\\&=15.0141\ \text{m}\end{aligned}$$

故 $D'=D_1+D_2=(29.9825+15.0141)\ \text{m}=44.9966\ \text{m}$

因此 $\Delta D=D-D'=(45-44.9966)\ \text{m}=0.0034\ \text{m}$

ΔD 为正,向外量。$\Delta D=3.4\ \text{mm}$ 得到点 B。

2. 用光电测距仪测设水平距离

光电测距仪正日益普及,目前水平距离的测设,尤其是长距离的测设多采用光电测距仪。光电测距仪可自动进行气象改正并将倾斜距离改算成水平距离直接显示,如图 9-2 所示。

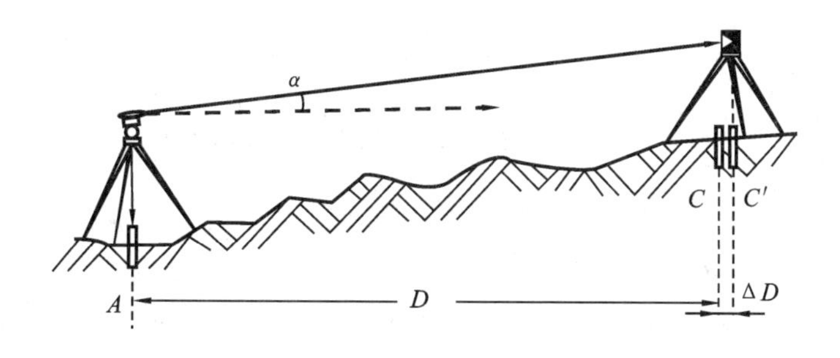

图 9-2 光电测距仪测设水平距离

① 将仪器安置在点 A,测出气温及气压并输入仪器,此时按测量水平距离功能键,一人手持反光镜杆立在点 C 附近的点 C',只要观测者瞄准棱镜,则在测距仪显示屏上就会显示测得的瞬时水平距离 D'。

② 计算 $\Delta D=D-D'$,用钢尺沿已知方向测设出 ΔD,即可定出点 C。

为了检核,应将棱镜安置于点 C,再实测 AC 的水平距离,所得误差应在限差之内,否则应再次进行改正,直至符合限差为止。

9.2.2 测设已知水平角

测设已知水平角就是在地面上已知一个方向,要测设出第二个方向,使两方向的夹角等于给定的设计角值。它与水平角测量的不同之处在于:水平角测量是地面上有三个桩已标明了两个方向,测量的是未知的角值;水平角测设是已知角值,地面上只有两个桩位,需标定第三个桩位。

1. 盘左、盘右分中法

当测设精度低于仪器一测回测角中误差时可采用盘左、盘右分中法测设。如图 9-3 所示,设 OA 为已知方向,要在点 O 以 OA 为起始方向顺时针方向测设 β 角。

① 在点 O 安置经纬仪,盘左位置照准目标 A,并将水平度盘配置在 $0°00'00''$(或任一读数 L)。松开照准部制动螺旋,顺时针方向转动照准部,使水平度盘读数为 β(或 $L+\beta$),沿视线方向量取定长 D,在地面上定出点 B'。

② 旋转望远镜成盘右位置,照准目标 A 读取水平度盘读数 R。转动照准部使水平度盘读数为 $R+\beta$,沿视线方向量取定长 D,在地面上定出点 B''。

③ 取 $B'B''$ 的中点为 B,则 $\angle AOB$ 即为设计的角值 β。

2. 精确方法

当测设水平角的精度要求高于仪器一测回测角中误差时可采用精确方法测设。如图 9-4 中 O、A 为已知点,测设一个已知角 β。

① 按一般方法测设出点 B_1,即 β 角值,再用测回法对 $\angle AOB_1$ 观测若干测回,测回数由精度要求决定,求出各测回的平均角值 β_1。

② 计算 $\Delta\beta$ 和 BB_1。

$$\Delta\beta=\beta-\beta_1$$

$$BB_1=OB_1\frac{\Delta\beta}{\rho''} \tag{9-2}$$

式中 ρ''——1 弧度对应的以分为单位的 60 进制角度,取 206265″。

③ 过点 B_1 作 OB_1 的垂线,再从点 B_1 沿垂线方向量取 BB_1,定出点 B,则 $\angle AOB$ 就是要测设的 β 角。注意 BB_1 的量取方向,向外量取还是向内量取取决于 $\Delta\beta$ 的正负值,当 $\Delta\beta$ 为正时,即 β 大于 β_1,向外量取;反之,则向内量取。

为检查测设是否正确,还需进行检查测量。

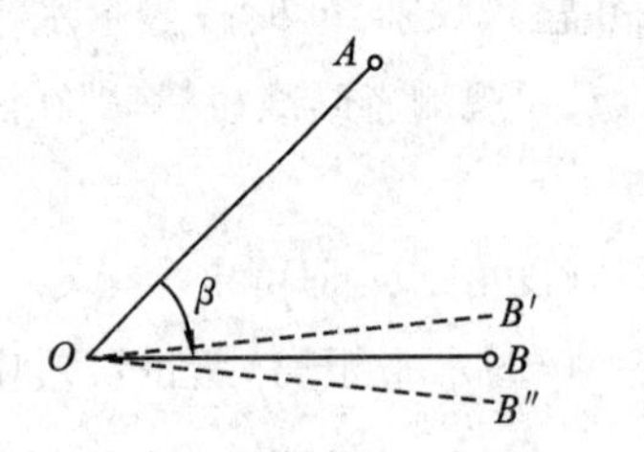

图 9-3 已知水平角一般测设

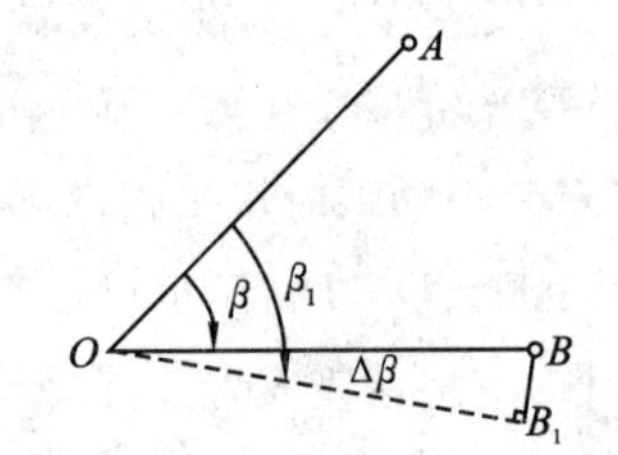

图 9-4 已知水平角精确测设

9.2.3 测设已知高程

根据附近的水准点,将设计的高程测设到现场作业面上,称为测设已知高程。在工程建设中,常要将点的设计高程测设到实地上,使桩顶或桩侧的高程等于点的设计高程。具体的操作步骤说明如下。

1. 将已知高程测设于地面

如图 9-5 所示,点 A 为已知水准点,其高程为 H_A,点 B 为待测设高程点,其设计高程为 H_B。

① 将水准仪安置在点 A 和 B 之间,后视点 A 水准尺的读数为 a,则点 B 的前视读数应为

$$b=(H_A+a)-H_B \tag{9-3}$$

② 将点 B 水准尺贴靠在木桩上的一侧,上下移动尺子直至前视尺的读数为 b 时,再沿尺子底面在木桩侧面画一红线,此线即为点 B 设计高程 H_B 的位置。

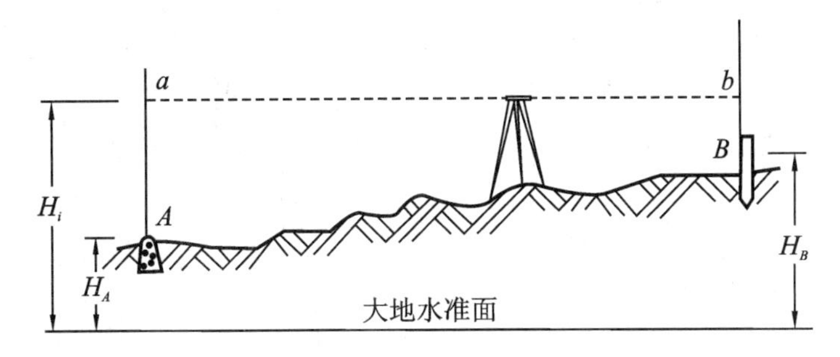

图 9-5　测设地面已知高程

2. 将已知高程测设于洞顶

在坑道掘进过程中，需要测设的高程点常常设置在洞顶上。如图 9-6 所示，设点 A 为已知高程点，点 B 为待测设的高程点。

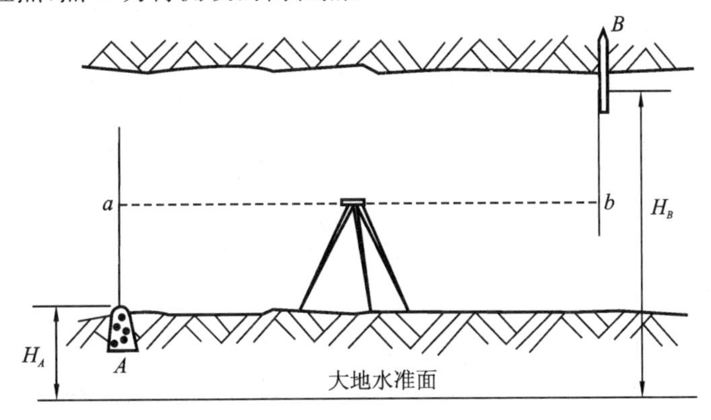

图 9-6　测设洞顶已知高程

① 选择适当位置安置水准仪，读取点 A 水准尺读数 a。

② 将水准尺倒立靠在点 B 木桩上，上下移动水准尺，当读数为 b 时水准尺的底为设计高程 H_B，应读数 b 为

$$b=H_B-(H_A+a) \tag{9-4}$$

因为　　$a-(-b)=h_{AB}=H_B-H_A$　（水准尺倒立的读数为负）

3. 将已知高程测设于高差较大之处

若测设的高程点和水准点之间的高差较大，如在深基坑内或在较高的楼层板面上测设高程点，则可用悬挂钢尺来代替水准尺测设给定的高程。

如图 9-7 所示，设已知水准点 A 的高程为 H_A，要在基坑内侧测设出高程为 H_B 的点 B 位置。

① 悬挂一根带重锤的钢尺，钢尺的零点在下。

② 在地面上适当位置安置水准仪，后视点 A，水准尺读数为 a_1，前视钢尺，读数为 b_1。

③ 再在坑内安置水准仪，后视钢尺，读数为 a_2，当前视水准尺读数为 b_2 时，沿尺子底面在基坑侧壁钉一水平木桩，则木桩顶面即为点 B 的高程。

点 B 的前视水准尺读数 b_2 为

$$b_2=H_A+a_1-b_1+a_2-H_B \tag{9-5}$$

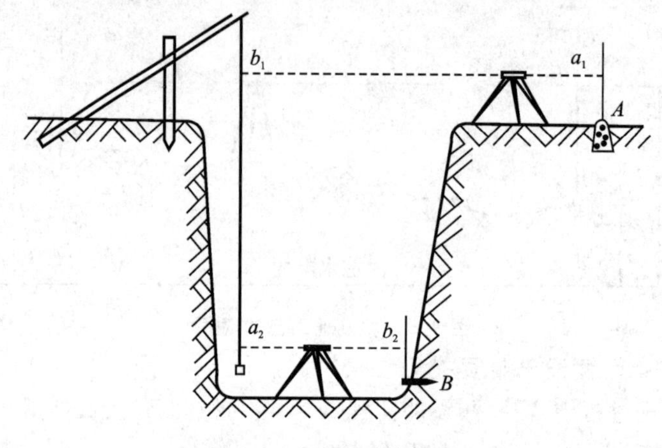

图 9-7 深基坑高程测设

9.3 点的平面位置的测设

测设点的平面位置的方法有极坐标法、直角坐标法、角度交会法和距离交会法等。具体采用哪种方法,可根据测设的已知条件和现场情况来决定。

9.3.1 极坐标法

极坐标法是根据水平角和水平距离测设点的平面位置的方法。它适用于测设距离较短,且便于量距的情况。如图 9-8 所示,A、B 为地面上已有的控制点,其坐标分别为 x_A、y_A 和 x_B、y_B;欲测设点 P,其设计坐标为 x_P、y_P。

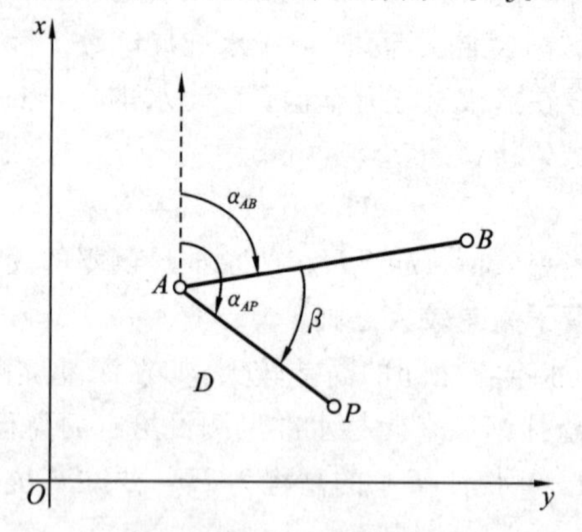

图 9-8 极坐标法测设

(1) 计算点 A 的测设水平角 β 和水平距离 D

按下列坐标反算公式求出在点 A 的测设数据水平角 β 和水平距离 D,如图9-8所示。

① 计算 α_{AB} 和 α_{AP}。

$$\alpha_{AB}=\arctan\frac{y_B-y_A}{x_B-x_A}=\arctan\frac{\Delta y_{AB}}{\Delta x_{AB}} \tag{9-6}$$

$$\alpha_{AP}=\arctan\frac{y_P-y_A}{x_P-x_A}=\arctan\frac{\Delta y_{AP}}{\Delta x_{AP}} \tag{9-7}$$

② 计算 AB 与 AP 之间的夹角。

$$\beta=\alpha_{AP}-\alpha_{AB} \tag{9-8}$$

③ 计算 AP 间的水平距离。

$$D=\frac{y_P-y_A}{\sin\alpha_{AP}}=\frac{x_P-x_A}{\cos\alpha_{AP}}=\sqrt{(x_P-x_A)^2+(y_P-y_A)^2} \tag{9-9}$$

(2) 测设点 P 位置

在点 A 安置经纬仪,瞄准点 B,按逆时针方向先测设出 β 角,得 AP 方向线。在此方向线上测设距离 D,即可定出点 P 的平面位置。

9.3.2 直角坐标法

直角坐标法是根据直角坐标原理,测设地面点的平面位置的一种测设方法。当施工现场已建立互相垂直的建筑基线或建筑方格网,且地面平坦易于量距时采用此法。

如图 9-9 所示,OA、OB 为两条互相垂直的建筑基线,待测建筑物的轴线与建筑基线平行。根据设计图上给出的点 M 和点 Q 的坐标,用直角坐标法将建筑物的四个角点 P、Q、N、M 测设于实地。具体步骤如下。

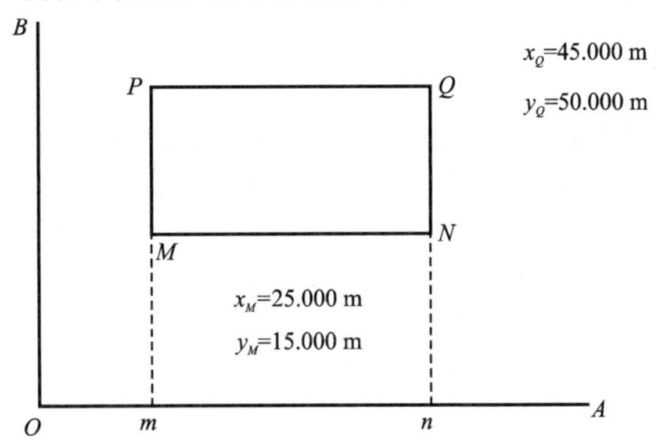

图 9-9 直角坐标法测设

(1) 计算测设数据

由图 9-9 可知,建筑物的轴线与建筑基线平行。建筑物的长度为 $y_Q-y_M=35.000$ m,宽度为 $x_Q-x_M=20.000$ m。过 M、N 分别作 OA 的垂线得 m、n,由图 9-9 可得 $Om=15.000$ m,$On=50.000$ m,$mn=35.000$ m。

(2) 点位测设方法

① 安置经纬仪于点 O,瞄准点 A,由点 O 沿视线方向测设距离 15 m,定出点 m,继续向前测设 35 m,定出点 n。若主轴线上已测设了距离指标桩,则可根据 OA 边上的指标桩测设,定出点 n。

② 安置经纬仪于点 m,瞄准点 A,按逆时针方向测设 90°,由点 m 起沿视线方向测设距离 25 m,定出点 M,再向前测设 20 m,定出点 P。

③ 安置经纬仪于点 n,瞄准点 A,方法同上定出点 N、Q。

④ 检查 MN 和 PQ 的边长是否等于 35 m,只要误差在规定的范围内即可。一般相对误差应为 1/5000～1/2000,在高层建筑或工业厂房放样中,精度要求更高。

9.3.3 角度交会法

角度交会法又称方向线交会法,它是在两个或多个控制点上安置经纬仪,通过测设两个或多个已知角度交会出待定点的平面位置。该法适用于待测设点离控制点较远或量距较为困难的地方。

如图 9-10 所示,点 A、B、C 为坐标已知的平面控制点,点 P 为待测设点,其设计坐标为 $P(x_P, y_P)$,现根据点 A、B、C 三点测设点 P。

① 计算测设数据。根据点 A、B、C、P 四点的坐标反算出交会角 β_1、γ_1、β_2、γ_2。

② 点位测设方法。在点 A、B、C 三个控制点上安置经纬仪测设 β_1、γ_1、β_2、γ_2 各角,分别沿方向线 AP、BP、CP 且在点 P 附近各插两根测钎,并分别用细线相连,其交点即为点 P 的位置。

③ 若三条方向线不交于一点,则会出现一个很小的三角形,称为示误三角形。当示误三角形的最大边长不超过 1 cm 时,可取其重心作为点 P 的最终点位;如边长超限,则应重新交会。

9.3.4 距离交会法

距离交会法是根据测设两段已知的距离交会出地面点的平面位置的方法。此法适用于待测设点至控制点的距离不超过一整尺的长度,且施工场地平坦便于量距的地方。

如图 9-11 所示,A、B 为控制点,P 为待测设点。它们的坐标均已知,现根据点 A、B 测设点 P。

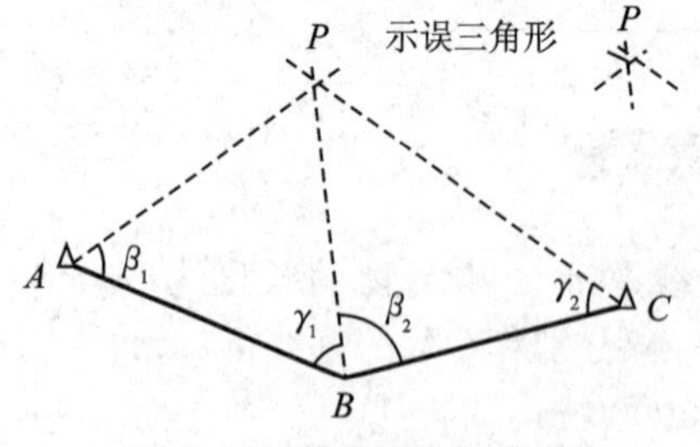

图 9-10 角度交会法测设

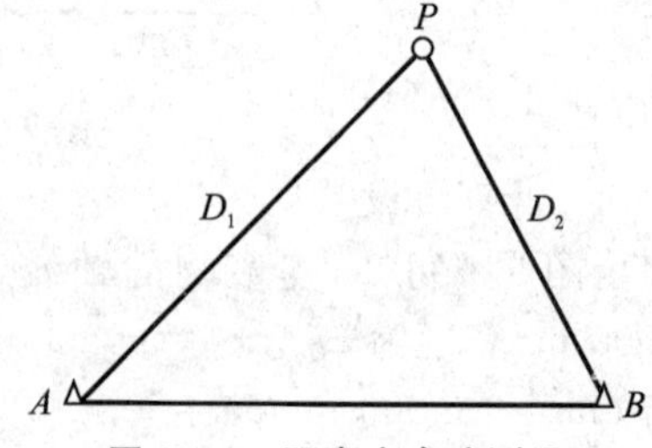

图 9-11 距离交会法测设

① 计算测设数据。根据 A、B 的坐标及 P 的设计坐标,用两点间距离公式计算出测设距离 D_1 和 D_2。

② 点位测设方法。测设时使用的钢尺要拉平、拉紧,用钢尺从控制点 A、B 量取

距离 D_1、D_2 后，分别以 D_1、D_2 为半径在地面上画弧，其交点即为点 P 的平面位置。

用距离交会法测设点位不需要使用仪器，简单方便，但测设精度较低，只适用于普通工程的施工放样。

9.3.5 全站仪坐标放样法

全站仪坐标放样法的本质是极坐标法，它能适合各类地形情况，而且精度高，操作简便，在生产实践中已被广泛应用。

采用全站仪测设时，首先将全站仪置于测设模式，向全站仪输入测站点坐标、后视点坐标（或方位角），再输入待测设点的坐标。待准备工作完成后，用望远镜照准棱镜，按相应的功能键，即可立即显示当前棱镜位置与待测设点的坐标差。然后根据坐标差值，移动棱镜的位置，直至坐标差为零为止，这时所对应的位置就是待测设点的位置。

9.4 已知坡度直线的测设

测设已知坡度的直线，在道路建设、敷设上下水管道及排水沟工程上应用较广泛。已知坡度直线的测设工作，实际上是测设一系列的坡度桩，使之构成已知坡度。

如图 9-12 所示，已知点 A 的高程：$H_A=50.512$ m，AB 的距离 $D=80.000$ m，须将 AB 测设为设计坡度 $i=-1\%$ 的直线，具体做法如下。

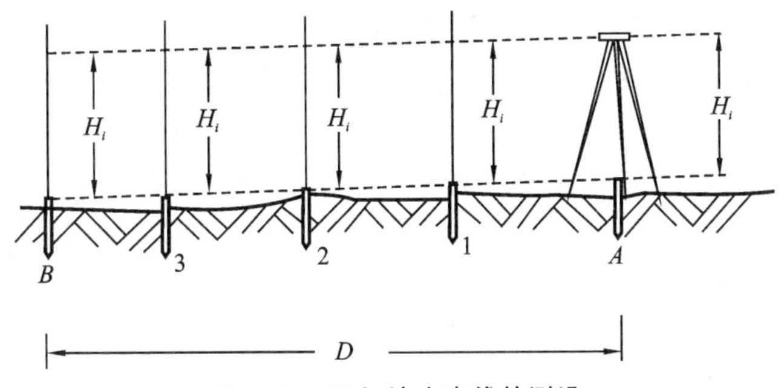

图 9-12 已知坡度直线的测设

① 根据设计坡度 i 和水平距离 D 计算点 B 的设计高程 H_B，即

$$H_B=H_A+iD=(50.512-0.01\times80.000)\ \text{m}=49.712\ \text{m}$$

② 按测设已知高程的方法，将 H_B 测设到 B 桩上，即可使 AB 成为 $i=-1\%$ 坡度的直线。

③ 如需在 AB 之间测设同坡度线的 1、2、3 号桩，可使用两种仪器进行测设，一种方法是水准仪测设，另一种方法是经纬仪测设。

a. 水准仪测设。如图 9-12 所示，在点 A 安置水准仪，使一个脚螺旋置于 AB 的方向线上，另两个垂直于 AB 方向，量取仪器高 H_i。用望远镜瞄准点 B 上的水准尺，旋转 AB 方向的脚螺旋，直至视线在水准尺上的读数为 H_i 时，仪器的视线即平行于设计的坡度线；在中间点 1、2、3 处打木桩，木桩打至桩上水准尺的读数为 H_i 时为止,这样桩顶连线即为测设的坡度线。

b. 经纬仪测设。当坡度较大时,测设中间点的高程可以用经纬仪代替水准仪,旋转望远镜的微动螺旋就能迅速、准确地使视线对准点 B 水准尺上读数为仪器高 H_i 处,此时,视线平行于设计坡度线。然后用水准仪用同样的操作方法可测设得中间的桩位,它们的连线就是拟测设的设计坡度线。假如测设时使桩顶高程正好等于设计高程有困难,可以使桩顶高程与设计高程差整分米值,将其差值标注在桩上。例如,某中间点水准尺上读数是 1.536 m,比 H_i 值(1.236 m)多了 0.3 m,则在其桩顶上标注"向上 0.3 m",表示桩顶比设计高程低了 0.3 m。

【本章要点】

本章概述了施工测量的内容和特点,重点介绍了距离、水平角和高程的测设方法,以及测设点的平面位置的基本方法和已知坡度直线的测设方法。

【思考和练习】

9.1 施工测量的主要内容有哪些?

9.2 测设点的平面位置有哪些方法?各适用于什么场合?

9.3 欲在地面上测设一段长 49.500 m 的水平距离,所用钢尺的名义长度为 50 m,在标准温度 20 ℃时,其鉴定长度为 49.994 m,测设时的温度为 14 ℃,所用拉力与钢尺检定时的拉力相同,钢尺的线胀系数为 1.25×10^{-5} ℃$^{-1}$,概量后测得两点间的高差 $h=-0.55$ m,试计算在地面上应测设的长度。

9.4 过 A 点欲测设一直线 AB 垂直于已知直线 AC,先用一般方法测设直角 $\angle BAC$,然后对 $\angle BAC$ 进行多测回观测,得其角值为 $90°00'24''$,已知 $AB=120.00$ m,试计算该角度的改正值及 B 点的调整量,并绘图说明其调整方向。

9.5 简述用水准仪或经纬仪测设已知坡度线的方法。

9.6 有一水准点 A,其高程为 $H_A=159.244$ m,欲测设高程为 160.000 m 的室内 ±0.000 m标高,设水准仪在水准点 A 所立水准尺上的读数为 1.224 m,试说明其测设方法。

9.7 已知 A、B 为平面控制点,其坐标分别为 A(40.232,61.455)、B(78.364,35.265),待测点 P(80.000,50.000),试分别用极坐标法、角度交会法计算测设点 P 的测设数据,并绘出测设略图。

10 工业与民用建筑施工测量

10.1 施工测量概述

各种工程建设都要经过规划设计、建筑施工、运营管理等阶段，每个阶段都要进行有关的测量工作，在施工阶段和运营初期阶段进行的测量工作，称为施工测量。

10.1.1 施工测量的主要内容

施工测量贯穿于整个施工过程中，其主要内容包括以下几个方面。

① 施工前建立施工测量控制网。

② 建(构)筑物的放样(测设)工作。在施工期间，将图纸上的建(构)筑物、管线等的平面位置和高程，按设计和施工的要求放样到相应的地面上或不同的施工部位，并设置明显的标志，以此作为施工的依据，这是施工测量的基本工作。

③ 检查、验收工作。每道施工工序完成后，都要通过测量检查工程各部位的实际平面位置和高程是否符合要求。根据实测验收的记录编绘资料和竣工图，作为验收时鉴定工程质量和工程交付使用后运营管理、维修、改(扩)建的依据。

④ 变形观测工作。随着施工的进展，测定建(构)筑物在水平位置和高程方面产生的位移和沉降，收集整理各种变形资料，确保工程安全施工和正常运营，这也是鉴定工程质量和验证设计、施工是否合理的依据。

10.1.2 施工测量的精度

1. 施工控制网的精度

施工控制(方格)网的精度应以工程建筑物建成后的允许偏差，即建筑限差来确定。正确地确定施工控制网的精度具有重要的意义。精度要求定高了，将会造成测量工作量的增加，从而拖延工期；反之，则会影响放样精度，无法满足施工的需要，甚至造成质量事故。一般来说，施工控制网的精度应高于测图控制网的精度。施工控制网的精度取决于工程的性质、结构形式、建筑材料、施工方法等诸多因素。有的要求低些，有的要求却很高。例如，连续生产的中心线其横向偏差要求不超过 1 mm；钢结构的工业厂房，钢柱中心线的间距要求不超过 2 mm。必须指出施工控制网的主要任务是用来测设系统工程各组成单元的中心线，以及各组成单元的连接建筑物的中心线的，例如，测设厂房、高炉和焦炉的中心线，皮带通道、铁路或管道的中心线。这些中心线的测设精度比各单元工程的内部精度要低一些。至于单元工程内部精度要求较高的大量的中心线的测设，可单独建立局部的单元工程施工控制网。这些单元工程施工控制网不是在整个厂区控制网基础上加密的，而是根据厂区控制网测设的单元工程的主要中心线,建立的较高精度的单元工程局部控制网。

工业建筑场地上的自流管道(如生活下水及雨水管道)对测量的精度要求最高,按照相关规定推算:在150 m距离以上,横向的允许偏差为48 mm,即允许的横向相对误差为1/3100;而铁路中心线在50 m的距离时,允许的横向偏差为30 mm,即允许的横向相对误差为1/1700。这些都是竣工后的极限误差,通常认为竣工时的误差是由构件制作误差、施工误差和测量误差联合影响造成的。通过分析计算,以要求最严的自流管道为例,在150 m的距离上,控制网的边长相对中误差应不大于1/18750,与之相应的角度测量中误差应不大于±10.3″。也就是说,最低一级方格网的边长相对中误差只要不大于1/20000,测角中误差不大于±10″,即可满足最严格的精度要求,而实际工作中的施工测量,不可能都像自流管道一样有那么高的精度要求。

2. 建筑物中心轴线的测设精度

这种精度是指所测设的建筑物与控制网、建筑红线或周围原有建筑物相对位置的精度。除自动化和连续生产车间外,一般的精度要求较低。

3. 建筑物细部放样精度

这是指建筑物各部分相对于主要轴线的放样精度。这种精度的高低取决于建筑物的材料、用途和施工方法等。例如,高层建筑和连续生产的工业建筑的测设精度要求较高,一般建筑的细部测设精度要求较低。细部测设的精度应根据工程的性质和设计的要求来确定,不应片面追求高精度,导致人力、物力及时间的浪费;也不应过低,影响施工质量,甚至造成工程事故。通常长度测设精度应不低于1/2000,角度测设精度应不低于±40″。

10.1.3 施工测量的原则

为了保证各种建(构)筑物、管线等的相对位置能满足设计要求,以便分期、分批地进行测设和施工,施工测量必须遵循"从整体到局部,先控制后碎部"的原则。首先在施工场地上,以原勘测设计阶段所建立的测图控制网为基础,建立统一的施工控制网,然后根据施工控制网来测设建(构)筑物的轴线,再根据轴线测设建筑物的细部(基础、墙体、门窗等)。施工控制网不单是施工放样的依据,也是变形观测,以及将来建筑物改、扩建的依据。

10.1.4 施工控制网的特点

施工控制网与测图控制网相比,具有以下特点。

1. 精度要求较高

与测图的范围相比,工程施工的地区比较小,而在施工控制网的范围内,各种建筑物的分布错综复杂,没有较为稠密的控制点是无法进行放样工作的。

施工控制网的主要任务是进行建筑物轴线的放样。这些轴线的位置偏差都有一定的限值,例如,工业厂房主轴线的定位精度要求为±2 cm。因此,施工控制网的精度比测图控制网的精度要高。

2. 受施工的干扰大

工程建设的现代化施工通常采用平行交叉作业的方法，这就使工地上各种建筑的施工高度有时相差悬殊，妨碍了控制点之间的相互通视。此外，施工机械的设置（例如吊车、建筑材料运输机、混凝土搅拌机等）也会妨碍视线。因此，施工控制点的位置应分布恰当，密度也应比较大，以便在测量工作时有所选择。

3. 布网等级宜采用两级布设

在工程建设中，各建筑物轴线之间几何关系的要求比它们的细部相对于各自轴线的要求，其精度要低得多。因此在布设建筑施工控制网时，采用两级布网的方案是比较合适的。首先建立布满整个工地的厂区控制网，目的是放样各个建筑物的主要轴线，然后，为了进行厂房或主要生产设备的细部放样，还要根据由厂区控制网所定出的厂房主轴线建立厂房矩形控制网。

根据上述特点，施工控制网的布设应作为整个工程施工设计的一部分。布网时，必须考虑施工的程序、方法以及施工场地的布置情况。施工控制网的设计点位应标在施工设计的总平面图上。

10.2 施工控制网的建立

10.2.1 施工平面控制网的建立

1. 施工平面控制网的形式

施工平面控制网经常采用的形式有三角网、导线网、建筑基线或建筑方格网。选择平面控制网的形式时应根据建筑总平面图、建筑场地的大小、地形及施工方案等因素进行综合考虑。对于地形起伏较大的山区或丘陵地区，常用三角测量或边角测量的方法建立控制网（见图 10-1 中Ⅲ部分）；对于地形平坦而通视比较困难的地区，如扩建或改建的施工场地，或建筑物分布很不规则的场地，则可采用导线网（见图 10-1 中Ⅱ部分）；对于地面平坦而结构简单的小型建筑场地，常布置一条或几条建筑基线（见图 10-2），组成简单的图形并作为施工放样的依据；而对于地势平坦，建筑物众多且分布比较规则和密集的场地，一般采用建筑方格网（见图 10-1 中Ⅰ部分）。总之，施工控制网的形式应与设计总平面图的布局相一致。

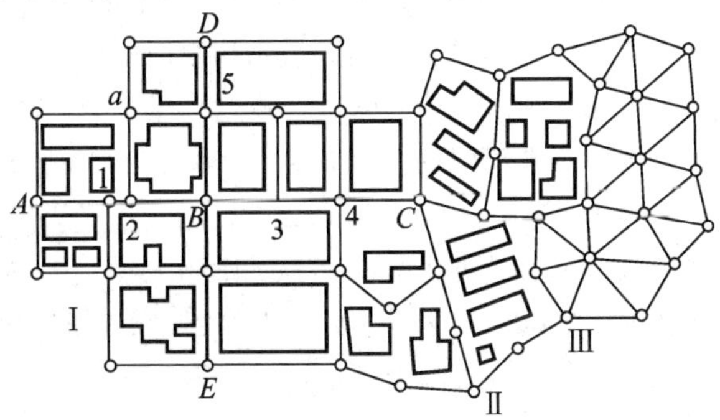

图 10-1 施工平面控制网形式

2. 建筑基线及其测设方法

1) 建筑基线的布置

施工场地范围不大时,可在场地上布置一条或几条基线,作为施工场地的控制线,这种基线称为建筑基线,也称为建筑轴线。这是一种不严密的施工控制形式,它适用于总图布置比较简单的小型建筑场地。

如图 10-2 所示,建筑基线的布设是根据建筑物的分布、场地地形等实地情况确定的,常用的有一字形、L 形、十字形和 T 形。

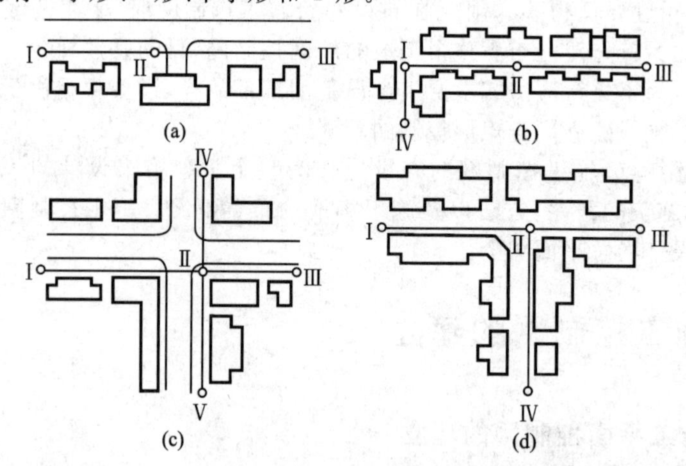

图 10-2 建筑基线布置形式

(a)一字形;(b)L 形;(c)十字形;(d)T 形

布设建筑基线时,其主轴线应尽量位于建筑中心区中央通道的边缘,方向应与主要建筑物的轴线平行,主轴线的定位点(即主轴点)不应少于 3 个,以便检查点位是否稳定。尽可能与施工场地的建筑红线相联系。在城市建筑工地,场地面积较小时也可直接用建筑红线作为现场控制线。基线点位应选在通视良好而不易被破坏的地方,为了长期保存,要埋设永久性的混凝土桩。

2) 建筑基线的测设方法

(1) 施工控制点的坐标换算

为了便于建(构)筑物的设计和施工放样,在设计总平面图上,建筑物的平面位置常用施工坐标系(也称建筑坐标系)来表示。所谓施工坐标系,就是以建筑物的主要轴线作为坐标轴而建立起来的局部坐标系。其坐标轴通常与建(构)筑物的主轴线方向一致,坐标原点设在总平面图的西南角上,纵轴记为 A 轴,横轴记为 B 轴,用 A、B 坐标标定各建筑物的位置。

如图 10-3 所示,AOB 为施工坐标系,xoy 为测图坐标系。设Ⅱ为建筑基线上的主点,它在施工坐标系中的坐标为$(A_{\text{Ⅱ}},B_{\text{Ⅱ}})$,在测图坐标系中的坐标为$(x_{\text{Ⅱ}},y_{\text{Ⅱ}})$,施工坐标原点 O 在测图坐标系中的坐标为(x_O,y_O),α 为 x 轴与 A 轴的夹角。将点Ⅱ的施工坐标换算为测图坐标,其公式为

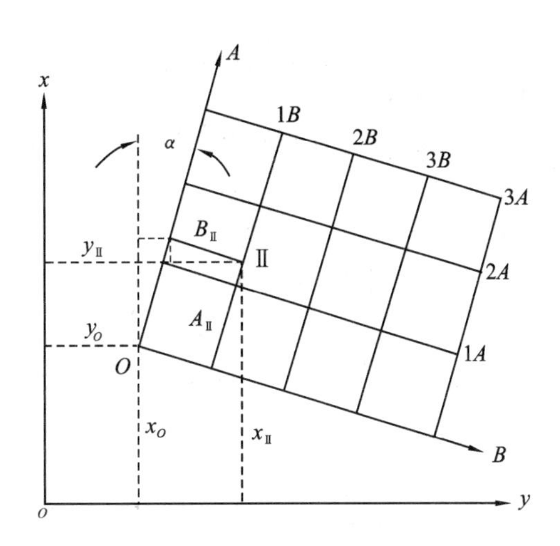

图 10-3 坐标转换

$$\left.\begin{aligned} x_{Ⅱ} &= x_O + A_{Ⅱ}\cos\alpha - B_{Ⅱ}\sin\alpha \\ y_{Ⅱ} &= y_O + A_{Ⅱ}\sin\alpha + B_{Ⅱ}\cos\alpha \end{aligned}\right\} \tag{10-1}$$

若将点Ⅱ的测图坐标换算成施工坐标，其公式为

$$\left.\begin{aligned} A_{Ⅱ} &= (x_{Ⅱ} - x_O)\cos\alpha + (y_{Ⅱ} - y_O)\sin\alpha \\ B_{Ⅱ} &= -(x_{Ⅱ} - x_O)\sin\alpha + (y_{Ⅱ} - y_O)\cos\alpha \end{aligned}\right\} \tag{10-2}$$

(2) 建筑基线的测设

根据建筑场地的不同情况，建筑基线测设的方法主要有以下几种。

① 根据建筑红线测设。

在城市建设区，建筑用地边界线(建筑红线)是由城市规划部门在现场直接测定的。如图 10-4 所示的点Ⅰ、Ⅱ、Ⅲ就是在地面上标定出来的边界点，其连线ⅠⅡ、ⅠⅢ通常是正交的直线，称为建筑红线。一般情况下，建筑基线与建筑红线平行或垂直，故可根据建筑红线用平行推移法测设建筑基线 AC、AB。当把 A、B、C 三点在地面上用木桩标定后，安置经纬仪于点 A，观测 $\angle CAB$ 是否等于 $90°$，其偏差值不应超过 $\pm20''$。量 AC、AB 距离是否等于设计长度，其偏差值不应大于 1/10000。若误差超限，应检查推平行线时的测设数据；若误差在许可范围之内，则适当调整点 A、B 的位置。

② 根据附近已有测图控制点测设。

对于新建筑区，如果没有建筑红线作为依据，可根据建筑基线附近的测图控制点测设。如图 10-5 所示，A、B 为附近已知的控制点，Ⅰ、Ⅱ、Ⅲ为选定的建筑基线

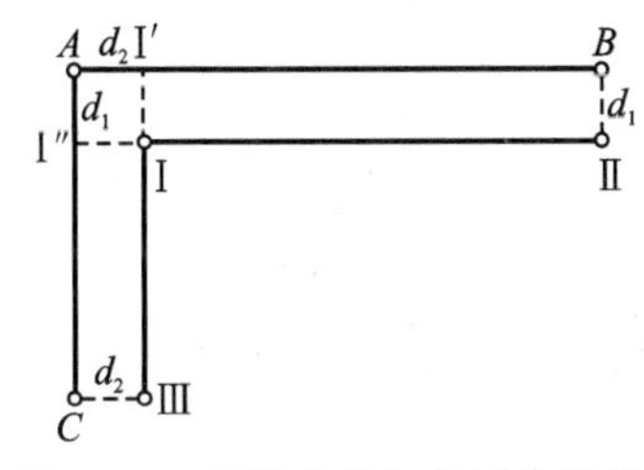

图 10-4 根据建筑红线测设基线

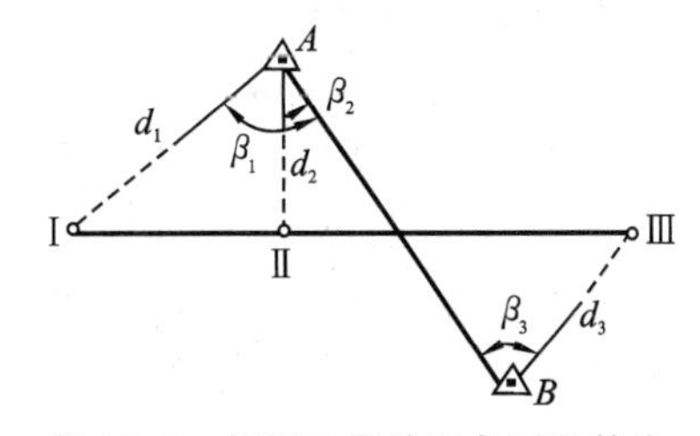

图 10-5 根据已有控制点测设基线

点。首先根据已知控制点和待定点的坐标关系反算出测设数据β_1、d_1,β_2、d_2,β_3、d_3,然后用经纬仪和钢尺按极坐标法测设点Ⅰ、Ⅱ、Ⅲ。

由于存在测量误差,测设的基线点往往不在同一直线上,如图10-6中的Ⅰ′、Ⅱ′、Ⅲ′,故必须在点Ⅱ′安置经纬仪,精确地测出∠Ⅰ′Ⅱ′Ⅲ′。若此角值与180°之差超过±15″,则应对点位进行调整。调整时,应将点Ⅰ′、Ⅱ′、Ⅲ′沿与基线垂直的方向各移动相同的调整值δ,其值按下列公式计算:

$$\delta=\frac{ab}{a+b}\left(90^{\circ}-\frac{\angle \text{Ⅰ}'\text{Ⅱ}'\text{Ⅲ}'}{2}\right)\frac{1}{\rho''} \tag{10-3}$$

式中 δ——各点的调整值;

a、b——ⅠⅡ、ⅡⅢ的长度。

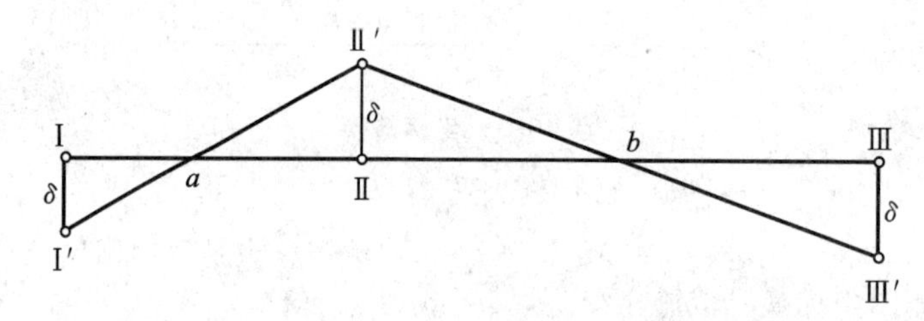

图10-6 调整基线点位

除了调整角度以外,还应调整点Ⅰ、Ⅱ、Ⅲ之间的距离。先用钢尺检查Ⅰ、Ⅱ及Ⅱ、Ⅲ间的距离,若测量长度与设计长度之差的相对误差大于1/20000,则以点Ⅱ为准,按设计长度调整Ⅰ、Ⅲ两点距离。

以上两类调整应反复进行,直至误差在允许范围之内为止。

③ 根据已有建筑物测设。

建筑基线测设除了上述两种方法外,还可以利用已有建筑物或道路中心线进行测设,其方法与利用建筑红线测设相同。

10.2.2 建筑方格网

1. 建筑方格网的布设要求

由正方形或矩形的格网组成的建筑场地的施工平面控制图,称为建筑方格网。它是建筑场地中常用的一种控制网形式,适用于地势平坦的新建或扩建的大中型建筑场地。布设建筑方格网时,应根据建筑物、道路、管线的分布,并结合场地的地形等因素,先选定方格网的主轴线,再全面布设方格网。布设要求与建筑基线基本相同,另需考虑以下几点。

① 方格网的轴线应彼此严格垂直。

② 方格网的主轴线位于建筑场地的中央,并且应接近精度要求较高的建筑物。

③ 方格网点之间应能长期保持通视,并要接近测设的各建筑物。

④ 正方形格网的边长一般为100～500 m;矩形格网的边长视建筑物的大小和分布而定,一般为50 m的整数倍。

⑤ 满足使用要求的前提下,方格网点数应尽量少,以便节约人力和材料。

2. 建筑方格网的测设

（1）主轴线放样

首先根据原有控制点坐标与主轴点坐标计算出测设数据，然后测设主轴线点。如图10-7所示，先测设主轴线ABC，其方法与测设建筑基线相同，但$\angle ABC$与180°的差值，应在$\pm 5''$之内。然后将经纬仪安置在点B，瞄准点A，分别向左、向右转90°，测设另一主轴线DBE，并根据主点间的距离，在地面上定出其概略位置E'、D'。然后精确测出$\angle ABD'$、$\angle ABE'$，分别算出它们与90°之差$\Delta\beta_1$和$\Delta\beta_2$，若较差超过$\pm 10''$，则按下式计算方向调整值DD'、EE'：

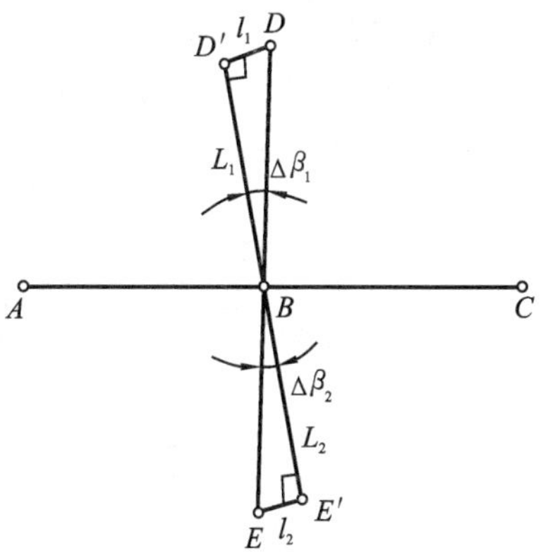

$$l_i = L_i \times \frac{\Delta\beta_i''}{\rho''} \tag{10-4}$$

图10-7 主轴线放样及调整

式中 L_i——BD'或BE'间的距离。

将点D'沿垂直于BD'方向移动$DD' = l_1$距离得点D，将点E'沿垂直于BE'方向移动$EE' = l_2$距离得点E。$\Delta\beta_i$为正时，逆时针改正点位；$\Delta\beta_i$为负时，顺时针改正点位。改正点位后，应检测两主轴线交角是否为90°，其较差应小于$\pm 10''$，否则应重复调整。另外还需校核主轴线点间的距离，精度应达到1/10000。

（2）方格网点的放样

主轴线测设好后，分别在主轴线端点安置经纬仪，均以点B为起始方向，分别向左、向右精密地测设出90°，这样就形成"田"字形方格网点。为了进行校核，还要在方格网点上安置经纬仪，测量其角值是否为90°，并测量出各相邻点间的距离，看是否与设计边长相等，误差均应在允许的范围之内。此后再以基本方格网点为基础，加密方格网中其余各点。最后应埋设永久性标志。

10.2.3 施工高程控制网的建立

施工阶段对建筑场地的高程控制有两点基本要求：一是水准点的密度应尽可能使得在施工放样时，安置一次仪器即可将高程传递到拟测设的建筑物上；二是在施工期间，高程点的位置应保持稳定。

这两点基本要求对所有高程控制点都能同时满足是难以做到的，因为建筑场地的工种多、开挖乱、机械振动剧烈，有些水准点的位置可能受影响发生移动或被破坏。因此，为了满足上述两点基本要求，建筑场地内通常设置两种类型的水准点，即所谓基本水准点和施工水准点。

基本水准点又称检核水准点，是施工场地高程的首级控制点，可用来检核其他水准点高程是否有变动，应埋设在不易受施工影响、无振动、便于施测和能永久保存的地方，并埋设永久性标志。在不太大的建筑场地上，通常埋设三个基本水准点。

为了测设方便和减少误差，要求尽可能只安置一次仪器就可以测出所需要的高程点,通常在建筑方格网的标志上加设圆头钉作为施工水准点。施工水准点用来直接测设建(构)筑物的高程。对于中、小型建筑场地,施工水准点应布设成闭合路线或附合路线,并根据基本水准点按城市四等水准或图根水准要求进行测量。

由于设计建筑物时常以底层室内地坪标高为高程起算面,为了测设的方便,常在建筑场地内每隔一段距离放样出± 0.000 m 标高。必须注意,设计中各建(构)筑物的± 0.000 m 的高程不一定相等。

10.3 民用建筑施工测量

10.3.1 测设前的准备工作

民用建筑是指住宅、办公楼、食堂、俱乐部、医院和学校等建筑物。测设的任务是按照设计的要求,把建筑物的平面位置测设到地面上,并配合施工以保证工程质量。进行测设之前,除了应对使用的测量仪器和工具进行校核外,尚须做好以下准备工作。

1. 熟悉图纸

设计图纸是施工测量的主要依据,通过设计图纸可了解工程全貌和主要设计意图,以及对测量的要求等,熟悉并且核对与放样有关的建筑总平面图、建筑施工图和结构施工图,并检查总的尺寸是否与各部分尺寸之和相符,总平面图与大样详图尺寸是否一致。

2. 现场踏勘

现场踏勘的目的是了解现场的地物、地貌和原有测量控制点的分布情况,并调查与施工测量有关的问题。对建筑场地上的平面控制点、水准点要进行检核,通过检核获得正确的测量起始数据和点位。

3. 确定测设方案

根据设计要求、定位条件、现场地形和施工方案等因素制定施工放样方案。

例如,按图 10-8 所示的设计要求,拟建的 5 号楼与现有 4 号楼平行,二者南墙面对齐,相邻墙面相距 17.00 m,因此,可根据现有建筑物用直角坐标法进行放样。

4. 准备测设数据

除了计算必要的放样数据外,尚须从下列图纸上查取房屋内部的平面尺寸和高程数据。

① 从建筑总平面图(见图 10-8)上查取或计算设计建筑物与原有建筑物或测量控制点之间的平面尺寸和高差,作为测设建筑物总体位置的依据。

② 从建筑平面图(见图 10-9)中查取建筑物的总尺寸和内部各定位轴线之间的关系尺寸,这是施工放样的基本资料。

③ 从基础平面图(见图 10-10)上查取基础边线与定位轴线的平面尺寸关系,以及基础布置与基础剖面位置的关系。

定位轴线的尺寸关系，这是基础高程放样的依据。

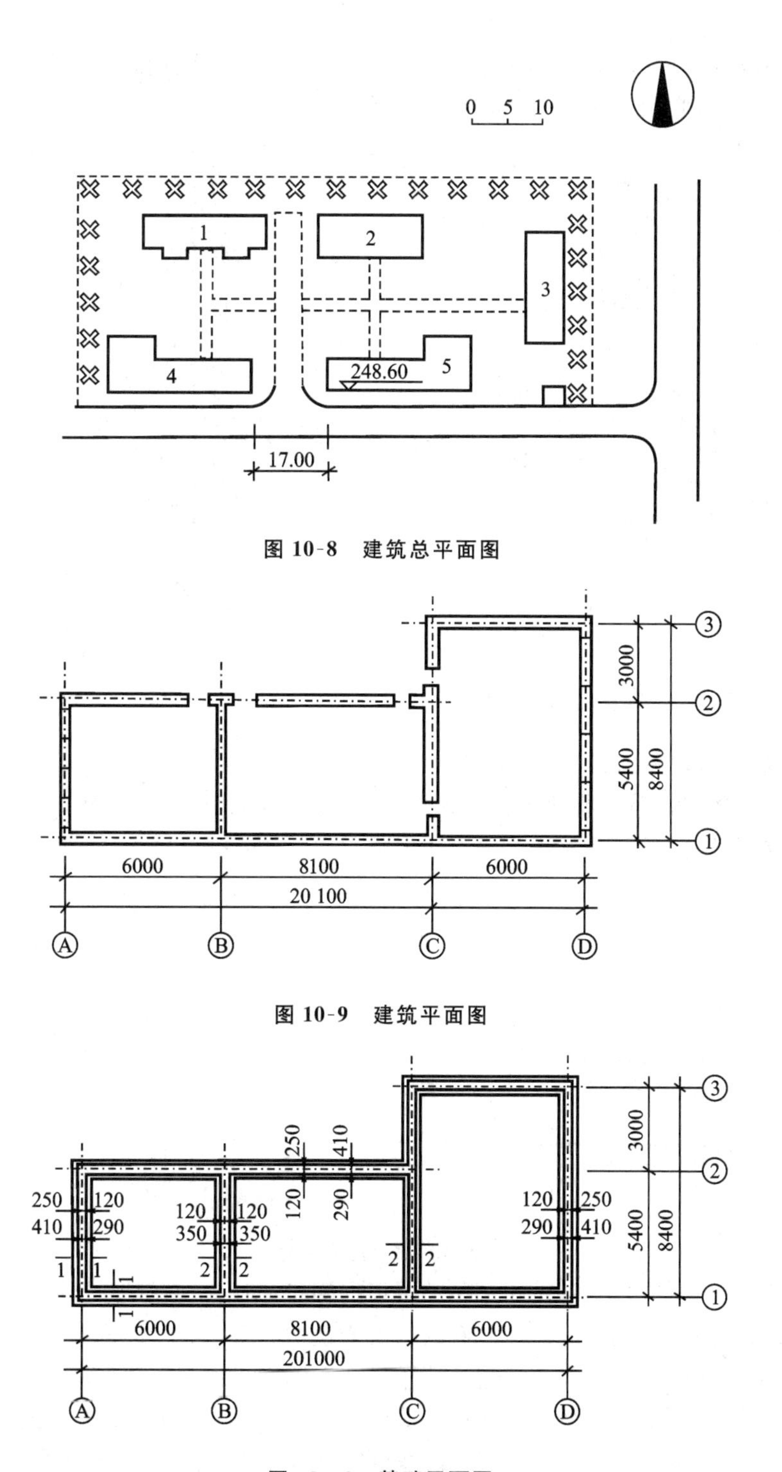

图 10-8 建筑总平面图

图 10-9 建筑平面图

图 10-10 基础平面图

④ 从基础详图(见图 10-11)中查取基础立面尺寸、设计标高，以及基础边线与定位轴线的尺寸关系，这是基础高程放样的依据。

⑤ 从建筑物的立面图和剖面图中可以查出基础、地坪、门窗、楼板、屋架和屋面等的设计高程,它们是高程测设的主要依据。

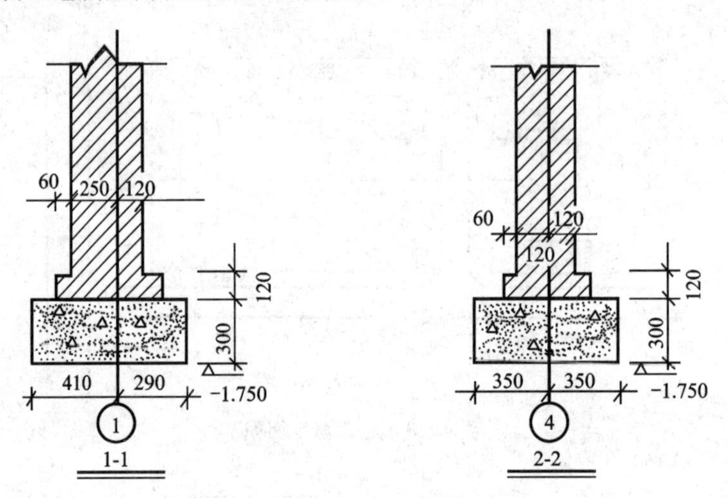

图 10-11 基础详图

10.3.2 建筑物的定位和放线

1. 建筑物的定位

建筑物的定位就是将建筑物外轮廓各轴线交点(见图 10-12 中的 E、F、G、H、I、J)测设在地面上,再根据这些点进行细部放样。

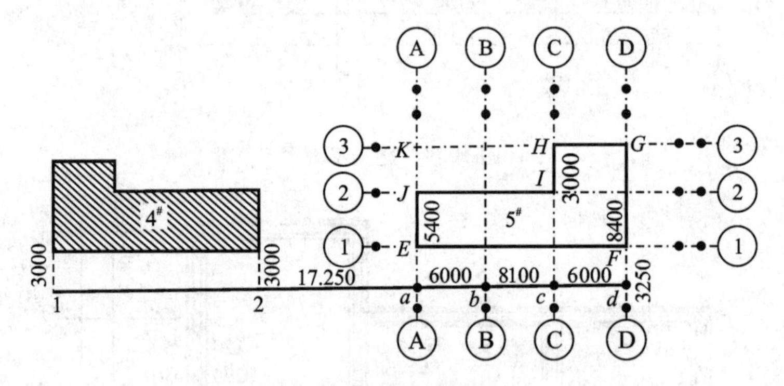

图 10-12 测设略图

由于定位条件的不同,民用建筑除了根据测量控制点、建筑基线(或建筑红线)、建筑方格网定位外,还可以根据已有的建筑物定位。

如图 10-12 所示,欲将 5 号楼外墙轴线交点测设于地面上,其步骤如下。

① 先沿 4 号楼的东西场面向外各量出 3 m(距离大小根据实地地形而定,一般取 1～4 m),得 1、2 两点连线作为建筑基线并打入木桩,桩顶钉上铁钉标志。在点 1 安置经纬仪,照准点 2,然后沿视线方向,从点 2 起根据图中注明尺寸,测设出各基线点 a、b、c、d,并打下木桩。

② 将经纬仪分别安置在 a、c、d 三点上,再瞄准点 1,然后按顺时针方向旋转 90°,

并沿此方向从 a、d 两点，用钢尺分别量取 3.25 m，得 E、F 两点，从点 c 量取 8.65 m，得点 I；再分别从 E 点量取 5.4 m、从 I 点量取 3 m、从 F 点量取 8.4 m，得 J、H、G 三点。点 E、F、G、H、I、J 即为拟建 5 号楼外墙轴线的交点。

③ 用钢尺检测各轴线交点间的距离，其值与设计长度的相对误差不应超过 1/2000，如果房屋规模较大，则不应超过 1/5000，并且将经纬仪安置在点 E、F、G、H、I、J 上，检测各个直角，与 90°之差不应超过±40″，否则应进行调整。

2. 建筑物的放线

建筑物的放线是根据已定位的外墙轴线交点桩详细测设出建筑物的其他各轴线交点的位置，并用木桩（桩上钉小钉，称为中心桩）标定出来的工作。据此按基础宽和放坡宽用白灰线撒出基槽开挖边界线。

由于基槽开挖后，角桩和中心桩将被挖掉，为了便于在施工中恢复各轴线位置，应把各轴线延长到槽外安全地点，并做好标志，其方法有设置轴线控制桩（引桩）和龙门板两种形式。

(1) 设置轴线控制桩

如图 10-12 所示，轴线控制桩（引桩）设置在基槽外基础轴线的延长线上，作为开槽后各施工阶段确立轴线位置的依据。在多层楼房施工中，控制桩同样是向上投测轴线的依据。轴线控制桩离基槽外边线的距离根据施工场地的条件而定，一般为 2～4 m。如果场地附近有已建的建筑物，也可将轴线投射在建筑物的墙上。为了保证控制桩的精度，施工中将控制桩与定位桩一起测设。有时先测设控制桩，再测设定位桩。

(2) 设置龙门板

在一般民用建筑中，为了施工方便，常在基槽开挖线以外一定距离处设置龙门板，如图 10-13 所示，其步骤和要求如下。

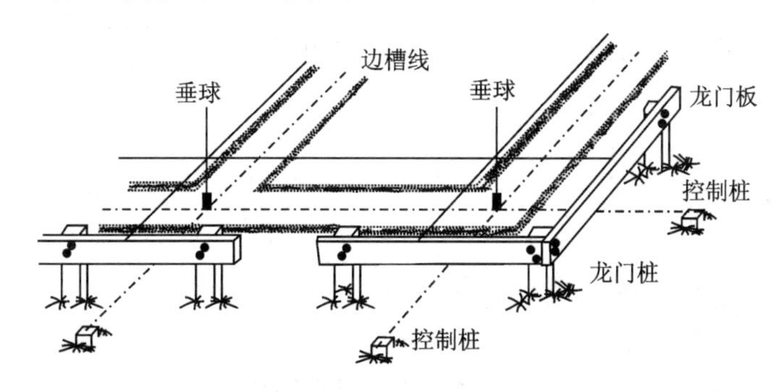

图 10-13 测设建筑物轴线

① 在建筑物四角和中间定位轴线基槽开挖边线以外 1.5～3 m 处（根据土质情况和挖槽深度确定）钉设龙门桩，龙门桩要钉得竖直、牢固，木桩侧面应与基槽平行。

② 根据建筑场地内的水准点，用水准仪将±0.000 m 的标高测设到每一个龙门桩侧面上，做上标志。

③ 在龙门桩上测设同一高程线,钉设龙门板,这样,龙门板的顶面标高就在一个水平面上了。龙门板标高测定的容许误差一般为±5 mm。

④ 根据轴线桩,用经纬仪将墙、柱的轴线投影到龙门板顶面上,并钉上小钉标明,称为轴线投点,投点容许误差为±5 mm。

⑤ 用钢尺沿龙门板顶面检查轴线钉的间距,其精度应达到1/5000～1/2000。经检核合格后,以轴线钉为准,将墙边线、基础边线、基槽开挖线等标定在龙门板上。标定基槽上口开挖宽度时,应按有关规定考虑放坡的尺寸要求。最后根据基槽上口宽度拉线,用石灰撒出开挖边线。

以上工作完成后,在基线两端,根据龙门板上标定的基槽开挖边界标志拉直线绳,并沿此线撒出白灰线,施工时按此线进行开挖。

10.3.3 建筑物基础工程施工测量

1. 基槽与基坑抄平

建筑物轴线放样完毕后,按照基础平面图上的设计尺寸,在地面放出灰线的位置上进行开挖。为了控制基槽开挖深度,在即将挖到基底设计标高时,可用水准仪在槽壁上测设一些水平小木桩,如图 10-14 所示,使木桩的上表面离槽底的设计标高为一固定值(如 0.500 m),用以控制挖槽深度。为了施工时使用方便,一般在槽壁各拐角处、深度变化处和基槽壁上每隔 3～4 m 测设一个水平桩,需要时,可沿桩顶面拉直线绳,作为清理基底和打基础垫层时控制标高的依据。水平桩高程测设的允许误差为±10 mm。

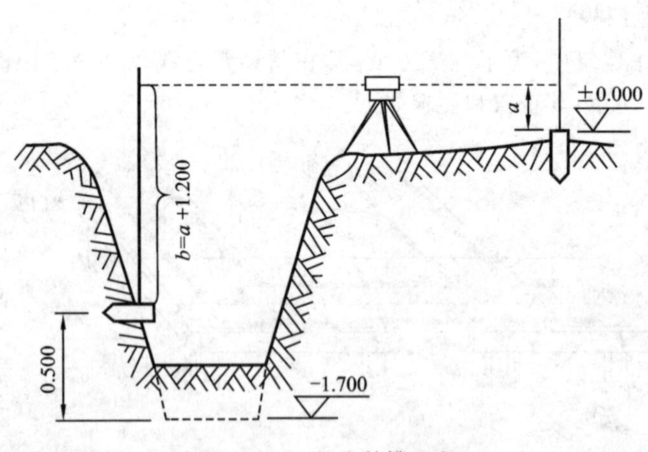

图 10-14 标定基槽深度

2. 在垫层上投测中线

基础垫层打好后,根据龙门板上的轴线钉或轴线控制桩,用经纬仪或用拉线绳挂垂球的方法,把轴线投测到垫层上,如图 10-15 所示,然后用墨线弹出基础墙体中心线和基础边线,以便砌筑基础。由于整个墙身砌筑均以此线为准,这是确定建筑物位置的关键环节,所以要严格校核后方可进行砌筑施工。

3. 基础标高的控制

房屋基础墙(±0.000 m以下的砖墙)的高度是利用基础皮数杆来控制的。基础皮数杆是一根木制的杆子,如图10-16所示,事先在杆上按照设计尺寸在砖、灰缝的厚度处画出线条,并标明±0.000 m和防潮层等的标高位置。立皮数杆时,可先在立杆处打一木桩,用水准仪在木桩侧面定出一条高于垫层标高某一数值(如10 cm)的水平线,然后将皮数杆标高与其相对应的一条线与木桩上的水平线对齐,并用大铁钉把皮数杆与木桩钉在一起,作为基础墙砌筑时拉线的标高依据。

4. 基础墙顶面标高检查

基础施工结束后,应检查基础顶面的标高是否符合设计要求(也可检查防潮层的标高)。可用水准仪测出基础顶面上若干点的高程,并与其设计高程进行比较,允许误差为±10 mm。

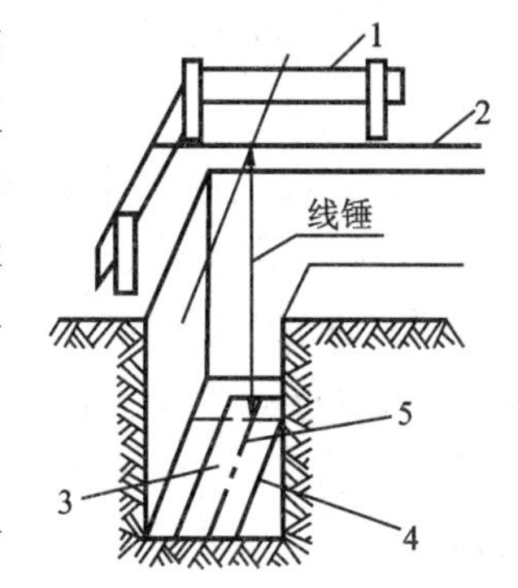

图10-15 垫层上投测中线

—龙门板;2—细线;3—垫层;
—基础边线;5—墙中线

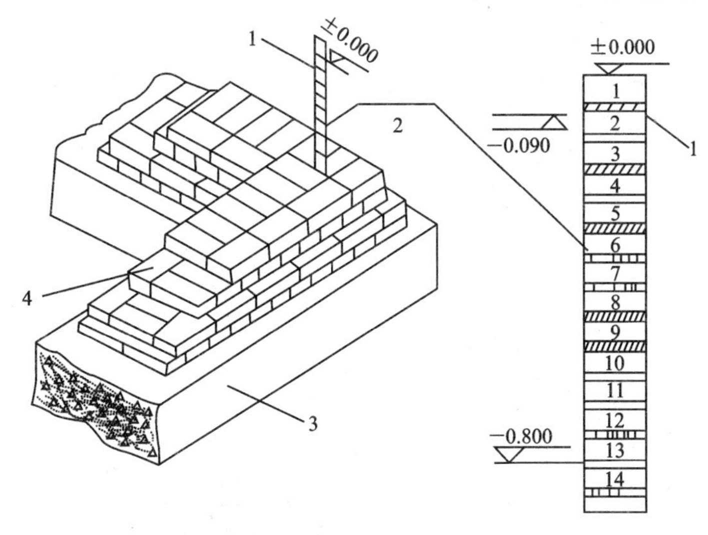

图10-16 皮数杆的应用

1—防潮层;2—皮数杆;3—垫层;4—大放脚

10.3.4 墙体工程施工测量

1. 墙体定位

在基础工程结束后,应对龙门板(或控制桩)进行认真检查复核,以防基础施工时土方及材料的堆放与搬运碰撞产生移位。复核无误后,可利用龙门板或控制桩上的轴线钉和墙边线标志,用经纬仪或拉线绳吊垂球的方法,将轴线测设到基础或防潮层等部位的侧面,然后用墨线弹出墙中心线和墙边线,检查外墙轴线交角是否为直角,符合要求后,把墙轴线延伸并划在外墙基上,做好标志,如图10-17所示。这样就确定了上部砌体的轴线位置,施工人员可以照此进行墙体的砌筑,也可作为向上投测轴线的依据。

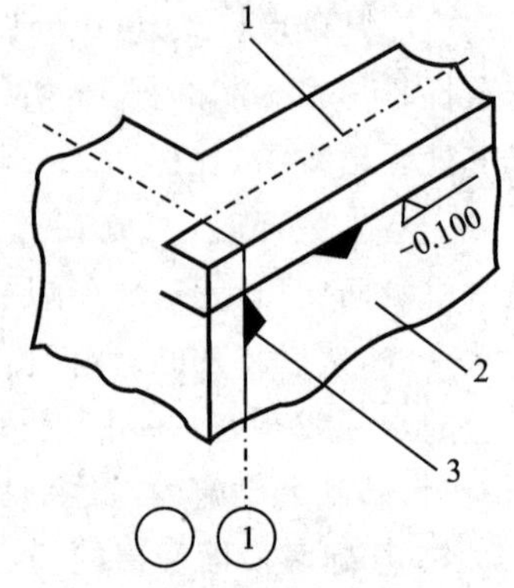

图 10-17 墙体定位

1—墙中线;2—外墙基础;3—轴线标志

2. 墙体各部位标高控制

在墙体砌筑施工中,墙身上各部位的标高通常用皮数杆来控制。

皮数杆应根据建筑物剖面图画出每块砖和灰缝的厚度,并注明墙体上±0.000 m、窗台、门窗洞口、过梁、雨篷、圈梁、楼板等构件的高度位置,如图 10-18 所示。在墙体施工中,用皮数杆可以控制墙身各部位构件的准确位置,并保证每皮砖灰缝厚度均匀,每皮砖都处在同一水平面。皮数杆一般都立在建筑物拐角和隔墙处,如图 10-18 所示。

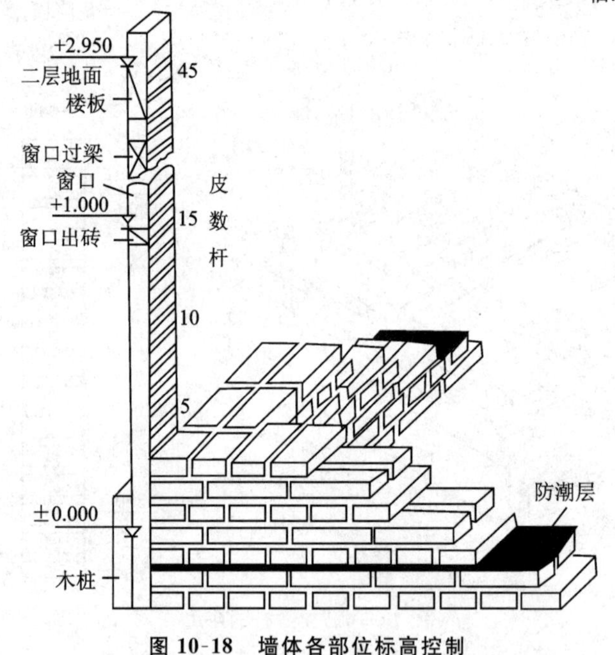

图 10-18 墙体各部位标高控制

墙身皮数杆的测设与基础皮数杆相同。立皮数杆时,先在地面上打一木桩,用水准仪测出±0.000 m 标高位置,并画一横线作为标志;然后把皮数杆上的±0.000 m 线与木桩上±0.000 m 处对齐钉牢,测设±0.000 m 标高线的允许误差为±3 mm。皮数杆钉好后要用水准仪进行检测,并用垂球来校正其是否竖直。

为了施工方便,采用里脚手架砌砖时,皮数杆应立在墙外侧;如采用外脚手架砌砖,则皮数杆应立在墙内侧;如是框架或钢筋混凝土柱间墙,则墙体施工在框架施工后进行,故可在柱面上画线,以此代替皮数杆。

10.4 工业建筑施工测量

10.4.1 工业厂房控制网的测设

工业厂房一般规模较大、设备复杂、跨度和间距也较大，多为排架式结构，对各种柱基和设备基础之间的位置和高程应保持严密的关系，所以对测量的精度要求较高。工业建筑在基坑施工、安置基础模板、灌注混凝土、安装预制构件等工作中，都要以各定位轴线为依据指导施工。因此在工业建筑施工中，均应建立独立的矩形施工控制网。

1. 单一的厂房矩形控制网的测设

对于中小型厂房，可建立单一的厂房矩形控制网。如图 10-19 所示，A、B、C、D 为矩形控制网的角点，其测设方法是根据厂区控制网按直角坐标法定出长边上的 A、B 两点，然后以 AB 边为基线再测设 C、D 两点，最后在 C、D 处安置仪器，检查角度并测量 CD 边长以进行检查。矩形控制网的测设可以采用直角坐标法、极坐标法和角度交会法等。在测量矩形控制网各边长时，应同时测出距离指标桩。所谓距离指标桩，就是为了便于进行细部测设，在测设矩形控制网的同时，每隔一段距离埋设的一种控制桩。检核矩形网中直角误差的限值为±10″，矩形边长精度应为 1/25000～1/10000。

2. 根据主轴线测设矩形控制网

对于大型工业厂房或系统工程，应先根据厂区控制网定出矩形控制网的主轴线（一般是相互垂直的主要柱列轴线或设备基础轴线），然后根据主轴线测设矩形控制网。主轴线端点应布置在开挖范围以外，并埋设 1～2 个辅助点桩。其测设方法如图 10-20 所示，AOB 与 COD 为主轴线，测设时首先将长轴 AOB 测设于地面，再以长轴为基线测设出短轴 COD，并进行方向改正，使主轴线严格正交，主轴线交角容许误差为±3″～±5″。轴线的方向调整好后，应以 O 为起点进行精密量距，以确定纵横主轴线各端点的位置，主轴线边长的相对精度为 1/30000。

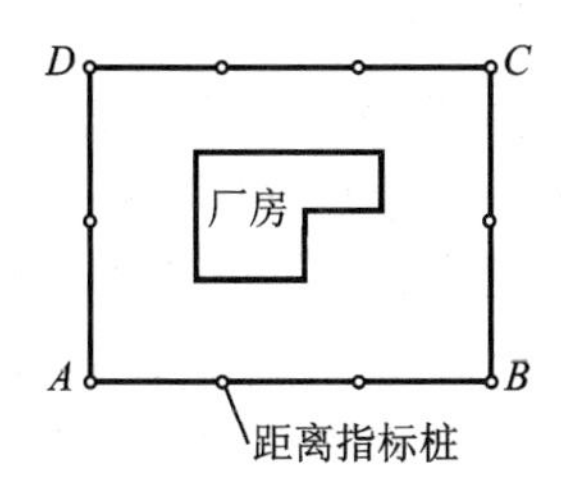

图 10-19 厂房矩形控制网

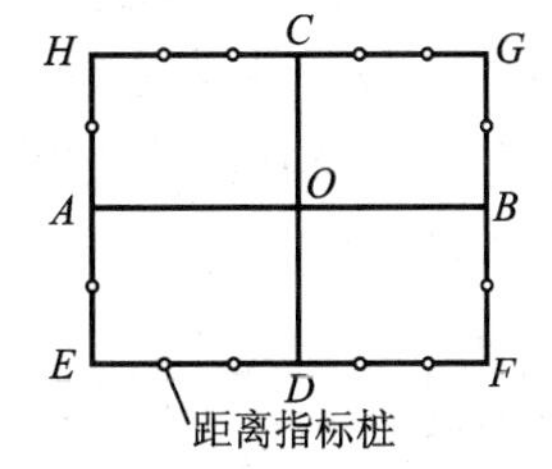

图 10-20 用主轴线测设矩形控制网

测设矩形控制网时，在主轴线的端点 A、B、C、D 处分别安置经纬仪，都以点 O 为起始方向，分别测设直角，交会定出 E、F、G、H 四个角点，然后再精密测量 AH、AE、BG、BF、DE、DF、CH、CG，其精度要求与主轴线相同。若量距所得角点位置与角度交会法定点所得点位置不一致,则应进行调整。

10.4.2 厂房柱列轴线的测设和柱基的测设

1. 厂房柱列轴线的测设

测定厂房矩形控制网后,根据厂房平面图上标注的柱间距和跨度尺寸,用钢尺沿矩形控制网各边测设出柱列轴线控制点位置。如图 10-21 所示,1、1′、2、2′、3、3′、…、E、E'、F、F'等,并打入大木桩,桩顶做出标志,作为柱基测设和施工安装的依据。测量时可根据矩形边上相邻的两个距离指标桩,采用内分法测设。

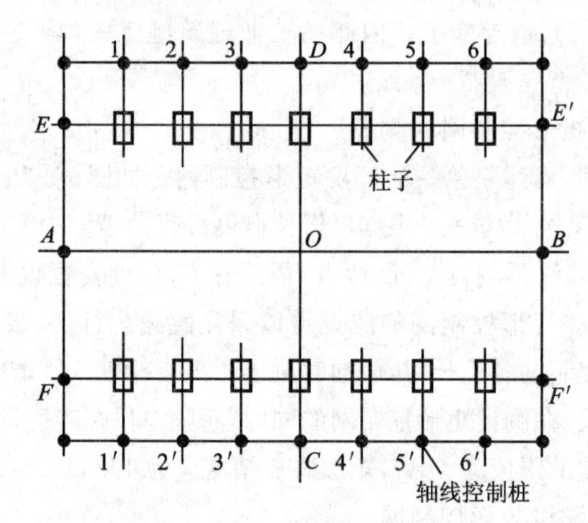

图 10-21 厂房柱列轴线的测设

2. 杯形基础的施工测量

首先,定位柱基础,用两台经纬仪分别安置于两条相互垂直的柱列轴线的轴线控制桩上,沿轴线方向交会出每一个柱基的中心位置。再根据基础详图进行柱基放线,用灰线把基坑开挖边线标出,并在距开挖边线 0.5～1 m 处打四个定位小木桩,如图 10-22 所示,桩顶采用同一标高,以利用定位桩控制基础施工标高,同时在桩顶用小钉标明中线方向,作为修坑立模的依据。在实际操作中,统一以轴线定位,但应注意有的轴线不一定是基础的中线,应避免基础施工中发生错误。

然后,进行基础的抄平放线,基坑挖到接近坑底设计标高时,在基坑四壁上测设相同高程的水平桩,桩顶与坑底的设计标高一般相差 0.3～0.5 m,以此作为基坑修坡和检查坑深的依据。此外还应在坑底边缘及中央打入小木桩,使桩顶高程等于垫层设计高程,以便在桩顶拉线并打垫层。

基础垫层打好以后,根据柱基定位桩把基础轴线投测到垫层上,并弹上墨线作为支模的依据。把线坠挂在定位桩的小线上,将模板及杯芯上已画好的轴线位置与垂线对齐,即可定出基础模板及杯口的正确位置。然后,在模板的内表面用水准仪引测基础面的设计标高,并画线标明。在支杯底模板时,应注意使浇灌后的杯底标高比设计标高略低 3～5 cm,以便拆模后填高修平杯底,如图 10-23 所示。

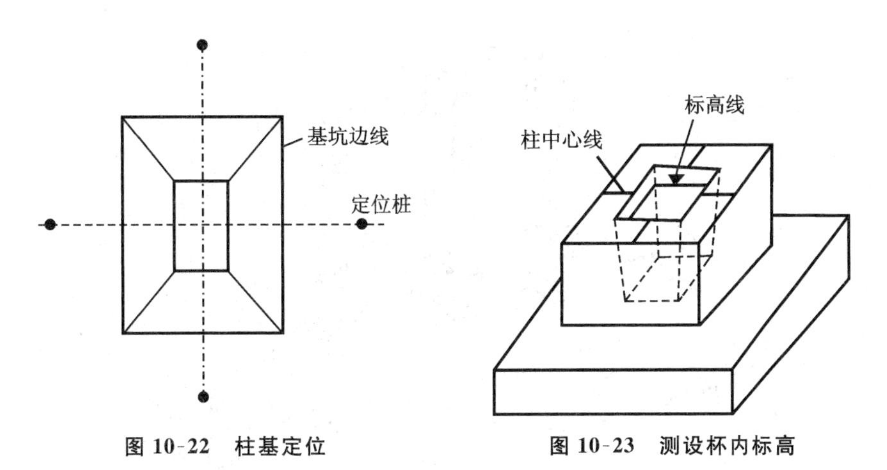

图 10-22 柱基定位

图 10-23 测设杯内标高

最后，根据轴线控制桩，用经纬仪把柱中线投测到基础顶面上，做好标记，供吊装柱子时使用，并把杯口中线引测到杯底，在杯口立面上弹墨线，并检查杯底尺寸是否符合要求。为了修平杯底，须在杯口内壁测设一条比基础顶面略低 10 cm 的标高线，或一条与杯底设计标高的距离为整分米数的标高线。

3. 现浇柱基础的抄平放线

现浇柱基础底部的定位、支模放线与杯型基础相同。当柱基础混凝土凝固拆模后，即根据轴线控制桩或定位桩将中线投测到基础顶面上，弹出十字形中线，供柱身支模及校正用，并在基础露出的钢筋上引测一标高线，作为柱身控制标高的依据。

10.4.3 现浇柱的施工测量

1. 柱垂直度的测量

柱身模板支好后，必须用经纬仪检查校正柱的垂直度。由于柱在一条线上，现场通视困难，一般采用平行线投点法测量。如图 10-24 所示，先在柱模板上端量出柱中心点，然后将它与柱下端的中心点相连并弹以墨线，在地面上测设柱下端中心点连线的平行线 $A'B'$，平行线与中心线的距离一般为 1 m，由一人在模板上端持木尺，使尺的零点对准中线，并沿模板水平放置。经纬仪置于距中线1 m的点 B' 处，照准点 A'，然后抬高望远镜观察木尺，若十字丝正照准尺上 1 m 处，则柱模板在此方向上垂直，否则应校正上端模板，直至视线与尺上 1 m 标志重合为止。

2. 模板标高的测设

柱模板垂直度校正好以后，在模板外侧引测一条比地面高 0.5 m 的标高线，每根柱不少于两点，并注明标高数值，作为测量柱顶标高、安装铁件、牛腿支模等标高的依据。

向柱顶引测标高时，一般选择不同行列的两三根柱，从柱下面已测好的标高点处用钢尺沿柱身向上量距，在柱上端模板上定两三个同高程的点。然后在平台模板上支水准仪，以一标高点为后视点，测柱顶模板标高，并闭合于另一标高点。

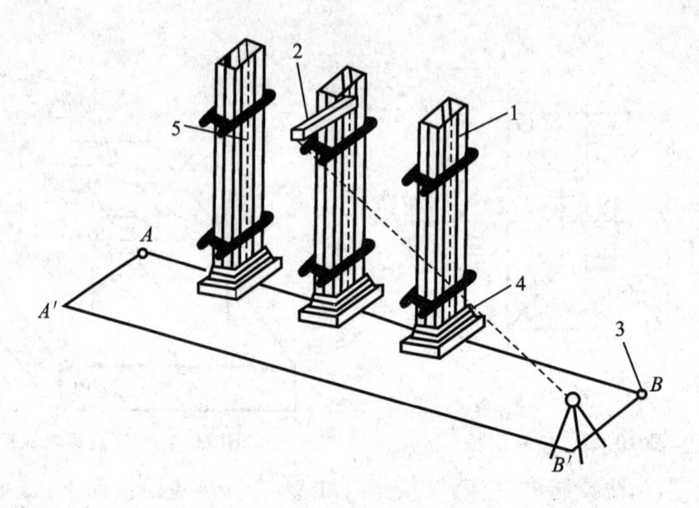

图 10-24 柱垂直度的测量

1—模板;2—木尺;3—柱中线控制点;4—柱下端中线点;5—柱中

3. 柱拆模后的抄平放线

柱拆模后,根据基础表面的柱中线,在柱下端侧面上标出柱中线位置,然后用吊线法或经纬仪投点法,将中点投测到柱上端的侧面上,并在每根柱侧面上测设高0.5 m的标高线(即50线)。

10.4.4 厂房构件的安装测量

1. 柱的安装测量

(1) 柱安装应满足的要求

① 柱中心线应与相应的柱列轴线一致,其允许偏差为±5 mm。

② 牛腿顶面与柱顶面的实际标高应与设计标高一致,其允许误差为±5～±8 mm,柱高大于5 m时取±8 mm。

③ 柱身垂直允许误差:当柱高不超过5 m时为±5 mm;当柱高为5～10 m时为±10 mm;当柱高超过10 m时,则为柱高的1/1000,但不得大于20 mm。

(2)柱安装前的准备工作

首先,将每根柱按轴线位置编号,并检查柱尺寸是否满足设计要求。然后,在柱身的三个侧面用墨线弹出柱中心线,每面在中心线上按上、中、下用红漆画出“▶”标志,如图10-25所示,以供校正时对照。最后,检查柱长度,即杯底标高加上柱底到牛腿的长度应等于牛腿面的设计标高(见图10-26),即

$$H_2 = H_1 + l$$

式中 H_2——牛腿面的设计标高;

H_1——基础杯底的标高;

l——柱底到牛腿面的设计长度。

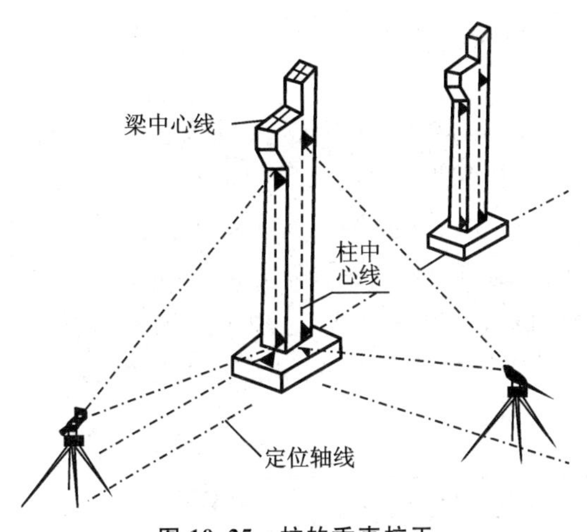

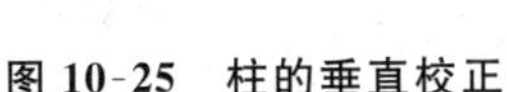
图 10-25 柱的垂直校正

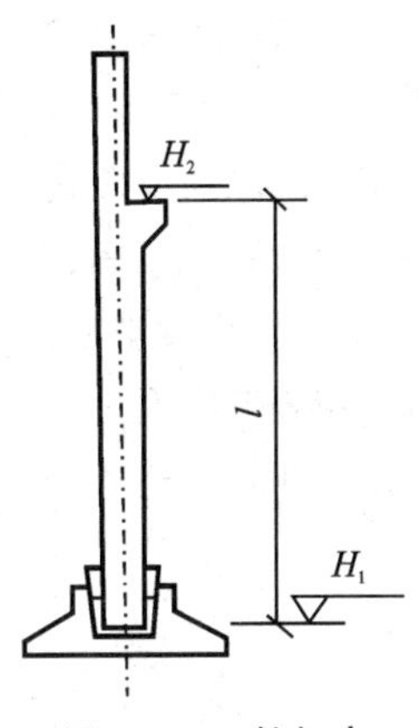

图 10-26 柱标高

如果 $H_2 \neq H_1 + l$，则算出差值，决定垫板的厚度。过高的地方要凿去，再用水泥砂浆补平，过低的地方补上水泥砂浆垫平。此项工作应在安装之前完成，安装人员要事先准备安装垫板，以免窝工。

(3) 柱安装时的测量工作

柱吊起后，要将柱底部插进杯口，应使柱底部三面的中线与杯口上已画好的中线对齐，并用钢楔或木楔作临时固定，如有偏差，可锤打木楔或钢楔将其拨正，容许误差为±5 mm。柱立稳后，用水准仪检测±0.000 m 标高线是否符合设计要求，其允许误差为±3 mm，如图 10-26 所示。

柱初步固定后，即可进行竖直校正，方法如图 10-25 所示。在柱基的纵、横中心线上离柱约为 1.5 倍柱高距离处，安置两台经纬仪，用望远镜照准柱底中线，固定照准部，缓慢抬高望远镜，如柱身上的中线标志或所弹中心墨线偏离视线，表示柱不垂直，可通过调节链子托绳或支撑、敲打楔子等方法使柱垂直。

在实际工作中，常把成排的柱都竖起来，因此经纬仪不能安置在柱列中线上，如图 10-27 所示，这时可把两台经纬仪分别安置在纵、横轴线的一侧，偏离中线不得大于 3 m，并使 $\beta < 15°$，安置一次仪器可同时校正几根柱。此时应注意经纬仪不能瞄准杯口中线，而要瞄准柱底中线。对于变截面柱，其柱身上的中心标志或中心墨线不在同一平面上，则仪器必须安置在中心线上进行校正。

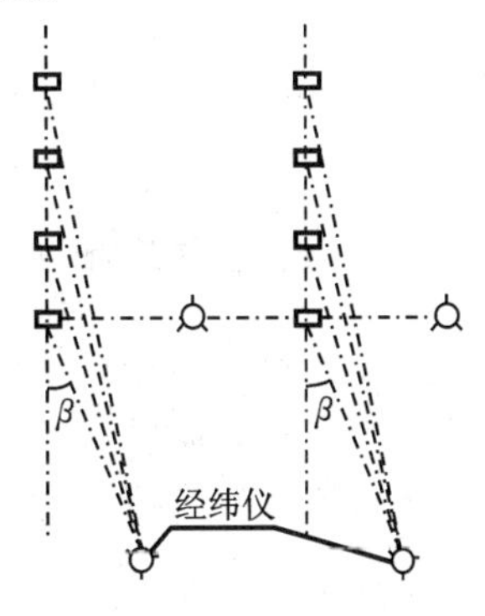

图 10-27 柱的安装测量

在进行柱垂直校正时，应注意随时检查柱中线是否对准杯口的柱中线标志，并要避免日照影响校正精度，因此校正工作宜在早晨或阴天进行。

2. 吊车梁的安装测量

吊车梁的安装测量主要是把吊车梁按设计的平面位置和高程准确地安装在牛

腿上。

(1) 吊车梁安装时的中线测量

吊车梁安装前,先在两端面上用墨线弹出梁的中心线,然后根据厂房控制网或柱中心线,在地面上测设出两端的吊车梁中心线控制桩,如图 10-28 所示的 $A''A'$,并在一端安置经纬仪,瞄准另一端,将吊车梁中心线投测在每根柱牛腿面上并弹上墨线。吊装时吊车梁中心线与牛腿上中心线对齐,其允许误差为±3 mm。若投射时视线受阻,可从牛腿面上悬吊垂球来确定位置。安装完毕后,用钢尺测量吊车梁中心线间距,即吊车轨道中心线间距,检验是否符合行车跨度,其偏差不得超过±5 mm,如图 10-28 所示。

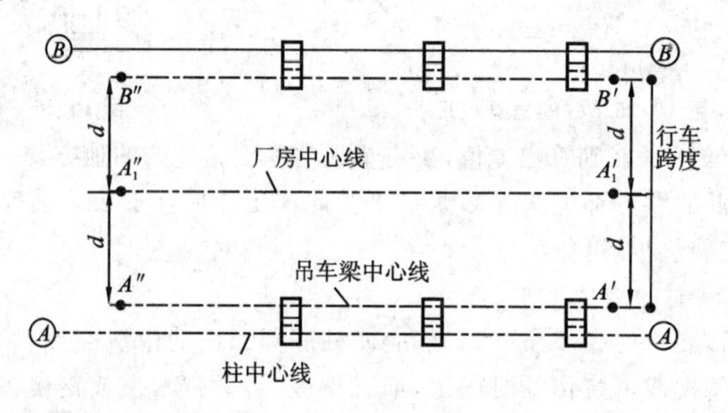

图 10-28 吊车梁安装与测量

(2) 吊车梁安装时的高程测量

按高程传递方法,用钢尺和水准仪沿两根柱将高程传递到牛腿面上,然后把水准仪直接安置在牛腿面上,用两根柱作后视点,检查牛腿面的高程,它与牛腿设计高程之差应在±5 mm 以内。

10.5 高层建筑施工测量

10.5.1 高层建筑施工测量的特点

高层建筑物的特点是建筑物层数多、高度高、结构竖向偏差对工程受力影响大,因此施工中对竖向投点的精度要求高。由于建筑结构复杂、设备和装修标准较高,尤其是高速电梯的安装等对施工测量精度的要求更高,因此如何从低处向高处精确地传递轴线和高程,就显得尤为重要。在施工过程中对建筑物各部位的水平位置、垂直度及轴线尺寸、标高等的精度要求都十分严格,对质量检测的允许偏差也有严格要求。例如,层间标高测量偏差和竖向测量偏差均不应超过 13 mm,建筑全高 H 测量偏差和竖向偏差也不超过 $3H/10000$,并且满足在 $30\ \text{m}<H\leqslant 60\ \text{m}$ 时,偏差不应大于±10 mm;$60\ \text{m}<H\leqslant 90\ \text{m}$ 时,不应大于±15 mm;$H>90\ \text{m}$ 时,不应大于±20 mm。

10.5.2 高层建筑的轴线投测

高层建筑施工测量的主要任务是轴线的竖向传递,以控制建筑物的垂直偏差,做到正确地进行各楼层的定位放线。轴线竖向传递的方法很多,如沿柱中线逐层传递的方法,比较简单但容易产生累积误差,此法多用于多层建筑施工中。在高层建筑中常用的投测方法有经纬仪投测法、激光垂准仪投测法、吊线坠投测法等。

1. 经纬仪投测法(外控法)

高层建筑物在基础工程完工后,用经纬仪将建筑物的主轴线从轴线控制桩上精确地引测到建筑物四面底部立面上并设标志,以供向上投测和下一步施工用。同时在轴线的延长线上设置轴线引桩,引桩与楼的距离不小于楼高。

当施工场地比较宽阔时,多使用此法。施测时主要是将经纬仪安置在高层建筑物附近进行竖向投测,如图 10-29(a)所示,向上投测轴线时,将经纬仪安置在引桩 A_1 上,严格对中整平,照准基础侧壁上的轴线标志点 a_1,然后用正倒镜法把轴线投测到所需的楼面上,正倒镜所投点的中点即为投测轴线的另一个端点 a_2。同法分别在引桩 B_1、A_1'、B'_1 上安置经纬仪,分别投测出点 b_2、a_2'、b_2'。连接轴线上的 a_2a_2' 和 b_2b_2' 即得到楼面上互相垂直的两条中心轴线,根据这两条轴线,用平行推移的方法确定出其他各轴线,并弹上墨线。放好该楼层的轴线后,还要进行轴线间距和交角的检核,合格后方可继续施工。

当楼高超过 10 层时,经纬仪向上投测的仰角增大,则投点误差也随着增大,投点精度降低,且观测操作不方便。因此,必须把主轴线控制桩引测到远处的稳固地点或附近大楼屋面上,重新建立引桩,以减小仰角,如图 10-29(b)所示,其轴线传递的方法与上述相同。

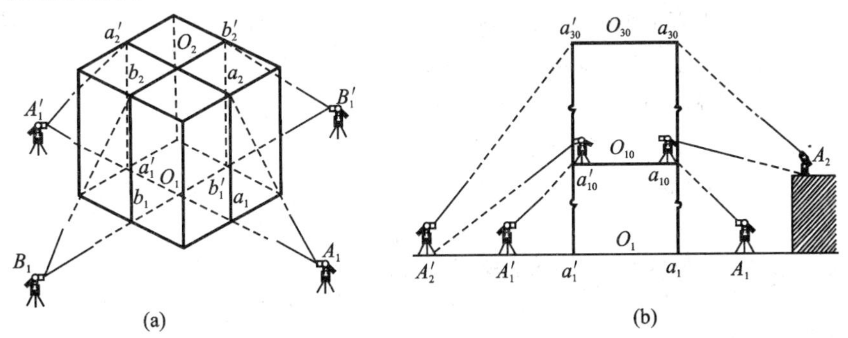

图 10-29 轴线投测

为了保证测量精度,应做到投测前严格检查仪器,尤其是仪器的水准管轴与竖轴、横轴与竖轴要严格垂直。仪器尽量安置在轴线的延长线上,观测仰角不大于 45°。为避免日照、风等的不良影响,应选择在无风、阴天或早晨进行测设。

2. 吊线坠投测法(内控法)

在建筑物密集的建筑区,施工场地窄小,无法在建筑物以外的轴线上安置经纬仪,这种情况下,多用吊线坠投测法。该法不用顾虑脚手架、排栅、安全网遮挡仪器通视等问题,受外界环境干扰少,有利于提高测量精度,但要求各层的相应位置要预留传递孔,给施工带来麻烦。

吊线坠投测法施测时在建筑物底层测设室内轴线控制点,用垂准线原理将其竖直投测到各层楼面上,作为各层轴线测设的依据。利用靠近墙角的垃圾道、电梯升降道、通风道或在各层楼板适当的位置预留 200 mm×200 mm 的孔洞,传递控制点。

设置控制点。根据建筑物平面确定控制点的位置,使控制点的连线能控制楼层平面尺寸,控制点一般不少于 3 点。控制点在竖向传递不受影响的情况下,可设在轴线上,否则应离开轴线 500～800 mm,精确测量控制点间的距离和角度。用15 kg左右重的线坠和直径 1 mm 的细钢丝,把线坠挂在金属十字架上。投测时,一人在底层扶稳线坠,如线坠偏离控制点,则指挥上面的人移动金属架,至对准为止。十字架的中心点即为地面轴线点的投测点,在洞口四周做标记,作为以后恢复中心线和放线的依据。

吊线坠投测法受风力影响较大。当风力大时,可把线坠放进油桶内并设挡风板,以防止线坠摆动影响投点精度。

轴线竖向投测的其他方法还有用垂准经纬仪进行天顶垂准测量或天底垂准测量,以及用激光垂准仪进行铅直定位测量等,具体做法将在后面详细介绍。

10.5.3 高层建筑的高程传递

高层建筑底层±0.000 m 标高点可依据施工场地内的水准点来测设。传递高程常用的方法是钢尺直接测量法,即±0.000 m 的高程传递一般用钢尺沿结构外墙、边桩和楼梯间等向上竖直量取,即可把高程传递到施工层上。用这种方法传递高程时,一般高层建筑内至少有三处底层标高点向上传递,以便相互校核和适应分段施工。由底层传递上来的同一层几个标高点,必须用水准仪进行校核,检查各标高点是否在同一水平面上,其误差应不超过±3 mm。也可采用悬吊钢尺法,用水准仪将高程传递上去。还可利用皮数杆传递高程,在皮数杆上自±0.000 m 标高线起门窗口、过梁、楼板等构件的标高都已注明,一层楼砌好后,从一层皮数杆起一层一层往上接,由此来传递高程。

10.6 激光垂准仪的应用

10.6.1 激光垂准仪简介

激光垂准仪是一种铅垂定位专用仪器,适用于高层建筑、烟囱、塔架的铅垂定位测量。如图 10-30 所示,激光垂准仪主要由氦-氖激光器、竖轴发射望远镜、水准管、基座等部分组成。激光器固定在套筒内,竖轴是一个空心筒轴,两端有螺丝用来连接激光套筒和发射望远镜。激光器装在下端,发射望远镜装在上端,即构成向上发射的激光垂准仪,倒过来安装即成为向下发射的激光垂准仪。仪器上设置有两个互成 90°的管水准器，分度值一般为 20″/mm，仪器配有专用激光电源。使用时利用激光器底端(全反射棱镜端)所发射的激光束进行对中，通过调节基座整平螺旋，使管水准器气泡严格居中，从而激光束铅垂向外发射。

激光垂准仪是光学瞄准和激光照准的两用仪器，它的特点是可在接收靶环上形成光点，便于观测；与经纬仪相比，激光垂准仪不受场地的限制，应用范围更广；与吊垂球投测法相比，它不受风力影响，施测更方便、更准确。

10.6.2 激光垂准仪的应用

1. 用激光垂准仪铅直投点定位

投测方法与吊线坠投测法相同，首先要选择传递控制点的位置，传递控制点应能够控制整个楼面的放线，且控制点不少于 3 个点。为使激光束能穿过各楼层，在每个楼层对应控制点的位置要留 200 mm×200 mm 的孔洞。然后，将仪器安置在控制点处，与经纬仪一样进行对中、整平后，接通激光电源使激光起辉，发射出铅直光束，调整望远镜焦距，使光点直径达到最小。在投点位置设置光束接收靶环，让接收靶的靶环中心对准光束斑点，将靶环固定在投测的楼板层上。为检验仪器的垂直误差，将仪器水平旋转 360°，如光点在靶上移动出一个圆，则仪器应进一步调平，直到光点始终指向一点为止。当靶环中心的投测点和垂准仪中心(即地面控制点)在同一条铅垂线上时，投测点即为该楼层定位放线的基准点，如图 10-31 所示。

将各基准点投测完后，还应检验各投测点间的距离、角度是否符合要求，然后根据基准点间连线即可进行该楼层的放线。

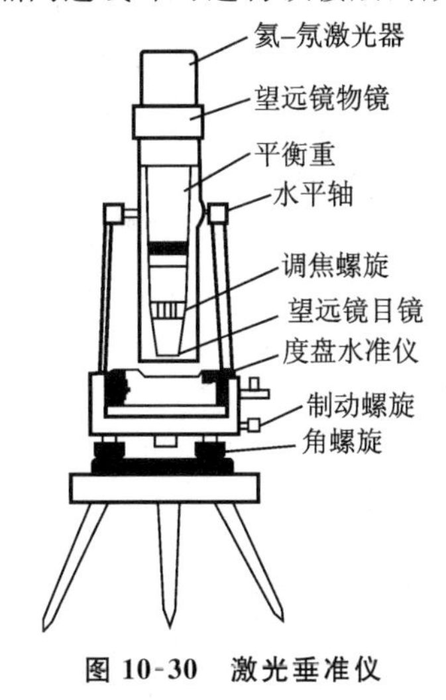

图 10-30 激光垂准仪

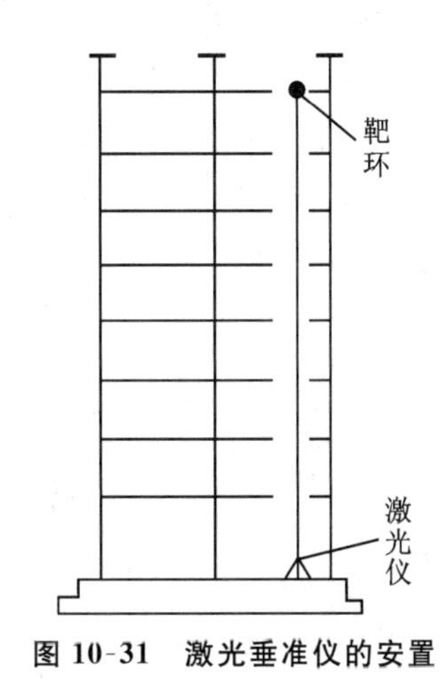

图 10-31 激光垂准仪的安置

2. 激光垂准仪测量垂直度

激光垂准仪可代替经纬仪用来测量柱以及建筑物的垂直度。把两台垂准仪安置在柱的纵、横轴线上，对中、整平后，分别瞄准基底座的标记，然后抬高望远镜，激光束的斑点即沿着柱中心垂线移动，施工人员可根据光点，判断柱是否垂直并进行校正。

10.7 建筑物变形观测

10.7.1 建筑物变形观测概述

建筑物在施工过程和使用过程中,都会发生变形,这种变形在一定范围内可视为正常现象,但超过某一限度就会导致上部结构开裂,削弱建筑物的坚固性或破坏其外表的美观,严重时会危及建筑物的安全。为了建筑物的安全使用,研究变形的原因和规律,为建筑物的设计、施工、管理和科学研究提供可靠的资料,在建筑物的施工和运行管理期间需要进行建筑物的变形观测。

建筑物的变形观测主要包括沉降观测、倾斜观测、裂缝观测和位移观测等。

建筑物变形观测的任务是周期性地对设置在建筑物上的观测点进行重复观测,求得观测点位置的变化量。变形观测能否达到预期的目的,主要取决于观测点的布设、观测的精度和频率是否合适。

10.7.2 建筑物的沉降观测

沉降观测是用水准测量的方法,周期性地观测建筑物上的沉降观测点和水准基点之间的高差变化值,由此确定建筑物的下沉量及下沉规律的方法。

1. 水准基点的布设

水准基点是沉降观测的基准,必须稳定、牢固、长久保存,应埋设在建筑物沉降影响范围及振动影响范围之外,距沉降观测点 20～100 m,并且观测方便的地方,为防止冻胀的影响,其埋设深度至少要在冰冻线下 0.5 m。为了便于互相检核,水准基点最少应布设三个,各点间应进行高程联测,并组成水准控制网。对于拟测工程规模较大者,基点要统一布设在建筑物周围,便于缩短水准路线,提高观测精度。

图 10-32 所示的是水准基点布设的一种形式,在有条件的情况下,基点可设在基岩或永久稳固建筑物的墙角上。水准基点可以用相对高程,也可用绝对高程。

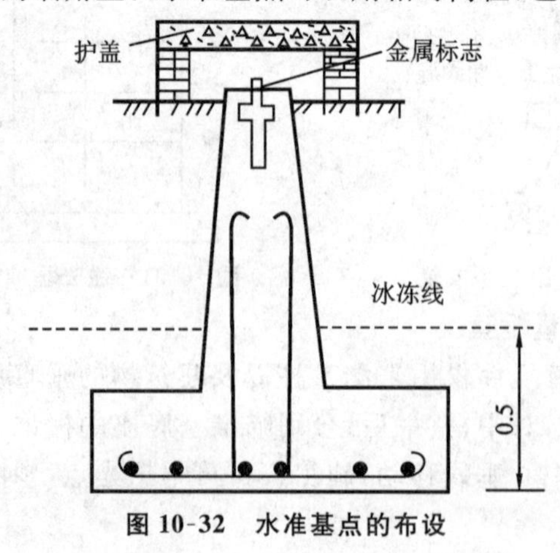

图 10-32 水准基点的布设

2. 沉降观测点的布设

沉降观测点应布设在最有代表性的地方，其位置应保证在施工期间和建成后能顺利进行观测。埋设时要与建筑物黏结牢固，观测点的高程变化应能真正反映建筑物的沉降情况，并能长期使用。观测点应通视良好、高度适中、便于观测，并与墙面保持一定距离，能够在点位上垂直立尺。当施工达到设点高度时，要及时设点，同时测出初始数据，并对点位进行编号，画出点位的平面布置图。

沉降观测点一般应布设在沉降变化可能显著的地方。对于民用建筑，通常在它的四角点、中点、转角处布设观测点；沿建筑物的周边每隔 15～20 m 布置一个观测点；设有沉降缝的建筑物，应在其两侧布设观测点；对于宽度大于 15 m 的建筑物，在其内部有承重墙和支柱时，应尽可能布设观测点。对于一般的工业建筑，除了在转角、承重墙及柱上布设观测点，在主要设备基础、基础形式改变处、地质条件改变处也应布设观测点。对于烟囱、水塔等构筑物也应在基础的对称轴线上布设观测点。

沉降观测点的埋设形式如图 10-33 所示，图 10-33(a)、(b)所示的为墙身和柱上的观测点，图 10-33(c)所示的为基础上的观测点。

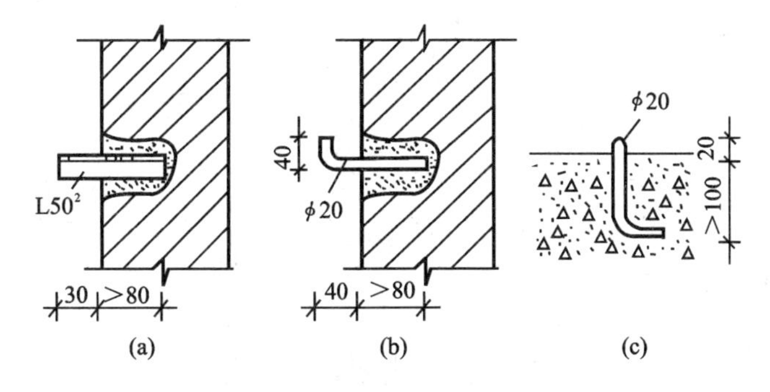

图 10-33 沉降观测点的布设

3. 沉降观测

在建筑物变形观测中，进行最多的是沉降观测，这是一项较长期的连续观测工作。对中小型厂房和建筑物，可采用普通水准测量；对大型厂房和高层建筑，应采用精密水准测量。沉降观测的水准路线应形成闭合线路。为了提高观测精度，可采用“三固定”的方法，即固定人员、固定仪器以及固定施测路线、镜位与转点。由于观测水准路线较短，闭合差一般为 1～2 mm，可按测站平均分配。

沉降观测的时间和次数应根据工程性质、工程进度、地基土质情况及基础荷载增加情况等决定。当埋设的观测点稳固后，开始进行首次观测，首次观测的高程值是以后每次观测进行比较的依据，因此必须提高观测精度。施工期间，一般建筑物每升高 1～2 层或每增加一次荷载，就要观测一次。如果中途停工时间较长，也应在停工时和复工前各观测一次。另外，基础附近地面荷载突然增加时，周围大量积水及暴雨后，周围大量挖方后，均应进行观测。在发生大量沉降或严重裂缝时，应逐日观测或几天一次地连续观测。竣工后应根据沉降量的大小来确定观测周期，开始每隔 1～2 月观测一次，以每次沉降量在 5～10 mm 为限，超限则要增加观测次数，以后随着沉降量的减少逐渐延长观测周期，直至沉降稳定为止。

4. 沉降观测的成果整理

① 整理原始记录。

每次观测结束后，应检查记录的数据和计算是否正确，精度是否合格，然后调整闭合差，推算各沉降观测点的高程。

② 计算沉降量。

计算各观测点本次沉降量(用各观测点本次观测所得的高程减去上次观测点高程)和累积沉降量(每次沉降量相加)，并将观测日期和荷载情况一并记入沉降量统计表内(见表 10-1)。

表 10-1 沉降量观测记录表

观测次数	观测时间	各观测点的沉降情况							施工进展情况	荷载情况/($\times 10^4$ N/m^2)
		1			2			…		
		高程/m	本次下沉/mm	累积下沉/mm	高程/m	本次下沉/mm	累积下沉/mm	…		
1	1985.1.10	50.454	0	0	50.473	0	0	…	一层平口	
2	1985.2.23	50.448	−6	−6	50.467	−6	−6		三层平口	40
3	1985.3.16	50.443	−5	−11	50.462	−5	−11		五层平口	60
4	1985.4.14	50.440	−3	−14	50.459	−3	−14		七层平口	70
5	1985.5.14	50.438	−2	−16	50.456	−3	−17		九层平口	80
6	1985.6.4	50.434	−4	−20	50.452	−4	−21		主体完	110
7	1985.8.30	50.429	−5	−25	50.447	−5	−26		竣工	
8	1985.11.6	50.425	−4	−29	50.445	−2	−28		使用	
9	1986.2.28	50.423	−2	−31	50.444	−1	−29			
10	1986.5.6	40.422	−1	−32	50.443	−1	−30			
11	1986.8.5	40.421	−1	−33	50.443	0	−30			
12	1986.12.25	40.421	0	−33	50.443	0	−30			

③ 绘制沉降曲线。

为了预估下一次观测点沉降的大约数值和沉降过程是否渐趋稳定或已经稳定，可分别绘制时间-沉降量关系曲线，以及时间-荷载关系曲线，如图 10-34 所示。

时间-沉降量关系曲线是以沉降量 S 为纵轴，时间 T 为横轴，根据每次观测日期和相应的沉降量按比例画出各点位置，然后将各点连接起来，并在曲线一端注明观测点号码，构成 S-T 曲线图。

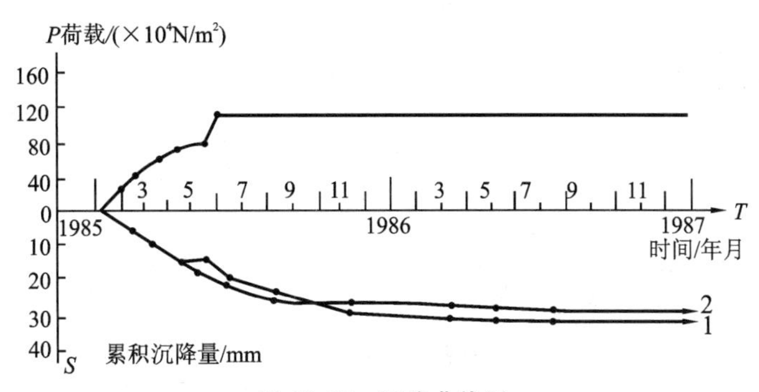

图 10-34　沉降曲线图

同理,时间-荷载关系曲线是以荷载 P 为纵轴,时间 T 为横轴,根据每次观测的时间和相应的荷载画出各点,将各点连接起来,构成 P-T 曲线图。

水准点的高程　BM_1:49.538 m

BM_2:50.132 m

BM_3:49.776 m

10.7.3　建筑物的倾斜观测

测定建筑物倾斜度随时间推移而变化的工作称为倾斜观测。测定方法有两类:一类是直接测定法;另一类是通过测定建筑物基础的相对沉降确定其倾斜度的方法。

1. 一般建筑物的倾斜观测

建筑物的倾斜观测应在观测部位相互垂直的两面墙上进行。如图 10-35 所示,在距离建筑物墙面大于 1.5 倍墙高的固定测站上安置经纬仪,瞄准上部的观测点 M,用盘左和盘右分中投点法定出下面的观测点 m_1。同法,在与原观测方向垂直的另一面墙上,定出上观测点 N 与下观测点 n_1。过一段时间后,在原固定测站上安置经纬仪分别瞄准上观测点 M 与 N,仍用盘左和盘右分中投点法得 m_2、n_2,若 m_1 与 m_2、n_1 与 n_2 不重合,说明建筑物发生了倾斜。用尺量出倾斜位移分量 Δm、Δn,然后求得建筑物的总倾斜位移量 Δ,即

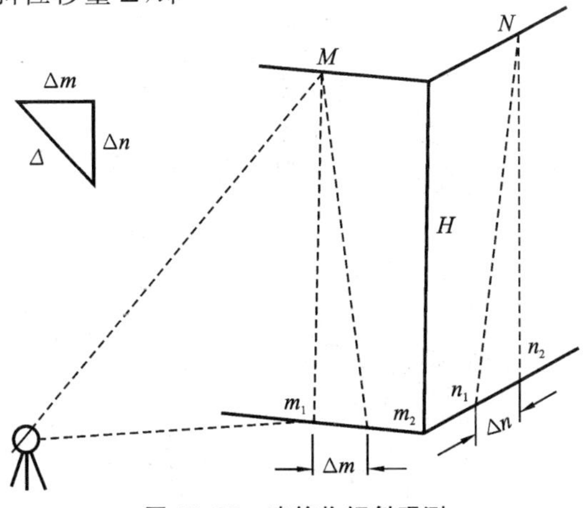

图 10-35　建筑物倾斜观测

$$\Delta=\sqrt{(\Delta m)^2+(\Delta n)^2} \tag{10-5}$$

建筑物的倾斜度 i 用下式表示

$$i=\tan\alpha=\frac{\Delta}{H} \tag{10-6}$$

式中 H——建筑物高度；

α——倾斜角。

2. 构筑物的倾斜观测

对圆形构筑物，如烟囱、水塔等的倾斜观测，应在互相垂直的两个方向分别测出顶部中心对底部中心的偏移量，然后用矢量相加的方法，计算出总偏心距及倾斜度。

如图 10-36(a)所示，在烟囱、水塔的纵、横轴线上，距离烟囱约为 1.5 倍烟囱高度处分别建立固定观测点，在烟囱底部地面垂直视线方向放一水准尺，然后在水准尺的垂线方向上安置经纬仪，用望远镜将烟囱顶部边缘两点 A、A' 及底部 B、B' 分别投测到水准尺上，得读数为 y_1、y_1' 及 y_2、y_2'，如图 10-36(b)所示，则烟囱顶部中心 O 对底部中心 O' 在 y 方向上的偏心距为

$$\Delta y=\frac{y_1-y_1'}{2}-\frac{y_2-y_2'}{2} \tag{10-7}$$

同法可测得在 x 方向上顶部 O 的偏心距为

$$\Delta x=\frac{x_1-x_1'}{2}-\frac{x_2-x_2'}{2} \tag{10-8}$$

顶部中心对底部中心的总偏心距 Δ 和倾斜度 i 可分别由式(10-5)和式(10-6)进行计算。

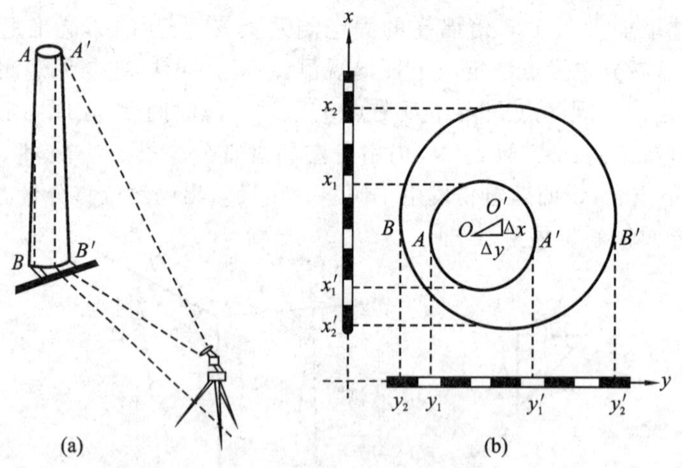

图 10-36 塔形构筑物的倾斜观测

10.7.4 建筑物的裂缝与位移观测

1. 建筑物的裂缝观测

裂缝是建筑物在不均匀沉降情况下产生不容许应力及变形的结果。当建筑物中出现裂缝时，除了要增加沉降观测次数，还应立即检查建筑物的裂缝分布情况，对

裂缝进行编号，并对每条裂缝定期进行观测。

为了观测裂缝的发展情况，要在裂缝处设置标志。常用的标志有石膏板标志、白铁皮标志等。

(1) 石膏板标志

石膏板厚为 10 mm，宽为 50～80 mm，长度视裂缝宽度而定。当裂缝继续发展时，石膏板也随之开裂，这可直接反映出裂缝的发展情况。

(2) 白铁皮标志

如图 10-37 所示，用两块大小不同的矩形薄白铁皮，分别钉在裂缝两侧，作为观测标志。固定时，内外两块白铁皮的边缘应相互平行。将两铁皮的端线相互投到另一块的表面上，用红油漆画成两个“▶”。如裂缝继续发展，则铁板端线与三角形边线将逐渐离开，定期分别量取两组端线与边线之间的距离，取其平均值，即为裂缝扩大的宽度，连同观测时间一并记入手簿内。此外，还应观测裂缝的走向和长度等项目。

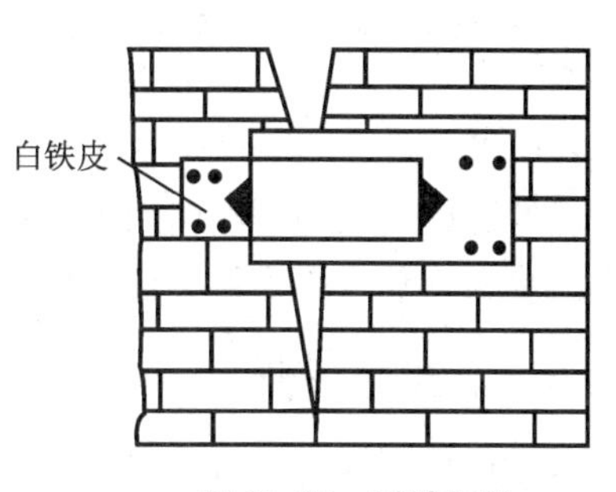

图 10-37 裂缝观测

对重要的裂缝以及大面积的多条裂缝，应在固定距离及高度设站，进行近景摄影测量。通过对不同时期摄影照片的量测，可以确定裂缝变化的方向及尺寸。

2. 建筑物的位移观测

位移观测是根据平面控制点测定建(构)筑物的平面位置随时间增加而移动的大小和方向。有时只要求测定建(构)筑物在某特定方向上的位移量，例如，大坝在水压力方向上的位移量。观测时，可在垂直于移动方向上建立一条基准线，在建(构)筑物上埋设一些观测标志，定期测量各标志偏离基准线的距离，就可了解建(构)筑物随时间增加而位移的情况。

图 10-38 所示的是用导线测量法查明工业厂房的位移情况。A、B 为施工中的平面控制点，M 为在墙上设立的观测标志，用经纬仪测量$\angle BAM=\beta$，视线方向大致垂直于厂房位移的方向。若厂房有平面位移 MM'，则测得$\angle BAM'=\beta'$，设 $\Delta\beta=\beta'-\beta$，则位移量 MM' 按下式计算：

$$MM'=AM\frac{\Delta\beta}{\rho''} \tag{10-9}$$

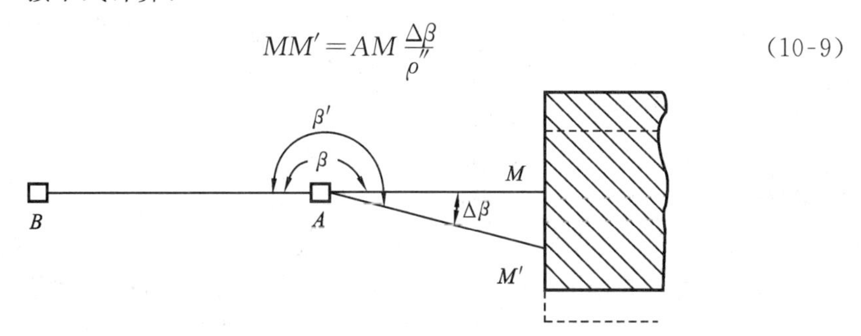

图 10-38 位移观测

10.8 竣工总平面图的编绘

竣工总平面图是施工单位在工程竣工后，交付使用前所提交的技术文件之一。施工过程的设计变更、施工误差和建筑物变形等，使得建(构)筑物的竣工位置往往与原设计位置不完全相符。为了确切地反映工程竣工后的现状，为工程验收和以后的管理、维修、扩建、改建、事故处理提供依据，需要开展竣工测量和编绘竣工总平面图。

竣工总平面图一般包括坐标系统，竣工建(构)筑物的位置和周围地形，主要地物点的解析数据，此外还应附必要的验收数据、说明、变更设计书及有关附图等资料。竣工总平面图的编绘包括竣工测量和资料编绘两方面内容。

10.8.1 竣工测量

在每一个单项工程完成后，必须由施工单位进行竣工测量，提出工程的竣工测量成果，作为编制竣工总平面图的依据。竣工测量的内容包括以下几个方面。

① 工业厂房及一般建筑物。测定各房角坐标、几何尺寸、地坪及房角标高，附注房屋结构层数、面积和竣工时间等。

② 地下管线。测定检修井、转折点、起终点的坐标，井盖、井底、沟槽和管顶等的高程，附注管道及检测井的编号、名称、管径、管材、间距、坡度和流向。

③ 架空管线。测定转折点、结点、交叉点和支点的坐标，支架间距、基础标高等。

④ 特种构筑物。测定沉淀池、烟囱、煤气罐等及其附属构筑物的外形和四角坐标，圆形构筑物的中心坐标，基础面标高，烟囱高度和沉淀池深度等。

⑤ 交通线路。测定线路起终点、交叉点和转折点坐标，曲线元素，路面、人行道、绿化带界线等。

⑥ 室外场地。测定围墙拐角点坐标，绿化地边界等。

10.8.2 竣工总平面图的编绘

编绘总平面图的依据是设计总平面图，单位工程平面图，纵横断面图和设计变更资料，定位测量资料，施工检查资料及竣工测量资料。

编绘时，先在图纸上绘制坐标格网，再将总平面图上设计的图面内容，按其设计坐标用铅笔展绘在图纸上，以此作为底图，并用红色数字在图上表示出设计数据。每项工程竣工后，根据竣工测量成果用黑色绘出该工程的实际形状，并将其坐标和高程注在图上。黑色数据与红色数据之差，即为施工与设计之差。随着施工的进展，逐步在底图上将铅笔线都绘成黑色线，经过整饰和清绘，即成为完整的总平面图。

厂区地上和地下所有建筑物、构筑物都绘在一张竣工总平面图上，如果线条过于密集而不便于使用，可以采用分类编图，如综合竣工总平面图，交通运输竣工总平面图、管线竣工总平面图等，比例尺一般采用 1∶1000。若还不能清楚地表示某些特别密集的地区,也可局部采用1∶500的比例尺。

绘制竣工总平面图时,如遇下列情况,施工单位应按竣工图要求的内容进行现场实测:未能及时提出建筑物或构筑物的设计坐标,而在现场指定施工位置的工程;设计图上只标明工程与地物的相对尺寸而无法推算坐标和标高的工程;设计多次变更,而无法查对设计资料的工程;竣工现场的竖向布置、围墙和绿化,施工后尚保留的大型建筑。

竣工总平面图编绘完成后,应经原设计与施工单位技术负责人审核、会签。

【本章要点】

本章介绍了施工场地控制网的类型和特点,民用建筑及工业厂房施工测量的内容和程序。重点讲述了建筑基线、建筑方格网的布设和施测方法;民用建筑物的定位和放线,建筑物基础和墙体施工测量过程;工业厂房矩形控制网的测设方法,厂房柱列轴线、柱基、预制构件安装的施测方法。同时介绍了施工场地的高程控制测量的内容和要求,高层建筑施工测量的内容和方法以及激光垂准仪的使用,建筑物的变形观测以及竣工总平面图的编绘。

【思考和练习】

10.1 试述施工控制网常用的布网形式及各自的适用情况。

10.2 建筑基线和建筑方格网如何测设,各适用于什么场合?

10.3 假定一字形建筑基线 A、B、C 三点已测设在地面上,经检测 $\angle ABC=179°59'43''$,$AB=150\ \text{m}$,$BC=100\ \text{m}$,试求调整值 δ,并说明如何调整才能使三点成一线。

10.4 民用建筑施工测量主要包括哪些测量工作?

10.5 设置龙门板的作用是什么,如何设置?

10.6 高层建筑物施工中如何将底层轴线投测到各层楼面上?

10.7 在工业建筑的定位放线中,现场已有建筑方格网作控制,为何还要测设矩形控制网?

10.8 杯形基础定位放线有哪些要求,如何检验是否满足要求?

10.9 如何进行柱的竖直校正?

10.10 吊车梁的吊装测量工作有哪些?

10.11 在烟囱、水塔的施工测量中,中心点的引测方法有哪些?

10.12 怎样进行建筑墙面的裂缝观测?试画图说明。

10.13 为什么要编绘竣工图?试述编绘的过程。

10.14 烟囱经检测其顶部中心在两个互相垂直方向上各偏离底部中心56 mm及71 mm,设烟囱的高度为90 m,试求烟囱的总倾斜度及其倾斜方向的倾角,并画图说明。

11 线路测量与桥梁、隧道施工测量

11.1 线路测量概述

线路工程主要包括道路、管线两方面,含公路、铁路、隧道、地下通道、河道、水渠、电力、通信线路,以及架空管道、索道、给水、排水、热力、输油管线等。它们的中线通称为线路,其特点是总体长度呈延伸状态并有方向变化,线路的宽度比长度小,通常宽度有所限制而长度则视需要而定。线路工程测量是为线路的工程设计、地面定位、施工与监理等方面服务的。

线路工程测量的主要工作包括勘察选线、中线测量、曲线测设、带状地形图测绘、纵横断面测量、施工放线与土方量计算等。

线路工程测量的内容在工程建设的不同阶段有其不同的内容。

11.1.1 勘测设计阶段

本阶段的主要任务是为线路设计收集一切必要的资料,因为线路设计除了需要地形资料以外,还必须考虑线路所经地区的工程地质、水文以及经济等方面的条件因素,所以线路设计一般分阶段进行,其勘测设计阶段的测量工作分为草测、初测、定测 3 个阶段。

1. 草测

草测是在线路给定的起、终点之间,收集必要的地理环境、经济技术现状等方面的有关资料。比如,各种比例尺地形图、航空或遥感图片、农田水利、交通运输、城市建设规划以及水文地质等资料,以供设计人员进行路线方案制定、线路等级以及方案比较,并且提供必要的技术、经济等方面的依据。在这一阶段有时需做实地考察以收集资料,比较不同方案之优劣。通常是采用一些简单的器具和方法,例如,用罗盘仪定向、步测或车测距离、气压计测高等收集一些地形资料。

2. 初测

选定方案后进行初测。初测的主要工作是沿小比例尺地形图上选定的线路进行导线测量和水准测量,以导线测量为图根控制。测绘比例尺为 1∶5000～1∶2000 的带状地形图。带状地形图的宽度在山区一般为 100 m,在平坦地区一般为 250 m,在有争议的地段,带状地形图应加宽以包括几个方案,或为每个方案单独测绘一段带状地形图。测图方法与前面所讲的地形图测绘方法相同。有了带状地形图,设计人员就可在图上进行较精密的纸上定线。

3. 定测

定测就是对初步设计的路线方案,利用带状地形图上初测线路和图上设计线路的几何关系，将选定的线路测设到实地上去，定测的主要工作包括中线测量、曲线测设以及其局部的地形图测绘。

11.1.2 施工阶段

本阶段的测量工作有恢复中线、中桩加密、施工控制桩的测设、路基边桩的测设、竖曲线测设、土石方计算等。

11.2 线路中线测量

将图纸上设计线路的中心线测设到实地上的工作称为中线测量。它根据初测导线点在地面上标定出设计的线路，再沿此线路测设中线桩（百米桩和加桩）以及曲线。中线测量的工作一般包括线路中线各交点和转点的测设、转向角测量以及里程桩设置、曲线测设等工作。

11.2.1 线路交点与转点的测设

线路中线是由直线和曲线组成的。如图 11-1 所示，A 为线路起点，B、C、…为其转折点亦即相邻两直线的交点。线路是由起点、交点、终点组成的，要把线路在地面上标定出来，就需要在地面上标定出这些转折点或交点。实际工作中常采用穿线放线法和拨角放线法将图纸设计线路测设到实地上去。

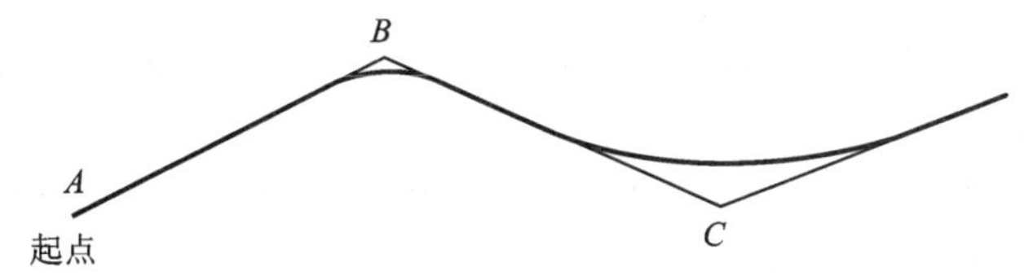

图 11-1 线路中线

1. 穿线放线法

这是一种常用的方法，具体步骤如下。

(1) 准备数据

如图 11-2 所示，在带状地形图上，从初测时的导线点 C_2、C_3 等出发作导线边的垂线，它们与设计中线交于 J_2、J_3 等，图上量取垂线的长度，则直角和垂线的长度就可作为测设的依据。有时为了穿线时的需要，在中线通过高地的地方测设点位 J_1 时，可以采用极坐标法从图上量取测设数据角度 β 和距离 D_1。

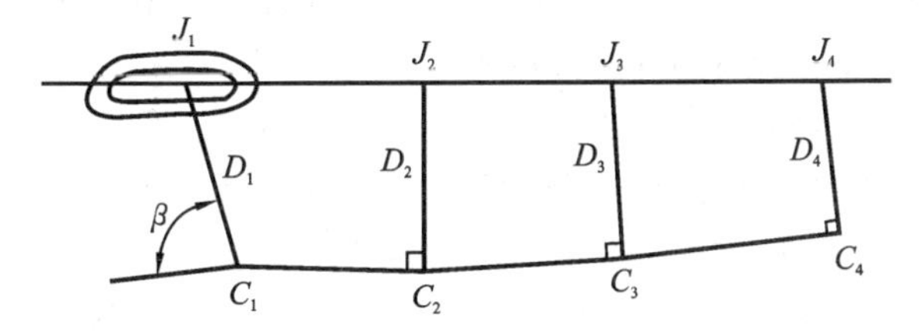

图 11-2 穿线放线法

(2) 现场测设

实地在相应的导线点上安置经纬仪,根据测设数据用极坐标法定出一系列点位,如 J_2、J_3 等。

(3) 穿线

由于在地形图上图解测设数据时会有误差,另外实地测设时也会有误差,故测设的点位不会正好在一条直线上。穿线就是用经纬仪检查实地已测设出的点位,看这些点是否在一条直线上,如果偏差不大,则可以适当调整其位置,使之位于一条直线上。

(4) 定出交点

如图 11-3 所示,穿线时应先估计出交点 JD 的位置,在交点 JD 前后各打一"骑马桩"A、B。同样在另一条直线上亦可设置"骑马桩"C、D,两直线相交得交点 JD,得交点后,用经纬仪测量转向角 α。

此法适用于地形不太复杂,且定测中线和初测导线相距不远的地方,具有准备测设数据简单,外业工作不复杂、不易出错等特点。

2. 拨角放线法

这种方法首先在带状地形图上图解出各交点坐标,然后根据坐标计算出每一段直线的距离和坐标方位角,从而可以计算出交点的转向角,最后在实地上用极坐标法测设交点。具体步骤如下所述。

(1) 准备测设数据

在带状地形图上量取各交点的纵横坐标,并计算相邻两点间的距离 D_i 和连线的坐标方位角 α_i。隔几个交点计算与其近旁导线之间的距离连线的坐标方位角,根据坐标方位角之差算得两相邻直线的夹角,并用带状地形图上的图解值进行检核,如图 11-4 所示。

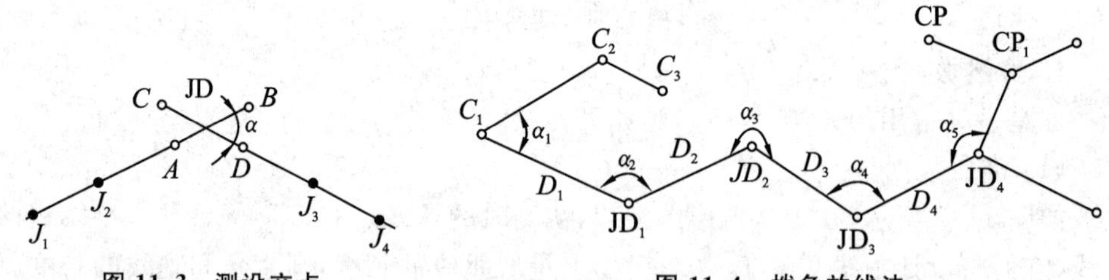

图 11-3 测设交点　　**图 11-4 拨角放线法**

(2) 实地定交点

从初测导线点出发,用极坐标法按距离和夹角测设出第一个交点,再从它出发同法定出下一个交点,依此类推,测设其他交点。

(3) 与初测导线联测

由于量取坐标及测设时都有误差产生,为了防止误差积累并且进行检核,应每测设几个交点后与导线联测一次,如果闭合差在限差之内,可继续进行测量工作。一般不作闭合差调整,联测的那一个交点以实际联测的坐标为准,计算出它与下一个交点的距离和方位角,然后从它出发测设其余交点。

11.2.2　线路转向角的测定

转向角是线路从一个方向转到另一个方向时所偏转的角度，一般用 α 表示。转向角有左右之分，即当偏转后的线路方向位于原线路方向左侧时叫左转角，用 $\alpha_{左}$ 表示；当偏转后的线路方向位于原线路方向右侧时叫右转角，用 $\alpha_{右}$ 表示，如图 11-5 所示。

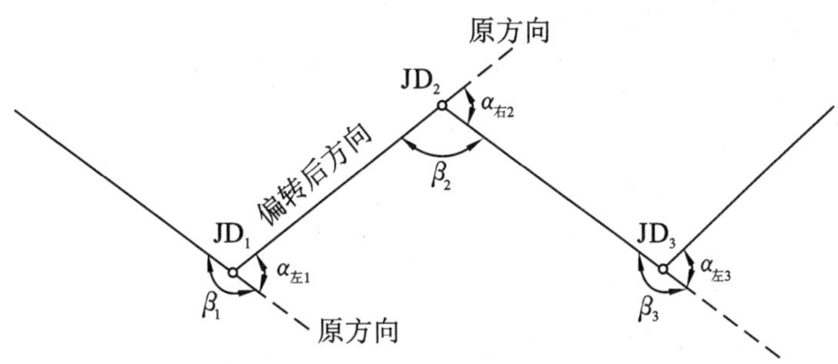

图 11-5　线路转角的测定

要测转角 α，一般在线路交点与转折点测设完后测量转折角。我国一般习惯上测量线路前进方向的右角 β，则转向角 α 为

右转时：$$\alpha_{右}=180°-\beta \tag{11-1}$$

左转时：$$\alpha_{左}=\beta-180° \tag{11-2}$$

11.2.3　线路转点的设置

交点是中线测量的主要控制点，后面讲到的一些曲线主点往往要根据交点来测设，但有时由于相邻交点互不通视或支线较长，需要在其连线上增设一些点位，以供交点、测角、量距或延长直线时瞄准使用，这种点位称为转点（用 ZD 表示）。下面分两种情况来说明如何测设转点。

1. 两交点间设置转点

如图 11-6 所示，设有相邻两交点 JD_5、JD_6，两点之间由于有一小山丘，互不通视，现要在小山丘上测设出一转点 ZD，使其位于 JD_5、JD_6 连线上。具体步骤如下所述。

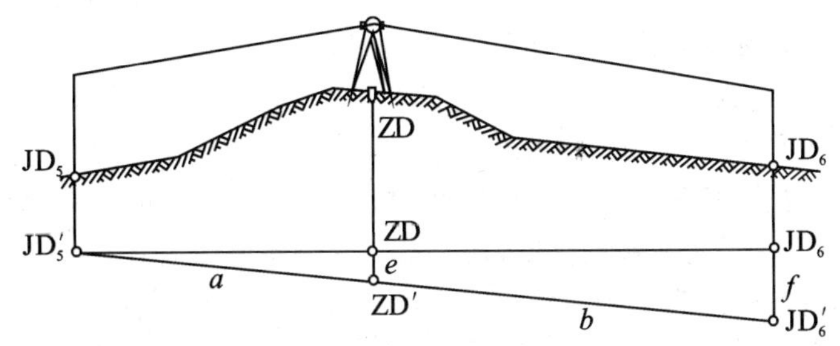

图 11-6　两交点间设置转点

① 在小山丘上先利用花杆采用目测的方法定出一点 ZD′。

② 在 ZD′上安置经纬仪，瞄准 JD_5，固定照准部，再倒转望远镜，看是否瞄准

JD_6,如有偏差,测出其偏差值 f。

③ 采用视距法或用全站仪测出距离 a 和 b,则 ZD′偏离正确点位 ZD 的距离 e 为

$$e=\frac{af}{a+b} \tag{11-3}$$

④ 根据 e 值,在地面上定出 ZD,再将经纬仪安置在 ZD 上,按上述方法再观测一遍,这样逐步趋近,直到偏差值 f 在容许范围内为止。

2. 两交点延长线上设置转点

如图 11-7 所示,设有相邻两交点 JD_8、JD_9 互不通视,现要在 JD_8、JD_9 延长线上测设出一转点 ZD。具体步骤如下所述。

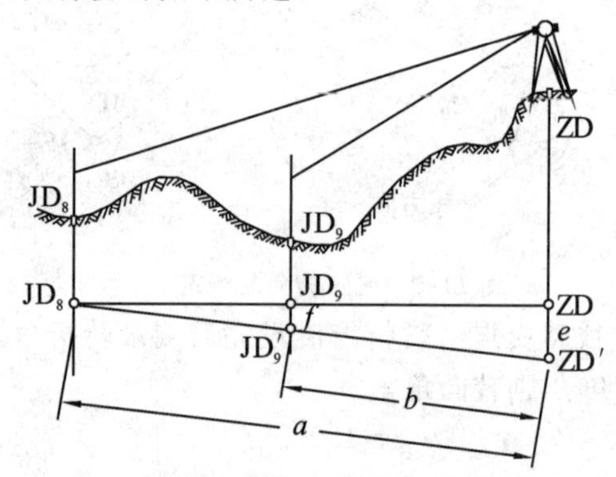

图 11-7 两交点延长线上设置转点

① 在小山丘上先利用花杆采用目测的方法定出一点 ZD′。

② 在 ZD′上安置经纬仪,瞄准 JD_8,固定照准部,上下旋转望远镜,看是否瞄准 JD_9,如有偏差,测出其偏差值 f。

③ 采用视距法或用全站仪测出距离 a 和 b,则 ZD′偏离正确点位 ZD 的距离 e 为

$$e=\frac{af}{a-b} \tag{11-4}$$

④ 根据 e 值,在地面上定出 ZD,再将经纬仪安置在 ZD 上,按上述方法再观测一遍,这样逐步趋近,直到偏差值 f 在容许范围内为止。

11.2.4 线路测量及里程桩的设置

为了便于计算线路长度和绘制纵横断面图,方便计算土方量,需要沿线路中线方向每隔 100 m(或 50 m)打一木桩,称为里程桩。在每 100 m 中间若遇有重要地物和计划修建的工程,以及在地面坡度变化较大的地方都要增设木桩,称为加桩。里程桩和加桩都依据线路起点到该桩的距离进行编号,如起点的桩号为 0+000("+"号前为千米数,"+"后为米数)。加桩的编号方法与里程桩一样,如 10+165.00 表示从起点到该加桩的距离为 10165 m。里程桩具有决定标桩的作用,线路长度一般用卷尺沿中线测量。量距精度要求虽然不高,但为了防止量距工作中出现差错,必须进行检核。

11.3 圆曲线测设

线路以平、直最为理想，但实际上由于受地形条件或其他原因的限制，要达到这种理想状态是很困难的，因此一条线路上必然有很多转弯和坡度变化的地方。为了保证车辆能够安全地由一个方向转换到另一个方向，两个方向之间需用平面曲线来连接，作为方向过渡。根据转向角的大小，可以选择圆曲线、复曲线、回头曲线等曲线来连接。在这里主要介绍圆曲线的测设。

11.3.1 圆曲线的主点、曲线要素及计算

圆曲线是具有一定半径的圆弧，如图 11-8 所示，其上各部分名称如下：

JD——线路转角点，称为交点；

ZY——直线与圆曲线的接点，称为直圆点；

QZ——圆曲线的中点，称为曲中点；

YZ——圆曲线与直线的接点，称为圆直点。

以上 ZY、QZ、YZ 三点称为圆曲线的主点。

R——圆曲线半径，由设计人员给定；

α——线路转向角，线路中线测量时实测得出；

T——切线长，点 ZY 或点 YZ 到点 JD 的长度；

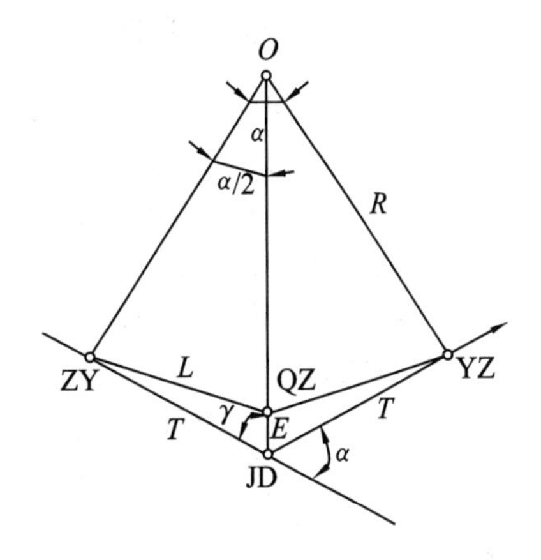

图 11-8 圆曲线的主点及曲线元素

$$\left.\begin{aligned} &T=R\tan\frac{\alpha}{2} \\ &L\text{——曲线长},L=\frac{\pi R\alpha}{180^\circ} \\ &E\text{——外矢距},E=R\left(\sec\frac{\alpha}{2}-1\right) \\ &q\text{——切曲差},q=2T-L \end{aligned}\right\} \tag{11-5}$$

其中 T、L、q 称为圆曲线的要素。

圆曲线的测设一般分两步进行：先定出圆曲线的主点，称为主点测设；再依据主点测设圆曲线的加密点，即详细地测设圆曲线的位置，这项工作称为圆曲线的详细测设。

11.3.2 圆曲线的主点测设

1. 圆曲线里程桩的计算

在中桩测设完后，交点的位置就已经确定了，如图 11-8 所示，若求出 γ 角和外矢

距 E。QZ 的位置也就能测设了。由图 11-8 可知，

$$\left.\begin{aligned}&\text{ZY 里程}=\text{JD 里程}-\text{切线长 }T\\&\text{YZ 里程}=\text{ZY 里程}+\text{曲线长 }L\\&\text{QZ 里程}=\text{YZ 里程}-L/2\end{aligned}\right\}\tag{11-6}$$

2. 主点测设方法

如图 11-8 所示，在交点 JD 上安置全站仪，后视 ZY 方向，自 JD 沿此方向测量切线长 T，打桩，即可得点 ZY。然后前视 YZ 方向，自点 JD 沿该方向测量切线长 T，打桩可得点 YZ，再以 ZY 或 YZ 为零方向，测设 γ 角，可得两切线的分角线方向，沿此方向从 JD 测量 E 值，即可得点 QZ。

11.3.3 圆曲线的详细测设

圆曲线主点在地面上的位置测设出来以后，圆曲线在地面上的位置就确定了。由于圆曲线半径一般很大，故主点之间相距很远，为了施工方便，必须用更多的点确切表示圆曲线在地面上的位置，圆曲线的详细测设就是在曲线上加测一些桩点。

圆曲线详细测设方法有很多种，如偏角法、切线支距法、弦线支距法、弦线偏角法、弦线偏距法等。本文仅介绍其中最常用的偏角法和切线支距法。

1. 偏角法

偏角法实质上是一种极坐标法，它是以方向和长度交会的方法获得测设点位的。

如图 11-9 所示，以曲线的起点 ZY 为坐标原点，以该点的切线方向为 x 轴，测设时在点 ZY 安置经纬仪，后视 JD，然后拨角 δ_i，用弦长与视线方向作交会，可得点 i。

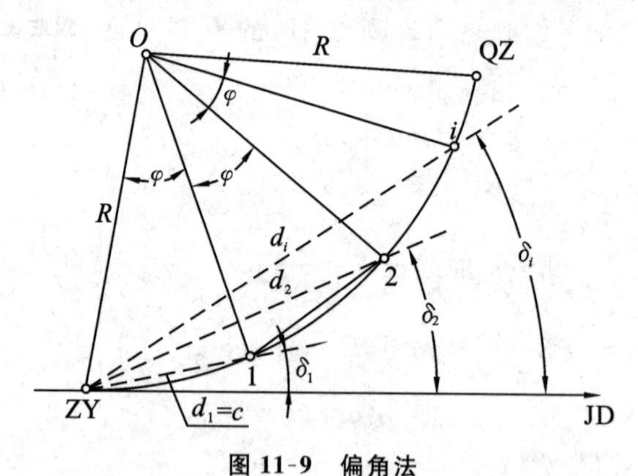

图 11-9 偏角法

其中 δ_i 称为偏角，是弦线和切线的夹角，几何上称为弦切角，按几何关系有

$$\delta_i=\frac{\varphi_i}{2}=\frac{180^\circ}{2\pi R}c\tag{11-7}$$

式中 φ_i——弧长所对应的圆心角；

c——弧长，一般为 20 m。

因为圆曲线半径 R 往往很大，所以当 $c=10$ m 或 20 m 时，可认为弦长与弧长相等。

若圆曲线上各加密点之间等距，即弧长都为 c，则有

$$\left.\begin{aligned}&\delta_1=\frac{\varphi_1}{2}=\frac{180^\circ}{2\pi R}c\\&\delta_2=\frac{\varphi_2}{2}=\frac{180^\circ}{2\pi R}2c\\&\vdots\\&\delta_{n-1}=(n-1)\delta_1\\&\delta_n=\delta_0=n\delta_1=\frac{\alpha}{2}\end{aligned}\right\}\tag{11-8}$$

式中　δ_0——点 YZ 的偏角。

加密点的测设步骤如下。

在点 ZY 上安置全站仪，后视交点 JD 为起始方向，测设 δ_1 角，然后沿视线方向从点 ZY 开始测量 c 值即可得到点 1。点 1 测设完毕后，继续测设 δ_2 角，以 1 为起点，测设出 c 值距离与全站仪视线方向相交，交点就是点 2，依此类推，即可测设出全部加密点。

实际工作中，为了工作方便，一般把加密点的里程定为 c 值的整数倍，但由于点 ZY 和点 YZ 本身的里程就不是 c 值的整数倍，因此要达到加密点的里程为 c 值的整数倍，就必然在曲线两端会出现小于 c 值的弦，这样的弦称为分弦，若首尾两端的分弦以 c_1 和 c_2 表示，其对应圆心角分别为 $\frac{\varphi_1}{2}$ 和 $\frac{\varphi_2}{2}$，如图 11-10 所示，ZY 的里程为(10＋195.42) m，如若 c 值为 10 m，则第一个加密点的里程应为(10＋200.0) m，YZ 里程为(10＋235.90) m，则最后一个加密点的里程为(10＋230.00) m，因此整个曲线上加密点的偏角为

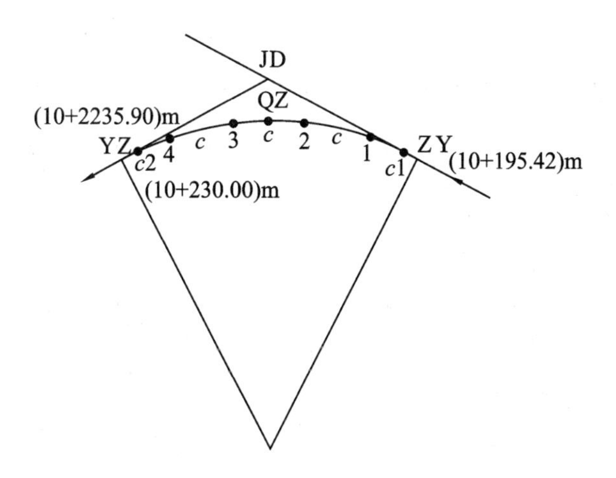

图 11-10　加密点的测设

$$
\left.\begin{aligned}
&\delta_1=\frac{\varphi_1}{2}=\frac{180^\circ}{2\pi R}\cdot c_1\\
&\delta_2=\frac{180^\circ}{2\pi R}\cdot(c_1+c)=\delta_1+\delta\\
&\delta_3=\frac{180^\circ}{2\pi R}\cdot(c_1+2c)=\delta_1+2\delta\\
&\vdots\\
&\delta_n=\delta_1+(n-1)\delta+\frac{\varphi_2}{2}
\end{aligned}\right\}\tag{11-9}
$$

式中 $c_1=[(10+200.00)-(10+195.42)]\ \mathrm{m}=4.58\ \mathrm{m}$

$c=10\ \mathrm{m}$

$\frac{\varphi_2}{2}=\frac{180^\circ}{2\pi R}c_2$

$c_2=[(10+235.90)-(10+230.00)]\ \mathrm{m}=5.90\ \mathrm{m}$

偏角法是一种灵活性较大的常用方法,但这种方法由于各点相互之间不独立,存在误差累积的缺点。为了防止过大积累误差,宜由曲线两端向中央测设,因为点QZ在主点测设时已标定,故可用点QZ来检核,即加密时又测设一次点QZ。设在地面上用QZ′表示,当二者重合时,说明两次测设是吻合的,如果不重合(见图11-11),则QZ′与QZ间的距离用f_D表示,f_D叫作闭合差,一般是把f_D分为线路纵向值和横向值,用f_x和f_y表示,以$f_x\leqslant L/2000$(L为圆曲线弧长),$f_y\leqslant 10$ cm作为测设误差的限差。在满足这个限差的前提下,可根据加密点YZ的距离,把f_x和f_y成正比例反符号进行分配,即

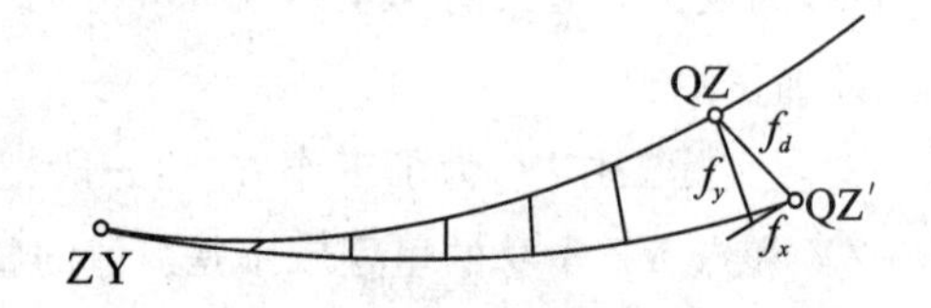

图 11-11 偏角法误差检核

$$
\left.\begin{aligned}
V_{xi}&=-\frac{f_x}{\sum c}\cdot c_i\\
V_{yi}&=-\frac{f_y}{\sum c}\cdot c_i
\end{aligned}\right\}\tag{11-10}
$$

2. 切线支距法

切线支距法是以曲线起点ZY或终点YZ为坐标原点,以切线为x轴,以垂直切线的半径方向为y轴建立直角坐标系,根据坐标x、y来测设曲线上各点的。如图11-12所示,设各加密点之间弧长为l_i,所对应的圆心角为φ_i,则有

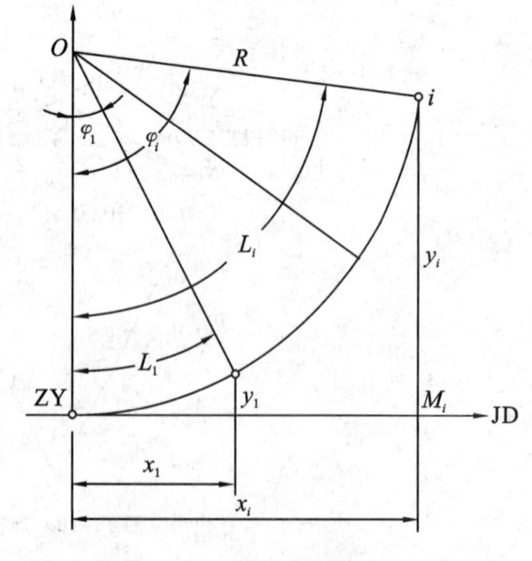

图 11-12 切线支距法

$$
\left.\begin{aligned}
x_i &= R\sin\varphi_i \\
y_i &= R(1-\cos\varphi_i) \\
\varphi_i &= \frac{180^\circ}{\pi R} l_i = \frac{l_i}{R}\rho''
\end{aligned}\right\} \tag{11-11}
$$

圆曲线的半径 R 已知，又定出 l_i 值，即可求出 x_i 和 y_i(l 值一般为 10 m、20 m、30 m)，然后在地面沿切线方向从点 ZY 量出距离 x_i，打桩，得到点 M_i，在点 M_i 上安置全站仪，后视点 ZY，测设 90°角度，从 M_i 沿视线方向测设距离 y_i，打桩即得点 i 的实际位置。

用此法测设曲线，为了避免支距过长，一般由曲线两侧向中间测设。切线支距法适用于平坦地区，由于各曲线点是独立测设的，具有测量误差不累积的优点，精度相对较高，但是它没有自行检核条件，所以只能量测各测点之间的距离来检核。

11.3.4 虚交点法测设圆曲线主点

圆曲线主点测设和详细测设时，交点都是主要控制点，但在很多情况下，交点上不能安置仪器或设桩。如交点落在水中或遇到建筑物阻挡时，会产生两个困难：第一是转向角 α 无法在实地直接测出；第二是无法从交点出发放样曲线的主点。这时候可以采用虚交点的处理方法，所谓虚交点就是在两切线上分别选择两个转点，形成虚交点 P，然后在两转点上，采用间接测量的方法进行转向角 α 测定、曲线元素计算和主点测设。下面介绍基线法和导线法两种方法。

1. 基线法

如图 11-13 所示，曲线交点落在河里，基线法步骤如下。

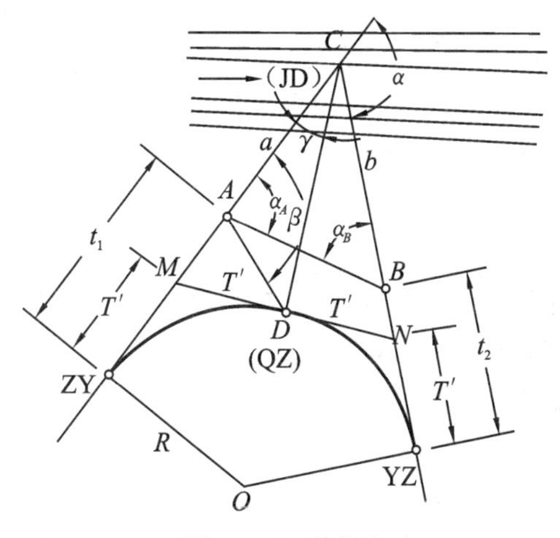

图 11-13 基线法

① 在两切线上分别选择辅助点 A、B 两点，并测出 A、B 两点距离 D_{AB}。

② 用经纬仪分别在 A、B 点上设站，根据中线方向，测出 α_A 和 α_B，计算转向角 $\alpha(\alpha=\alpha_A+\alpha_B)$。在三角形△$ABC$ 中，根据正弦定理求出 D_{AC}、D_{BC}。

$$\left.\begin{aligned}D_{AC}&=\frac{D_{AB}\cdot\sin\alpha_B}{\sin(180^\circ-\alpha)}\\D_{BC}&=\frac{D_{AB}\cdot\sin\alpha_A}{\sin(180^\circ-\alpha)}\end{aligned}\right\}\tag{11-12}$$

③ 根据设计给定的半径 R 和算出的转角 α,计算出 T 和 L,则有

$$\left.\begin{aligned}t_1&=T-D_{AC}\\t_2&=T-D_{BC}\end{aligned}\right\}\tag{11-13}$$

从转点 A 沿切线方向量出 t_1 得到点 ZY,同理可得到点 YZ。

④ 在三角形△ACD 中,

$$\gamma=(180^\circ-\alpha)/2,\quad q=2T-L$$

根据余弦定律,有

$$D_{AD}=\sqrt{D_{AC}^2+D_{CD}^2-2D_{AC}D_{CD}\cos\gamma}$$

再根据正弦定律有

$$\beta=\arcsin\left(\frac{D_{CD}}{D_{AD}}\cdot\sin\gamma\right)\tag{11-14}$$

然后把仪器安置在点 A,根据 β 和 D_{AD} 按极坐标法可测出点 QZ。另外点 QZ 的测设方法也可采用下述方法,如图 11-13 所示,MN 为点 QZ 的切线,则有 $T'=R\tan\frac{\alpha}{4}$,测设时,由点 ZY 沿切线量出 T',得到点 M,同理可得到点 N,再由点 M 或点 N 沿 MN 或 NM 方向量 T',即可得到点 QZ。圆曲线主点 ZY、QZ 和点 YZ 测设完以后,其细部测设可用前面介绍的偏角法、切线支距法来测设。

2. 导线法

① 如图 11-14 所示,根据地形情况,在两切线上分别选择辅助点 A、B 两点,A、B 两点之间由于有建筑物阻挡,互不通视,A、B 两点之间可再选一些导线点,如图 11-14 所示,A、M、N、B 组成一导线。

② 用经纬仪分别在点 A、M、N、B 上设站测出图中各转折角,并量出各点之间的距离。

③ 以 P_1A 直线边为 x 轴,设 P_1A 边的方位角为 0,根据所测转折角和各边距离推算各边方位角和 A、B 两点之间的坐标增量 Δx 和 Δy,则 BP_2 边的方位角就等于转向角 α,从图 11-14 中可推出

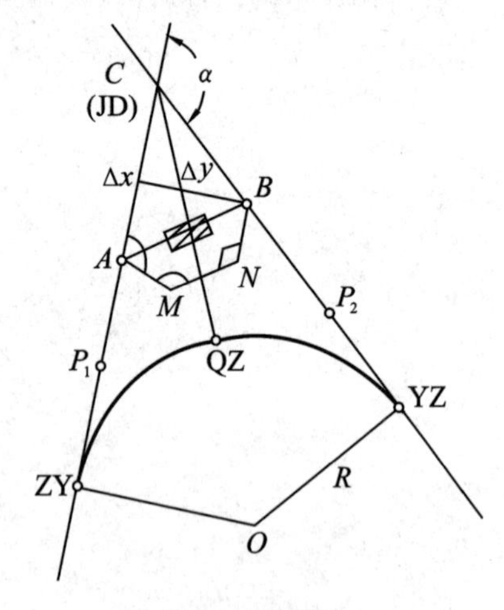

图 11-14 导线法

$$\left.\begin{aligned}D_{AC}&=\Delta x+\Delta y\cot(180^\circ-\alpha)\\D_{BC}&=\Delta y/\sin(180^\circ-\alpha)=\Delta y/\sin\alpha\end{aligned}\right\}\tag{11-15}$$

④ 根据转向角 α 和设计的 R 值可以算出 T 和 L,从点 A 沿 AP_1 方向量距 $T-D_{AC}$(如果 $T-D_{AC}$ 为负值就沿 AC 方向),就可得到点 ZY,同理在点 B 沿 BP_2 方

向量距 $T-D_{BC}$（如果 $T-D_{BC}$ 为负值就沿 BC 方向），就可得到点 YZ。点 QZ 的测设同基线法。

以上介绍了测设圆曲线主点的两种虚交点法，有时交点虽然可以定出，但因转向角过大，交点远离曲线，这时候也可以作为虚交处理。虚交点法还有其他一些方法，此外圆曲线测设时还会遇到其他一些特殊情况，如偏角法测设圆曲线细部点时视线受阻挡等，相应方法读者可参看其他参考书。

11.4 缓和曲线测设

当车辆由直线进入圆曲线或由圆曲线进入直线时，由于受离心力的作用，车辆将向曲线外侧倾倒，影响车辆的安全行驶和舒适。从这两个角度出发，必须设计一条使驾驶者易于遵循的路线，使车辆在快速进入或离开圆曲线时不至于侵入邻近的车道，同时使离心力有一个渐变减小的过程。这时候，路面必须在曲线外侧加高，称为超高。在直线上的超高为零，在圆曲线上超高为 h。这就需要在直线与圆曲线之间加一条过渡曲线，以实现从直线上零超高到圆曲线上超高 h 的过渡。这条过渡曲线称为缓和曲线，缓和曲线的半径是由无穷大逐渐变化到圆曲线的半径的。

缓和曲线可采用回旋线（也称为螺旋曲线）、三次抛物线、双扭线等曲线，目前我国公路和铁路建设中，多采用回旋线作为缓和曲线。

11.4.1 基本公式

回旋线的基本特征是曲线上任意一点的曲率半径 ρ 与该点到起点的曲线长度 l 成反比，即

$$\rho=c/l$$

或者

$$\rho l=c \tag{11-16}$$

式中 c——常数，表示缓和曲线半径的变化率，与车速有关。当 l 正好等于所采用的缓和曲线总长度 L_s 时，缓和曲线的半径就等于圆曲线的半径 R，故有

$$c=RL_s \tag{11-17}$$

11.4.2 具有缓和曲线的圆曲线的主点、曲线元素计算

1. 具有缓和曲线的圆曲线的主点

如图 11-15 所示，O 为圆曲线的圆心，JD 为交点。曲线主点：

ZH—直缓点（直线与缓和曲线接点）；

HY—缓圆点（缓和曲线与圆曲线接点）；

QZ—曲线中点；

YH—圆缓点（圆曲线与缓和曲线交点）；

HZ—缓直点（缓和曲线与直线接点）。

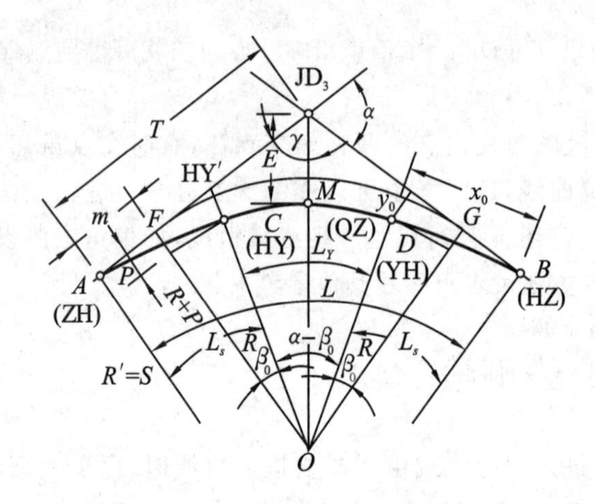

图 11-15 缓和曲线的主点测设

2. 具有缓和曲线的圆曲线元素计算

如图 11-15 所示，在直线与圆曲线之间插入缓和曲线时，必须把原来圆曲线向内移动一段距离 P，才能使缓和曲线与直线相连接。这时原来圆曲线的切线长度必然增加 m 值。公路上一般采用圆心不动的平行移动方法，即未设缓和曲线时的圆曲线为$\overset{\frown}{FG}$，其半径为 $R+P$；插入两段缓和曲线$\overset{\frown}{AC}$和$\overset{\frown}{BD}$后，圆曲线向内移动，其保留部分为$\overset{\frown}{CMD}$，半径为 R，所对应的圆心角为 $\alpha-2\beta_0$。

在图 11-15 中，曲线元素有：

α——线路转折角，实际测出的；

R——圆曲线半径，设计人员给定的；

L_s——缓和曲线长度，设计人员给定的；

T——切线长；

L——曲线总长(缓和曲线和圆曲线长度之和)；

L_y——圆曲线长度；

E——外矢距；

q——切曲差。

可推导出曲线元素相应的计算公式分别为

$$\left.\begin{aligned}
&T=m+(R+P)\tan\frac{\alpha}{2}\\
&L=\frac{\pi R}{180^\circ}(\alpha-2\beta_0)+2L_s\\
&L_y=R(\alpha-2\beta_0)\frac{\pi}{180^\circ}\\
&E=(R+P)\sec\frac{\alpha}{2}-R\\
&q=2T-L
\end{aligned}\right\}\tag{11-18}$$

式中

$$\left.\begin{aligned} m&=\frac{L_s}{2}-\frac{L_s^3}{240R^2}\\ P&=\frac{L_s^2}{24R}\\ \beta_0&=\frac{L_s}{2R}\cdot\frac{180°}{\pi} \end{aligned}\right\}\tag{11-19}$$

上述公式中的 β_0 称为缓和曲线角，即过点 ZH 的切线和过点 HY 的切线的交角。

11.4.3 具有缓和曲线的圆曲线的主点测设

1. 主点里程计算

已知桩号里程和曲线元素，先计算各主点的桩号里程，按式(11-20)计算：

$$\left.\begin{array}{ll} \text{直缓点里程} & \mathrm{ZH}=\mathrm{JD}-T\\ \text{缓圆点里程} & \mathrm{HY}=\mathrm{ZH}+L_s\\ \text{曲中点里程} & \mathrm{QZ}=\mathrm{ZH}+L/2\\ \text{圆缓点里程} & \mathrm{YH}=\mathrm{HY}+L_y=\mathrm{ZH}+L_y+L_s\\ \text{缓直点里程} & \mathrm{HZ}=\mathrm{YH}+L_s\\ \text{交点里程} & \mathrm{JD}=\mathrm{QZ}+q/2\text{(计算检核)} \end{array}\right\}\tag{11-20}$$

2. 主点测设方法

① 在交点 JD_3 上安置经纬仪，后视前一交点 JD_2 方向，沿视线方向量取 T 值，即得点 ZH。同理可得点 HZ。

② 以 JD_3—JD_2 为已知方向测设 γ 角度，沿视线方向量取 E 值，即得点 QZ。

③ 从 JD_3 向点 ZH 方向测量 $T-x_0$，得点 HY′，再过 HY′作切线的垂线，使其长为 y_0，与曲线相交所得之点即为点 HY，同法可得点 YH（x_0、y_0 为缓和曲线终点坐标）。

3. 曲线上加密点的测设

主点测设出来以后，曲线在地面上的形状及位置就确定了，但当缓和曲线较长时，曲线主点之间间距较远，无法指导施工，因此还需要在主点之间测设其他一些加密点，使其密度满足施工需要，这个工作称为详细测设。一般有切线支距法、偏角法、极坐标法 3 种。

(1) 切线支距法

切线支距法是以点 ZH 为坐标原点（下半曲线则以点 HZ 为坐标原点），以切线方向为 x 轴，过点 ZH 的法线方向为 y 轴建立坐标系。由数学知识可知，螺旋曲线参数方程为

$$\left.\begin{aligned} x&=l-\frac{l^5}{40R^2L_s^2}+\frac{l^9}{3456R^4L_s^4}-\cdots\\ y&=\frac{l^3}{6RL_s}-\frac{l^7}{336R^3L_s^3}+\frac{l^{11}}{42240R^5L_s^5}-\cdots \end{aligned}\right\}\tag{11-21}$$

若式(11-21)略去高次项,则曲线上点 i 的坐标为

$$\left.\begin{aligned} x_i &= l_i \\ y_i &= \frac{l_i^3}{6RL_s} \end{aligned}\right\} \qquad (11\text{-}22)$$

式中　l_i——点 ZH 到点 i 的曲线长度;

L_s——缓和曲线总长度。

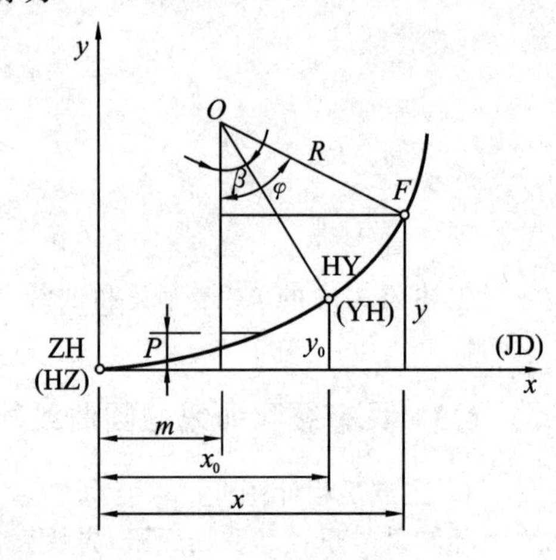

图 11-16　切线支距法

圆曲线上各点坐标,按图 11-16 所示可推出如下公式:

$$\left.\begin{aligned} x &= R\sin\varphi + m \\ y &= R(1-\cos\varphi) + P \end{aligned}\right\} \qquad (11\text{-}23)$$

式中　$\varphi = \dfrac{l}{R} \cdot \dfrac{180°}{\pi} + \beta$;

l——该点到点 HY 或 YH 的曲线长,仅为圆曲线部分的长度。

在算出缓和曲线和圆曲线上各点的坐标后,就可以按圆曲线切线支距法的测设方法来测设曲线上各点。

(2) 偏角法

偏角法是把经纬仪安置在点 ZH 或点 HZ 上,根据水平角度和水平距离来测设曲线上各点的方法。

① 缓和曲线上各点测设。

如图 11-17 所示,设缓和曲线上任意一点 F 到起点 ZH 的曲线长为 l,偏角为 δ,其弦长 c 近似与曲线长 l 相等,由直角三角形,有

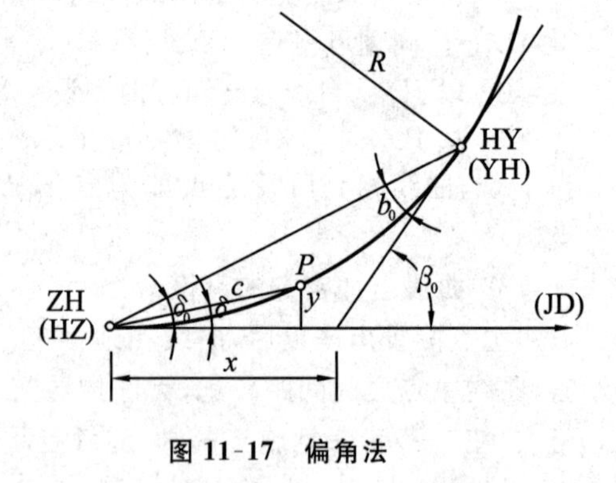

图 11-17　偏角法

$$\sin\delta = \frac{y}{l}$$

δ 很小,可近似认为 $\sin\delta = \delta$。由式(11-22)可知,$y = \dfrac{l^3}{6RL_s}$,则

$$\delta = \frac{l^2}{6RL_s} \qquad (11\text{-}24)$$

点 HY 或 YH 的偏角为缓和曲线的总偏角 δ_0。将 $l = L_s$ 代入式(11-24),得

$$\delta_0 = \frac{L_s}{6R} \qquad (11\text{-}25)$$

因为

$$\beta_0 = \frac{L_s}{2R} \cdot \frac{180°}{\pi}$$

所以有

$$\beta_0 = 3\delta_0 \qquad (11\text{-}26)$$

将式(11-24)与式(11-25)相比,可得

$$\delta=\left(\frac{l}{L_s}\right)^2\delta_0 \tag{11-27}$$

由水平角数据,测设 δ 完以后,其弦长 c 可根据点 ZH 和待测设点 F 这两点的参数坐标,利用两点间的距离公式计算,得到下列弦长 c 的计算公式为

$$c=l-\frac{l^5}{90R^2L_s^2} \tag{11-28}$$

有了偏角 δ 和弦长 c,就可很容易地测设出缓和曲线上的任意点位。由于弦长 c 近似等于相应的曲线长 l,因此可用 l 代替弦长 c 的测设。

② 圆曲线上各点测设。

缓和曲线测设完以后,圆曲线上各点的测设须把仪器迁到点 HY(或点 YH)上进行。这时只要定出点 HY(或 YH)的切线方向,就可与前面所述的无缓和曲线的圆曲线一样测设。关键是要计算出 b_0 角。如图 11-17 所示,显然

$$b_0=\beta_0-\delta_0=3\delta_0-\delta_0=2\delta_0 \tag{11-29}$$

将仪器安置于点 HY 上,瞄准点 ZH,水平度盘配置在 b_0(当曲线右转时,配置在 $360°-b_0$),旋转照准部使水平度盘读数为 0°00′00″,然后固定照准部,倒转望远镜,这时候视线方向即为点 HY 的切线方向。

(3) 极坐标法

有时由于各种障碍,在点 ZH 上不便设站,这时候可采用极坐标法进行测设。

极坐标法在测设曲线时,应先建立一个直角坐标系,以点 ZH 为坐标原点,以其切线方向为 x 轴,并且正向指向 JD,以 x 轴正向顺时针旋转 90°为 y 轴正向。这时,曲线上任意 F 点的坐标(x_F,y_F)仍可以按式(11-22)和式(11-23)计算,但当曲线位于 x 轴正向左侧时,y_F 为负值。

如图 11-18 所示,在曲线附近选择一转点 ZD,将仪器安置在点 ZH 上,测定 ZH 和 ZD 的距离 D 和 x 轴正向顺时针转到 ZD 的角度 α_{ZH-ZD}(即 ZH 至 ZD 直线在该坐标系中的坐标方位角),则转点 ZD 的坐标为

$$\left.\begin{aligned}x_{ZD}&=D\cos\alpha_{ZH-ZD}\\y_{ZD}&=D\sin\alpha_{ZH-ZD}\end{aligned}\right\} \tag{11-30}$$

则直线 ZD—ZH 和直线 ZD—F 的坐标方位角可根据坐标反算公式算出来。再根据两直线坐标方位角算出测设水平角 δ,即

$$\delta=\alpha_{ZD-F}-\alpha_{ZD-ZH} \tag{11-31}$$

ZD 到待测设点 F 的距离 D_{ZD-F} 可以根据两点坐标用两点间的距离公式计算出来。

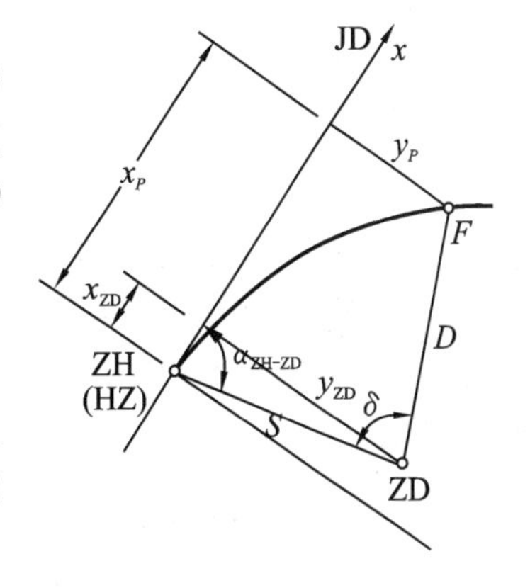

图 11-18 极坐标法

有了测设数据 δ 和 D_{ZD-F} 就可在 ZD 上安置仪器,采用极坐标法测设出各点。极坐标法是一种比较灵活、方便的方法,尤其现在,全站仪已普及,这种方法显得更为简便、迅速。

11.5 中线逐桩坐标的计算

一条线路往往有很多圆曲线、缓和曲线段,前几节介绍的圆曲线、缓和曲线的测设方法,大都是曲线主点测设出来以后,单独一条曲线建立一个坐标系,然后根据主点进行曲线细部点测设的。采用全站仪时,可以建立一个贯穿全线的统一坐标系,然后在沿线布设一条或几条导线进行控制测量。再根据线路的几何关系计算出线路中桩的统一坐标,即逐桩坐标。在室内将这些坐标编制成中线逐桩坐标表,这样室外测设时,就可以利用沿线导线控制点,根据中线逐桩坐标表中的坐标数据,利用全站仪的坐标放样功能很方便地测设出线路各点。全站仪的坐标放样功能,只需在现场输入有关点的坐标值,现场不需要做任何手工计算,而是由全站仪内置程序完成有关数据计算,所以这种方法和前面所讲的方法相比较显得简便、迅速而且更精确。这种方法关键是如何计算中线上各逐桩坐标。

1. 交点坐标计算

当沿线导线点测量完成后,就可进行带状地形图测绘,然后在带状地形图上进行纸上定线,交点坐标可在带状地形图上量出来。

2. 逐桩坐标计算

如图 11-19 所示,交点的坐标(X_{JD},Y_{JD})(为区别于切线支距法坐标,故用大写)已经测定或推算出,则相邻交点连线的坐标方位角 A 和边长 S 可以按坐标反算出来。根据设计给定的各圆曲线半径 R 和曲线长度 l_s 和中线上各点的里程桩号,可以算出各点的统一坐标。

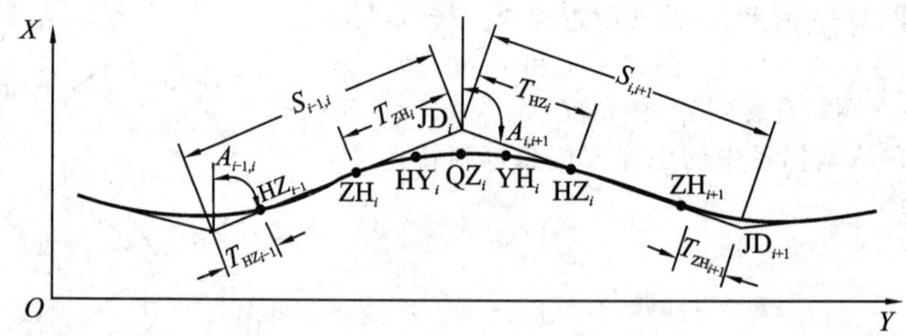

图 11-19 道路中线逐桩坐标计算

(1) 计算点 HZ_{i-1} 坐标

点 HZ(包括线路起点)至点 ZH 之间的中桩坐标计算如图 11-19 所示,这段中线为直线,先计算点 HZ_{i-1} 坐标

$$\left.\begin{aligned} X_{HZ_{i-1}} &= X_{JD_{i-1}} + T_{ZH_{i-1}}\cos A_{i-1,i} \\ Y_{HZ_{i-1}} &= Y_{JD_{i-1}} + T_{ZH_{i-1}}\sin A_{i-1,i} \end{aligned}\right\} \tag{11-32}$$

式中 ($X_{JD_{i-1}}$,$Y_{JD_{i-1}}$)——交点 JD_{i-1} 的坐标;

$T_{ZH_{i-1}}$——切线长;

$A_{i-1,i}$——JD_{i-1}至JD_i连线的坐标方位角。

然后按下式计算直线段各桩点坐标：

$$\left.\begin{aligned}X_i &= X_{HZ_{i-1}} + D_i \cos A_{i-1,i} \\ Y_i &= Y_{HZ_{i-1}} + D_i \sin A_{i-1,i}\end{aligned}\right\} \tag{11-33}$$

式中　D_i——桩点至HZ_{i-1}间的距离，即桩点里程与HZ_{i-1}里程之差。点ZH的坐标按式(11-33)也可算出来。

(2) 点ZH至点QZ之间的中桩坐标计算

这一段为曲线段，包括第一缓和曲线和上半圆曲线，这时可先按式(11-22)和式(11-23)算出切线支距法坐标，然后通过坐标变换将其转换为全线统一测量坐标。坐标变换公式为

$$\begin{pmatrix}X_i\\Y_i\end{pmatrix}=\begin{pmatrix}X_{ZH_i}\\Y_{ZH_i}\end{pmatrix}+\begin{pmatrix}\cos A_{i-1,i} & -\sin A_{i-1,i}\\ \sin A_{i-1,i} & \cos A_{i-1,i}\end{pmatrix}\begin{pmatrix}x\\y\end{pmatrix} \tag{11-34}$$

在运用式(11-34)计算时，若曲线为左转角，则应用$y_i=-y_i$代入。

(3) 点QZ至点HZ之间的中桩坐标计算

此段包括下半圆曲线和第二缓和曲线，还是先按式(11-22)和式(11-23)算出切线支距法坐标，再按下列坐标变换公式转换为全线统一测量坐标：

$$\begin{pmatrix}X_i\\Y_i\end{pmatrix}=\begin{pmatrix}X_{HZ_i}\\Y_{HZ_i}\end{pmatrix}+\begin{pmatrix}\cos A_{i,i+1} & -\sin A_{i,i+1}\\ \sin A_{i,i+1} & \cos A_{i,i+1}\end{pmatrix}\begin{pmatrix}x\\y\end{pmatrix} \tag{11-35}$$

当曲线为右转角时，应用$y_i=-y_i$代入。

11.6 线路纵横断面测量

线路纵断面测量又称中线水准测量，它的任务是测定中线上各里程桩的地面高程，然后根据中桩里程和高程绘制断面图。它反映了中线上的高低起伏状态，有了断面图，设计人员就可根据它进行道路高程、坡度设计和土方量计算。横断面测量是测定线路两侧垂直于中线的地面高程，绘成横断面图，它反映了线路两侧地形的起伏状态，是路基设计、土方量计算以及确定填、挖边界线的依据。

11.6.1 纵断面测量

为了提高测量精度和成果检查，根据“由整体到局部”的测量原则，线路纵断面测量一般分三步进行：一是沿线路方向设置水准点，建立线路的高程控制，称为基平测量；二是根据各高程控制点，测定各中桩的高程，这一步称为中平测量；三是根据中平测量的成果绘制纵断面图。

1. 基平测量

水准点是线路高程测量的控制点，在勘测和施工阶段都要使用，因此，根据不同需要和用途，应首先沿线路方向布设足够的临时水准点和必要的永久水准点。一般

沿线路中心一侧或两侧不受施工影响的地方，每隔 2 km 埋设永久性水准点，另外在大桥两侧、隧道两端也应埋设永久水准点。在永久性水准点之间，每隔 300～500 m 埋设临时水准点，作为纵横断面水准测量和施工高程测量的依据。一般基平测量按四等水准测量的精度进行。

2. 中平测量

中平测量一般是以两相邻水准点为一测段，从一个水准点出发逐点测量中桩的地面高程，再附合到另一个水准点上，以资检核。测量时，在每一个测站上除了观测中桩外，还需在一定距离内设置转点。一般采用中桩作为转点，每相邻两转点间所观测的中桩，称为中间点。如图 11-20 中 A、B 两点为高程控制点，1、2、3 等点为中桩，Ⅰ、Ⅱ为测站，水准路线走向为 $A\rightarrow4\rightarrow B$，路线以中桩 4 作为转点，其他中桩如 1、2、3 为中间点。观测时，在每个测站先观测转点，再观测中间点，转点的高差采用高差法求得，读数时必须读至毫米，中间点是作为每一测站的插前视，因为插前视不起传递高程的作用，可用每站仪高法求得，读数只需读至厘米。纵断面水准测量的记录如表 11-1 所示。

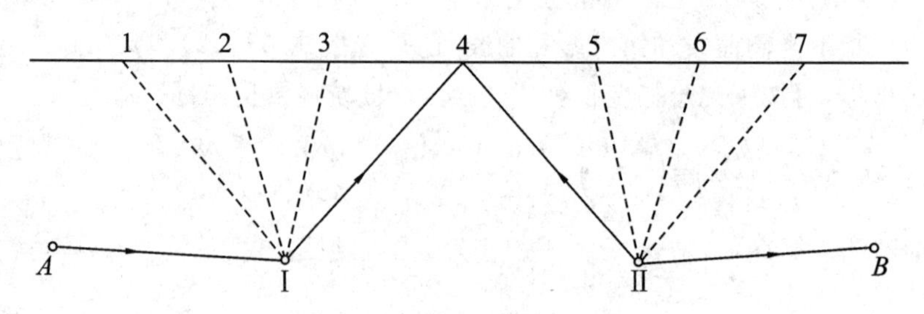

图 11-20 纵断面水准测量观测过程

表 11-1 纵断面水准(中平)测量记录

测站	点名	水准尺读数/m			高差/m		仪器视线高程/m	高程/m
		后视	前视	插前视	+	−		
Ⅰ	A	2.204					159.004	156.800
	1			1.58				157.42
	2			1.69				157.31
	3			1.79				157.21
	4		1.895		0.309			157.109
Ⅱ	4	1.931					159.040	157.109
	5			1.54				157.50
	6			1.32				157.72
	7			1.29				157.75
	B		1.200		0.731			157.840

表中先计算高差闭合差，将测段高差与测段两端水准点之间高差进行比较，一般要求闭合差不大于 $\pm 50\sqrt{L}$ mm，如在允许范围内，再计算各中桩点高程。表中 4 号点是转点，利用高差法求得其高程，1 号点的高程等于点 A 高程加 I 站在点 A 上标尺读数，减去 1 号点的插前视读数，即

$$H_1=(156.800+2.204-1.58)\ \text{m}=157.42\ \text{m}$$

其他各点依此类推。

3. 纵断面图的绘制

纵断面图的绘制是在厘米纸上进行的，以里程为横轴，高程为纵轴，为了较明显地反映地面高低起伏的变化，一般纵轴比例尺为横轴比例尺的 10～20 倍。如图 11-21所示，图的上半部从左到右绘有贯穿全图的两条折线，其中的细折线表示线路中线方向的实际地面线，它反映了中线方向的起伏状态，绘制方法是在厘米纸上按比例根据里程桩的实际高程展绘各点，再把各点连接起来，即得地面的纵断面图。还有一条粗折线，是设计人员设计的纵坡线，反映建成以后道路路面的起伏状态，绘制方法是在厘米纸上按比例根据各里程桩的设计高程展绘各点，再把各点连接起来，即得设计道路路面的纵断面图。

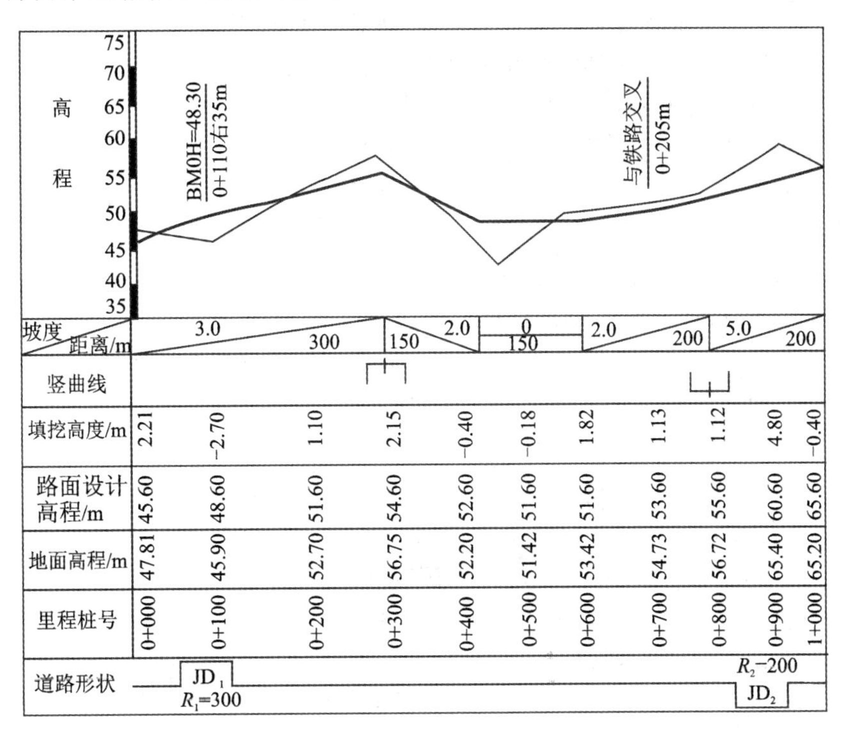

图 11-21　线路纵断面图

图的下半部是有关测量及设计计算的有关内容，主要包括以下几个方面。

道路形状：按里程把直线段和曲线段反映出来，以⌐⌐符号表示线路右偏，以⌙⌙符号表示线路左偏，并表明曲线的元素值。

里程桩号:从左至右,按里程和横轴比例尺将各桩位标出。

地面高程:按中平测量成果填写各里程桩的地面高程。

坡度与距离:斜线表示设计线路的坡度方向,线上方标记的是坡度,以百分比表示,斜线下方注记坡长。

路面设计高程:当整个线路的坡度确定后,根据设计坡度和两点间水平距离,可从一点的高程计算另一点的设计高程。

某点的设计高程=起点高程+设计坡度×起点至某点水平距离

例如,当0+000桩号的设计高程为45.60 m,设计坡度为1%,则桩号为0+100的设计高程为

$$H=(45.60+100\times1\%)\ \text{m}=46.60\ \text{m}$$

填挖高度:把某个里程桩处的地面高程减去设计高程,二者之差即为相应里程桩处的填高和挖深数,地面线与设计线的相交点即为不填不挖的“零点”,零点桩号的里程可由图上直接量得。

11.6.2 横断面测量

横断面图是横断面设计、土石方等工程量计算和施工的依据,横断面测量的主要任务就是测定垂直于线路中线方向的起伏,然后绘制成横断面图,其主要工作有:测定横断面方向、横断面水准测量、绘制横断面图。横断面测量的宽度一般根据实际要求和地形情况确定,一般在线路中线两侧各测15~50 m,距离和高差分别准确到0.1 m和0.05 m,即可满足要求,因此横断面测量多采用简易的测量工具和方法以提高工效。

1. 测定横断面方向

横断面方向,对于直线段是与线路中线相垂直的方向,如图11-22中的点A、Z(ZY)、Y(YZ)处的横断面方向分别为a-a'、z-z'、y-y'。在曲线段上横断面方向是与曲线的切线相垂直的方向,如图11-22的P_1-P'_1、P_2-P'_2等。

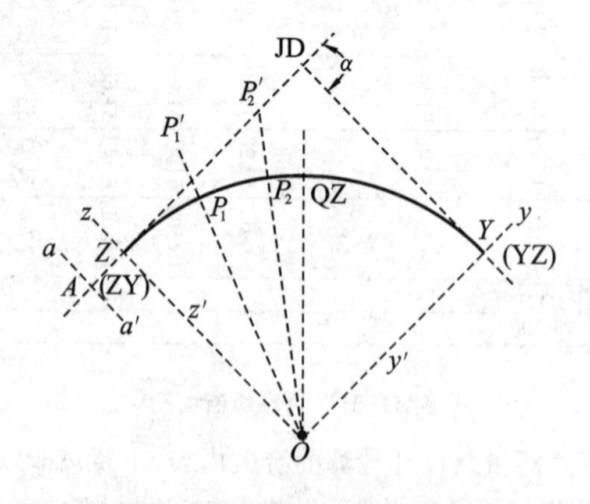

图11-22 横断面方向的测定

测定横断面方向的方法一般用目估法或用图 11-23 所示的“＋”字方向架法。

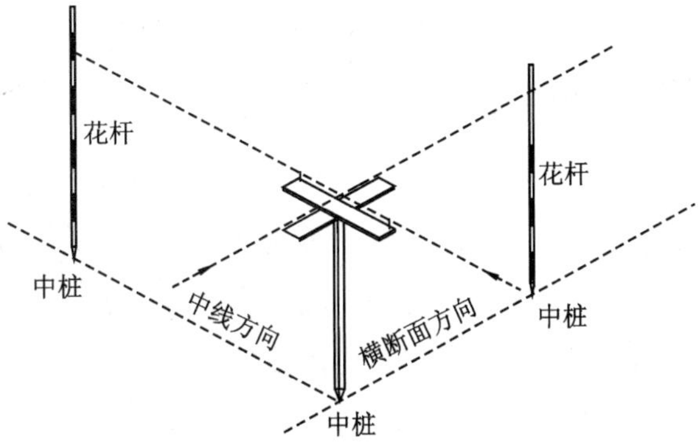

图 11-23 直线段横断面方向的确定

2. 横断面水准测量

横断面水准测量的精度要求不高，对于一般工程来讲，往往精确到厘米即可。施测时可与纵断面水准测量同时进行，这时把横断面上各点当作纵断面水准测量的插前视即可，也可单独进行，用中桩高程作为后视，用仪高法测出各点高程，其记录如表 11-2 所示。

表 11-2 横断面水准测量记录

线路名称： 观测员： 记录员： 日期：

仪器型号： 量距员： 天气：

左前视读数 至中桩水平距离/m				后视读数 中桩号	右前视读数 至中桩水平距离/m			
1.70	1.50	1.73	2.10	1.38	1.80	0.90	1.90	2.00
15.0	12.0	6.3	2.7	0+020	2.8	6.0	12.0	15.0
1.89	1.77	1.85	1.90	1.50	1.43	1.58	1.70	1.90
15.0	11.4	7.0	2.5	0+040	1.8	5.5	10.9	15.0
	⋮			⋮		⋮		
	⋮			⋮		⋮		
	⋮			⋮		⋮		

记录表格中，按前进方向分左右侧，以分式表示各测段的前视读数和距离。

3. 绘制横断面图

横断面图一般在毫米方格纸上绘制，以横轴代表水平距离，纵轴表示高程，以中桩位置为坐标原点。为了方便计算横断面面积，纵横比例尺相同，绘图时，由中桩位置开始，将各地形点在图上定出，再用直线连接相邻点即绘出横断面的地面线。如图 11-24 所示的为里程桩号 0+020 处的横断面图。

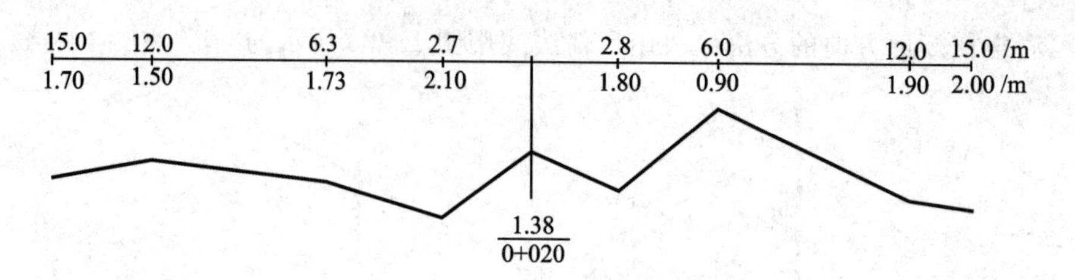

图 11-24 横断面图

横断面图的画法简单,但工作量大,为提高工效,防止错误,多在现场边测边绘,这样就可当场出图又能及时核对,有问题能及时修正。

11.7 线路工程施工测量

线路工程施工测量的主要工作包括恢复线路中线测量、路基放样、竖曲线测设、路面放样、土方量计算等。

11.7.1 恢复线路中线测量

从线路勘测到开始施工这段时间里,往往会有一些中桩丢失,这样一来,路面施工就失去了控制。为了在施工过程中及时、方便、可靠地控制中线位置,需要设法对中桩加以保护。其办法是设立中线控制桩,即在中桩横断面上不受施工影响、便于引测的地方,一般距中桩 10～20 m 的两侧设立中桩控制桩,并测出桩顶高程,同时测出控制桩与中桩的高差,作为中线和中线高程的控制。

11.7.2 路基放样

路基放样就是根据横断面设计图及中桩挖填深度,测设路基的坡脚、坡顶以及路面中心位置等,作为施工时填挖边界线的依据,这种设计路基与地面相交的点称为边桩。路基有两种:一种是高于地面的路基称为路堤;另一种是低于地面的路基称为路堑。

1. 平地上路基的放样

如图 11-25 所示的为路堤横断面设计图。上口 b 和路堤坡度 $1:m$ 均为设计值,h 为中桩处填土高度(从纵断面图上获得),则路堤下口的宽度为

$$B=b+2mh \tag{11-36}$$

在中桩横断面方向上,由中桩向两侧各量出 $B/2$,得到 P_1 和 P_2,则 P_1 和 P_2 就是路堤的坡脚点。再在横断面上口向两侧各量出 $b/2$,并用高程测设方法测设出 $b/2$ 处的高程,即得到坡顶 C 和 D,将 P_1、C、D、P_2 相连,即得到填土边界线。

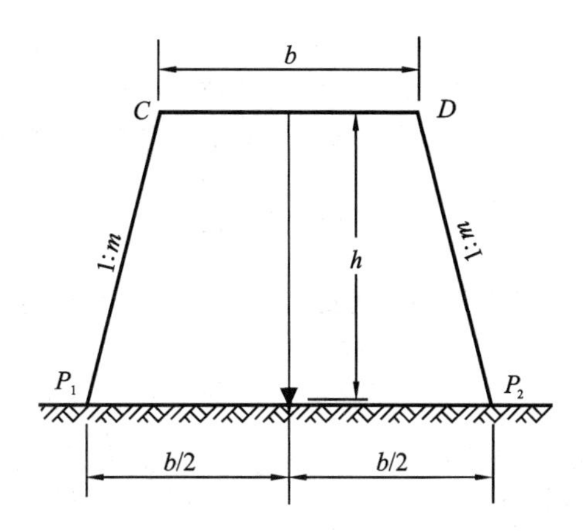

图 11-25 路堤横断面设计图(平地上路堤的放样)

2. 斜面上路堤的放样

在倾斜地段,边桩至中桩的水平距离随地面坡度的变化而变化,在这种情况下可采用两种方法。

(1) 坡度尺法

坡度尺实际是斜边为 1∶m 的直角尺。其操作方法是先根据中桩、h 和 $b/2$ 测设出坡顶 C 和 D 的位置,将坡度尺上点 K 与 C(或 D)重合,以挂在点 K 上的垂球线与尺子的竖直边重合或平行时把坡度尺固定住,此时斜边延长与地面的交点即为边桩位置,如图 11-26 所示。

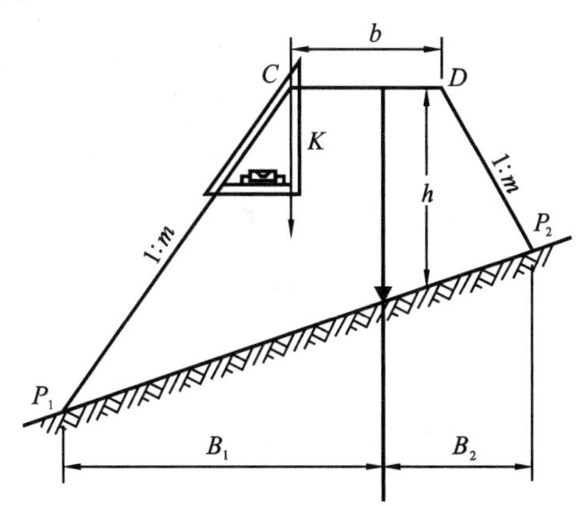

图 11-26 路堤横断面设计图(斜面上路堤的放样)

(2) 图解法

先将路堤设计横断面画在透明纸上,然后将透明纸按中桩填土高度蒙在实测的横断面图上,则设计横断面图的坡脚线与实测横断面图上的交点就是边桩位置,从该边桩量至中桩的水平距离,就是图 11-26 中的 B_1 和 B_2。

3. 平地上测设路堑

根据路堑设计横断面图的下口 b 和排水沟宽 b_0 以及坡度 1∶m,即可算出上口

宽度为

$$B=b+2b_0+2mh \tag{11-37}$$

从中桩起,在横断面上向两侧分别量出 $B/2$,即得坡顶 C 和 D,将相邻坡顶点相连,即得开挖边界线。

4. 斜面上路堑的放样

斜面上路堑的放样,可以用斜面上路堤放样的图解法进行。

11.7.3 竖曲线测设

道路的纵向上是高低起伏的,当纵向坡度发生变化,且两坡度的代数差超过一定范围(先上坡后下坡时,代数差大于 10‰,先下坡后上坡时,代数差大于 20‰)时,为了车辆运行的平稳和安全,在变坡处要设立竖曲线。先上坡后下坡时,设凸曲线,反之设凹曲线。竖曲线一般采用圆曲线,这是因为在一般情况下,相邻坡度差都很小,而选用的竖曲线半径都很大,因此即使采用二次抛物线等其他曲线,所得到的结果也与圆曲线相同。

竖曲线的测设是根据设计给定的曲线半径 R 和变坡点前后的坡度 i_1 和 i_2 进行的。由于坡度的代数差较小,所以曲线的转折角 α 可视为两坡度的绝对值之和,即

$$\alpha=|i_1|+|i_2| \tag{11-38}$$

并且可近似认为

$$\tan(\alpha/2)=\alpha/2 \tag{11-39}$$

所以就有

$$T=R\tan(\alpha/2)=R\cdot\alpha/2=R(|i_1|+|i_2|)/2 \tag{11-40}$$

$$L=R\alpha=R(|i_1|+|i_2|) \tag{11-41}$$

又考虑到 α 较小,图 11-27 中的 y_i 可以近似地认为与半径方向一致,所以有

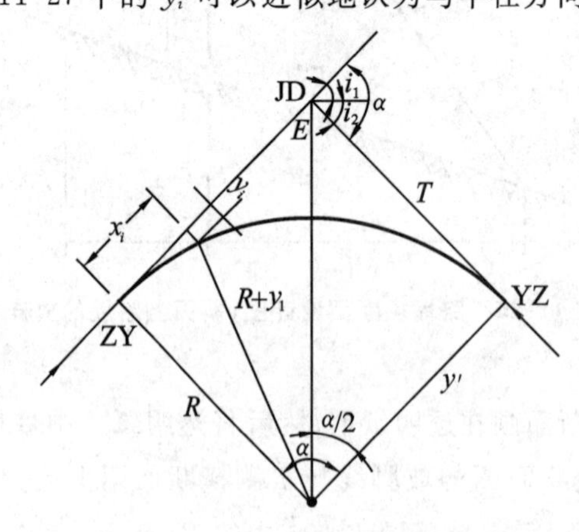

图 11-27 竖曲线测设元素

$$(R+y_i)^2=x_i^2+R^2 \tag{11-42}$$

由于 y_i 相对于 x_i 是很小的，所以若把 y_i^2 忽略不计，则上式变为

$$2Ry_i=x_i^2 \tag{11-43}$$

$$y_i=\frac{x_i^2}{2R} \tag{11-44}$$

给定一个 x_i 值，就可以求得相应的 y_i 值。当 $x_i=T$ 时，有

$$y_i=E=\frac{T^2}{2R} \tag{11-45}$$

由上述过程可看出，当给定 R、i_1 和 i_2 后，α、T、L 和 E 均可求得。

另外，既然把 y 看成与半径方向一致，那么 y 又可以看成是切线上与曲线上点的高程差。切线上不同 x 值的点的高程可以根据变坡点高程和坡度求得，那么相应的曲线上点的高程就可以看成切线上点的高程加或减 y 值。

竖曲线的测设方法如下。

① 主点测设同平面圆曲线主点测设方法一样，故在此不再赘述。

② 加密点的测设采用直角坐标法。

a. 从点 ZY 沿切线方向量出 x_i 值，并用式(11-44)求得 y_i。

b. 根据变坡点的高程、切线坡度，求出 x_i 处的高程 H_i 以及 x_i 相对应的曲线上点的高程 H_i'。

对于凸曲线

$$H_i'=H_i-y_i \tag{11-46}$$

对于凹曲线

$$H_i'=H_i+y_i \tag{11-47}$$

高程为 H_i' 的点，就是曲线上欲加密的点。所以竖曲线上加密点是用距离和高程一起来测设的。

11.7.4 土方量计算

土方量计算包括填、挖土方量的总和。计算方法是以相邻两个横断面之间为计算单元，即分别求出相邻两个横断面上路基的面积和两横断面之间的距离来求土方量。

在图 11-28 中，A_1、A_2 为相邻的横断面上路基的面积，L 为 A_1 到 A_2 之间的距离，则两横断面间的土方量可近似地表示为

$$V=\frac{1}{2}(A_1+A_2)L \tag{11-48}$$

式中 A_1、A_2——横断面面积，可在路基横断面设计图上用求积仪或解析法求得；

L——两面积之间距离，可从里程桩上求得。

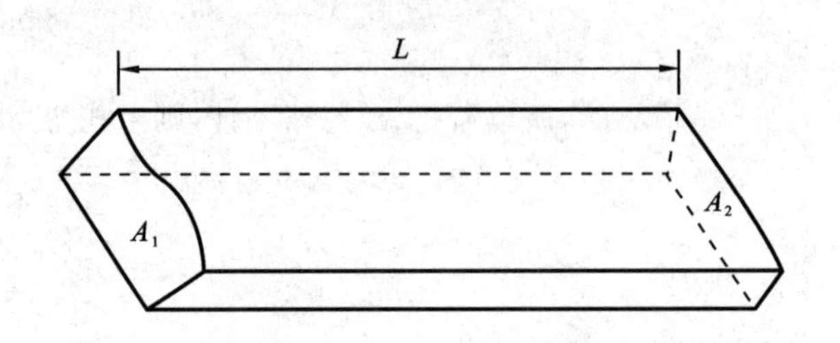

图 11-28　土方量的计算

11.8　管道施工测量

管道工程测量包括给水、排水、煤气、暖气、电缆、输油、输气等工程的测量。管道工程测量的主要任务包括中线测量、管线纵横断面测量以及管道施工测量。它与公路、铁路等线路相比较，管道的中线测量、管线纵横断面测量与公路、铁路等线路的同类测量基本类似。本节主要介绍管道施工过程的测量工作。

管道施工一般有两种形式：一种是开槽明挖法，另一种是暗挖顶管施工法。下面就这两种施工形式来说明管道施工过程的测量工作。

11.8.1　开槽明挖施工测量

1. 复核中线和测设施工控制桩

为了确保管道中线位置准确无误，在施工前应对原中线测量的主点进行复核，如有丢失、破坏等情况，应及时恢复。对水准点也应进行复核，为了施工期间测设高程的方便，应根据原有水准点沿线每隔 150 m 左右增设一个临时水准点。另外，还应在管道中线方向上，根据检查井的测设数据，在中线上标定出检查井的位置。

复核工作结束以后，如马上进行开槽工作，原有中线桩、检查井位置桩都会受到破坏。为了在施工过程中便于恢复中线桩、检查井位置，应在开槽之前，在不受施工干扰、引测方便和易于保存之处测设一些施工控制桩。

槽口放线是根据管道设计要求的埋深和管道直径确定开槽宽度，并沿中线在地面上用白灰撒出槽口开挖线，作为开槽的开挖界限的工作。

2. 中线钉、坡度钉的测设

管道施工测量的主要目的是控制管道中线位置和管底设计高程，以确保管道按中线方向和设计坡度敷设。

(1) 设置坡度板和中线钉

坡度板是用来控制中线的位置、掌握管道设计高程的标志。一般沿中线每隔 10～20 m和检查井处，跨槽设置坡度板。如图 11-29 所示，根据工程要求，若槽深小于 2.5 m，则应在开槽前设置。当槽深大于 2.5 m 时，应待开槽到距槽底 2 m 左右时，再在槽内埋设。坡度板埋设要稳固，顶面保持水平，埋设完以后，以中线控制桩为准，用经纬仪将管道中心线投测到坡度板上，并钉上小钉，即为中线钉，同时在坡度板侧面标上里程桩号。这样各坡度板上中线钉的连线就是管道的中线方向，在连线上挂上垂球，就可以把管道中线投测到槽中，以控制管道方向。

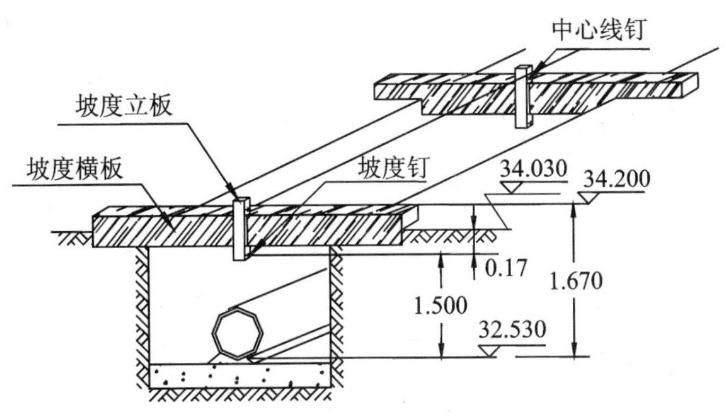

图 11-29 坡度板的设置

(2) 测设坡度钉

为了控制沟槽的开挖深度和管底设计高程，坡度板设置完以后，应根据周围的水准点，用水准仪测出中线上各板顶的高程。板顶的高程与管底设计高程之差就是由坡度板往下开挖的深度(通常称为下返数)。管底的设计高程可根据管道的坡度和坡度板的里程桩号以及起点的高程推算出来。由于各坡度板下返数不一致，施工起来不方便。为了使各坡度板下返数一致，如图 11-29 所示，可在各坡度板上钉一坡度立板，并使立板的一侧对齐中线钉，然后从坡度板顶高程起算，在坡度立板上向上或者向下量取调整数，钉上坡度钉。调整数可按下式计算：

调整数＝预定的下返数－(板顶高程－管底设计高程)

这样一来，施工人员就可以做一木杆，在杆上标出预定的下返数位置，利用这根木杆，下返数位置对齐坡度钉往下量，可以很方便地检查出是否挖到管底设计高程。如用水准仪测得 0＋200 处的坡度板中线处的高程为 36.467 m，管底设计高程为 33.955 m，从坡度板顶向下量取 2.512 m，即为管底高程。根据各坡度板的板顶高程情况，确定 2.5 m 为下返数，则调整数为 2.5 m－2.512 m＝－0.012 m，然后从板顶沿立板向下量 0.012 m，钉上坡度钉. 再从坡度钉往下量 2.5 m 就是管底设计高程。

11.8.2 暗挖顶管施工测量

当地下管道穿越建筑物或铁路、公路时，为了维护正常的交通运输和避免施工中产生大量拆迁工作，这时候不能采用在地面上明挖沟槽的方法，而往往采用暗挖顶管施工法。所谓顶管施工法就是在这些建筑物边上先挖好工作坑，然后在坑内安放导轨，将管材放在导轨上，用顶管的方法将管材沿中线方向顶入土中，然后在管内挖出土方。顶管施工测量就是在顶管过程中控制管道中线方向、高程和坡度的。

1. 中线测设

如图 11-30 所示，在顶管工作坑中根据地面管道的中线控制桩，用经纬仪将地面中线分别引测到坑壁的前后,打入木桩和铁钉,这样两铁钉连线即为中线方向。在顶管中线测设时,如图 11-31 所示,可在两中线间用细钢丝绷紧,在钢丝上挂两垂球,则两垂球的连线即为顶管的中线方向,为了保证中线测设的精度,两垂球之间的距离尽可能大些。然后在管材前端横放一水平尺,尺长略小于管径,尺上有刻度并标明中心点。当尺子在管内置平时,尺子的中点应位于管子的中心线上,将引入管内的细线与水平尺的中点相比较,就可以确定管子中心偏离中线方向的偏离值。若偏离值超过 15 mm,则需要校正调整管材方向。一般管子每顶进 0.5～1.0 m,就需进行一次中线测设。

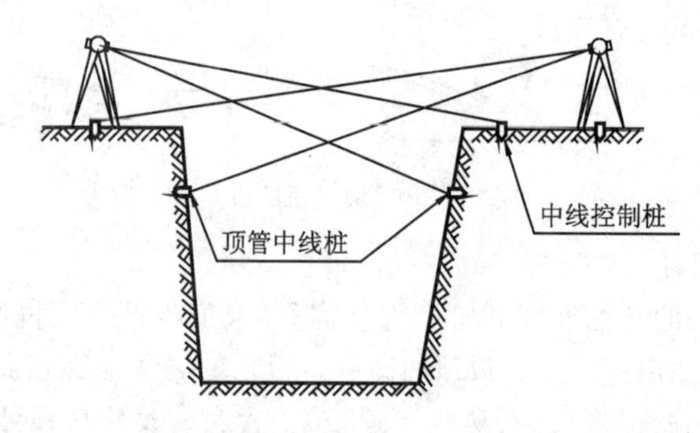

图 11-30　中线测设

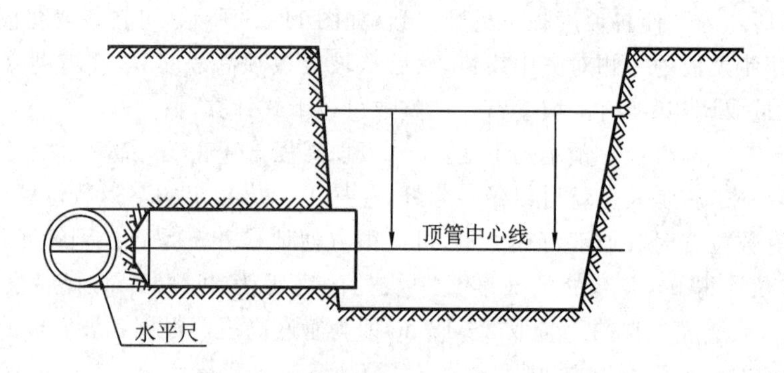

图 11-31　顶管施工中线测设

如果顶管工作坑比较大,条件允许,也可以在上述过程中,用垂球先在顶管工作坑内地面上,引测一点,打入木桩和铁钉,然后在坑内安置经纬仪,瞄准坑壁中线桩,固定照准部,这时经纬仪的视线方向即为中线方向,最后用经纬仪代替上述方法中的两垂球的连线方向,进行中线测设。

2. 顶管高程测量

为了控制管道按设计的高程和坡度前进,需要在工作坑内设置两个以上临时水准点,然后在坑内安置水准仪,后视临时水准点,前视立于管材内的短水准标尺,即可测得管内各点的高程。将算得的管底高程与设计高程进行比较,即可算出校正顶管坡度的数据。若差值超过±10 mm,则需要调整管材。

当顶管距离比较长时，需每隔 100 m 设一个顶管工作坑，采用对向顶管施工。在贯通时，管子错口不应超过 30 mm。当顶管距离长、管径大、机械化程度较高时，可利用激光水准仪配上光电接收靶和自控装置，实现自动化施工的动态导向。

11.9 隧道施工测量

隧道是线路工程穿越山体等障碍物的通道，或是为地下工程施工所做的地面与地下联系的通道。为了加快工程进度，隧道施工中通常采用多个工作面对向挖掘，直到相互贯通。如果贯通时中线不能相互吻合，这种偏差称为贯通误差，贯通误差包括纵向误差、横向误差和高程误差，其中纵向误差只是影响中线的长度，容易满足设计要求。而横向误差和高程误差则有范围要求，贯通误差过大，将会给工程带来重大的经济损失。因此，根据具体工程的性质、隧道长度和施工方法，在隧道施工过程中，需要利用测量技术指导施工，控制贯通误差。为了做好这些工作，首先要进行地面控制测量。地面控制测量分为平面控制测量和高程控制测量两类。

11.9.1 地面控制测量

1. 平面控制测量

隧道地面平面控制测量的目的是测定各洞口控制点的平面位置，以便根据洞口控制点按设计方向开挖，并能以规定精度贯通。常用的平面控制测量方法有下列几种。

(1) 导线测量法

由于全站仪的广泛使用，常用导线测量进行地面平面控制测量。导线的布设须按隧道建筑要求来确定。直线隧道的导线应尽量沿两洞口连线的方向，布设成直线形式，因直线导线的量距误差主要影响隧道的长度，故对横向贯通误差影响较小。在曲线隧道测设时，当两端洞口附近为曲线时，两端应沿切线方向布设导线点，隧道中部为直线时，中部沿中线布设导线点。当整条隧道在曲线上时，则尽量沿两端洞口的连线方向布设导线点。导线应尽可能通过隧道两端洞口及辅助坑道的进洞点，要求每个洞口有不少于三个能彼此联系的平面控制点，以便检测和补测。

(2) 三角测量

对于隧道较长，地形复杂的山岭地区，可采用三角测量法。隧道三角网应布设成与路线相同方向延伸的三角点，尽可能垂直于贯通面。用于直线隧道时，三角点尽量靠近中线，以减小横向贯通误差的影响。布设三角点时，图形要简单，尽量选择长边，减少三角形个数，每个洞口最好有三个控制点作为引测进洞的依据。引测要方便以提高精度。

(3) 卫星定位法

用卫星定位技术来做地面平面控制点时，只需要布设洞口控制点与定向点相互通视，以便施工定向之用。不同洞口之间的点不需要相互通视，与国家控制点或城市控制点之间的联测也不需通视。因此，地面控制的布设灵活方便，且定位精度高于常规控制测量方法。

2. 高程控制测量

高程控制测量的任务是按规定的精度测定隧道内隧道洞口附近水准点的高程，作为高程引测进洞的依据。一般情况下，4000 m 以上特长隧道应采用三等水准测量，4000 m 以下隧道应采用四等水准测量。每一洞口埋设的水准点应不少于两个，两点之间以能安置一次水准仪，即可联测为宜。

11.9.2 隧道施工测量

地面控制测量做完以后，就可以根据控制点来确定掘进方向，进行施工，这个阶段所进行的测量工作称为隧道施工测量。其主要工作有隧道中线的测设、隧道高程和腰线的测设、隧道内导线测量。

1. 隧道中线的测设

隧道贯通测量的横向误差主要由隧道中线方向的测设精度决定，而进洞时的初始方向尤为重要，因此在隧道洞口，要埋设若干个固定点，将中线方向标定于地面，作为开始掘进及以后洞内控制点联测的依据。如图 11-32 所示，用 1、2、3、4 桩标定掘进方向，再在洞口点 A 与中线垂直方向上埋设 5、6、7、8 桩。所有固定点应埋设在不易受施工影响的地方，并测定点 A 到点 2、3、6、7 的平距。这样在施工过程中，就可以随时恢复洞口控制点的位置和进洞中线的方向及里程。

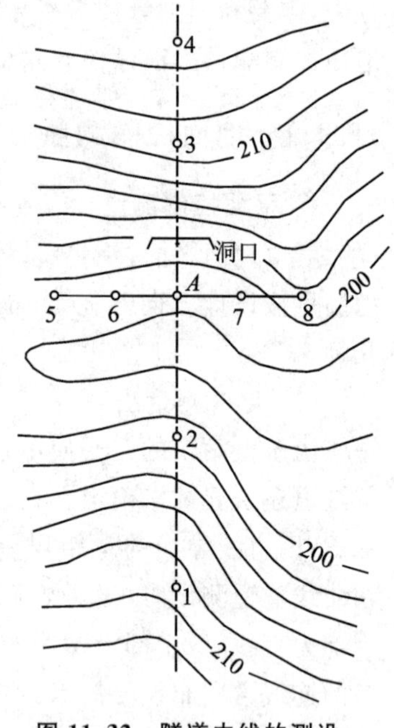

图 11-32 隧道中线的测设

施工时，将经纬仪安置于点 A，根据洞外掘进方向桩向洞内引测中线，指示开挖方向，一般隧道每掘进 20 m 左右就要于底部或顶部埋设中线桩。顶部中线桩可设置三个间隔约 1.5 m 的桩，悬挂垂球，如图 11-32 所示，以便目测掘进方向。

2. 隧道高程和腰线的测设

隧道内高程由洞外水准点引入，一般每隔 50 m 左右设置一个水准点。水准点设在隧道边墙上或隧道顶部，也可以用中线点作为水准点。所有水准点的高程可按四等水准测量的精度要求进行往返观测。

如图 11-33 所示，为了控制洞底高程，通常每隔5～10 m在两侧洞壁测设出比洞底设计高程高出1 m的腰线点。在同坡度段内，腰线点的连线是一条与洞底设计地坪线平行的坡线。腰线点的高程由引入洞内的施工水准点进行测设。

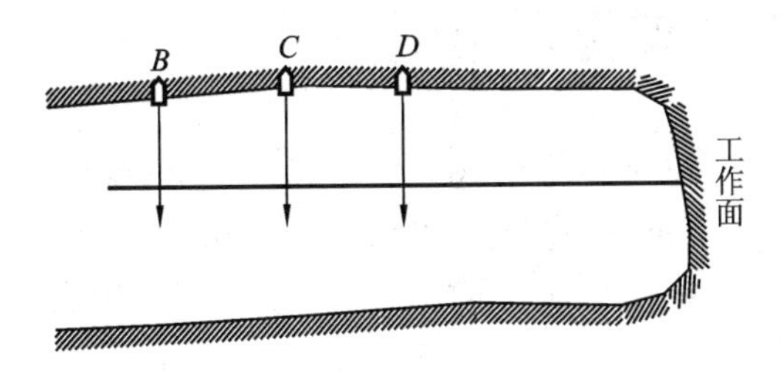

图 11-33 隧道腰线的测设

3. 隧道内导线测量

当隧道较长或有转折时，隧道开挖到一定距离后，还须从洞口开始，进行地下导线测量，根据导线点的坐标来检查和改正中线桩位置，使之位于设计中线上，确保贯通精度，如图 11-34 所示。与地面导线测量相比较，地下导线具有如下特点。

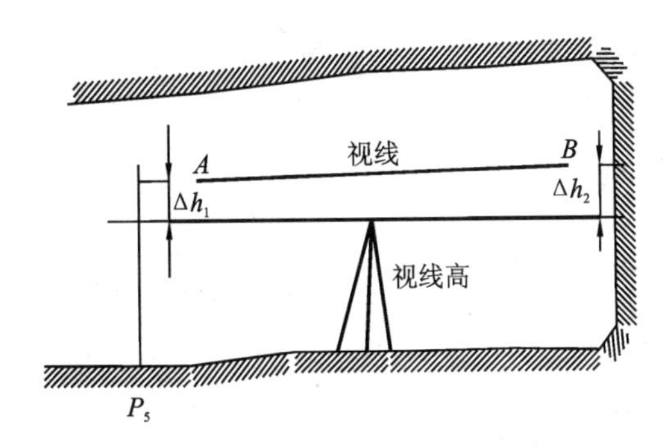

图 11-34 隧道内导线测量

① 地下导线随隧道的开挖而向前延伸，所以只能逐段敷设支导线。支导线必须采用重复观测的方法进行检核。

② 导线在地下开挖的坑道内敷设，不像地面导线视野开阔，导线点布设自由，其形状完全取决于坑道的形状，导线点选择余地小。

在隧道施工过程中，除了通过平洞、斜井以增加工作面以外，还可以采用开挖竖井的方法增加工作面，将整个隧道分成若干段，实行分段开挖，以加快工程进度。例如，城市地下站是个大型竖井，在站与站之间用盾构进行开挖，并不受城市地面密集的建筑物和繁忙交通的影响。

竖井不像平洞、斜井，洞外导线点可直接用仪器传递到洞内，这时候可采用一定的工作方法，使井上、井下采用统一坐标系统，这种方法称为联系测量，其任务在于：确定井下导线中一条边（起始边）的方位角；确定井下导线中一个点（起始点）的平面坐标 x 和 y；确定井下起始点的高程。

联系测量方法主要有一井定向、两井定向和陀螺经纬仪定向等方法。

11.10 桥梁工程测量

随着交通事业的发展,我国各地修建了大量的桥梁,有铁路桥梁、公路桥梁,另外还有城市内建立的立交桥和高架桥。在这些桥梁的勘测设计、施工和运营期间都要进行大量的测量工作,桥梁工程测量的主要任务是桥梁控制测量和桥梁施工测量。

11.10.1 桥梁控制测量

在桥梁工程中控制测量的主要任务是测定桥轴线的长度,从它出发测设两岸桥台中心的位置。另外在两岸设立控制点,用于测设河中桥墩的位置。对于小型桥梁可以利用勘测设计阶段的控制网来进行施工放样,但对于大、中型桥梁,由于跨越的河宽、水深,桥墩、桥台间的距离无法直接测量,因此桥墩、桥台的施工放样一般采用前方交会法来确定。为满足其精度要求,一般应在桥区建立专门的三角网作为平面控制。

1. 控制网的布设形式

根据地形条件,桥梁三角网一般布设成如图 11-35 所示的几种形式。

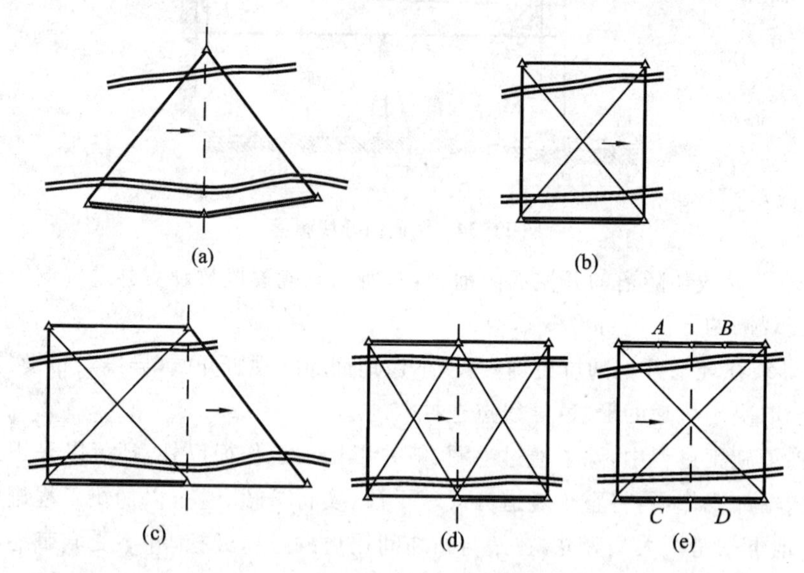

图 11-35 桥梁三角网布设形式

图 11-35(a)所示的为双三角形;图 11-35(b)所示的为大地四边形;图 11-35(c)所示的为大地四边形与三角形联合形成;图 11-35(d)所示的为双大地四边形;图 11-35(e)所示的是桥轴线不作为三角网一条边的大地四边形。图形的选择主要取决于桥长、设计要求、仪器设备和地形条件。桥梁施工控制网的布设,除要满足一般三角测量的要求外,还要注意三角点不被水淹,施工中不易受到破坏。为使桥轴线与三角网联系起来,方便桥台测设,保证精度,桥轴线应为三角网的一条边。三角网的

边长一般为河宽的0.5～1.5倍，直接测量三角网的边作为基线，基线最好两岸各设一条。基线长一般为桥台间距离的0.7倍，并在基线上设立一些点，供交会时选用。

利用测距仪、全站仪可以方便地测量两点间的距离，因此布网时也不一定局限于图形，可以多测一些边长，加测一些角度，构成边角网，也可布设成测边网，桥墩的测设除了用角度交会法以外，还可用极坐标法或距离交会法。

2. 桥梁三角网的精度要求

桥梁三角网的施工测量精度要求随桥梁跨度而定，各类桥的主要技术要求如表11-3所示。

表11-3 各类桥的主要技术要求

等级	桥轴线长度/m	测角中误差/(″)	桥轴线相对中误差	基线相对中误差	三角形最大闭合差/(″)
一级	501～1000	±5.0	1/20000	1/40000	±15.0
二级	201～500	±10.0	1/10000	1/20000	±30.0
图根级	≤200	±20.0	1/5000	1/10000	±60.0

桥梁三角网基线或边长观测采用钢尺精密量距的方法或测距仪测距的方法，水平角观测采用方向观测法。桥轴线、基线及水平角观测的测回数应满足表11-4的要求。

表11-4 桥梁三角网观测要求

等级	测量测回数		测距仪测回数		方向观测法测回数		
	桥轴线	基线	桥轴线	基线	J_1	J_2	J_6
一级	2	3	2	3	4	6	9
二级	1	2	2	2	2	4	6
图根级	1	1	1～2	1～2		2	4

11.10.2 桥梁施工测量

建立了桥梁控制网，桥轴线长度测定后，即可根据桥位桩号测设桥墩和桥台的位置。水中桥墩基础的施工定位方法可采用方向交会法，这是由于水中桥墩基础一般采用浮运法施工，目标处于浮动的不稳定状态，在其上无法使测量仪器稳定。在已稳固的墩台基础上定位时，可采用直接测量法、前方交会法或全站仪极坐标法，同样，桥梁上层结构的施工也可以采用这些方法。

1. 直接测量法

对于干涸河床的直线桥梁，可以直接测量距离来确定桥墩和桥台的位置。方法是沿着桥轴线按设计距离，依次从一端逐次量距来测设桥墩和桥台的中心桩位置。

2. 前方交会法

桥位控制桩间距算出后，按设计尺寸先测设两岸桥台的位置，再测设水中桥墩位置，下面以控制网为双大地四边形为例说明。

如图 11-36(a)所示，A、B、C、D、E、F 为控制点。控制网是以 B 为原点，桥轴线 BE 方向为 x 轴，BC 方向为 y 轴的坐标系，P_1、P_2 为加密控制点，1、2 为桥墩设计位置，其坐标已知，且与控制点为同一坐标系。现以测设 1 号桥墩为例，说明其步骤。

① 利用坐标反算法求得交会角 α、β。

② 在点 P_1 上安置经纬仪，后视点 P_2，用正倒镜法测设角度 α，取得 $P_1 1'$ 方向；再在点 P_2 上安置经纬仪，后视 P_1，用正倒镜法测设角度 β，取得 $P_2 1''$ 方向；最后在点 B 上安置经纬仪，照准 BE 方向，若 $P_1 1'$、$P_2 1''$、BE 三方向交于一点，则交点位置即为桥墩中心位置。若上述三方向交出一个示误三角形时，可采用两种方法确定桥墩中心位置。

a. 若 $P_1 1'$、$P_2 1''$ 方向交点离桥轴线不大于 2 cm，则可把交点投射到桥轴线上，以此作为桥墩中心位置。

b. 若示误三角形最大边长不超过 3 cm，则可以示误三角形的重心作为桥墩中心位置。

在桥墩的施工中，在桥墩逐渐筑高到一定高度后，桥墩中心的放样需要重复进行，而且要迅速和准确，为此在第一次求得正确的桥墩中心位置以后，可将 $P_1 1'$、$P_2 1''$ 方向线延长到对岸上，设立固定的观测标志 P'、P''，如图 11-36(b)所示，即可恢复对点 1 的交点定向。

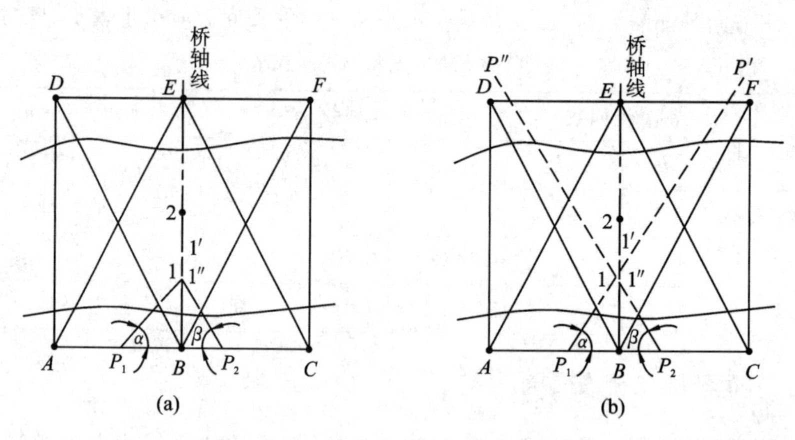

图 11-36 前方交会法测设桥墩位置

3. 全站仪极坐标法

利用全站仪极坐标法测设桥墩中心位置更为准确和方便。

应用全站仪极坐标法时，原则上可以将仪器安置于任意控制点上，根据计算的测设数据进行定位，但是，若是测设桥墩中心位置，则最好把仪器安置于桥轴线的点 B 或点 E 上，照准另一轴线点作为定向，然后将棱镜安置在该方向上，测设 $B1$ 或 $E1$ 的距离，即可测定桥墩中心位置。

【本章要点】

本章共分 10 节，主要介绍了测量在线路工程以及桥梁和隧道工程中的应用。要点主要有线路交点与转点的测设方法、线路转点的设置方法、圆曲线的主点测设方法、圆曲线的详细测设方法、缓和曲线的测设方法、中线逐桩坐标的计算、纵横断面图的测量方法、线路工程施工测量、桥梁和隧道施工测量。

【思考和练习】

11.1 线路中线测量包括哪些工作内容？

11.2 什么叫线路的转向角？如何确定转向角是左转角还是右转角？

11.3 什么叫转点？如何测设线路转点？

11.4 圆曲线有哪些曲线要素？如何测设圆曲线主点？

11.5 已知交点(JD)的桩号为 $K_1+986.64$，转角 $\alpha_{左}=38°18'30''$，圆曲线的半径为 250 m。

(1) 试计算圆曲线的测设要素。

(2) 计算主点桩号。

11.6 何为缓和曲线？其曲线元素如何计算？

11.7 里程桩应设置在中线的哪些地方？

11.8 什么叫虚交？圆曲线测设碰到虚交时可采用什么办法处理？

11.9 何为纵横断面图？各有什么用途？

11.10 表 11-5 所示为某公路纵断面中平测量记录表，完成表中的数据。

表 11-5 某公路纵断面中平测量记录

测站	点名	水准尺读数/m			高差/m		仪器视线高程/m	高程/m
		后视	前视	插前视	+	—		
Ⅰ	*A*	2.125						156.800
	1			1.69				
	2			1.88				
	3			1.49				
	4		1.892					
Ⅱ	4	1.737						
	5			1.85				
	6			1.64				
	7			1.56				
	B		1.312					

11.11 断面图反映了地面的起伏情况，等高线图同样反映了地面的起伏状态，二者有何区别？

11.12 桥梁控制网有哪几种基本布设形式？控制网的精度是如何考虑的？

12　全球卫星定位系统

12.1　概述

全球导航卫星系统来源于英文(global navigation satellite system,简称 GNSS)。全球第一个卫星定位系统是 20 世纪 70 年代由美国陆海空三军联合研制的新一代空间卫星导航定位系统(global positioning system,简称 GPS)。其主要是为陆、海、空三大领域提供实时、全天候和全球性的导航服务,并用于情报收集、核爆监测和应急通信等,是美国独霸全球战略的重要组成。经过 20 余年的研究实验,耗资 300 亿美元,到 1994 年 3 月,全球覆盖率高达 98%的 24 颗 GPS 卫星星座已布设完成。

鉴于全球定位系统在科研、军事及民用方面的巨大应用以及为了打破美国全球定位系统的独霸局面,有经济和科技实力的国家或地区也效仿美国研制了自主的全球定位系统。目前全球并存着四大全球定位系统:美国 GPS,欧盟“伽利略”,俄罗斯“GLONASS”,中国“北斗”系统。

中国的北斗导航卫星系统(Beidou navigation satellite system,简称 BDS)简称北斗系统,是中国正在实施的自主发展、独立运行的全球导航卫星系统。

12.2　全球卫星定位系统的组成

全球卫星定位系统主要由三部分组成,即空间星座部分、地面监控部分和用户设备部分,如图 12-1 所示。GPS 是全球卫星定位系统中最为成熟、应用最广泛的卫星定位系统。下面以 GPS 为例进行讲解。

1. 空间星座部分

GPS 的空间星座部分由 24 颗工作卫星组成,此外,还有 3 颗可随时启用的备用卫星。工作卫星分布在 6 个近圆形轨道面内,每个轨道面上有 4 颗卫星。轨道平均高度为 20200 km,卫星运行周期为 11. 97 h,卫星轨道面相对于地球赤道面的倾角为 55°,各轨道平面升交点的赤经相差 60°,同一轨道上两卫星之间的升交角距相差 90°。在地平线以上的卫星数目随时间和地点而异,最少为 4 颗,最多时达 11 颗。GPS 卫星的空间分布,保障了在地球上任何地点、任何时刻均可至少同时观测到 4 颗卫星,因此 GPS 是一种全球性、全天候的定位系统。

在全球定位系统中,GPS 卫星的主要功能是:接收、存储和处理地面监控系统发射来的控制指令及其他有关信息等;连续不断地向用户发送导航与定位信息,并提供时间标准、卫星本身的空间实时位置及其他在轨卫星的概略位置。

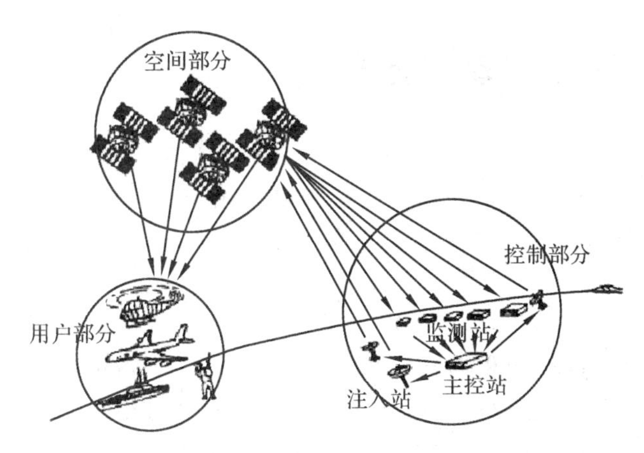

图 12-1　全球卫星定位系统组成

2. 地面监控部分

地面监控部分包括 1 个主控站、3 个注入站和 5 个监测站。其中,主控站设在美国本土,负责管理和协调整个地面控制系统的工作,即根据各监测站的观测资料计算各卫星的星历以及卫星钟改正数,编制导航电文。主控站还负责将偏离轨道的卫星进行纠正,必要时用备用卫星代替失效的卫星。三个注入站的任务是将主控站推算的卫星星历、钟差、导航电文和遥控指令等注入相应卫星的存储系统内,构成信息的基本部分。监测站是在主控站控制下的数据采集中心。全球 5 个监测站,分布在美国本土和三大洋的美军基地上,主要任务是为主控站提供观测数据。每个监测站均用 GPS 接收机接收卫星播发的信号,并监测卫星工作状况,将采集的数据连同气象资料传送到主控站。

3. 用户设备部分

GPS 的用户设备部分由 GPS 接收机、数据处理软件和微处理机及其终端设备等组成。它的作用是接收 GPS 卫星所发出的信号,利用这些信号进行导航定位等工作。用户设备部分的核心是 GPS 信号接收机,一般由天线、主机和电源三部分组成。其主要功能是跟踪接收 GPS 卫星发射的信号并进行变换、放大、处理,以便测量出 GPS 信号从卫星传播到接收机天线的时间,解译导航电文,及时地计算出测站的三维位置,甚至三维速度和时间。GPS 接收机根据其用途可分为导航型、大地型和授时型等;根据接收的卫星信号频率又可分为单频接收机和双频接收机两种。

在精密定位测量工作中,一般均采用大地型双频接收机或单频接收机。单频接收机适用于 10 km 左右或更短距离的精密定位工作,相对定位测量的精度能达到 $5\ \text{mm}+D\times10^{-6}$($D$ 为基线长度,以 km 计)。双频接收机由于能同时接收到卫星发射的两种频率的载波信号,可进行长距离的精密定位测量工作,相对定位测量的精度可优于 $5\ \text{mm}+D\times10^{-6}$,但其结构复杂,价格较高。用于精密定位测量工作的 GPS 接收机,其观测数据必须进行后期处理,因而应配有功能完善的后期处理软件才能求得所需测站点的三维坐标。

12.3 卫星定位的基本原理

卫星定位的基本原理是以卫星和用户接收机天线之间的距离(或距离差)的观测量为基础,并根据已知的卫星瞬时坐标来确定用户接收机所对应的三维坐标位置。设卫星至接收机之间的距离为 ρ,卫星坐标(x_s,y_s,z_s)与接收机三维坐标(x,y,z)之间的关系式为

$$\rho^2=(x_s-x)^2+(y_s-y)^2+(z_s-z)^2 \tag{12-1}$$

式中卫星坐标(x_s,y_s,z_s)可根据导航电文求得。理论上只需观测三颗卫星至接收机之间的距离 ρ,即可求得接收机坐标(x,y,z)中的三个未知数。但实际上因接收机钟差改正也是未知数,所以接收机必须至少同时测定至四颗卫星的距离才能解算出接收机的三维坐标值,如图 12-2 所示。由此可见,卫星定位的关键是测定用户接收机天线至卫星之间的距离。

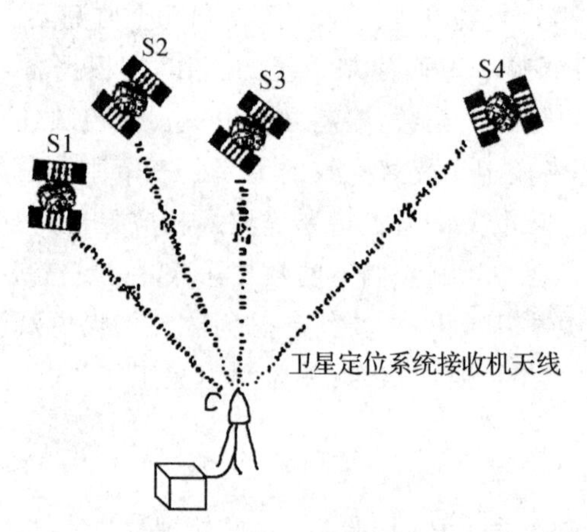

图 12-2 GPS 卫星定位原理

卫星定位方法按定位时接收机的运动状态分为动态定位和静态定位;根据获取定位结果的时间分为实时定位和非实时定位;根据定位的模式分为绝对定位和相对定位;依据测距的原理分为伪距法定位和载波相位测量定位。

12.4 全球卫星定位系统坐标系统

由于全球卫星定位系统是全球性的定位导航系统,为了使用方便,其坐标系通过国际协议确定,通常称为协议地球坐标系(CTS)。目前,全球卫星定位系统测量中所使用的协议地球坐标系称为 WGS-84 世界大地坐标系(world geodetic system)。WGS-84 世界大地坐标系的几何定义为原点是地球质心,z 轴指向 BIH1984.0 定义的协议地球极(CTP)方向,x 轴指向 BIH1984.0 的零子午面和 CTP 赤道的交点,y 轴与 z 轴、x 轴构成右手坐标系。

测量工作离不开基准，都需要一个特定的坐标系统。在常规大地测量中，各国都有自己的测量基准和坐标系统。例如，我国1954年的北京坐标系，1980年的国家大地坐标系或当地独立坐标系等。在实际测量定位工作中，虽然全球卫星定位系统卫星的信号依据是WGS-84世界大地坐标系，但求解结果则是测站之间的基线向量或三维坐标差。在数据处理时，根据上述结果，并以已知点（三点以上）的坐标值作为约束条件，进行整体平差计算，便得到各全球卫星定位系统测站点在当地现有坐标系中的实用坐标，从而完成全球卫星定位系统测量结果向C80（1980年国家大地坐标系）或当地独立坐标系的转换。

12.5 测量的方法与实施

近几年来，随着全球卫星定位系统接收系统硬件和处理软件的发展，已有多种测量方案可供选择，这些不同的测量方案，也称为全球卫星定位系统测量的作业模式，如静态绝对定位、静态相对定位、快速静态定位、准动态定位、实时动态定位等。下面就土木工程测量中最常用的静态相对定位和实时动态定位的方法与实施作一简单介绍，以GPS为例。

12.5.1 静态相对定位

静态相对定位是GPS测量中最常用的精密定位方法。它采用两台（或两台以上）接收机，分别安置在一条或数条基线的两个端点，同步观测四颗以上的卫星。这种方法的基线相对定位精度可达 $5\ \text{mm}+D\times10^{-6}$，适用于各种较高等级的控制网测量。按照GPS测量实施的工作程序可分为技术设计、选点与建立标志、外业观测、成果检核与数据处理等阶段。

1. GPS网的技术设计

GPS网的技术设计是一项基础性的工作，这项工作应根据网的用途和用户的要求来进行，其主要内容包括精度指标的确定和网形设计等。

(1) GPS测量精度指标

GPS测量精度指标的确定取决于网的用途，设计时应根据用户的实际需要和可以实现的设备条件，根据表12-1和表12-2恰当地选择GPS网的精度等级。精度指标通常以网中相邻点之间的距离误差 m_D 来表示，其表达式为

$$m_D=a+b\times10^{-6}D \tag{12-2}$$

式中 a——GPS接收机标称精度的固定误差(mm)；

b——GPS接收机标称精度的比例误差系数；

D——GPS网中相邻点间的距离(km)。

表12-1 国家基本GPS控制网精度指标

级别	主要用途	固定误差 a/mm	比例误差 b
A	国家高精度GPS网的建立及地壳形变测量	≤5	≤0.1
B	国家基本控制测量	≤8	≤1

表 12-2 城市及工程 GPS 控制网精度指标

等级	平均距离/km	固定误差 a/mm	比例误差 b	最弱边相对中误差
二等	9	≤10	≤2	1/130000
三等	5	≤10	≤5	1/80000
四等	2	≤10	≤10	1/45000
一级	1	≤10	≤10	1/20000
二级	<1	≤15	≤20	1/10000

(2) GPS 网形设计

GPS 网形设计就是根据用户要求，以高质量、低成本地完成既定的测量任务为目的，确定具体的布网观测方案的工作。通常在进行 GPS 网形设计时，必须考虑测站选址、卫星选择、仪器设备装置与后勤交通保障等因素。当网点位置、接收机数量确定以后，网的设计就主要体现在观测时间的确定、网形构造及各点设站观测的次数等方面。

一般 GPS 网应根据同一时间段内观测的基线边，即同步观测边构成闭合图形(称同步环)，例如，三角形(需三台接收机，同步观测三条边，其中两条是独立边)、四边形(需四台接收机)或多边形等，以增加检核条件，提高网的可靠性。然后，按点连式、边连式和边点混合连式这三种基本构网方法(见图 12-3)，将各种独立的同步环有机地连接成一个整体。确定各点观测次数的，通常应遵循"网中每点必须至少独立设站观测两次"的基本原则。应当指出，布网方案不是唯一的，工作中可根据实际情况灵活布网。

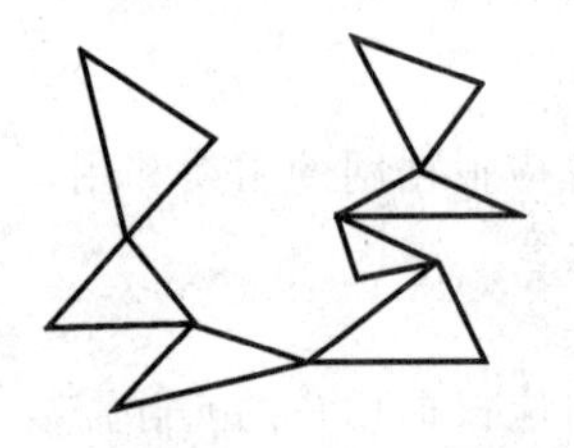

点连式（7个三角形）

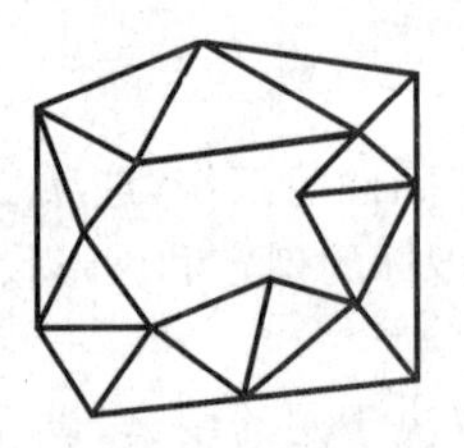

边连式（15个三角形）

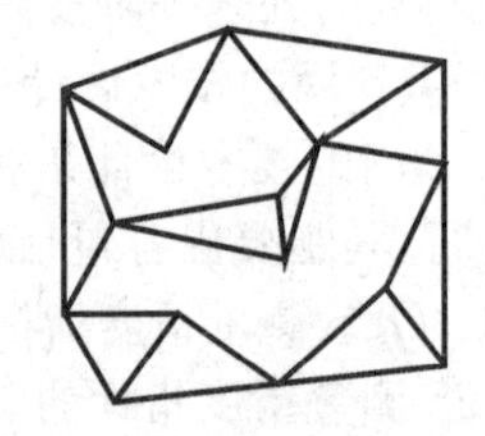

边点混合连式（10个三角形）

图 12-3 GPS 布网方案

2. 选点与建立标志

由于 GPS 观测站之间不要求通视，而且网形结构灵活，故选点工作较常规测量简便，且省去了建立高标的费用，降低了成本。但 GPS 测量又有其自身的特点，点位选择应在顾及测量任务和测量特点的前提下进行，选点时一般应体现以下基本要求。

① 点位周围高度角 15°以上天空应无障碍物。

② 点位应选在交通方便、易于安置接收设备的地方，且视野开阔，以便同常规地面控制网联测。

③ GPS 点应避开对电磁波接收有强烈吸收、反射等干扰影响的金属和其他障碍

物体，如高压线、电台、电视台、高层建筑、大范围水面等。

④ 选择一定数量的平面点和水准点作为GPS点，以便进行坐标变换，这些点应均匀分布在测区中央和边缘。

点位选定后，应按要求埋置标石，以便保存。最后，应绘制点之记、测站环视图和GPS网选点图，作为提交的选点技术资料。

3. 外业观测

外业观测是利用GPS接收机采集GPS卫星信号，并对其跟踪、处理，以获得所需要的定位信息和观测数据的工作。外业观测应严格按照技术设计时所拟订的观测计划实施，以便提高工作效率，保证测量成果的精度；此外，还必须对所选定的接收设备进行严格的检验。

外业作业过程大致可分为天线安置、接收机操作和观测记录。天线的妥善安置是实现精密定位的重要条件之一，其具体内容包括对中、整平、定向和量取天线高。接收机操作的自动化程度相当高，一般仅需按动若干功能键，就能顺利地自动完成测量工作(具体方法步骤详见接收机使用说明书)。观测记录的形式一般有两种：一种由GPS接收机自动进行，并保存在机载存储器中，供随时调用和处理，这部分内容主要包括接收到的卫星信号、实时定位结果及接收机工作状态信息；另一种是测量手簿，由操作员随时填写，其中包括观测时的气象元素等其他有关信息。观测记录是GPS定位的原始数据，也是进行后续数据处理的依据，必须认真妥善保存。

4. 观测成果检核与数据处理

观测成果的外业检核是确保外业观测质量，实现预期定位精度的重要环节。所以，当观测任务结束后，必须在测区及时对外业观测数据进行严格的检核，并根据情况进行淘汰或采取必要的重测、补测措施。只有按照《全球定位系统(GPS)测量规范》要求，对各项检核内容严格检查，确保准确无误，才能进行后续的平差计算和数据处理。

GPS测量数据处理的过程比较复杂，在实际工作中，可借助计算机进行数据处理。计算机可使数据处理工作的自动化达到相当高的程度，这也是GPS能够被广泛使用的重要原因之一。GPS测量数据处理包括数据传输与转储；基线处理与质量评估；网平差处理；技术总结等。

12.5.2 实时动态定位

实时动态测量(RTK)技术，是以载波相位观测量为根据的实时差分GPS测量技术，可以实时得到高精度的测量结果，是GPS测量技术的一个新突破。该技术广泛应用于道路放样、地形测量、精细农业、森林资源清查等领域。下面简要介绍实时动态测量的基本原理和此技术在地形测图中的应用。

1. 实时动态测量基本原理

实时动态测量技术的基本原理是在基准站上安置一台GPS接收机，对所有可见卫星进行连续观测，并将其观测数据通过发射台实时地发送给流动观测站。在流动观测站上,GPS 接收机在接收卫星信号的同时通过接收电台接收基准站传送的数据,然后由 GPS 控制器根据相对定位的原理,实时地计算出厘米级的流动站的三维坐标。

2. 实时动态测量技术在地形测图中的应用

由于 RTK 测量技术进行实时定位可以达到厘米级的精度,因此,除了高精度的控制测量仍采用 GPS 静态相对定位技术之外,一般地形测图中的图根测量和碎部测量都可使用 RTK 测量技术。

利用 RTK 测量技术测图时,地形数据采集由各流动站进行,测量人员手持流动站在测区内行走,系统自动采集地形特征点数据,执行这些任务的具体步骤有赖于选用的电子手簿 RTK 应用软件。一般应首先用 GPS 控制器把包括椭球参数、投影参数、数据链的波特率等信息设置到 GPS 接收机,把 GPS 天线置于已知基站控制点上,安装数据链天线,启动基准站使基站开始工作。进行地面数据采集的各流动站,需在某一起始点上观测数秒或以上时间进行初始化工作。之后,流动站仅需一人持对中杆背着仪器在待测的碎部点等待数秒钟,即获得碎部点的三维坐标。在点位精度合乎要求的情况下,用便携机或电子手簿记录,同时输入特征码。流动接收机将一个区域的地形点位测量完毕后回到室内或在野外,由专业测图软件编辑输出所要求的地形图。这种测图方式不要求点间严格通视,仅需一人操作便可完成测图工作,大大提高了工作效率。

【本章要点】

本章介绍了全球卫星定位系统的组成、定位的基本原理、坐标系及测量的方法与实施,包括静态相对定位和实时动态测量技术与应用(以 GPS 为例),重点介绍了静态相对定位中 GPS 网的技术设计、选点与建立标志、外业观测工作及观测成果检核与数据处理等。

【思考和练习】

12.1　全球卫星定位系统由哪几部分组成?各有什么作用?
12.2　简述全球卫星定位系统定位的基本原理。
12.3　全球卫星定位系统定位为什么至少需要同时观测四颗卫星?
12.4　全球卫星定位系统定位有哪些方式?土木工程测量中最常用的定位方法是什么?
12.5　静态相对定位适用于什么测量?简述其基本步骤。
12.6　应用 GPS 进行平面控制测量时选点的基本要求有哪些?
12.7　简述实时动态测量基本原理。
12.8　简述应用 RTK 技术进行地形测量的过程。

附录　主要测量词汇中英文对照

0 绪　　论

测量学	surveying
大地测量	geodetic survey
摄影测量	photogrammetry
海洋测量	ocean survey
工程测量	engineering survey
地图制图	cartography
地形图	topographic map
放样	layout
水准面	level surface,level plane
基准面	datum,base level
平均海平面	mean sea level
参考椭球面	reference ellipsoid datum
大地坐标	geodetic coordinate
高斯坐标	Gauss coordinate
经度	longitude
纬度	latitude
绝对高程(海拔)	absolute elevation
假定高程	assumed elevation
中华人民共和国大地原点	China national geodetic origin

1 水 准 测 量

水准测量	leveling
水准仪	level
水准器	bubble
水准点	bench mark
基座	leveling base
视准轴	sighting axis(line of collimation)
水准尺	leveling rod
整平	leveling-up
后视、前视	backsight(BS)、foresight(FS)
闭合水准路线	closed leveling(loop)line
附合水准路线	connecting leveling line

外业	field survey
水准标石	leveling pile
三角高程测量	trigonometric leveling
GPS 高程测量	GPS leveling
物理高程测量	air pressure leveling

2 角度测量

角度测量	angulation
光学经纬仪	optical theodolite
电子经纬仪	electronic theodolite
全站仪	total station
三角基座	tribrach,base plate
照准部	alidade
水平(垂直)制动螺旋	horizontal(vertical)clamp
水平(垂直)微动螺旋	horizontal(vertical)slow motion
望远镜	telescope
脚螺旋	leveling screw
十字丝	cross-hair
水平度盘	horizontal circle
垂直度盘	vertical circle
水平角	horizontal angle
垂直角	vertical angle
对中	plumbing(centric position)
觇标	target
三脚架	tripod
垂球	plumb bob
角度观测	angular observation
三角点标石	triangulation pile
测回法	method of observation set
方向观测法	method of direction observation
竖盘指标差	index error of vertical circle
自动归零	vertical index compensator
视准轴 *CC*	collimation axis
横轴 *HH*	horizontal axis
水准管轴 *LL*	bubble tube axis
竖轴 *VV*	vertical axis

3　距离测量

距离测量	distance measurement
钢尺	steel tape
卷尺	tape-line
平量法	horizontal taping and plumbing
斜量法	slop taping
定线	alignment
尺长改正	erroneous tape length correction
温度改正	temperature correction
倾斜改正	slop correction
垂曲改正	tension and sag correction
光电测距	electronic distance measurement(EDM)
反射棱镜	reflecting prism
电子测距精度	EDM instrument accuracies
视距测量	three-wire leveling

4　测量误差基本知识

测量误差	measurement error
偶然误差	random(accidental)error
系统误差	systematic(regular)error
闭合差	closure error
容许误差	allowable error
绝对误差	absolute error
相对误差	relative error
中误差(均方差)	mean square error
单位权中误差	mean square error of unit weight
粗差	mistakes error
观测误差	observational error
误差限度	limit of error
精度	accuracy

5　小地区控制测量

控制测量	control survey
平面控制	horizontal control
高程控制	vertical control
导线测量控制	traverse control

图根控制	mapping control
闭合导线	closed traverse
附合导线	connecting traverse
方位角	azimuth
坐标方位角	coordinate azimuth
象限角	bearing
绝对坐标	absolute coordinate
相对坐标	relative coordinate
导线闭合差	closure error of traverse
前方交会	forward intersection
后方交会	three-point intersection
对向观测	reciprocal observation

6 地形图的基本知识

地形图	topographic map
比例尺	scale
图廓线	border line
地物	feature
地貌	landform
图例	legend
地形图符号	topographic map symbol
地形图注记	lettering in topographic map
等高线	contour line
首曲线(基本等高线)	standard contour
计曲线(加粗等高线)	index contour
间曲线(半等高线)	supplementary contour
分水线、山脊线	crest line
基准线、零高程线	datum line

7 大比例尺地形图测绘

地形测量	topographic survey
地形碎部	detailed topography
大比例尺地形图	large-scale topographic map
图幅大小	map dimension
标准图幅	map of standard format
邻接图幅	adjoining sheet
平板仪测图	planetabling

地籍图	cadastral map
数字化测图	digital mapping
航测地形图	aerial topographic map
接图表	key to a map

8　地形图的应用

剖面测量(绘断面图)	cross-sectioning
图形面积	area of diagram
测区面积	survey area
图幅面积	sheet area
汇水面积	catchment area

9　施工测量的基本工作

极坐标	polar coordinate
直角坐标	rectangular coordinate
角度交会	angle intersection
距离交会	distance intersection
坡度	slope

10　工业与民用建筑施工测量

施工测量	construction survey
基线网	base line network
专用网、独立网	special network
中心线、轴线	center line
建筑红线	property line
激光准直仪	laser aligner
变形观测	deformation observation
沉降观测	settlement observation
倾斜观测	inclination observation
裂缝观测	fissure observation
位移观测	displacement observation
竣工图	as-built drawing

11　线路测量与桥梁、隧道施工测量

线路测量	route survey
圆曲线	circular curve
缓和曲线	spiral curve

反向曲线	reverse curve
回头曲线	reverse loop curve
竖曲线	vertical curve
定位桩	nose pile
交点	point of(tangent)intersection
直圆点	beginning of curve
圆直点	end of curve
曲中点	midpoint of curve
线路转向角	deflection angle
偏角法	offset curve
切线支距法	tangent offset method
中线	center line
断面、剖面	profile
纵(横)剖面	longitudinal(cross)profile
管线测量	pipeline survey
桥梁测量	bridge survey
隧道测量	tunnel survey

12 全球卫星定位系统

全球定位系统	global positioning system,GPS
GPS 卫星	GPS satellite
GPS 接收机	GPS receiver
卫星信号	satellite signal
C/A 码	C/A code
静态测量	static survey
实时动态测量	real time kinematic survey
世界大地坐标系	world geodetic system,WGS-84
协议地球极	conventional terrestrial pole,CTP

部分练习答案和解答要点

0 绪　　论

【练习答案和解答要点】

0.7　6°带带号为 20；中央子午线的经度为 117°。　3°带带号为 40；中央子午线的经度为 120°。

1 水 准 测 量

【练习答案和解答要点】

1.1　$h=0.092$ m；$H_B=32.270$ m。

1.9　$i=40.6''$；超限。

1.10

水准测量计算表

测站	测点	水准尺读数		高差/m		高程/m	备注
		后视 a/m	前视 b/m	+	−		
Ⅰ	BM_A	1.378		0.486		46.175	
	TP_1		0.892			46.661	
Ⅱ	TP_1	1.415		0.777			
	TP_2		0.638			47.438	
Ⅲ	TP_2	0.599			1.474		
	TP_3		2.073			45.964	
Ⅳ	TP_3	0.309			1.600	44.364	
	BM_B		1.909				
	计算校核	$\sum a=3.701$	$\sum b=5.512$	$\sum h=\sum a-\sum b=-1.811$			

1.11

闭合路线等外水准测量内业计算表

测点	距离/km	高差/m	改正数/m	改正后高差/m	高程/m	测点
A					34.362	A
	2.5	+9.676	0.011	9.687		
1					44.049	1
	1.6	+3.421	0.007	3.428		
2					47.477	2
	1.1	−4.560	0.005	4.555		
3					42.922	3
	3.0	−6.889	0.014	−6.875		
4					36.047	4
	1.8	−1.693	0.008	−1.685		
A					34.362	A
辅助计算	$\sum L=10.0$ km　$f_h=-0.045$ m　$f_{容}=\pm 40\sqrt{L}=\pm 126$ mm　符合要求					

1.12 **附合路线等外水准测量内业计算表**

测点	测站数	高差/m	改正数/mm	改正后高差/m	高程/m	测点
A					67.372	A
	5	+1.393	−5	+1.388		
1					68.760	1
	10	−2.714	−10	−2.724		
2					66.036	2
	8	−3.018	−8	−3.026		
3					63.010	3
	13	+0.125	−13	+0.112		
B					63.122	B
辅助计算	$\sum n=36$　$f_h=0.036$ m　$f_{容}=\pm 12\sqrt{n}=\pm 72$ mm　符合要求					

2 角度测量

【练习答案和解答要点】

2.8

测站	测回数	盘位	目标	水平度盘读数/(° ′ ″)	半测回角值/(° ′ ″)	一测回角值/(° ′ ″)	各测回平均值/(° ′ ″)	备注
O	1	左	A	0 02 00	91 43 06			
			B	91 45 06				
		右	A	180 01 48	91 43 24	91 43 15	91 43 09	
			B	271 45 12				
	2	左	A	90 00 48	91 43 06			
			B	181 43 54				
		右	A	270 01 12	91 43 00	91 43 03		
			B	1 44 12				

2.9

测站	测回数	目标	水平度盘读数		$2c$=左−(右±180°)	平均读数=[左+(右±180°)]/2	归零后的方向值	各测回归零后方向值的平均值	各方向间的水平角
			盘左读数	盘右读数					
			(° ′ ″)	(° ′ ″)	(″)	(° ′ ″)	(° ′ ″)	(° ′ ″)	(° ′ ″)
1	2	3	4	5	6	7	8	9	10
O	1					(0 01 33)			
		A	0 01 24	180 01 36	−12	0 01 30	0 00 00	0 00 00	0 00 00
		B	70 23 36	250 23 42	−06	70 23 39	70 22 06	70 22 12	70 22 12
		C	220 17 24	40 17 30	−06	220 17 27	220 15 54	220 16 08	149 53 56
		D	254 17 54	74 17 54	−00	254 17 54	254 16 21	254 16 18	34 00 10
		A	0 01 30	180 01 42	−12	0 01 36			
	2					(90 01 18)			
		A	90 01 12	270 01 30	−18	90 01 21	90 00 00		
		B	160 23 24	340 23 48	−24	160 23 36	160 22 18		
		C	310 17 30	130 17 48	−18	310 17 39	310 16 21		
		D	344 17 42	164 17 24	18	344 17 33	344 16 15		
		A	90 01 18	270 01 12	06	90 01 15			

2.10

测站	目标	竖盘位置	竖盘读数/(° ′ ″)	半测回竖直角/(° ′ ″)	指标差/(″)	一测回竖直角/(° ′ ″)	备注
O	C	左	80 18 36	9 41 24	03	9 41 27	
		右	279 41 30	9 41 30			
	D	左	125 03 30	−35 03 30	12	−35 03 18	
		右	234 56 54	−35 03 06			

3 距离测量

【练习答案和解答要点】

3.2 0.0679 m

3.5 $D_{12}=48.4646$ m $D_{23}=49.5328$ m

4 测量误差基本知识

【练习答案和解答要点】

4.5 算术平均值 $x=245.156$ m 算术平均值中误差 $M=\pm3.6$ mm

4.6 (1)五边形角度闭合差，

$$f_\beta = \sum\beta-(n-2)\times180°$$

则

$$m_f = \pm M_\beta\sqrt{5} = \pm m_\beta\sqrt{\frac{5}{2}} = \pm40''\sqrt{\frac{5}{2}} = \pm63''$$

(2)欲使 m_f 不超过±50″，观测角的测回数 n 应为

$$m_f = \pm40''\sqrt{\frac{5}{n}}$$

把 $m_f=\pm50''$ 带入上式，则可计算出 $n=\frac{40^2}{50^2}\times5=3.2$，取 $n=4$ 测回。

4.8 D 点高程 $H_D=30.518$ m 中误差 $M_o=\pm4$ mm

5 小地区控制测量

【练习答案和解答要点】

5.11 解：

$$x_p=\frac{x_A\cot\beta+x_B\cot\alpha+(y_B-y_A)}{\cot\alpha+\cot\beta}$$

$$=\frac{4636.45\cot47°56'24''+3873.96\cot35°34'36''+(1772.68-1054.54)}{\cot35°34'36''+\cot47°56'24''}\text{ m}$$

$$=4485.25\text{ m}$$

$$y_p=\frac{y_A\cot\beta+y_B\cot\alpha-(x_B-x_A)}{\cot\alpha+\cot\beta}$$

$$=\frac{1054.54\cot47°56'24''+1772.68\cot35°34'36''-(3873.96-4636.45)}{\cot35°34'36''+\cot47°56'24''}\text{ m}$$

$$=1822.46\text{ m}$$

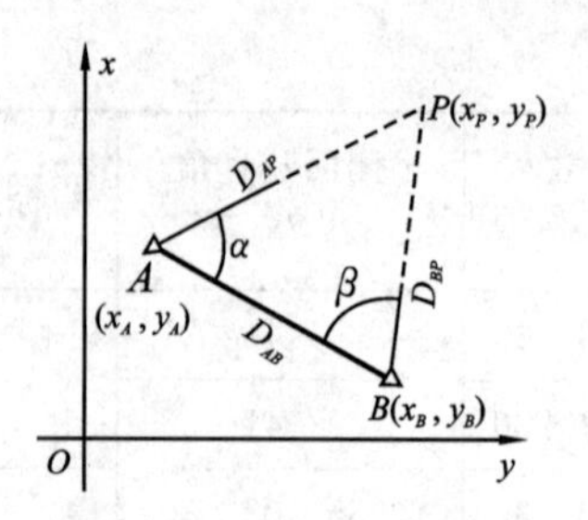

5.12　　三、四等水准测量计算手簿

测站编号	后尺 下丝 / 上丝 / 后视距/m / 视距差 d/m	前尺 下丝 / 上丝 / 前视距/m / $\sum d$/m	方向及尺号	水准尺读数/m 黑面	水准尺读数/m 红面	K+黑−红/mm	高差中数/m	备注
1	1.832	0.926	后 A	1.379	6.165	+1		
	0.960	0.065	前 B	0.495	5.181	+1		
	87.2	86.1	后−前	0.884	0.984	0	0.884	
	+1.1	+1.1						
2	1.742	1.631	后 B	1.469	6.156	0		
	1.194	1.118	前 A	1.374	6.161	0		
	54.8	51.3	后−前	0.095	−0.005	0	0.095	$K_A=4.787$
	+3.5	+4.6						
3	1.519	1.671	后 A	1.102	5.890	−1		$K_B=4.687$
	0.692	0.836	前 B	1.258	5.945	0		
	82.7	83.5	后−前	−0.156	−0.055	−1	−0.1555	
	−0.8	+3.8						
4	1.919	1.968	后 B	1.570	6.256	+1		
	1.220	1.242	前 A	1.603	6.391	−1		
	69.9	72.6	后−前	−0.033	−0.135	+2	−0.034	
	−2.7	+1.1						

校核：

$\sum(9)(=294.6)$
$-\sum(10)(=293.5)$
$=+1.1$ m
$=4$ 站(12)

$\sum[(3)+(8)](=29.987)$
$-\sum[(6)+(7)](=28.408)$
$=+1.579$ m

$\sum[(15)+(16)]$
$=+1.579$ m

$\sum(18)=0.7895$ m
$2\sum(18)=1.579$ m

总视距 $\sum(9)+\sum(10)=588.1$ m

5.13

点号	观测角 /(° ′ ″)	改正数/(″)	改正后的角值 /(° ′ ″)	坐标方位角/(° ′ ″)	边长 /m	增量计算值/m		改正后的增量值/m		坐标/m	
						$\Delta x'$	$\Delta y'$	Δx	Δy	x	y
1	2	3	4	5	6	7	8	9	10	11	12
$B(1)$										48311.264	27278.095
				239 01 50	219.846	−35 −113.129	−13 −188.505	−113.164	−188.518		
2	133 44 59	−4	133 44 55							48198.100	27089.577
				192 46 45	133.119	−21 −129.822	−8 −29.445	−129.843	−29.453		
3	106 29 28	−4	106 29 24							48068.257	27060.124
				119 16 09	122.756	−20 −60.017	−7 +107.084	−60.037	+107.077		
4	82 30 31	−4	82 30 27							48008.220	27167.201
				21 46 36	116.748	−19 +108.417	−7 +43.312	+108.398	+43.305		
5	206 54 53	−4	206 54 49							48116.618	27210.506
				48 41 25	139.511	−22 +92.095	−8 +104.794	+92.073	+104.786		
6	111 23 06	−4	111 23 02							48208.691	27315.292
				340 04 27	109.124	−18 +102.591	−7 −37.190	+102.573	−37.197		
$B(1)$	78 57 26	−3	78 57 23							48311.264	27278.095
				239 01 50							
2											
$\sum$	720 00 23				841.104	+0.135	+0.05	0	0		

辅助计算

$f_\beta = \sum\beta - (6-2)\times 180° = +23''$ $\quad f_{\beta容} = \pm 60''\sqrt{6} = \pm 147''$

$f_x = \sum\Delta x_{测} = +0.135\ \text{m}$ $\quad f_y = \sum\Delta y_{测} = +0.05\ \text{m}$ $\quad f_D = \sqrt{f_x^2 + f_y^2} = 0.144\ \text{m}$

$K = \dfrac{f_D}{\sum D} = \dfrac{1}{5841}$ $\quad$ 容许相对闭合差：$\dfrac{1}{2000}$

导线略图

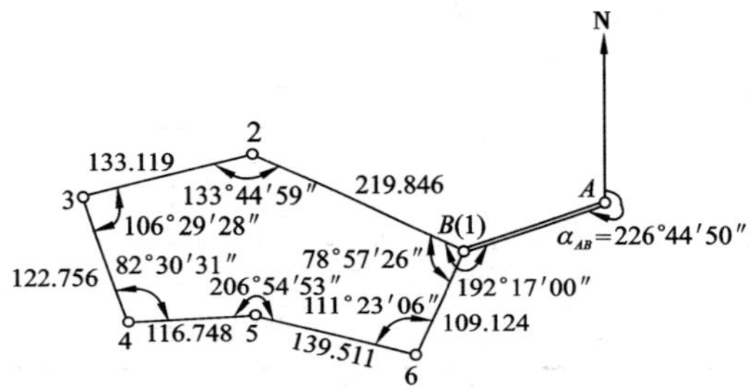

N
A
α_{AB}=226°44′50″
B(1)
192°17′00″
78°57′26″
219.846
2
133°44′59″
133.119
3
106°29′28″
122.756
82°30′31″
4
116.748
5
206°54′53″
139.511
6
111°23′06″
109.124

5.14

点号	观测角 /(° ′ ″)	改正数/(″)	改正后的角值 /(° ′ ″)	坐标方位角/(° ′ ″)	边长 /m	增量计算值/m		改正后的增量值/m		坐标/m	
						$\Delta x'$	$\Delta y'$	Δx	Δy	x	y
1	2	3	4	5	6	7	8	9	10	11	12
A'											
				237 59 30							
B(1)	99 01 00	0	99 01 00							507.693	215.638
				157 00 30	225.850	35 −207.909	−49 88.216	−207.874	88.167		
2	167 45 36	1	167 45 37							299.819	303.805
				144 46 07	139.030	22 −113.564	−30 80.204	−113.542	80.174		
3	123 11 24	1	123 11 25							186.277	383.979
				87 57 32	172.570	27 6.146	−37 172.461	6.173	172.424		
C	189 20 56	1	189 20 57							192.450	556.403
				97 18 29							
D											
$\sum$	579 18 56				537.45	−315.327	340.881				

辅助计算

$f_\beta = \sum\beta_{测} - \sum\beta_{理} = \sum\beta_{测} - (\alpha_{CD} - \alpha_{AB} + 4\times180°) = -3''$　　$f_{\beta容} = \pm60''\sqrt{4} = \pm120''$

$f_x = \sum\Delta x_{测} - \sum\Delta x_{理} = -0.084\ \text{m}$　　$f_y = \sum\Delta y_{测} - \sum\Delta y_{理} = +0.116\ \text{m}$

$f_D = \sqrt{f_x^2 + f_y^2} = 0.143\ \text{m}$　　$K = \dfrac{f_D}{\sum D} = \dfrac{1}{3758}$　　容许相对闭合差 $K_{容} = \dfrac{1}{2000}$

导线略图

A
α_{AB}
B(1)
99°01′00″
225.850
2
167°45′36″
139.030
3
123°11′24″
172.570
C(4)
189°20′56″
N
α_{CD}
C

6　地形图的基本知识

【练习答案和解答要点】

略。

7　大比例尺地形图测绘

【练习答案和解答要点】

略。

8　地形图的应用

【练习答案和解答要点】

8.2　参照第8.2.6节“按限制坡度在地形图上选线”内容。

8.3　参照第8.2.7节“按图上一定方向绘制纵断面图”内容。

9　施工测量的基本工作

【练习答案和解答要点】

9.3　钢尺的尺长方程式为

$$l_t = 50\ \text{m} - 0.006\ \text{m} + 1.25 \times 10^{-5} \times 50 \times (t-20)\ \text{m}$$

三项改正为

$$\Delta L_d = -0.006\ \text{m},\ \Delta L_t = -0.004\ \text{m},\ \Delta L_h = -0.003\ \text{m}$$

则应测设的长度为

$$L = 49.513\ \text{m}$$

9.4　$\Delta\beta = -24''$，$BB_0 = -0.014$ m应往里调整。

10　工业与民用建筑施工测量

【练习答案和解答要点】

略。

11　线路测量与桥梁、隧道施工测量

【练习答案和解答要点】

11.5　(1)切线长 $T = R\tan\dfrac{\alpha}{2} = 86.84$ m　曲线长 $L = \dfrac{\pi R\alpha}{180^\circ} = 167.07$ m

外矢距 $E = R(\sec\dfrac{\alpha}{2} - 1) = 14.65$ m　切曲差，$q = 2T - L = 6.61$ m

(2)ZY点里程$= K_1 + 986.64 - 86.84 = K_1 + 899.8$

YZ点里程$= K_1 + 986.64 + 86.84 = K_2 + 73.48$

QZ点里程$= YZ$里程$- L/2 = K_2 + 73.48 - 167.07/2 = K_1 + 989.95$

11.10 **某公路纵断面中平测量记录**

测站	点名	水准尺读数			高差/m		仪器视线高程/m	高程/m
		后视/m	前视/m	插前视/m	+	−		
Ⅰ	*A*	2.125					158.925	156.800
	1			1.69				157.24
	2			1.88				157.05
	3			1.49				157.44
	4		1.892		0.233			157.033
Ⅱ	4	1.737					158.770	157.033
	5			1.85				156.92
	6			1.64				157.13
	7			1.56				157.21
	B		1.312		0.425			157.458

12　全球卫星定位系统

【练习答案和解答要点】

略。

参 考 文 献

[1] 王依. 现代普通测量学[M]. 北京:清华大学出版社,2009.

[2] 王颖,李仕东. 土木工程测量[M]. 北京:人民交通出版社,2014.

[3] 马玉晓. 测量学[M]. 北京:科学技术文献出版社,2015.

[4] 岑敏仪. 土木工程测量[M]. 北京:高等教育出版社,2015.

[5] 李章树,刘蒙蒙,张齐坤. 工程测量学[M]. 成都:西南交通大学出版社,2015.

[6] 王井利,朱伟刚. 测量学[M]. 大连:大连理工大学出版社,2016.

[7] 李华蓉. 土木工程测量[M]. 重庆:重庆大学出版社,2016.

[8] 刘玉梅,常乐. 土木工程测量[M]. 北京:化学工业出版社,2016.

[9] KAVANAGH B F. Surveying: principles and applications [M]. 9th ed. Englewood: Prentice Hall,2013.